住房城乡建设部土建类学科专业"十三五"规划教材
高等学校土木工程学科专业指导委员会规划教材
（按高等学校土木工程本科指导性专业规范编写）

隧道工程

（铁道工程专业方向适用）

宋玉香　刘　勇　主编
景诗庭　主审

中国建筑工业出版社

图书在版编目(CIP)数据

隧道工程/宋玉香,刘勇主编. —北京:中国建筑工业
出版社,2017.10
住房城乡建设部土建类学科专业"十三五"规划教材.
高等学校土木工程学科专业指导委员会规划教材(按高
等学校土木工程本科指导性专业规范编写)(铁道工程专
业方向适用)
ISBN 978-7-112-21152-4

Ⅰ.①隧… Ⅱ.①宋… ②刘… Ⅲ.①隧道工程-高等
学校-教材 Ⅳ.①U45

中国版本图书馆 CIP 数据核字(2017)第 205956 号

本书为住房城乡建设部土建类学科专业"十三五"规划教材,主要根据高等学校土木工程
学科专业指导委员会制定颁布的《高等学校土木工程本科指导性专业规范》编写。

本书以铁路隧道工程为主,介绍了隧道工程的基本概念、基本理论和施工方法。全书共分
11章,主要内容包括:绪论、隧道工程地质环境及围岩分级、隧道工程勘测设计、隧道结构
构造、隧道支护结构设计、隧道施工方法、隧道钻爆法施工技术、隧道其他施工方法、隧道施
工辅助作业、防灾疏散救援及通风设计、隧道衬砌结构养护维修等。

本书可作为高等学校土木工程专业铁道工程方向教材,也可供从事隧道工程设计、施工、
研究的工程技术人员参考使用。

本书作者制作了教学课件,有需要的任课老师可以发送邮件至:jiangongkejian@163.com
免费索取。

* * *

责任编辑:吉万旺 王 跃
责任校对:李欣慰 王雪竹

住房城乡建设部土建类学科专业"十三五"规划教材
高等学校土木工程学科专业指导委员会规划教材
(按高等学校土木工程本科指导性专业规范编写)

隧道工程
(铁道工程专业方向适用)
宋玉香 刘 勇 主编
景诗庭 主审

*

中国建筑工业出版社出版、发行(北京海淀三里河路9号)
各地新华书店、建筑书店经销
北京科地亚盟排版公司制版
北京富生印刷厂印刷

*

开本:787×1092毫米 1/16 印张:19 字数:396千字
2018年1月第一版 2018年1月第一次印刷
定价:42.00元(赠课件)
ISBN 978-7-112-21152-4
(30798)

本系列教材编审委员会名单

出 版 说 明

近年来，高等学校土木工程学科专业教学指导委员会根据其研究、指导、咨询、服务的宗旨，在全国开展了土木工程学科教育教学情况的调研。结果显示，全国土木工程教育情况在 2000 年以后发生了很大变化，主要表现在：一是教学规模不断扩大，据统计，目前我国有超过 400 余所院校开设了土木工程专业，有一半以上是 2000 年以后才开设此专业的，大众化教育面临许多新的形势和任务；二是学生的就业岗位发生了很大变化，土木工程专业本科毕业生中 90％以上在施工、监理、管理等部门就业，在高等院校、研究设计单位工作的本科生越来越少；三是由于用人单位性质不同、规模不同、毕业生岗位不同，多样化人才的需求愈加明显。土木工程专业教指委根据教育部印发的《高等学校理工科本科指导性专业规范研制要求》，在住房和城乡建设部的统一部署下，开展了专业规范的研制工作，并于 2011 年由中国建筑工业出版社正式出版了土建学科各专业第一本专业规范——《高等学校土木工程本科指导性专业规范》。为紧密结合此次专业规范的实施，土木工程教指委组织全国优秀作者按照专业规范编写了《高等学校土木工程学科专业指导委员会规划教材（专业基础课）》。本套专业基础课教材共 20 本，已于 2012 年底前全部出版。教材的内容满足了建筑工程、道路与桥梁工程、地下工程和铁道工程四个主要专业方向核心知识（专业基础必需知识）的基本需求，为后续专业方向的知识扩展奠定了一个很好的基础。

为更好地宣传、贯彻专业规范精神，土木工程教指委组织专家于 2012 年在全国二十多个省、市开展了专业规范宣讲活动，并组织开展了按照专业规范编写《高等学校土木工程学科专业指导委员会规划教材（专业课）》的工作。教指委安排了叶列平、郑健龙、高波和魏庆朝四位委员分别担任建筑工程、道路与桥梁工程、地下工程和铁道工程四个专业方向教材编写的牵头人。于 2012 年 12 月在长沙理工大学召开了本套教材的编写工作会议。会议对主编提交的编写大纲进行了充分的讨论，为与先期出版的专业基础课教材更好地衔接，要求每本教材主编充分了解前期已经出版的 20 种专业基础课教材的主要内容和特色，与之合理衔接与配套、共同反映专业规范的内涵和实质。此次共规划了四个专业方向 29 种专业课教材。为保证教材质量，系列教材编审委员会邀请了相关领域专家对每本教材进行审稿。

本系列规划教材贯彻了专业规范的有关要求，对土木工程专业教学的改革和实践具有较强的指导性。2016 年，本套教材整体被评为《住房城乡建设部土建类学科专业"十三五"规划教材》，请各位主编及有关单位根据《住房城乡建设部关于印发高等教育职业教育土建类学科专业"十三五"规划教材选题的通知》要求，高度重视土建类学科专业教材建设工作，做好规划教材的编写、出版和使用，为提高土建类高等教育教学质量和人才培养质量做出贡献。在本系列规划教材的编写过程中得到了住房和城乡建设部人事司及主编所在学校和单位的大力支持，在此一并表示感谢。希望使用本系列规划教材的广大读者提出宝贵意见和建议，以便我们在重印再版时得以改进和完善。

高等学校土木工程学科专业指导委员会
中国建筑工业出版社

前　　言

我国的隧道建设正面临着一个新的发展时期，近年来，随着高速铁路、公路和城市市政工程的建设，促进了隧道工程技术的发展。我国在隧道工程的设计理论及方法、施工方法及施工工艺等方面积累了丰富的工程实践经验，开展了大量的研究工作，取得了许多科技成果。本教材力求反映铁路隧道领域最新的科学技术成就、介绍国内外成功的经验和先进的理论及方法，并且以最新的相关工程技术标准、规范为依据，阐述隧道工程中的关键技术。

本教材以铁路隧道为主，主要介绍隧道工程的基本概念、基本理论和施工方法，使读者掌握隧道工程的特点及技术要点，并能应用所学知识、参照有关规范，从事隧道工程方面的技术工作，分析和解决隧道工程中的问题。

本教材理论与实践并重，经典理论、方法与现代新技术、新方法相结合，引导学生掌握理论知识，注重解决实际工程技术问题能力的培养。本教材内容丰富、信息量大、知识结构系统。

本教材共11章，第1、5、6章由宋玉香编写；第2、7、8章由刘勇编写；第3、9、10、11章由韩石编写，第4章由李新志编写。本教材由宋玉香负责统稿和审定，由景诗庭负责主审。

限于水平有限，时间仓促，本教材如有不妥之处，恳请专家和读者批评指正。

目　录

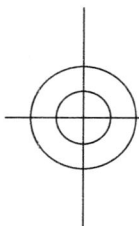

第1章

绪　论

本章知识点

> 知识点：隧道的概念，隧道的种类，我国隧道工程的发展情况。
> 重　点：隧道的概念，隧道的种类。
> 难　点：隧道的种类。

1.1　隧道的概念及种类

1.1.1　隧道的概念

隧道是人类利用地下空间的一种形式，是埋置于地层中，有出口通向地面，供车辆、行人、水流及管线等通过的工程建筑物。1970 年国际经济合作与发展组织的隧道会议综合了各种因素，对隧道的定义为："以某种用途、在地面下用任何方法按规定形状和尺寸修筑的断面积大于 $2m^2$ 的洞室。"

1.1.2　隧道的分类

隧道的种类繁多，从不同的角度来区分，有不同的分类方法。从隧道所处的地质条件来分，可以分为土质隧道和石质隧道；从埋置的深度来分，可以分为浅埋隧道和深埋隧道；从隧道所在的位置来分，可以分为山岭隧道、水底隧道和城市隧道。分类比较明确的还是按照使用目的来划分，可以有以下的分类：

1. 交通隧道

这是隧道中数量最多的一种，其作用是提供运输的孔道。交通隧道包括：

（1）铁路隧道：铁路隧道是专供火车行驶的通道。铁路穿越山区时，往往会遇到高程障碍。而铁路限坡平缓，不能随意拔起高度，同时，限于地形又无法绕避时，需要修建隧道以克服高程或平面障碍。隧道既可使线路顺直、路程缩短；又可以减小坡度，使运营条件得以改善，从而提高牵引定数，多拉快跑。所以，在铁路线上尤其是在山区地形，修建隧道的范例是很多的，例如，川黔线上的凉风垭隧道，使线路跨越分水岭时，拔起高度小、展线短、线路顺直、造价低，越岭高度降低了 96m，线路长度缩短了 14.7km，避开了不良地质区域。

1

（2）公路隧道：公路隧道是专供汽车行驶的通道。公路的限制坡度和限制最小曲线半径都没有铁路那样严格，过去在山区修建公路时为节省工程造价，常常是宁愿绕行，而不愿修建费用昂贵的隧道，因此，过去公路隧道为数不多。但是，随着社会经济的发展，高速公路逐渐出现，它要求线路顺直、平缓、路面宽敞，故穿越山区时，如今也常采用隧道方案。此外，在城市附近，为避免平面交叉，利于高速行车，也常采用隧道方式通过。目前，公路隧道逐渐多起来。

铁路隧道与公路隧道按长度的分类如表1-1所示。

铁路与公路隧道按长度分类（m）　　　　　　　　　　表 1-1

隧道分类	短隧道	中隧道	长隧道	特长隧道
铁路隧道长度	≤500	500~3000	3000~10000	>10000
公路隧道长度	≤500	500~1000	1000~3000	>3000

（3）地下铁道：地下铁道是修建于城市地层中，解决大城市中交通拥挤、车辆堵塞等问题，能大量、快速运送乘客的一种城市轨道交通运输设施。它可以使很大一部分地面客流转入地下，提高行车速度，且可缩短车次的间隔时间，节省乘车时间，从而便利了乘客的活动。在战争时，还可以起到人防的作用。

（4）航运隧道：航运隧道是专供轮船行驶的通道。当运河需要越过山岭时，克服高程障碍成为十分困难的问题，一般需要绕行很长的途程。如果层层设立船闸则建设投资很大，运转和维修的费用也很高，而且延误过往船只很多时间；如果修建航运隧道，把山岭两边的河道沟通起来，既可以缩短航程，又可以省掉船闸的费用，迅速而顺直地驶过，大为改善了航运条件。

（5）人行地道：人行地道是专供行人通过的通道。城市闹市区，行人众多，往来交错，而且与车辆混行，稍有不慎便会发生交通事故。在横跨繁忙道路处，虽然有指示灯和人行横道线，但快速的机动车也不得不频频减速，甚至要停车避让。为了提高交通运送能力且减少交通事故，除架设街心高架桥以外，也可修建人行地道。这样不仅可以缓解地面交通互相交叉的繁忙现象，也大大减少了交通事故发生的概率。

2. 水工隧道

这是水利枢纽的一个重要组成部分。水工隧道包括：

（1）引水隧道：是将水引入水电站的发电机组或调动水资源而修建的孔道。它把水引入水电站的发电机组，产生动力资源。引水隧道有的内部充满水因而全部内壁都承受水压，有的只是部分过水，其内部还受大气压力，故分别称之为有压隧道和无压隧道。

（2）尾水隧道：是运送发电机组所排废水的隧道。

（3）导流隧道或泄洪隧道：是水利工程中一个重要组成部分，为疏导水流或水库容量超限后泄洪修建的隧道。

（4）排沙隧道：用来冲刷水库中淤积的泥沙而修建的隧道，作用是把泥沙裹带送出水库。有时也用来放空水库里的水，以便进行库身检查或修理建筑物。

3. 市政隧道

这是城市中为安置各种不同市政设施的地下孔道。由于城市不断发展，工商业日趋繁荣，人民生活水平逐步提高，对公用事业的要求也越来越高。许多城市不得不利用地下空间，把市政设施安置在地下，既不占用地面面积，又不需高空敷设，改善了市容市貌。市政隧道包括：

（1）给水隧道：给水隧道是为城市自来水管网系统铺设修建的隧道。

（2）污水隧道：污水隧道是为城市污水排送系统修建的隧道。这种隧道可能是本身导流排送，此时隧道的形状多采用卵形；也可能是在孔道中安放排污管，由管道排污。一般排污隧道的进口处，多设有拦碴隔栅，把漂浮的杂物拦在隧道之外，不致涌入造成堵塞。

（3）管路隧道：管路隧道是为城市能源供给（煤气、暖气、热水等）系统修建的隧道。城市中，供给煤气、暖气、热水等，都是把管路放置在地下的孔道中。经过防漏及保温措施，把这些能源送到居民家中去。

（4）线路隧道：线路隧道是为电力和通信系统修建的隧道。城市中，输送电力的电缆以及通信的电缆，都安置在地下孔道中。既可以保证不为人们的活动所损伤或破坏，又免得悬挂高空，有碍市容观瞻。这些地下孔道多半是沿着街道两侧敷设的。

现代城市改建和新建城市，在城市布局和规划中，一般将以上四种市政管道建成一个共用的大隧道，称为"共同管沟"。共同管沟是现代化城市基础设施科学规划的标志和发展方向，是利用城市地下空间的科学手段。

（5）人防隧道：为了战时的防空目的而修建防空避难隧道，是人防工程的重要组成部分。在受到空袭威胁时，市民可以进入安全的蔽护所。人防工程除应设有排水、通风、照明和通信设备以外，在洞口处还需设置各种防爆装置，以阻止冲击波的侵入。同时要做到多口联通、互相贯穿，在紧急时刻，可以随时找到出口。

4. 矿山隧道

在矿山开采中，需修建隧道从山体以外通向矿床，将开采的矿石运输出来，主要是为采矿服务。矿山隧道包括：

（1）运输巷道：向山体开凿隧道通到矿床，并逐步开辟巷道，通往各个开采面。前者称为主巷道，为地下矿区的主要出入口和主要的运输干道；后者分布如树枝状，分向各个采掘面。此种巷道多用临时支撑，仅满足作业人员进行开采工作的需要。

（2）给水隧道：送入清洁水为采掘机械使用，并将废水及积水通过泵抽，排出洞外。

（3）通风隧道：矿山地下巷道穿过许多地层，将会有多种地下气体涌入巷道中，再加上采掘机械不断排出废气，还有工作人员呼出气体，使得巷道内空气变得污浊。如果地下气体含有瓦斯，在含量达到一定浓度后，将会发生危险。轻则致人窒息，重则引起爆炸，必须及时把有害气体排除出去。因此需要设置通风巷道，用通风机把污浊空气抽出去，并把新鲜空气补进来。

1.2 我国隧道工程的发展

1.2.1 隧道工程的现状

我国春秋时代的古籍《左传》中，曾有"遂而相见"的记载，说明当时已经有通道式的隧道了。三国时期的"官渡之战"中，曹操采用挖掘地道的方式进攻袁绍。封建时期各个朝代的帝王坟墓陵寝均修在地下，如河北满城的汉代王陵、唐朝的帝王墓都是依山为陵，明朝的定陵更是壮丽堂皇，成为今人游览的名胜。17世纪初宋应星著的《天工开物》中详细描述了竖井采煤法，成为我国最早有关地下工程方面记载的书籍。最早用于交通的隧道为建于东汉明帝永华九年，位于今陕西省汉中市褒谷口内的"石门"隧道。

我国现代隧道工程的历史是从1890年在台湾基隆至新竹窄轨铁路上建成的216m长的狮球岭隧道开始的，这是我国最早修建的一条铁路隧道。

1908年，由杰出的工程师詹天佑博士主持修建的位于京张铁路上长1091m的八达岭隧道，在中国近代隧道修建史上写下了重要的一页。中华民国时期（1912～1949年），我国共兴建铁路隧道427座，总长度113.881km。这一时期的隧道主要分布在东北地区。

新中国成立之初，处于国民经济恢复时期，在短短的3年内，把全国原有铁路线上被破坏的所有隧道都予以修复，在成渝线上修复了13座隧道，在宝天线上改建了136座隧道，并完成了天兰线上的48座隧道的整治。

20世纪50年代初修建的沙丰一线全长100.6km，有隧道56座，总延长27.03km，占全线长的27%。在宝成线上修建了总延长为84.4km的304座隧道，其中在三个马蹄形和一个"8"字形的复杂展线区段，就集中了48座隧道，占全长的37.75%，成为以隧道克服山区高程障碍、完成复杂展线的典型范例。

之后，随着修建隧道技术的不断提高，隧道的长度不断得到突破，如20世纪50年代建成的最长隧道是宝成线上的秦岭隧道长度为2363m，上鹰线上的夹马石隧道长度为2387m；20世纪60年代建成的最长隧道为川黔线上的凉风垭隧道，长度为4270m；20世纪70年代建成的最长隧道是京原线上的驿马岭隧道，长度为7032m；20世纪80年代，衡广复线上的大瑶山隧道长度达到了14295m；2000年建成西康线上的秦岭Ⅰ线隧道长度为18456m；2006年建成的宝兰复线上的乌鞘岭隧道长度为20050m。截至2015年底，运营最长的铁路山岭隧道是太行山隧道，长27848m；运营最长的水下隧道是狮子洋隧道，长10800m；在建最长的铁路隧道为关角隧道，长32645m；规划中待建最长铁路隧道为高黎贡山隧道，长34538m。据有关部门统计，到2015年底，我国已经通车运营的铁路隧道达13000km，在建铁路隧道约8000km，正在建设和规划的铁路隧道约 10000km，预计到 2030 年中国铁路隧道总长将突破 30000km。同为 2015 年底，我国运营的高速铁路已超过 19000km，其中高速铁路隧道约 3200km，是国外高铁运营隧道的两倍多，预计我国高速铁路隧道总长将突破 10000km。中国已经成为名副其实的隧道大国、隧道强国。

近年来，随着我国高速公路或高等级公路建设的快速发展，公路隧道的建造也取得了迅猛发展。截至 2013 年底，我国大陆有公路隧道 11359 座，总长 9605.6km。目前运营最长的公路隧道为秦岭终南山隧道，长 18020m；其次为麦积山隧道，长 12286m；第三位为包家山隧道，长 11193m。

在克服不良地质的困难条件方面，我国已经取得了修建各种隧道的经验。如在海拔 4600～4900m 的高原多年冻土地带的青藏线上修建的昆仑山、风火山隧道；在 －40℃ 的严寒地区修建了枫叶岭隧道；在渝怀线上，克服了 2000m³/h 大量涌水的困难，修建了园梁山隧道；在南昆线上，防止了瓦斯量达 60m³/h 的威胁，修建了家竹箐隧道。实践证明，我国已经能够在各种不良地质条件下修建隧道。

在隧道施工机械化方面，早已抛弃了原始的人工开凿方法，机械钻孔已由人力持钻发展到支腿架钻，20 世纪 80 年代在大瑶山隧道施工中开始应用大型全液压的钻孔台车。修建衬砌已由砖石垒砌，进而用泵送混凝土就地模筑，又发展到采用喷混凝土的柔性支护，目前已普遍使用双层复合式衬砌。开挖程序已由小导坑超前，进而采用少分块的大断面开挖；从钢木支撑进而发展到采用锚喷支护。施工方法上，从传统矿山法已经逐步过渡到新奥法，以量测信息指导并调整施工。20 世纪 90 年代，引进全断面掘进机 TBM（Tunnel Boring Machine）用于西康线的秦岭隧道施工中。目前，盾构与 TBM 技术在国内（除贵阳外）的所有地铁工程中得到了广泛应用。

自 20 世纪 70 年代末以来，我国引进和推广了"新奥法"，在实践和创新中，对"新奥法"的改进和创新也做了大量工作，并建立了具有我国特色的工程技术系统，如浅埋暗挖法等。

下穿江河及湖泊的各类用途的隧道已有十多条，例如已经建设完成通车的胶州湾海底隧道和翔安海底隧道等，另外横穿台湾海峡连接大陆与台湾的海底隧道以及横穿琼州海峡连接大陆与海南岛的海底隧道正在研究之中。这些伟大的工程，足以显示中国隧道光辉的历程和美好的发展前景。

为解决近些年城市出现车辆拥堵和雾霾等城市生态环境问题，城市轨道交通作为绿色交通，得到了城市建设者的青睐，地下铁道发展迅猛。截至 2015 年底，中国大陆已有 26 个城市开通了地铁，拥有 116 条运营线路，总里程达 3618km；其中地铁 2658km，占 73.4%，其余为轻轨、单轨等。预计"十三五"末，全国运营线路将超过 6000km，一二线城市的城市轨道交通将成为城市公共交通的主体。

我国的铁路特别是高速铁路的发展方兴未艾。铁路隧道的设计标准还有优化空间；实现隧道施工机械化、工厂化、标准化、信息化的目标还要继续努力；工程质量控制体系、安全保障体系、后期运营维护体系等还需进一步完善。隧道科技工作者要利用创新思维研究解决隧道建设中的新问题，力争在理论上有新突破，施工方法上有创新发展，工艺技术上有新成果，建设管理和运营维护上有新探索。

1.2.2　我国隧道工程的发展前景

随着我国经济的持续发展，综合国力不断增强，高新技术不断涌现，我国隧道发展前景是非常广阔的，同时隧道的发展也是我国国民经济发展、国家西部大开发战略、开展通海战略的迫切需要。交通设施、水电工程越来越成为制约一个地区经济发展的瓶颈所在。

在铁路隧道方面，随着高速铁路的发展，高速铁路隧道将成为铁路隧道建设主体。相对普通铁路隧道，高速铁路隧道工程由于其拆迁工程量小、环境影响小、建设用地少、对城市干扰小、结构安全可靠等优点，越来越得到建设和运营单位的重视，采用高速铁路隧道工程，可以大大提高高速铁路线路的标准，降低高速铁路选线的难度。

高速铁路在穿越城市或居民密集区，通过通航标准较高的江河、海湾，地形复杂山区的越岭工程等，采用隧道工程具有较多的优势。正在建设和即将建设的高铁隧道数量巨大：仅对云桂、兰渝、成兰、贵广、成贵 5 条线路的统计就表明，平均隧线比高达 61%，最大达 72%，新增里程 1895km。跨区际的快速通道：南宁至广州（南广）铁路，贵阳至广州（贵广）铁路，兰州至成都（兰渝）铁路，昆明至南宁（云桂）铁路等重要省会或重大城市之间，已经或即将建成 200km 及以上的客运专线或城际铁路。

在公路隧道方面，随着我国高速公路干线网的不断完善，特别是向我国西部多山地区的不断延伸，海南岛与陆地的跨海延伸，以及辽东半岛、胶东半岛之间的跨海连接，崇明岛与上海之间等长江沿线的地下连接等都需要巨大的隧道工程来支撑，随着西部的开发，我国公路隧道的单体长度及数量记录，都将不断被刷新。在跨海、跨江隧道方面，目前我国国内已对琼州海峡隧道完成了可行性研究，不少有识人士已提出了跨越渤海湾连接辽东与胶州半岛的南桥北隧固定联络通道，跨越长江入海口连接上海—崇明—启东的江底隧道，甚至提出了兴建台湾海峡隧道的设想。

在水电隧道方面，随着以世纪工程三峡水利水电工程等一大批大型、超大型水电工程项目的实施与完成，我国在深埋、长大隧道及大跨度地下厂房的设计与施工能力上，都已经或将要达到世界先进水平，随着我国西部大开发的进行，雅鲁藏布江、金沙江等水力资源丰富的江河上梯级电站建设，我国水利水电隧道的建设也将进入全新的发展时期。

在城市地下工程方面，各种用途的地下工程的大力发展，能够有效地缓解经济发展，特别是城市发展与我国土地资源紧张的矛盾。据气象卫星遥感资料判断和测算，1986~1996 年间，全国 31 个特大城市城区实际占地规模扩大 50.2%，但城市不能无限制的蔓延扩张，只能走内涵式集约发展道路。充分利用城市地下资源，建设各类地下工程是城市经济高速发展的客观需要，另外，设计与施工技术的发展也为其提供了充分的技术保障，目前，我国沿海地区人均国民生产总值已超过 1000 美元，达到发达国家地下空间开发、地下工程建设高潮时的标准，所以，我国地下工程的建设，特别是东部经济发达地区和大中城市，将迎来建设高潮，同时也为土木工程施工企业带来了无限商机。

总之，当前我国隧道工程在铁路和公路交通工程领域、水利水电工程领域、城市轨道交通、城市市政领域等相关行业迎来了建设高峰时期，正处于高速发展阶段，成为推动我国经济发展的重要动力。

小结及学习指导

本章重点介绍隧道的概念和种类、我国隧道工程的发展情况。

通过本章的学习，要求掌握隧道的概念、隧道工程的种类以及各类隧道工程的特点。

思考题与习题

1-1 简述隧道的定义。

1-2 隧道工程主要有哪几种分类方法？

1-3 按使用目的划分，隧道如何分类？

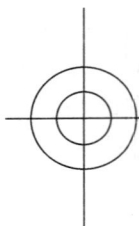

第2章
隧道工程地质环境及围岩分级

本章知识点

知识点：围岩的概念，岩体的变形特性，岩体的强度，初始应力场的构成及变化规律，影响围岩稳定性的因素，围岩分级的定义、方法、分级指标，《铁路隧道设计规范》TB 10003—2016 的围岩分级。

重　点：围岩、结构体、结构面的力学性质；围岩初始应力场的构成及其变化规律；围岩分级的定义、方法、分级指标，《铁路隧道设计规范》TB 10003—2016 的围岩分级。

难　点：《铁路隧道设计规范》TB 10003—2016 的围岩分级方法、分级结果及围岩分级的应用。

2.1　隧道围岩的概念

围岩是指隧道开挖后其周围产生应力重分布范围内的岩体，或指隧道开挖后对其稳定性产生影响的那部分岩体（这里所指的岩体是土体与岩石体的总称）。应该指出，这里所定义的围岩并不具有尺寸大小的限制。它所包括的范围是相对的，视研究对象而定，从力学分析的角度来看，围岩的边界应划在因开挖隧道而引起的应力变化可以忽略不计的地方，或者说围岩的边界在因开挖隧道而产生的位移应该为零之处，这个范围在横断面上约为 6～10 倍的洞径。当然，若从区域地质构造的观点来研究围岩，其范围要比上述数字大得多。

2.2　岩体的基本工程性质

岩体的工程性质，一般包括三个方面：物理性质、水理性质和力学性质。而对围岩稳定性影响最大的则是力学性质，即围岩抵抗变形和破坏的性能。围岩既可以是岩体、也可以是土体。

岩体是在漫长的地质历史中，经过岩石建造、构造形变和次生蜕变而形成的地质体。它被许多不同方向、不同规模的断层、层理、节理和裂隙等地质界面切割为大小不等、形状各异的各种块体。工程地质学中将这些地质界面称之为结构面或不连续面，将这些块体称之为结构体，并将岩体看作是由结构面和结构体组合而成的具有结构特征的地质体。所以，岩体的力学性质主要取决于岩体的结构特征、结构体岩石的特征以及结构面的特性。环境因素尤其是地下水和地温对岩体的力学性质影响也很大。

在软弱围岩中，节理和裂隙比较发育，岩体被切割的很破碎，结构面对岩体的变形和破坏都不起重大作用，所以，岩体的特性与结构体岩石的特性并无本质区别。当然，在完整而连续的岩体中也是如此。反之，在坚硬的块状岩体中，由于受软弱结构面切割影响，使块体之间的联系减弱，此时，岩体的力学性质主要受结构面的性质及其在空间的位置所控制。由此可见，岩体的力学性质必然是诸多因素综合作用的结果，只不过有些岩体是岩石的力学性质起控制作用，而有些岩体则是结构面的力学性质占主导地位。

岩体与岩石相比，两者有着很大的区别。基于工程问题的尺度，岩石几乎可以被认为是均质、连续和各向同性的介质，而岩体则具有明显的非均质性、不连续性和各向异性。岩体的力学性质，包括变形破坏特性和强度，一般都需要在现场进行原位试验才能获得较为真实的结果。但现场原位试验需要花费大量资金和时间，而且随着测点位置和加载方式不同，试验结果的离散性也很大，因此，常常用取样进行室内试验来代替。但室内试验较难模拟岩体真正的力学作用条件，更重要的是对于较破碎和软弱不均质的岩体，不易取得供试验用的试样。究竟采用何种试验方法，应视岩体的结构特征而定。一般来说，破裂岩体以现场试验为主，较完整的岩体以做室内试验为宜。

2.2.1 岩体的变形特性

岩体的抗拉变形能力很低，甚至根本就没有，因此，岩体受拉后立即沿结构面发生断裂。一般没有必要专门来研究岩体的受拉变形特性。

1. 受压变形

岩体的受压变形特性，可以用它在受压时的应力-应变曲线，亦称本构关系来说明。岩石的应力-应变曲线线性关系比较明显，它是以弹性变形为主；软弱结构面的应力-应变曲线呈现出非线性特征，它是以塑性变形为主；而岩体的应力-应变曲线则要复杂得多了，图 2-1 中分别绘出了典型的岩石、软弱结构面和岩体的单轴受压时的全应力-应变曲线。

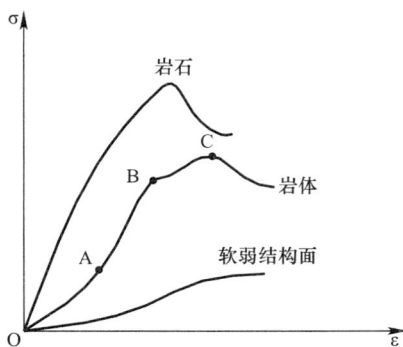

图 2-1 应力-应变曲线

从图 2-1 中可以看出：典型的岩体全应力-应变曲线可以分解为四个阶段：

（1）压密阶段（OA）：主要是由于岩体中结构面的闭合和充填物的压缩而产生的，形成了非线性凹状曲线，变形模量小，总的压缩量取决于结构面的性态。

（2）弹性阶段（AB）：岩体充分压密后便进入弹性阶段。所出现的弹性变形是岩体的结构面和结构体共同产生的，应力-应变关系呈直线型。

（3）塑性阶段（BC）：岩体继续受力、变形发展到弹性极限后便进入塑性阶段，此时岩体的变形特性受结构面和结构体的变形特性共同制约。整体性好的岩体延性小、塑性变形不明显，达到强度极限后迅速破坏。破裂岩体塑性变形大，甚至有的从压密阶段直接发展到塑性阶段，而不经过弹性阶段。

（4）破裂和破坏阶段（CD）：应力达到峰值后，岩体即开始破裂和破坏。破坏开始时，应力下降比较缓慢，说明破裂面上仍具有一定摩擦力，岩体还能承受一定的荷载。而后，应力急剧下降，岩体全面崩溃。

从岩体的全应力-应变曲线的分析中可以看出，岩体既不是简单的弹性体，也不是简单的塑性体，而是较为复杂的弹塑性体。整体性好的岩体接近弹性体，破裂岩体和松散岩体则偏向于塑性体。

2. 剪切变形

岩体受剪时的剪切变形特性主要受结构面控制。根据结构体和结构面的具体性态，岩体的剪切变形可能有三种方式：

（1）沿结构面滑动，所以，结构面的变形特性即为岩体的变形特性。

（2）结构面不参与作用，沿结构体岩石断裂。所以，岩石的变形特性即起主导作用。

（3）在结构面影响下，沿岩石剪断。此时，岩体的变形特性介乎上述二者之间。

试验和实践还发现，无论岩体是受压或受剪切，它们所产生的变形都不是瞬时完成的，而是随着时间的增长逐渐达到最终值的。岩体变形的这种时间效应，称之为岩体的流变特性。严格来说，流变包括两方面：一种是指作用的应力不变，而应变随时间而增长，即所谓蠕变；另一种则是作用的应变不变，而应力随时间而衰减，即所谓松弛，如图 2-2 所示。

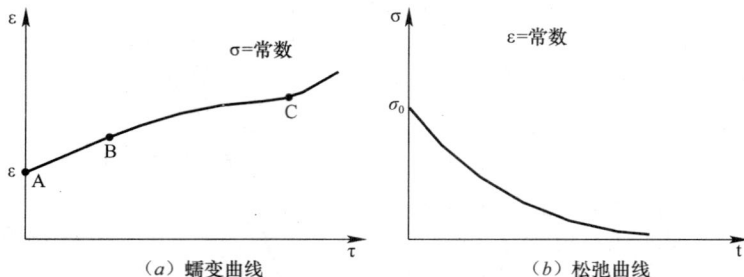

图 2-2　流变曲线

对于那些具有较强的流变性的岩体，在隧道工程的设计和施工中必须加以考虑。例如，成渝复线上的金家岩隧道，埋深 120m，围岩为泥岩，开挖后围岩基本上是稳定的，并及时进行了初次支护。但初次支护 250d 后拱顶下沉达 40.2cm，侵入建筑限界，只好挖掉重做，这就是围岩的蠕变作用。属于这类的岩体大概有两类：一类是软弱的层状岩体，如薄层状岩体、含有大量软弱层的互层或间层岩体；另一类是含有大量泥质物的，受软弱结构面切割的破裂岩体。整体状、块状、坚硬的层状等类岩体，其流变性不明显，但是，在这些岩体中为数不多的软弱结构面，具有相当强的流变性，有时将对岩体的变形和破坏起控制作用。

2.2.2 岩体的强度

岩体和岩石的变形、破坏机理是很不相同的，前者主要受宏观的结构面所控制，而后者则受岩石的微裂隙所制约。因而岩体的强度要比岩石的强度低得多，并具有明显的各向异性。

试验研究结果表明，裂隙岩体的强度随着裂隙组数的增加明显减小，但当裂隙组数增加到一定程度之后，强度不再继续降低，而接近岩石的残余强度，如表 2-1 所示。

裂隙组数对岩体强度影响的试验结果   表 2-1

裂隙组数							说明
试验值	1.0	0.72	0.47	0.31	0.14	0.16	试件尺寸（cm）：15×15×30 试件强度（MPa）：32.8～34.6 结构面强度：$c=0.11$MPa；$\varphi=38°$
建议值	>0.9	0.7	0.5	0.30	<0.15		

注：表中数值为岩体强度与岩石试件强度的比值。

裂隙岩体的强度理论预估也表明，随着岩体中不连续面的增加，岩体的强度性态有逐渐变为各向同性的趋势。因此，在地下工程设计中，把含有 4 条或 4 条以上不连续面的岩体当作各向同性体看待是合理的。

影响岩体强度的因素很复杂，目前还很难用一个公认的函数式加以表达，可根据岩体的状态用经验的方法加以估计。

例如苏联学者建议用下式估计岩体的强度：

$$R_{\mathrm{cs}} = R_{\mathrm{c}} \eta \tag{2-1}$$

式中 R_{c}——岩石试件强度；

      η——岩体构造削弱系数，其值见表 2-2。

岩体构造对强度的削弱系数 η 表 2-2

岩体状态	η 的建议值
层厚大于 1.0m，有 1 组裂隙，间距大于 1.5m	0.9
层厚在 0.5～1.0m 之间，不超过 2 组裂隙，间距在 1～1.5m 之间	0.7
层厚在 0.5～1.0m 之间，不超过三四组裂隙，间距在 0.5～1.0m 之间	0.5
层厚小于 0.5m，裂隙少于 6 组，间距小于 0.5m	0.3
层厚小于 0.3m，裂隙少于 6 组，间距小于 0.3m	0.1～0.2

由表 2-2 中可见，η 是与岩体质量相关的系数，可通过多种方法决定，并赋予不同的定义。例如以岩芯未破坏岩块（大于 10cm）的总长 $\sum l_i$ 与所取岩

芯总长 L 的比值来决定，用百分数表示，此时定义岩石的质量指标：

$$RQD = \sum l_i / L \times 100\% \tag{2-2}$$

将 RQD 代入式（2-1），得：

$$R_{cs} = R_c \cdot RQD \tag{2-3}$$

或用现场测定的岩体弹性波速度 v 的平方与同种岩石试件弹性波速度 v_0 的平方的比值来决定，此时定义为岩体完整性指数，则：

$$K_v = v^2 / v_0^2 \tag{2-4}$$

在石质围岩中，当裂隙间没有黏土充填时，K_v 可按下列经验式估算，则：

$$K_v = \frac{1}{100}(115 - 3.3 J_v) \tag{2-5}$$

式中　J_v——每立方米的裂隙数（$J_v \leqslant 4.5$ 时，$K_v = 1$）。

将 K_v 代入式（2-1），得：

$$R_{cs} = K_v R_c = (v^2 / v_0^2) R_c \tag{2-6}$$

日本曾用砂质粘板岩进行一系列试验，在试验中依其裂隙状态将岩体分为下述 4 类，并研究了岩体抗压强度与弹性波速度之间的关系，列于表 2-3。从表中可以看出，通过裂隙系数换算 R_{cs} 与试验值极为接近，这为用弹性波法确定岩体强度提供了一条途径。

岩体抗压强度与弹性波速度之间的关系　　　　　　　　表 2-3

类别	岩体弹性波速度 v（km/s）	岩石弹性波速度 v_0（km/s）	完整性系数 $K_v = v^2/v_0^2$	岩体强度（MPa）$R_{cs} = K_v R_c$	含有裂隙的试件强度 R_{cs}（试验值）（MPa）
A	1.4～2.3	5.14	0.06～0.17	8.1～21.8	10.0～30.0
B	3.0～3.6	5.38	0.29～0.39	37.2～50.7	40.0～60.0
C	4.0～4.5	5.53	0.51～0.65	66.0～83.8	70.0～90.0
D	4.8～5.2	5.61	0.73～0.83	95.0～112.0	90.0～115.0

注：$R_c = 130$MPa。

上述几个系数实质上是用以综合评定岩体质量的，把它们用于决定岩体强度只能认为是近似的，但由于其结合了地质的构造因素并与地质勘探技术相适应，故得到了较多的应用。

可以这样认为，只有当岩体结构面的规模较小且结合力很强时，岩体强度才能与岩石强度接近。一般情况下，岩体的抗压强度只有岩石的 70%～80%；结构面发育的岩体，仅 5%～10%。和抗压强度一样，岩体的抗剪强度主要也是取决于岩体内结构面的性态，包括它的力学性质、充填情况、产状、分布和规模等，同时还受剪切破坏方式所制约。当沿结构面滑移时，多属于塑性破坏，峰值剪切强度较低，其强度参数 φ（内摩擦角）一般变化于 10°～45°之间；c（黏聚力）变化于 0～0.3MPa 之间，残余强度和峰值强度比较接近。当岩石被剪断时的破坏属于脆性破坏，剪断时的峰值强度较上述高得多，其 φ 值一般变化于 30°～60°之间，c 值有高达几十兆帕的，残余强度和峰值强度的比值随峰值强度的增大而减小，变化在 0.3～0.8 之间。当受结构面影响而沿岩石剪断时，其强度介于上述两者之间。

2.2.3　岩体的初始应力状态

岩体的初始应力状态又称为原始应力状态。由于岩体的自重和地质构造作用，在隧道工程开挖前岩体中就已经存在着一定的地应力，称为岩体的初始应力。它是经历了漫长的应力历史而逐渐构成的，处于相对稳定和平衡的状态中。

岩体的初始应力的形成与岩体的结构、性质、埋藏条件及地质构造运动历史等有着密切关系，主要是由于岩体的自重和地质构造作用和地质地温作用引起的。而地温一般在深部岩体中作用才明显。

1. 自重应力场

在以自重应力场为主的岩体中，地表以下任一深度 H 处的垂直应力 σ_z^0 等于其上覆岩体的重量，如图 2-3（a）所示：

$$\sigma_z^0 = \gamma H \tag{2-7}$$

这里以压应力为正，γ 为岩体的容重（kN/m^3）。

当上覆岩体为多层不同的岩体时，如图 2-3（b）所示，则 σ_z^0 为：

$$\sigma_z^0 = \gamma_1 H_1 + \gamma_2 H_2 + \cdots + \gamma_n H_n = \sum_{i=1}^{n} \gamma_i H_i \tag{2-8}$$

式中　γ_i——第 i 层岩体的容重；

H_i——第 i 层岩体的厚度。

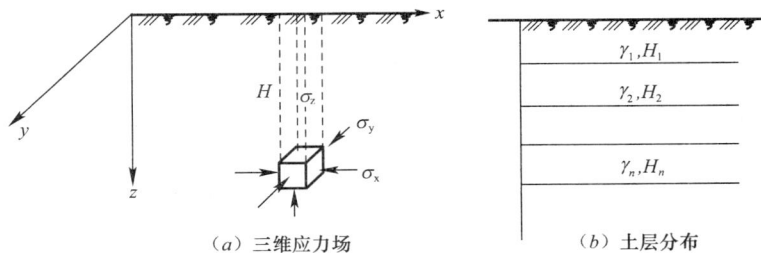

（a）三维应力场　　　　　　（b）土层分布

图 2-3　自重应力场

该点的水平应力 σ_x^0、σ_y^0 主要是由于岩体的泊松效应所引起的，按弹性理论应为：

$$\left.\begin{aligned}
\sigma_x^0 &= \sigma_y^0 = \frac{\mu}{1-\mu}\sigma_z^0 = \frac{\mu}{1-\mu}\gamma H \\
\sigma_x^0 &= \sigma_y^0 = \frac{\mu}{1-\mu}\sum_{i=1}^{n}\gamma_i H_i
\end{aligned}\right\} \tag{2-9}$$

式中　μ——计算应力处岩体的泊松比。

但岩体的组成比较复杂，不大可能是各向同性的，而且地面也都起伏不平。因此，围岩的自重应力场不能简单地按上述公式决定，必须根据三维弹性理论的基本方程，并考虑重力和各向异性求解。对此问题，目前尚无精确的解析解，一般只能采用数值方法，如用有限元法求得近似解。

从上述可以看出围岩自重应力场的变化规律为：

（1）地应力随深度呈线性增加；

（2）水平应力总是小于垂直应力，最多也只能与其相等。

2. 构造应力场

由于形成构造应力场的原因非常复杂，因而它在空间的分布极不均匀，而且随着时间的推移还不断发生变化，属于非稳定的应力场。但相对于工程结构物的使用期限来说，可以忽略时间因素，将它视为相对稳定的。即使如此，目前还很难用函数形式将构造应力场表示出来，只能通过实地量测找到一些规律。但是实测的初始应力是许多不同成因的应力分量迭加而成的综合值，无法将它们一一区分。通过对实测数据的分析，只能了解由于构造应力的存在，使自重应力场发生什么样的变异，以及它在整个初始应力场中所起的作用。已发表的一些地应力测量资料表明，我国大陆初始应力场（包括自重应力场和构造应力场）的变化规律大致可以归纳为如下两点：

（1）垂直应力的量值随深度增加而增大，而且水平应力普遍大于垂直应力。实测资料表明，在深度不大时（<500m），虽然一个主应力方向不总是垂直的，但一般来说，与铅直方向的偏斜不超过30°。所以，基本上可以认为一个主应力是垂直的，另外两个主应力方向是水平的。垂直主应力的量值大致等于上覆岩层的重量，也就是说，它随深度线性增加。

（2）水平主应力具有明显的各向异性。水平主应力的另一个显著特点就是具有很强的方向性，一般总是以一个方向的主应力占优势，很少有大、小主应力相等的情况。

根据实测资料可知，在我国大陆地壳中，最小与最大主应力的比值为0.3～0.7的占70%，也就是说在我国大部分地区，最大水平主应力约为最小水平主应力的1.4～3.3倍。

2.3　围岩的稳定性

2.3.1　研究围岩稳定性的意义

隧道开挖后围岩的稳定程度称为隧道围岩的稳定性，这是一个反映地质环境的综合指标。隧道工程所赋存的地质环境的内涵很广，包括地层特征、地下水状况、围岩的初始应力状态以及地温梯度等。但对隧道工程来说，最关心的问题则是隧道开挖后围岩的稳定程度。因此，研究隧道工程地质环境问题，归根到底就是研究隧道围岩的稳定性问题。

2.3.2　影响围岩稳定性的因素

影响围岩稳定性的因素很多，就其性质来说，基本上可以归纳为两大类：

第一类是属于地质环境方面的自然因素，是客观存在的，它们决定了隧道围岩的质量；第二类则属于工程活动的人为因素，如隧道的形状、尺寸、施工方法、支护措施等，它们虽然不能决定围岩质量的好坏，但却能给围岩的质量和稳定性带来不可忽视的影响。

1. 地质因素

开挖隧道时围岩的稳定程度是岩体力学性质的一种表现形式。因此，影响围岩稳定性的地质因素可归纳为岩体结构特征、结构面性质和空间组合、岩石的力学性质。

（1）岩体结构特征

岩体的结构特征是长时间地质构造运动的产物，是控制岩体破坏形态的关键。从稳定性分类的角度来看，岩体的结构特征可以简单地用岩体的破碎程度或完整性来表示。在某种程度上它反映了岩体受地质构造作用严重的程度。实践证明，围岩的破碎程度对坑道的稳定与否起主导作用，在相同岩性的条件下，岩体愈破碎，坑道就愈容易失稳。

岩体的破碎程度或完整状态是指构成岩体的岩块大小，以及这些岩块的组合排列形态。岩块的大小通常用裂隙的密集程度，如裂隙率、裂隙间距等指标表示。所谓裂隙率就是指沿裂隙法线方向单位长度内的裂隙数目，裂隙间距则是指沿裂隙法线方向上裂隙间的距离。在分类中常将裂隙间距大于 $1.0\sim1.5m$ 的岩体视为整体的，而将小于 $0.2m$ 的岩体视为碎块状的。当然，这些数字都是相对的，仅适用于跨度在 $5\sim15m$ 范围内的地下工程。据此，岩体可按裂隙间距的方法分类，如图 2-4 所示。

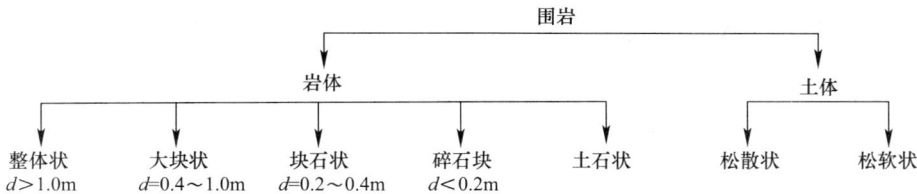

图 2-4　岩体按裂隙间距的分类

d 为裂隙间距。这里所说的裂隙都是广义的，包括层理、节理、断裂及夹层等结构面。硅质、钙质胶结的，具有很高节理强度的裂隙不包括在内。

（2）结构面性质和空间的组合

在块状或层状结构的岩体中，控制岩体破坏的主要因素是软弱结构面的性质，以及它们的空间组合状态。对于隧道工程来说，围岩中存在单一的软弱面，一般并不会影响坑道的稳定性。只有当结构面与隧道轴线相互关系不利时，或者出现两组或两组以上的结构面时，才能构成容易坠落的分离岩块。例如有两组平行但倾向相反的结构面和一组与之垂直或斜交的陡倾结构面，就可能构成屋脊形分离岩块。至于分离岩块是否会塌落或滑动，还与结构面的抗剪强度以及岩块之间的相互联锁作用有关。因此，可以从下述的五个方面来研究结构面对隧道围岩稳定性影响的大小：

① 结构面的成因及其发展史，例如，次生的破坏夹层比原生的软弱夹层的力学性质差得多，如果再发生次生泥化作用，则性质更差；

② 结构面的平整、光滑程度；

③ 结构面的物质组成及其充填物质情况；

④ 结构面的规模与方向性；

⑤ 结构面的密度与组数。

（3）岩石的力学性质

在整体结构的岩体中，控制围岩稳定性的主要因素是岩石的力学性质，尤其是岩石的强度。一般来说，岩石强度越高坑道越稳定。在围岩分级中所说的岩石强度指标，都是指岩石的单轴饱和极限抗压强度，这种强度的试验方法简便，数据离散性小，而且与其他物理力学指标有良好的换算关系。

此外，岩石强度还影响围岩失稳破坏的形态，强度高的硬岩多表现为脆性破坏，在隧道内可能发生岩爆现象。而在强度低的软岩中，则以塑性变形为主，流变现象较为明显。

（4）围岩的初始应力场

围岩的初始应力场是隧道围岩变形、破坏的根本作用力，它直接影响围岩的稳定性。

（5）地下水状况

隧道施工的实践证明，地下水是造成施工坍方，使隧道围岩丧失稳定的最重要因素之一。地下水对围岩的影响主要表现在：

① 软化围岩：使岩质软化、强度降低，对软岩尤其突出，对土体则可促使其液化或流动，但对坚硬致密的岩石则影响较小，故水的软化作用与岩石的性质有关。

② 软化结构面：在有软弱结构面的岩体中，水会冲走充填物或使夹层软化，从而减少层间摩阻力，促使岩块滑动。

③ 承压水作用：承压水可增加围岩的滑动力，使围岩失稳。

2. 工程活动所造成的人为因素

施工等人为因素也是造成围岩失稳的重要条件。尤其以坑道的尺寸（主要指跨度）形状以及施工中所采用的开挖方法等影响较为显著。

（1）坑道尺寸和形状

实践证明，坑道跨度愈大，坑道围岩的稳定性就愈差，因为岩体的破碎程度相对加大了。例如，裂隙间距在 0.4～1.0m 的岩体，对中等跨度（5～10m）的坑道而言，可算是大块状的，但对大跨度（>15m）的坑道来说，只能算是碎块状的。

坑道的形状主要影响开挖隧道后围岩的应力状态。圆形或椭圆形隧道围岩应力状态以压应力为主，这对维持围岩的稳定性是有好处的。而矩形或梯形隧道，在顶板处的围岩中将出现较大的拉应力，从而导致岩体张裂破坏。

（2）施工中所采用的开挖方法

从目前的施工技术水平来看，开挖方法对隧道围岩稳定性的影响较为明显，例如采用普通的爆破法和控制爆破法、矿山法和掘进机法、全断面一次开挖和小断面分部开挖，对隧道围岩稳定性的影响都各不相同。

2.4 隧道围岩分级

2.4.1 概述

修建隧道所遇到的地质条件是千变万化的，从松散的流砂到坚硬的岩石，从完整的岩体到极为破碎的断裂构造带等。在不同的岩体中开挖隧道后岩体所表现出的性态是不同的，可归纳为充分稳定、基本稳定、暂时稳定和不稳定四种。

由于隧道工程所处的地质环境十分复杂，人们对它的认识还远不够完善，所以至今隧道工程的设计和施工仍多采用经验类比法，经验类比法的基础是围岩分级。根据长期的工程实践，工程师们认识到各种围岩的物理性质之间存在一定的内在联系和规律，依照这些联系和规律，可将围岩划分为若干级，这就是围岩分级。围岩分级的目的是：作为选择施工方法的依据；进行科学管理及正确评价经济效益；确定结构上的荷载（松散荷载）；给出衬砌结构的类型及其尺寸；给出制定劳动定额、材料消耗标准的基础等。

围岩分级在当前以经验判断为主的技术水平情况下，显得尤为重要。因此各国都研究和实施了众多的分级方法，从人们使用的角度出发，比较理想的分级方法是：①准确客观，有定量指标，尽量减少因人而异的随机性；②便于操作使用，适于一般勘测单位所具备的技术装备水平；③最好在挖开地层前得到结论。

2.4.2 围岩分级方法

围岩分级的原则有多种，是在人们对隧道工程的不断实践和对围岩的地质条件逐渐加深了解的基础上发展起来的。不同的国家，不同的行业根据各自的工程特点提出了各自的围岩分级原则。现行的许多围岩分级方法中，作为分级的基本要素大致有三大类：

第Ⅰ类：与岩性有关的要素，例如分为硬岩、软岩、膨胀性岩类等。其分级指标采用岩石强度和变形性质等。例如岩石的单轴抗压强度、岩石的变形模量或弹性波速度等。

第Ⅱ类：与地质构造有关的要素，如软弱结构面的分布与性态、风化程度等。其分级指标采用诸如岩石的质量指标、地质因素评分法等。这些指标实质上是对岩体完整性或结构状态的评价。这类指标在划分围岩的级别中一般占有重要的地位。

第Ⅲ类：与地下水有关的要素。

目前国内外围岩的分级方法，考虑上述三大基本要素，按其性质主要分为如下几种：

1. 以岩石强度或岩石的物性指标为代表的分级方法

（1）以岩石强度为基础的分级方法

这种围岩分级方法，单纯以岩石的强度为依据。例如新中国成立前及新中国成立初期（如修成渝线时）的土石分级法，即把岩石分为坚石、次坚石、松石及土四类，并设计出相应的四种隧道衬砌结构类型。在国外，如日本初期采用的"国铁岩石分级法"。

这种分级方法认为坑道开挖后，它的稳定性主要取决于岩石的强度。岩石愈坚硬，坑道愈稳定；反之，岩石愈松软，坑道的稳定性就愈差。实践证明，这种认识是不全面的。例如我国陕北的老黄土，无水时直立性很强，稳定性相当高，在无支护条件下可维持十几年、几十年之久，但其单轴抗压强度却很低，只有十分之几兆帕；又如在江西、福建一带的红砂岩，整体性好，坑道开挖后稳定性较好，但其强度却不高。因此单纯以岩石强度为基础的分级方法需要改进完善。

（2）以岩石的物性指标为基础的分级方法

在这类分级方法中具有代表性的是苏联普洛托奇雅柯诺夫教授提出的"岩石坚固性系数"分级法（也称"f"值分级法，或普氏分级法），把围岩分成十类。这种分级法曾在我国的隧道工程中得到广泛的应用。"f"值是一个综合的物性指标值，它表示岩石在采矿中各个方面的相对坚固性，如岩石的抗钻性、抗爆性、强度等。但以往人们确定"f"值主要采用强度试验方法，再兼顾其他指标，即用 $f_{岩石}=R_c/150 \sim R_c/100$（$R_c$ 为岩石饱和单轴极限抗压强度）表示，它仍是岩石强度指标的反映。

我国把"f"值应用到隧道工程的设计、施工时，考虑了地质条件的影响，即考虑了围岩的节理、裂隙、风化等条件，实质上是把由强度决定的"f"值适当降低，即：$f_{岩体}=K \cdot f_{岩石}$（K 为地质条件折减系数）。

2. 以岩体构造、岩性特征为代表的分级方法

（1）太沙基分级法

这种分级法是在早期提出的，限于当时条件，仅把不同岩性、不同构造条件的围岩分成九类，每类都有一个相应的地压范围值和支护措施建议。在分级时是以坑道有水的条件为基础的，当确认无水时，4～7 类围岩的地压值应降低 50%。这种分级方法曾长期被各国采用，至今仍有广泛的影响。

（2）以岩体综合物性为指标的分级方法

20 世纪 60 年代我国在积累大量铁路隧道修建经验的基础上，提出了以岩体综合物性指标为基础的"岩体综合分级法"。并于 1975 年经修正后正式作为铁路隧道围岩分级方法，后经多次修订后列入我国现行的《铁路隧道设计规范》TB 10003—2016。

3. 与地质勘探手段相联系的分级方法

（1）按弹性波（纵波）速度的分级方法

随着工程地质勘探方法，尤其是物探方法的进展，1970 年前后，日本提出按围岩弹性波速度进行分级的方法。

围岩弹性波速度是判断岩性、岩体结构的综合指标，它既可反映岩石软硬，又可表达岩体结构的破碎程度。根据岩性、地性状况及土压状态，将围岩分成七类。我国从 1986 年起，也开始将围岩弹性波（纵波）速度引入我国围岩分级法中。

（2）以岩石质量为指标的分级方法——RQD 方法

所谓岩石质量指标 RQD 是指钻探时岩芯复原率，或称岩芯采取率。岩芯复原率即单位长度钻孔中 10cm 以上的岩芯占有的比例，可写为：

$$RQD = \frac{10cm \text{以上岩芯累计长度}}{\text{单位钻孔长度}} \times 100\% \tag{2-10}$$

这个分级方法将围岩分成五类。

4. 组合多种因素的分级方法

比较完善的是 1974 年挪威地质学家巴顿等人提出的"岩体质量——Q"分级方法。这个分级方法是把表明岩体质量的六个地质参数之间的关系表达为：

$$Q = \frac{RQD}{J_h} \cdot \frac{J_r}{J_a} \cdot \frac{J_w}{SRF} \tag{2-11}$$

式中 RQD——岩石质量指标，取值方法见式（2-10）；

J_h——节理组数目；

J_r——节理粗糙度；

J_a——节理蚀变值；

J_w——节理含水折减系数；

SRF——应力折减系数。

通过进一步的分析发现，RQD/J_h 表示岩块的大小；J_r/J_a 表示岩块间的抗剪强度；J_w/SRF 表示作用应力。所以岩体质量值 Q 实质上是岩块尺寸、抗剪强度和作用应力的复合指标。根据不同的 Q 值，将岩体质量评为九个等级。

综上所述，围岩分级是多种多样的，至今还没有一个统一的分级方法。但从发展趋势看，围岩的分级方法有以下几方面发展趋势：

（1）分级应主要以岩体为对象。单一的岩石只是分级中的一个要素，岩体则包括岩块和各岩块之间的软弱结构面。因此分级的重点应放在岩体的研究上。

（2）分级宜与地质勘探手段有机地联系起来，这样才有一个方便而又较可靠的判断手段。随着地质勘探技术的发展，将使分级指标更趋定量化。

（3）分级要有明确的工程对象和工程目的。目前多数的分级方法都与坑道支护相联系。坑道围岩的稳定性、坑道开挖后暂时稳定时间等与支护方法和类型密切相关。因而进行分级时以此来体现工程目的是不可缺少的。

（4）分级宜逐渐定量化。目前大多数的分级指标是经验或定性的，只有少数分级是半定量化的。这是由于客观条件的地质体非常复杂。

值得注意的是，近年国内外有关学者提出采用模糊数学分级，根据量测坑道周边的收敛值分级，采用人工智能—专家系统分级等建议。这些设想都将使围岩分级方法日趋完善。

2.4.3 我国铁路隧道围岩分级方法

我国现行的《铁路隧道设计规范》TB 10003—2016 中明确规定，目前铁路隧道围岩分级采用以围岩稳定性为基础的分级方法。

1. 围岩分级的基本因素

围岩基本分级应由岩石坚硬程度和岩体完整程度两个因素确定。岩石坚硬程度和岩体完整程度应采用定性划分和定量指标两种方法确定。

（1）岩石坚硬程度

将岩浆岩、沉积岩和变质岩三大岩类按岩性、物理力学参数、耐风化能力划分为硬质岩和软质岩两大类。然后根据单轴饱和极限抗压强度 R_c 再分为 5 级，即极硬岩、硬质岩、较软岩、软岩、极软岩，如表 2-4 所示，岩性类别划分如表 2-5 所示。这些量级的规定是与工程实践密切联系的，其中强度在 60MPa 以上的围岩完整性较好，开挖后的洞室一般在较长时间能保持稳定而不坍塌；而 30MPa 的限界是岩石能否取之作为建筑材料的限界指标；5.0MPa 是岩石能否成岩的限界。

（2）岩体的完整程度

这一指标所包含的内容十分丰富，其中主要是指围岩被各种结构面切割成单元体的特征及其被切割后的块度大小。它是评价围岩稳定程度最直接、最重要的指标。

岩石坚硬程度的划分 　　　　　　　　　　　　　表 2-4

岩石类别		单轴饱和抗压强度 R_c（MPa）	定性鉴定	代表性岩石
硬质岩	极硬岩	＞60	锤击声清脆，有回弹，振手，难击碎；浸水后，大多无吸水反应	未风化—微风化的 A 类岩石
	硬岩	30～60	锤击声较清脆，有轻微回弹，稍振手，较难击碎；浸水后，有轻微吸水反应	微风化的 A 类岩石；未风化—微风化的 B、C 类岩石
软质岩	较软岩	15～30	锤击声不清脆，无回弹，较易击碎；浸水后，指甲可刻出印痕	强风化的 A 类岩石；弱风化的 B、C 类岩石；未风化—微风化的 D 类岩石
	软岩	5～15	锤击哑，无回弹，有较深凹痕，手可捏碎；浸水后，手可掰开	强风化的 A 类岩石；弱风化—强风化的 B、C 类岩石；弱风化的 D 类岩石；未风化—微风化的 E 类岩石
	极软岩	＜5	锤击哑，无回弹，有凹痕，易击碎；浸水后，可捏成团	全风化的各类岩石和成岩作用差的岩石

注：当无条件取得单轴饱和抗压强度 R_c 实测值时，也可采用实测的岩石点荷载强度指数 $I_{s(50)}$ 的换算值，换算方法按现行国家标准《工程岩体分级标准》GB/T 50218 执行。

岩性类型的划分   表 2-5

岩性类型	代表岩性
A	岩浆岩（花岗岩、闪长岩、正长岩、辉绿岩、安山岩、玄武岩、石英粗面岩、石英斑岩等）； 变质岩（片麻岩、石英岩、片岩、蛇纹岩等）； 沉积岩（熔结凝灰岩、硅质砾岩、硅质石灰岩等）
B	沉积岩（石灰岩、白云岩等碳酸岩）
C	变质岩（大理岩、板岩等）； 沉积岩（钙质砂岩、铁质胶结的砾岩及砂岩等）
D	第三纪沉积岩类（页岩、砂岩、砾岩、砂质泥岩、凝灰岩等）； 变质岩（云母片岩、千枚岩等），且岩石单轴饱和抗压强度 $R_c > 15MPa$
E	晚第三纪—第四纪沉积岩类（泥岩、页岩、砂岩、砾岩、凝灰岩等），且岩石单轴饱和抗压强度 $R_c \leqslant 15MPa$

此外，地质构造变动的特征（如性质、类型、规模、强弱和次数等），也控制着围岩的结构特征和完整状态，影响着围岩强度和稳定性。显然地质构造越剧烈，规模越大，次数越多，则围岩的节理、裂隙、断裂、褶曲越发育，围岩越破碎，其稳定性也越差。为了衡量围岩的完整程度要考虑以下几方面的因素：

① 对于受软弱面控制的岩体，按照软弱面的产状、贯通性以及充填物的情况，可将围岩分为：完整、较完整、较破碎、破碎、极破碎。

② 由于围岩的完整性与其所受的地质构造变动的程度有关，因此，按照围岩受地质构造影响的程度，可将围岩分为：构造变动轻微、较重、严重、很严重四个等级。

③ 由于围岩的完整性还与节理（裂隙）的发育程度有关，因此，按照节理（裂隙）发育程度的不同又分为：节理不发育、节理较发育、节理发育及节理很发育四级来作为围岩完整性的定量指标。

④ 当风化作用使结构发生变化时，还应按照岩体风化程度的不同将围岩分为：风化轻微、较重、严重、极严重四级。

对层状围岩，成层厚度对围岩的稳定有明显的影响，因此以巨厚层（厚度大于 1.0m）、厚层（厚度为 0.5～1.0m）、中厚层（厚度为 0.1～0.5m）及薄层（厚度小于 0.1m）来表示其定量化标准。岩体完整程度应按表 2-6 划分。

岩体完整程度的划分   表 2-6

完整程度	结构面状态	结构类型	岩体完整性指数
完整	结构面 1～2 组，以构造型节理或层面为主，密闭性	巨块状整体结构	>0.75
较完整	结构面 2～3 组，以构造型节理、层面为主，裂隙多呈密闭型，部分为微张型，少有充填物	块状结构	0.55～0.75
较破碎	结构面一般为 3 组，以节理及风化裂隙为主，在断层附近受构造作用影响较大，裂隙以微张型和张开型为主，多有充填物	层状结构、块石碎石结构	0.35～0.55

续表

完整程度	结构面状态	结构类型	岩体完整性指数
破碎	结构面大于 3 组，多以风化型裂隙为主，在断层附近受构造作用影响大，裂隙宽度以张开型为主，多有充填物	碎石角砾状结构	0.15～0.35
极破碎	结构面杂乱无序，在断层附近受断层作用影响大，张裂隙全为泥质或泥夹岩屑充填，充填物厚度大	散体状结构	≤0.15

（3）围岩基本质量指标 BQ 值

应根据岩石坚硬程度、岩体完整程度分级因素的定量指标 R_c 的兆帕数值和 K_v，按下式计算：

$$BQ = 100 + 3R_c + 250K_v \qquad (2\text{-}12)$$

使用公式（2-12）计算时，应符合下列规定：

当 $R_c > 90K_v + 30$ 时，应以 $R_c = 90K_v + 30$ 和 K_v 代入计算 BQ 值。

当 $K_v > 0.04R_c + 0.4$ 时，应以 $K_v = 0.04R_c + 0.4$ 和 R_c 代入计算 BQ 值。

2. 围岩基本分级及其修正

（1）基本分级

根据以上分级的因素及指标，给出各级围岩的主要工程地质特征、结构特征和完整性及围岩开挖后的稳定状态、围岩基本质量指标等要素。《铁路隧道设计规范》TB 10003—2016 将单、双线铁路隧道的围岩划分为六级，见表 2-7。

（2）围岩级别的修正

围岩级别应在基本分级的基础上，结合隧道工程的特点，考虑地下水状态、初始地应力状态、主要结构面产状状态等因素进行修正。围岩级别修正宜采用定性修正与定量修正相结合的方法，综合分析确定围岩级别。

铁路隧道围岩分级 表 2-7

围岩级别	围岩主要工程地质条件		围岩开挖后的稳定状态（小跨度）	围岩基本质量指标 BQ	围岩弹性纵波速度 v_p（km/s）
	主要工程地质特征	结构特征和完整状态			
I	极硬岩（单轴饱和抗压强度 $R_c >$ 60MPa）：受地质构造影响轻微，节理不发育，无软弱面（或夹层）；层状岩层为巨厚或厚层，层间结合良好，岩体完整	呈巨块状整体结构	围岩稳定，无坍塌，可能产生岩爆	>550	A：>5.3
II	硬质岩（$R_c > 30$MPa）：受地质构造影响较重，节理较发育，有少量软弱面（或夹层）和贯通微张节理，但其产状及组合关系不致产生滑动；层状岩层为中层或厚层，层间结合一般，很少有分离现象，或为硬质岩石偶夹软质岩石	呈巨块状或大块状结构	暴露时间长，可能会出现局部小坍塌，侧壁稳定，层间结合差的平缓岩层，顶板易塌落	550～451	A：4.5～5.3 B：>5.3 C：>5.0

围岩级别	围岩主要工程地质条件		围岩开挖后的稳定状态（小跨度）	围岩基本质量指标 BQ	围岩弹性纵波速度 v_p (km/s)
	主要工程地质特征	结构特征和完整状态			
III	硬质岩（$R_c > 30$MPa）：受地质构造影响较重，节理较发育，有层状软弱面（或夹层），但其产状及组合关系不致产生滑动；层状岩层为中层或薄层，层间结合差，多有分离现象；硬、软质岩石互层	呈块（石）碎（石）状镶嵌结构	拱部无支护时可产生小坍塌，侧壁基本稳定，爆破震动过大易坍塌	450～351	A：4.0～4.5 B：4.3～5.3 C：3.5～5.0 D：>4.0
	较软岩（$R_c = 15$～30MPa）：受地质构造影响轻微，节理不发育；层状岩层为薄厚层、巨厚层，层间结合良好或一般	呈大块状砌体结构			
IV	硬质岩（$R_c > 30$MPa）：受地质构造影响极严重，节理很发育；层状软弱面（或夹层）已基本被破坏	呈碎石状压碎结构	拱部无支护时可产生较大的坍塌，侧壁有时失去稳定	350～251	A：3.0～4.0 B：3.3～4.3 C：3.0～3.5 D：3.0～4.0 E：2.0～3.0
	软质岩（$R_c \approx 5$～30MPa）：受地质构造影响较重或严重，节理较发育或发育	呈块（石）碎（石）状镶嵌结构			
	土体：1. 具压密或成岩作用的黏性土、粉土及砂类土；2. 黄土（Q_1、Q_2）；3. 一般钙质、铁质胶结的碎、卵石土、大块石土	1 和 2 呈大块状压密结构；3 呈巨块状整体结构			
V	岩体：较软岩，岩体破碎；软岩、岩土较破碎至破碎；全部极软岩及全部极破碎岩（包括受构造影响严重的破碎带）	呈角（砾）碎（石）状松散结构	围岩易坍塌，处理不当会出现大坍塌，侧壁经常出现小坍塌，浅埋时易出现地表下沉（陷）或塌至地表	≤250	A：2.0～3.0 B：2.0～3.3 C：2.0～3.0 D：1.3～3.0 E：1.0～2.0
	土体：一般第四系坚硬、硬塑的黏性土，稍密及以上、稍湿或潮湿的碎石土、卵石土、圆砾土、角砾土、粉土及黄土（Q_3、Q_4）	非黏性土呈松散结构，黏性土及黄土呈软结构			
VI	岩体：受构造影响严重呈碎石、角砾及粉末、泥土状的富水断层带，富水破碎的绿泥石或炭质千枚岩	呈松软结构	围岩极易坍塌变形，有水时土砂常与水一齐涌出，浅埋时易塌至地表	—	<1.0（饱和状态的土 <1.5）
	土体：软塑状黏性土、饱和的粉土、砂类土等，风积沙，严重湿陷性黄土	黏性土呈易蠕动的松软结构，砂性土呈潮湿松散结构			

注：1. 弹性纵波速度中 A、B、C、D、E 系指岩性类型，详见表2-5；
　　2. 强膨胀岩（土）、第三系富水弱胶结砂泥岩、岩体强度应力比小于 0.15 的极高地应力软岩等，属于特殊围岩（T），相应工程措施应进行针对性的特殊设计。

① 围岩级别定性修正

a. 地下水影响的修正

大量的施工实践表明，地下水是造成施工塌方、使隧道围岩丧失稳定的最重要因素之一，因此，在围岩分级中不能忽视地下水的影响。

地下水出水状态的分级宜按表 2-8 确定。

地下水状态的分级 　　　　　　　　　　　　　　　表 2-8

地下水出水状态	渗水量 $[L/(min \cdot 10m)]$
潮湿或点滴状出水	≤25
淋雨状或线流状出水	25～125
涌流状出水	>125

地下水出水状态对围岩级别的修正，宜按表 2-9 进行。

地下水影响的修正 　　　　　　　　　　　　　　　表 2-9

围岩级别 出水状态	I	II	III	IV	V
潮湿或点滴状出水	I	II	III	IV	V
淋雨状或线流状出水	I	II	III 或 IV	V	VI
涌流状出水	II	III	IV	V	VI

注：围岩岩体为较完整时定为 III 级；其他情况定为 IV 级。

b. 初始地应力状态修正

围岩初始地应力状态，当无实测资料时，可根据隧道工程埋深、地貌、地形、地质、构造运动史、主要构造线与开挖过程中出现的岩爆、岩芯饼化等特殊地质现象，按表 2-10 做出评估。

初始地应力状态评估 　　　　　　　　　　　　　表 2-10

初始应力状态	主要现象	评估基准（R_c/σ_{max}）
极高应力	硬质岩：开挖过程中有岩爆发生，有岩块弹出，洞壁岩体发生剥离，新生裂缝多，成洞性差	<4
	软质岩：岩芯常有饼化现象，开挖过程中洞壁岩体有剥离，位移极为显著，甚至发生大位移，持续时间长，不易成洞	
高应力	硬质岩：开挖过程中可能出现岩爆，洞壁岩体有剥离和掉块现象，新生裂缝较多，成洞性较差	4～7
	软质岩：岩芯时有饼化现象，开挖过程中洞壁岩体位移显著，持续时间较长，成洞性差	
一般地应力	硬质岩：开挖过程中不会出现岩爆，新生裂缝较少，成洞性一般较好	>7
	软质岩：岩芯无或少有饼化现象，开挖过程中洞壁岩体有一定的位移，成洞性一般较好	

初始地应力对围岩级别的修正宜按表 2-11 进行。

初始地应力影响的修正 　　　　　　　　　　　　表 2-11

围岩级别 　　　修正级别 初始地应力状态	I	II	III	IV	V
极高应力	I	II	III 或 IV[①]	V	VI
高应力	I	II	III	IV 或 V[②]	VI

注：① 围岩岩体为较破碎的极硬岩、较完整的硬岩时，定为 III 级；围岩岩体为完整的较软岩、较完整的软硬互层时，定为 IV 级；
　　② 围岩岩体为破碎的极硬岩、较破碎及破碎的硬岩时，定为 IV 级；围岩岩体为完整及较完整软岩、较完整及较破碎的较软岩时，定为 V 级。

c. 主要结构面产状状态对围岩级别的修正

主要结构面产状状态对围岩级别的修正，应考虑主要结构面产状与洞轴线的组合关系，并结合结构面工程特性、富水情况等因素综合分析确定。主要结构面是指对围岩稳定性起主要影响的结构面，如层状岩体的泥化层面，一组很发育的裂隙，次生泥化夹层，含断层泥、糜棱岩的小断层等。

② 围岩级别定量修正

围岩级别定量修正应对围岩基本质量指标 BQ 进行修正，并以修正后获得的围岩基本质量指标值 $[BQ]$ 依据表 2-7 确定围岩级别。

围岩基本质量指标修正值 $[BQ]$ 可按下式计算。

$$[BQ] = BQ - 100(K_1 + K_2 + K_3) \qquad (2\text{-}13)$$

式中　$[BQ]$——围岩基本质量指标修正值；

　　　　BQ——围岩基本质量指标值；

　　　　K_1——地下水影响修正系数，按表 2-12 确定；

　　　　K_2——主要软弱结构面产状修正系数，按表 2-13 确定；

　　　　K_3——初始地应力影响修正系数，按表 2-14 确定。

地下水影响修正系数 K₁　　　　　　　　表 2-12

地下水出水状态 ＼ 岩体基本质量指标 BQ	>550	550~451	450~351	350~251	≤250
潮湿或点滴状出水	0	0	0~0.1	0.2~0.3	0.4~0.6
淋雨状或线流状出水	0~0.1	0.1~0.2	0.2~0.3	0.4~0.6	0.7~0.9
涌流状出水	0.1~0.2	0.2~0.3	0.4~0.6	0.7~0.9	1.0

主要软弱结构面产状影响修正系数 K₂　　　　　　　　表 2-13

结构面产状及其与洞轴线的组合关系	结构面走向与洞轴线夹角<30° 结构面倾角 30°~75°	结构面走向与洞轴线夹角>60° 结构面倾角>75°	其他组合
K_2	0.4~0.6	0~0.2	0.2~0.4

初始地应力影响修正系数 K₃　　　　　　　　表 2-14

初始地应力状态 ＼ 岩体基本质量指标 BQ	>550	550~451	450~351	350~251	≤250
极高应力区	1.0	1.0	1.0~0.5	1.0~1.5	1.0
高应力区	0.5	0.5	0.5	0.5~1.0	0.5~1.0

3. 围岩亚分级及其修正

(1) 围岩亚分级

隧道施工过程中可根据揭示的地质情况按表 2-15 进行围岩亚分级。

(2) 围岩亚分级修正

围岩亚分级应结合隧道工程的特点，考虑地下水状态、初始地应力状态、主要结构面产状状态等因素进行修正。围岩级别修正宜采用定性修正与定量修正相结合的方法，综合分析确定围岩级别。

围岩亚分级　　　　　　　　表 2-15

围岩级别		围岩主要工程地质条件		围岩基本质量指标 BQ
级别	亚级	主要工程地质特征	结构特征和完整状态	
Ⅲ	Ⅲ₁	极硬岩（$R_c>60$MPa），岩体较破碎，结构面较发育、结合差	裂隙块状或中厚层状结构	450～391
		硬岩（$R_c=30～60$MPa）或软硬岩互层以硬岩为主，岩体较完整，结构面不发育、结合差	块状或厚层状结构	
	Ⅲ₂	极硬岩（$R_c>60$MPa），岩体较破碎，结构面发育、结合良好	镶嵌碎裂状或薄层状结构	390～351
		硬岩（$R_c=30～60$MPa）或软硬岩互层以硬岩为主，岩体较完整，结构面较发育、结合良好	块状结构	
		较软岩（$R_c=15～30$MPa），岩体完整，结构面不发育、结合良好	整体状或巨厚层状结构	
Ⅳ	Ⅳ₁	极硬岩（$R_c>60$MPa），岩体破碎，结构面发育、结合差	裂隙块状结构	350～311
		硬岩（$R_c=30～60$MPa），岩体较破碎，结构面较发育、结合差或结构面发育、结合良好	裂隙块状或镶嵌碎裂状结构	
		较软岩（$R_c=15～30$MPa）或软硬岩互层以软岩为主，岩体较完整，结构面较发育、结合良好	块状结构	
		软岩（$R_c=5～15$MPa），岩体完整，结构面不发育、结合良好	整体状或巨厚层状结构	
	Ⅳ₂	极硬岩（$R_c>60$MPa），岩体破碎，结构面很发育、结合差	碎裂结构	310～251
		硬岩（$R_c=30～60$MPa），岩体破碎，结构面发育或很发育、结合差	裂隙块状或碎裂状结构	
		较软岩（$R_c=15～30$MPa）或软硬岩互层以软岩为主，岩体较破碎，结构面发育、结合良好	镶嵌碎裂状或薄层状结构	
		软岩（$R_c=5～15$MPa），岩体较完整，结构面较发育、结合良好	块状结构	
		土体：1. 具压密或成岩作用的黏性土、粉土及砂类土； 2. 黄土（Q_1、Q_2）； 3. 一般钙质、铁质胶结的碎石土、卵石土、大块石土	1 和 2 呈大块状压密结构，3 呈巨块状整体结构	
Ⅴ	Ⅴ₁	较软岩（$R_c=15～30$MPa），岩体破碎，结构面很发育	裂隙块状或碎裂结构	250～211
		软岩（$R_c=5～15$MPa），岩体较破碎，结构面较发育、结合差或结构面发育、结合良好	裂隙块状或镶嵌碎裂结构	
		一般坚硬黏质土、较大天然密度硬塑状黏质土及一般硬塑状黏质土；压密状态稍湿至潮湿或胶结程度较好的砂类土；稍湿或潮湿的碎石土、卵石土、圆砾、角砾土及黄土（Q_3、Q_4）	非黏性土呈松散结构，黏性土及黄土呈松软结构	
	Ⅴ₂	软岩、岩体破碎，全部极软岩及全部极破碎岩（包括受构造影响严重的破碎带）	呈角砾状松散结构	≤210
		一般硬塑状黏土及可塑状黏质土；密实以下但胶结程度较好的砂类土；稍湿或潮湿且较松散的碎石土、卵石土、圆砾、角砾土；一般或坚硬松散结构的新黄土	非黏性土呈松散结构，黏性土及黄土呈松软结构	

地下水对围岩亚级级别的修正宜按表 2-16 进行。初始地应力对围岩亚级级别的修正宜按表 2-17 进行。主要结构面产状状态以及围岩亚级分级定量修正与围岩分级相同。

地下水影响的围岩亚分级修正　　　　　　　　　　表 2-16

围岩级别 地下水出水状态	III		IV		V	
	III_1	III_2	IV_1	IV_2	V_1	V_2
潮湿或点滴状出水	III_1	III_2	IV_1	IV_2	V_1	V_2
淋雨状或线流状出水	III_2	IV_1	IV_1	IV_2	VI	VI
涌流状出水	IV_1	IV_2	V_1	V_2	VI	VI

初始地应力影响的围岩亚分级修正　　　　　　　　表 2-17

围岩级别 初始地应力状态	III		IV		V	
	III_1	III_2	IV_1	IV_2	V_1	V_2
极高应力	III_2	IV_1	V_1	V_2	VI	VI
高应力	III_1	III_2	IV_2	V_1	VI	VI

注：本表不适用于特殊围岩。

小结及学习指导

本章内容包括围岩的概念、岩体的变形特性和岩体的强度，初始应力场的构成及变化规律，影响围岩稳定性的因素，围岩分级的定义、方法、分级指标，《铁路隧道设计规范》 TB 10003—2016 的围岩分级。

通过本章学习，要求掌握隧道围岩的概念，熟悉岩体的变形特性和强度特性；掌握岩体初始应力场的构成和变化规律；熟悉影响围岩稳定性的因素，掌握围岩分级的定义、方法、分级指标以及《铁路隧道设计规范》 TB 10003—2016 的围岩分级。

思考题与习题

2-1　什么是围岩？

2-2　岩体与岩石、结构体与结构面的区别是什么？

2-3　什么是岩体的初始应力？自重应力场和构造应力场各自的成因及其特点是什么？

2-4　围岩分级的方法有哪些？

2-5　简述我国铁路隧道围岩分级的方法。

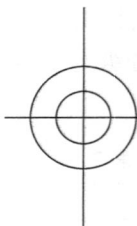

第3章
隧道工程勘测设计

本章知识点

> 知识点：隧道工程勘测的主要内容，隧道位置选择的原则，地质条件对隧道位置的影响，隧道洞口位置选择的原则，洞口进洞里程的确定方法，隧道洞口边、仰坡开挖线的绘制，隧道平、纵断面设计。
>
> 重　点：隧道位置选择的原则，隧道洞口位置选择的原则，洞口进洞里程的确定方法，隧道洞口边、仰坡开挖线的绘制，隧道平、纵断面设计。
>
> 难　点：洞口进洞里程的确定方法，隧道洞口边、仰坡开挖线的绘制。

3.1　隧道工程勘测

埋设在地层中的工程结构物其设计和施工无不受地质和其他环境条件的控制。因此，必须对工程所处的地质条件及客观环境做周密的调查和勘测，以便能取得较准确反映地质情况和环境的有关资料，为隧道位置的选择、工程布置、结构设计、施工方法选择和制定防止施工造成水土流失与破坏生态环境的措施、计划工程投资和周期，以及建成后的维修养护提供依据。

隧道工程的调查和勘测，应遵照基本建设工作程序分阶段依次进行。一般可分为施工前的调查勘测阶段（相当于初测和定测阶段）和施工时的调查阶段。由于各阶段的任务、目的和要求不同因而所要调查的事项、顺序、方法、范围、精度也有所不同，表3-1概要地表示隧道工程各阶段的调查和勘测工作的要求和方法。

在调查和勘测前，应根据隧道所通过地区的地形、工程地质和水文地质等条件，并综合考虑调查和勘测阶段、方法、范围等，编制相应的调查和勘测计划。在调查和勘测过程中，如发现实际情况和最初预计的情况不符时，应尽快修改调查和勘测计划。

各项调查和勘测工作都应视不同类型和地质条件下的隧道工程，按有关部门现行的勘测规程或规范执行。

3.1.1 自然地理概况调查

自然地理概况主要指隧道所在地区的地形、地貌、气象、水文、用地、灾害及区域性地质等，目的是为规划线路与隧道的关系及进行勘察工作提供条件。一般通过收集当地既有资料的方式进行。相关资料有：

1. 地形资料

指地形图。一般情况下应从国家测绘系统收集到 1/50000～1/25000 及 1/5000～1/1000 两种比例尺的地形图，前者主要用于线路规划，后者主要用于隧道方案的比选。地形资料是进行线路选择、隧道方案、用地以及自然环境、地质判断的基本资料。

隧道工程的调查、勘测工作　　　　　　　　表 3-1

阶段		期限	目的和要求	方法	范围
施工前的调查勘测	初测	研究、比选隧道线路方案期间	掌握区域工程地质和水文地质情况及其与隧道的关系，了解经济、国防、农业、环保等方面的要求，为隧道线路方案比选、初步设计及下一阶段的调查工作提供基础资料	搜集和调查有关资料、法规；重点测绘	包括比较线路在内的范围
施工前的调查勘测	定测	决定隧道线路后至施工前	详细查明隧道所在地区的地貌、地形、工程地质和水文地质条件，农业、环保要求，材料、劳动力、设备等供应情况，以及弃土、施工场地、拆迁补偿等要求，为评定隧道所穿越地段的地质特征，确定围岩级别及预测施工中可能遇到的问题，进行技术设计、施工计划、编制预算提供完整而准确的资料	详细测绘和调查；必要的地质勘探（包括钻探、坑探、物探、触探）及试验工作；航测、遥感图片解释	与隧道有关的地点及周围地区
施工时的调查		技术设计后至完工前	技术设计有待补充的资料；预测和确认施工中产生的问题，获取变更设计和施工管理所需的资料	同技术设计；洞内地质素描；测量以洞周变形和支护应力为主；地面沉陷观测；超前钻孔、辅助导坑、试验坑道	隧道影响范围和隧道内

2. 地质资料

指地质图和说明书。一般应从地质部门收集 1/200000～1/50000 比例尺的地质图。

3. 工程资料

隧道附近的土建工程往往可以提供不少资料，如道路边坡的岩石露头和其他土木工程所记录的工程地质与水文地质资料。这些资料可以由施工记录和工程报告总结等文件中得到。

4. 气象资料

包括气温、气压、降水、水温、地温等。可由气象台站和各种资料期刊、汇编、年鉴等处获得。

5. 用地及环境资料

用地包括工程用地和施工用地，一旦确定了需要的范围后，就应调查在该范围内是否有既有建筑，包括居民住宅、通信设施、排水设施、交通设施等，必须和有关部门处理协商好相关事宜。环境资料包括自然环境（动植物的生态、地形、地质、水文等）、文物古迹、自然保护区、居民环境等，一定要按照国家相关政策加以对待，否则将对隧道工程造成负面影响，甚至形成旷日持久的社会矛盾。

6. 灾害资料

隧道所在地区历史上的暴雨、台风、地震、滑坡等发生的规模、频度，可通过查阅资料、地方志和对居民访问等方法获得。

将收集到的资料进行汇总和分析，研究其对隧道规划设计、施工与维护管理的影响，并为进一步的调查提供依据。

3.1.2 地质调查

地质调查的主要内容有：

（1）工程地质特征，指地质构造及地层、岩性的状况，着重查清地质构造变动的性质、类型、规模、断层、节理、软弱结构面特征及其与隧道的组合关系，围岩的基本物理力学性质等；

（2）水文地质特征，指地下水类型，含水层的分布范围、水量、补给关系、水质及其对混凝土的侵蚀性等；

（3）不良地质和特殊地质现象，如崩塌、岩堆、滑坡、岩溶、泥石流、湿陷性黄土、盐渍土、盐岩、多年冻土、雪崩、冰川等，查明其发生的原因及其类型和规模，根据其发展的趋势，判明其对隧道的影响程度；

（4）地震烈度，按《中国地震动参数区划图》GB 18306—2015 的规定，划分隧道经过地区的地震烈度，必要时应经地震部门鉴定。在地震烈度不小于 7 度的地震区，搜集调查断裂构造时，应特别注意全新活动断裂和发震断裂。全新活动断裂指在近代地质时期内（约一万年）有过较强烈的地震活动，或近期正在活动，在将来（今后一百年）可能继续活动的断层。

（5）有害气体和放射性物质，当测区存在这类物质时，应按劳动保护、环境保护的相关条例查明含量，预测释放程度，当可能超出规定的容许值时，须采取必要的防护措施。

3.1.3 环境调查

通过对施工场地、生态环境的调查，评价隧道修建和营运交通对周边环境的影响程度，提出必要的环境保护措施。

1. 自然环境调查

调查动物、植物的生态状况：包括种类、密度、分布、季节性变化等。调查地表水、地下水状况（前文已述）。

2. 地物调查

调查土地利用状况，包括土地的用途、面积范围等。调查文物古迹、风景区等。调查已有构建物，包括通信设施、民房、地下管网（主要指城市交通隧道）等。

3. 生活环境调查

在工程中和完工后出现的废气、噪声、振动、地表下沉等现象，是对居住环境、自然资源和已有地物影响的主要问题。

排出的废气和噪声受气象条件和通车情况影响而随时变化，宜进行全年测定，并作出隧道建成前后的比较。从洞口和通风井排出的废气扩散后会对周围的环境产生一定的影响，隧道施工造成的对动植物有害的成分主要是 CO、HC、NO 和粉尘，影响程度受隧道长度和交通流量的影响，因隧道不同而有差异。必要时应做废气扩散状况的风洞试验，推算其影响范围。对环境的污染情况一般以 CO 的计量为标准。

隧道噪声主要是由车辆和通风机产生。没有吸音设备的隧道，噪声在隧道内几乎不衰减，与洞外相比，噪声大得多，其持续时间也长，不过一离开洞口就很快衰减。通常应在距洞口和通风口 150m 范围内进行噪声测定，如果对洞外环境形成的噪声污染超标，应按国家有关环境保护条例进行处理。

隧道施工将产生大量的弃渣，它们的堆放需要认真对待，否则将对周围环境造成重大污染。在环境调查时，应切实研究弃渣的地点，与有关单位商量堆放的可能性，并应对渣石的性质进行必要的试验，如放射性等，根据其性质采取相应的工程措施，如掩埋、挡墙堆放等，还要注意雨水冲刷使得碴石流失对环境造成的二次污染。

3.1.4　气象调查

在隧道选线时，应充分考虑当地的气象条件，因为气象条件会直接影响到隧道选线、结构设计、洞外场地布置、设施安排、进度计划与施工管理。例如洞口附近的崩塌、洪水、阵风、风吹雪、雪崩、路面冻结、挂冰、雾、洞外亮度、海岸或山顶的阵风等对汽车的安全行驶有一定的影响；在设计中，必须依据气象资料考虑混凝土结构的防冻、混凝土骨料及用水的保温、施工道路的选择等。在这方面，青藏铁路上的隧道工程就是最好的实例。还有洞口附近的风向、风速对隧道通风的影响，洞口附近的防风挡墙、预防风吹雪构造物、植树带的位置、洞口排出废气的流动方向等，这些问题都受气象条件的影响。

一般而言，当地都有气象资料，如果不能满足工程需要，则应进行气象观测以作补充。制定气象观测计划时，应根据目的和用途选择观测项目、场所、时间、精度和仪器。观测场所应具有代表性，按适当的时间间隔进行。

3.2　隧道位置的选择

铁路隧道是山区线路穿越山岭时用来克服高程障碍的一种建筑物，是整条线路的组成部分，同迂回绕线的方法相比，往往可以缩短线路、改善线路的平纵断面以及日后的运营条件，但它相对路基建筑物而言，造价比较高，施工难度大，施工进度也比较慢，往往会成为整条线路的控制工程。因此，一条新线路方案确定以后，选择合理的隧道位置往往成为线路设计的关键，直接涉及施工的难易程度，对工期和造价有着至关重要的影响。

隧道的位置与线路是互为相关的。在一般情况下，当一段线路的方案比选一旦确定以后，区段上隧道的位置就只能依从于线路的位置大体决定，最多是在上、下、左、右很小幅度内做些少的移动。但是，如果隧道很长、工程规模很大、投资很大、工期很长、技术上也有一定困难、属于本区段的重点控制工程，那么这一区段的线路就得依从于隧道所选定的最优位置，然后线路以相应的引线凑到隧道的位置上来。所以，隧道位置的选定与线路的选定是同时考虑的，不可分开。隧道具体位置的选择与当地的工程地质条件、水文地质条件、地形地貌条件、工程难易程度、投资的数额、工期的要求，以及现有的施工技术水平和今后运营条件等因素有关，在众多因素中，根本性的因素是地质条件和地形条件。

3.2.1　越岭线上隧道位置的选择

当交通路线需要从一个水系过渡到另一个水系时，必须跨越高程很大的分水岭，为缩短线路里程，克服高度障碍，必须要设置越岭隧道，这段线路称之为越岭线。选择越岭隧道的位置时，应在附近较大范围内，对各个垭口进行全面调查，弄清各个垭口的高程和垭口处的工程地质与水文地质条件，还要对垭口两侧的沟谷地势、山体厚薄、山坡台地的分布情况，做出详细的调查。然后，选择哪一个垭口最恰当和把隧道定在哪一个高程上最为适宜。

为此，选择越岭隧道的位置主要以选择垭口和确定隧道高程两大因素为依据。

1. 选择垭口

当线路跨越分水岭时，分水岭的山脊线上总会有高程低处，称之为垭口。一般的情况，常常有若干个垭口可以通过。此时，就要分析比较，并选定最为理想的垭口。

从平面上考虑，当然是与连接两端控制点的航空直线方向越靠近越好，这样线路距离最短。但是天然的地形往往做不到完全符合航空直线，只能是尽可能靠近它，使线路略微短一些。除了考虑平面位置外，还要考虑垭口两端沟谷的分布情况和台地的开敞程度，主沟高程是否相差不大和沟谷是否靠近，以便设计必要的展线。

例如，成昆线乃托至沪沽一段，当中有明显的分水岭把两地隔开。分水岭与乌斯河一侧的高差达1600m，分水岭与沪沽一侧高差也有620m。线路要跨越，必须以隧道通过。由于工程较大，需要慎重比选，于是在小相岭纵横几十公里范围内进行了大面积的测绘及调查，得知这一地区是个横断山脉，小相岭的脊线是明显的分水岭。所有可跨越的垭口都在2500m高程以上，其中以沙木拉达垭口最低。而其两侧沟谷较长，地势开阔，线路沿沟谷台地有展线的条件。经过技术和经济的比较，最后选定了沙木拉达隧道方案，如图 3-1 所示。事实证明，这一方案是比较切合当时具体情况和工期要求的。但如果按现在的经济条件和技术水平，选择小相岭是合适的。

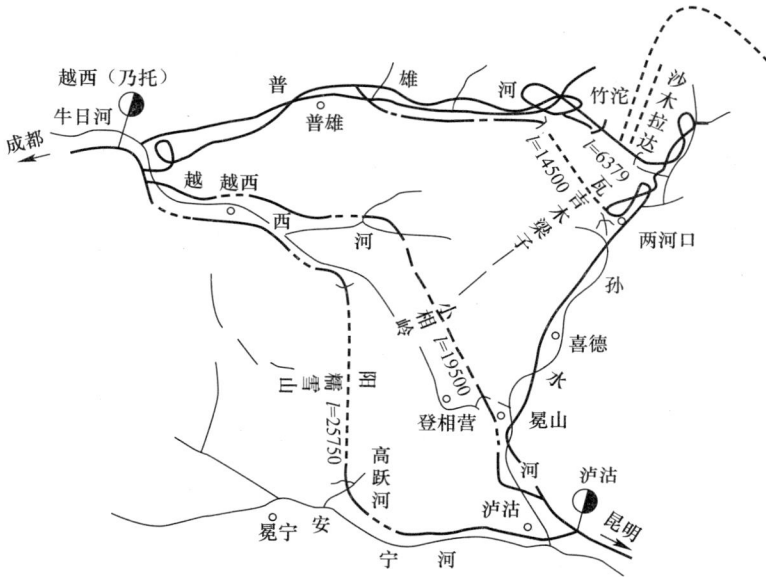

图 3-1　成昆线乃托—泸沽段隧道方案

2. 选定高程

分水岭的山体，一般是上部比较陡峭而下部比较平缓。不同高程的隧道有不同的纵坡、隧道长度和展线长度，如图 3-2 所示。将隧道选在较高的高程，可以缩短隧道长度，减少施工工期，降低投资，但会形成较大的纵坡和较长的展线。降低隧道高程则正好与此相反，隧道将更长，工程规模也要大一些。隧道在选定隧道高程时，务必从技术和经济两方面全面衡量，尤其在今后长远运营条件上，做出综合的比较，决定取舍。

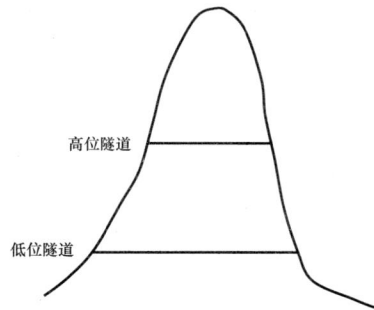

图 3-2　越岭高程对隧道长度的影响

3.2.2　河谷线上隧道位置的选择

线路沿河傍山而行时称为河谷线。这种线路左右受到山坡和河谷的制约，上下受到标高和限制坡度的控制，比选方案时，可能移动的幅度不大。但是，即使摆动的幅度很有限，可对工程的难易、大小都有关系。

1. 宁里勿外

河谷地段往往山坡险峻，岩体风化破碎，河道蜿蜒，线路势必随之弯转。

走行在凹岸时，更有可能受到河水的冲刷，并且常伴随着地质不良现象，必须设置防护建筑物。设计线路位置时，如果稍偏河流一侧，则线路位置恰恰落在山体的风化表层内，极易引起坍方落石；如果稍偏靠山一侧，形成浅埋，洞顶覆盖太薄，将受到山体的偏侧压力，对施工和结构的受力状态十分不利，有时会导致施工困难和结构的不安全。例如，成昆线上的金口河隧道，位于大渡河左岸，山势陡峻，岩体破碎。线路设计时，位置靠外，隧道洞壁过薄，施工时常发生坍顶露空，山坡变形开裂，给施工带来极大困难，给国家造成不应有的损失。多年实践总结出一条经验，就是"宁里勿外"，意思是在河谷线上，隧道位置以稍向内靠为好。当然，过分内靠，使土石方量增加太多，隧道增长，也是没有必要的。

为了使隧道顶上有足够的覆盖岩体，隧道结构不致受到侧压，还能形成自然拱，洞顶以上外侧应有足够的厚度。

当岩层结构面倾向山体一侧时，岩层比较稳定，覆盖厚度可以酌减；当岩层结构面倾向河流一侧时，覆盖厚度宜预加大。

2. 裁弯取直

当线路顺着河谷傍山行走、地形起伏不定时，则存在线路沿山嘴绕行的短隧道群方案与直穿山嘴的长隧道方案的比较问题。如果线路靠近河流一侧，则可以修若干座短隧道穿越；如山嘴地段地形陡峻，地质复杂，河岸冲刷严重，以路堑或短隧道通过难以保证运营安全时，应将隧道线路往山体内偏移，尽可能"裁弯取直"，以长隧道方案通过。

3.2.3　地质条件对隧道位置的影响

隧道方案确定后，剩下的问题就是如何根据地质条件选择合理的隧道位置，在按地质条件选择隧道位置时，首先要准确弄清楚地质情况。对于隧道工程而言，所需要弄清的地质情况主要有：①地质构造，包括岩层的构造特征、节理裂隙发育程度、结构面的性状、掩饰的块状大小与完整状态；②岩体强度；③水文地质条件；④不良地质。

1. 地质构造的影响

（1）单斜构造

在单斜构造的地区，岩层各层面间，有的是紧密贴附的，有的是出现裂缝又被一些细碎物质所填充。不管是哪一种情况，层间接触面比岩层实体总是较为薄弱的，从力学观点来看，一种岩体的强度常常不是由岩石本身的强度来控制，而是由它的软弱结构面的强度来控制的。

单斜构造的层面大体平行而有同一倾角，当层间的抗剪强度不足时，岩层在外力作用下将会发生层间相对错动。如图 3-3 所示，如果隧道的位置恰在层间软弱面上（图 3-3a 中的 B），岩层滑动将使隧道结构受到很大的剪力，以致把结构物损坏。如果层间软弱面恰好通过隧道的位置（图 3-3a 中的 A），岩层滑动会使隧道的某一段发生横向推移，而导致断开错位。如果层间较弱面正在隧道的上部，或是距上部不太厚的地方，常会把隧道的拱部挤裂。因此，在单斜构造的地质条件下，必须事先把岩层的构造和倾角大小调查清楚，一定要尽可能避开软弱结构面。特别是不要把隧道中线设计成与软弱结构面的走向一致或平行，尽量使两者相互垂直或大角度相交（图3-3b）。

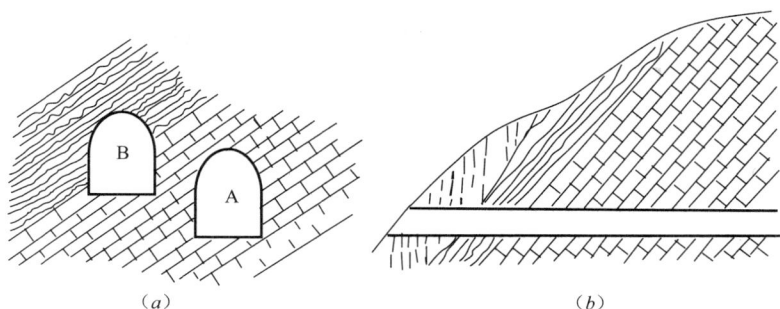

图 3-3　隧道位置与地层软弱面的关系

（2）褶曲构造

在褶曲构造的地区，岩层一部分向上弯曲翘起成为背斜，另一部分向下弯曲成为向斜。背斜的岩层受弯而在上面出现开裂，切割岩体成为上大下小的楔块，楔块受到两侧邻块的挟制，使得楔块的重量由邻块分担，因而只产生小于原重的压力。与此相反，向斜地层受弯而在下面开裂，切割岩体成为上小下大的楔块，这种楔块在重力作用下，极易脱离母岩而坠落，于是产生较大的压力，也就是给结构物以较大的荷载，而且在施工时，极易发生掉块或坍方，对工程产生不利影响。此外，地下水积聚凹底，也将增加施工的困难。所以，隧道穿过褶曲构造时，选在背斜中要比在向斜中有利。如果恰在褶曲的两翼，将受到偏侧压力，结构需加强，如图3-4所示。

图 3-4　褶曲构造地带隧道位置选择

（3）断层构造

在断层构造的地区，断层带中的岩体呈破碎状态，称为断层破裂体。它的强度很低，而且往往是地下水的通道。施工时，遇到这种地质条件将十分困难。选择隧道位置时，应尽可能避开。不得已时，也要与断层带隔开足够的安全距离，切忌隧道中线与断层方向一致。万不得已时，也宜正交跨过。施工时，还应作好各种支护及防水措施。

2. 不良地质的影响

从地质条件进行隧道位置选择时，最重要的影响因素是不良地质。不良地质是指滑坡、崩塌、岩堆、泥石流、溶洞和含瓦斯地区等。它们各有特点，也各有其影响。

（1）滑坡地区

山坡地区，由于地下水的活动、河流冲刷坡脚以及人为切坡等原因，山坡土体在重力作用下，沿某一软弱面有整体下滑的趋势，形成了滑坡。隧道通过这种地段时，将会突然地受到土体推力，有时会把结构物挤压破坏，或是剪切断开。如果对滑坡面的位置已经了解清楚，可以把隧道置于滑坡面以下的稳定岩体中。如果确知滑坡是多年静止的死滑坡或古滑坡，则在不得已时，也可以把隧道置于滑坡体之内，但要上部减载和加强排水。

（2）崩塌地区

山坡陡峻的地段，山体裂隙受风化而崩解，脱离母岩，成块地从斜坡翻滚坠落。它的出现是突然的，且冲击力很大，不易防范。选择隧道位置时，最好不要沿这类山坡通过。不得已时，应当尽可能地把隧道置于山体之中，穿过稳定的岩层。岩体崩塌的情形不太严重，而洞口又必须落在崩塌地区时，则可设置一段明洞来解决。

（3）岩堆地区

岩石经过风化作用，分解和剥离成为大小不一的块体，从山坡上方滚下，或冲刷夹持而堆积在山坡较平缓处或坡脚处，形成无粘结力的堆积体。隧道通过这类地区，开挖时极易发生坍方，给施工带来极大困难。这时，宜把隧道位置放在岩堆以下的稳定岩体之中。

（4）泥石流

山顶积聚的土壤和各种砾石、岩块受到洪水的浸融成为流体，顺山沟或峡谷而下，来势凶猛，破坏力极大。有时可能摧毁铁路路基，甚至掩埋铁路、堵塞隧道。因此，在选择隧道位置时，务必躲开泥石流泛滥区，如躲避不开，也应选在泥石流下切深度以下的基岩中。要查明泥石流洪积扇范围，不可把洞口放在洪积扇范围以内。

（5）溶洞地区

石灰岩类地区，岩石受流水的化学作用，溶蚀而形成空穴。穴中有的有积水，有的被土石填充，均成为不可承重的虚地基。选择隧道位置时，应尽可能避开。如无法避开时，应探明溶洞的所在位置，隧道与溶洞应有足够的安全距离。实在无法做到而又在坚硬的岩类中时，则可在隧道内建桥跨过。

（6）瓦斯地区

在产煤的地层中，蕴藏着有害气体，如甲烷（CH_4）和二氧化碳（CO_2）。隧道开挖时，有害气体逸出。轻则致人窒息，重则引起爆炸，危害甚大。选择隧道位置时，最好能避开。不得已时，应采取通风稀释和防爆的措施。

3. 不良水文地质的影响

（1）地下水

地下水多是由地表水的渗透或地下水源补给的。例如岩层裂隙中的裂隙水，或溶洞中储藏的溶洞水，它们有时是流动的，有时是静止的，有时还有压力水头。它们的存在，使岩石软化、强度降低，层间夹层软化或稀释，促成了层间的滑动。裂隙中的水在开挖时涌入坑道，使施工发生困难，给以后养护也带来无休止的灾害。我国西北地区的一座隧道断层水曾达 10000t/d。贵昆线上一座隧道，在大雨之后，所有溶洞同时出水达 50000t/d，可见它的危害之大。选择隧道位置时，最好不从富水区中经过。不得已时，也要尽可能地把隧道置于地下水位以上的地方，或从不透水层中穿过。

（2）地温

地球核心产生的巨大的热量，随着地表与大气接触而逐渐冷却，成为地表温度。地表以下在一定的深度内地温基本是恒定不变的，称为恒温层。再向下每增加一定深度，地温将提高1℃，这个深度间隔称之为地温梯度。据一般测定，地温梯度约为33m左右。隧道如果埋置很深，地温太高，将会降低施工效率。如果在潮湿的岩层中，尽管有强力的通风，地温达到40～50℃时，人们也无法在里边工作。所以，选择隧道位置时，应尽可能不把隧道放在山体太深处。遇到部分地段埋深太大时，则应做好通风降温工作。

3.3 隧道洞口位置的选择

隧道位置选定以后，隧道长度由它的两端洞口位置确定（即隧道长度为其进出口洞门墙外表面与线路内轨顶面标高线交点之间的距离）。

洞口是隧道进出的咽喉，又是隧道施工中的主要通道。洞口位置选择是否合理，将对隧道的施工工期、造价、运营安全等产生重大的影响。所以在隧道线路设计中，洞口位置的选择是一项很重要的工作。

3.3.1 选择洞口位置的原则

隧道的进出口是隧道建筑物唯一的暴露部分，也是整个隧道的薄弱环节。由于洞口处地质条件差，多为严重风化的堆积体，覆盖层厚度较薄，若地形倾斜又易造成浅埋侧压；还受地表水的冲刷，加上隧道一旦开挖，山体受扰动等原因，容易造成山体失稳，产生滑动和坍塌。如洞口位置选择不当，可能引起洞口坍方而无法进洞，或病害整治工程量过大，甚至遗留后患。对此，在以往的隧道工程中有过不少教训。

根据我国多年实践经验，总结出"早进晚出"的原则。即在决定隧道洞口位置时，为了确保施工、运营的安全，宁可早一点进洞，晚一点出洞，这样做，虽然隧道修长了一些，却较安全可靠。当然，并不意味着进洞越早越好，出洞越晚越好，而是应当从安全性等多方面比较确定。

理想的洞口位置应选择地质条件良好，地势开阔，施工方便，技术、经济合理之处。但在实际工程中难以完全满足这些要求。为此，在选择隧道洞口位置时应注意以下几个原则：

（1）洞口不宜设在垭口沟谷的中心或沟底低洼处（如图3-5所示中的A线），不要与水争路。因为，在一般情况下，垭口沟谷在地质构造上是最薄弱的环节，常会遇到断层带、古坍方、冲积土等不良地质。此外，地表流水都汇集在沟底，再加上洞口路堑开

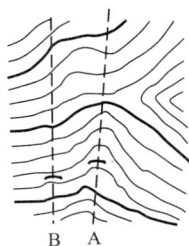

图 3-5　沟底附近洞口平面位置示意图

挖，破坏了山体原有的平衡，更容易引起坍方，甚至不能进洞。所以，洞口最好选在沟谷一侧（如图 3-5 所示中的 B 线），让出沟心作为泄水的通路。

（2）洞口应避开不良地质地段，如断层、滑坡、岩堆、岩溶、流砂、泥石流、盐岩、多年冻土、雪崩、冰川等，以及避开地表水汇集处。

（3）当隧道线路通过岩壁陡立，基岩裸露处时，最好不刷动或少刷动原生地表，以保持山体的天然平衡。此时，洞口位置应根据具体情况，采取贴壁进洞（图 3-6）或设置一段明洞（当山坡上有落石、掉块而难以清除时）（图 3-7）；或修建特殊结构洞门，如悬臂式洞门；钢筋混凝土锚杆洞门；洞门桥台联合结构；悬臂式托盘基础洞门；长腿式洞门等。

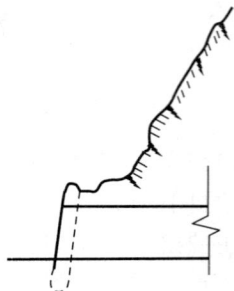

图 3-6 贴壁进洞时洞口纵断面示意图   图 3-7 陡壁下接常明洞时纵断面示意图

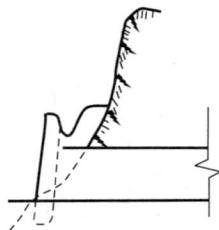

（4）减少洞口路堑段长度，延长隧道提前进洞。对处于漫坡地形的隧道，其洞口位置变动范围较大，一般应采取延长隧道的办法，以解决路堑弃土及排水的困难。

（5）洞口线路宜与等高线正交。使隧道正面进入山体（图 3-8），洞口结构物不致受到偏侧压力。对于傍山隧道因限于地形，有时无法与等高线正交，只能斜交进洞时，其交角不应太小（不小于 45°），并根据具体情况，采取斜交洞门、台阶式正交洞门或修建一段明洞。

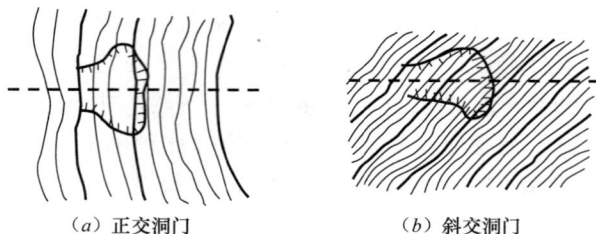

（a）正交洞门   （b）斜交洞门

图 3-8 洞门平面示意图

（6）当线路位于有可能被水淹没的河滩或水库回水影响范围以内时，隧道洞口标高应高出洪水位加波浪高度，以防洪水灌入隧道。

（7）为了确保洞口的稳定和安全，边坡及仰坡均不宜开挖过高。过去，从单纯的经济观点出发，把隧道洞口位置选定在所谓隧道与明洞的等价点上，即开挖每米明堑的造价和每延米隧道的施工与运营换算造价相等时的隧道"经济洞口"位置上。此时，往往隧道定得偏短，明堑挖得过深，边、仰坡很高。这样，不仅施工时容易发生坍方，行车后边坡也常滚石掉块，危及行车安全，最后不得不再修建明洞接长隧道。这不但增加了投资，还对施工和运营造成后患，教训十分深刻。例如，宝天段隧道共 123 座，修建明洞接长隧道的有 59 座，占隧道总数的 48%；天兰段隧道共 43 座，修建明洞接长隧道的有 18 座，占隧道总数的 42%；川黔线隧道共 66 座，修建明洞接长隧道的有 27 座，占隧道总数的 41%。所以，应根据开挖控制高度及坡度（参考表 3-2）来决定洞口位置。

隧道洞口边仰坡的允许开挖高度及坡率   表 3-2

围岩分级		边仰坡坡率	边仰坡开挖最大高度（m）	说明
I		≤0.3	20	1. 边仰坡开挖最大高度，指洞口的垂直等高线的控制断面； 2. 软岩坡面宜加设防护； 3. 本表未考虑地下水对坡面稳定的影响因素； 4. 本表不包括其他特种土类
II	硬岩	1:0.3～1:0.5	18～20	
	软岩	1:0.5～1:0.75	16～18	
III	硬岩	1:0.5～1:0.75	16	
	软岩	1:0.75～1:1	14～16	
IV	硬岩	1:0.75～1:1	12～14	
	软岩	1:1～1:1.25	12	
	土质	1:1～1:1.25	10～12	
V		1:1.25～1:1.5	10	
VI		<1:1.5	<10	

（8）当洞口附近遇有水沟或水渠横跨线路时，可设置拉槽开沟的桥梁或涵洞，排泄水流。如水量较大，上述方法仍不能满足要求时，应修建明洞接长隧道把水流引到洞顶水沟中排走。

（9）当洞口地势开阔，有利于施工场地布置时，可利用弃渣有计划、有目的地改造洞口场地，以便布置运输便道、材料堆放场、生产设施用地及生产、生活用房等。另外，在桥隧相连时，应注意防止因弃渣乱堆造成堵塞桥孔或推坏桥梁墩台建筑物。

总之，隧道洞口位置的选择，应根据地形、地质条件，考虑边坡、仰坡的稳定，结合洞外有关工程及施工难易程度，本着"早进晚出"的指导思想，全面综合地分析确定。

3.3.2 洞口平面及纵断面设计

当线路的方向确定后，可采用作图法来确定进洞里程和边、仰坡开挖线。

1. 进洞里程的确定

在洞口地形平面图上（1:250 或 1:500）用作图法确定进洞里程的具体步骤为：

（1）在洞口地形平面图上找出控制等高线（图 3-9）。首先根据表 3-2 选定仰坡的极限开挖高度 H，然后根据 H 值在隧道纵断面地质图上，粗略地拟定进洞位置，而定出进洞的路基标高 H，则控制等高线标高为：$H_控 = H_路 + H$。为了在洞口地形平面图上查找的方便，$H_控$ 可取整数（但要保证开挖高度 H 在极限范围内）。

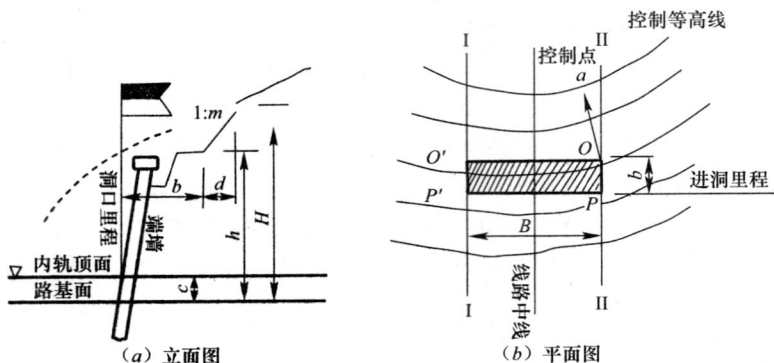

（a）立面图　　　　　　（b）平面图

图 3-9　进洞里程确定示意图

（2）在预先选定的洞口附近，以洞门墙宽度 B 为距离，作对称于线路中心线的平行线Ⅰ—Ⅰ和Ⅱ—Ⅱ。

（3）以仰坡坡脚至极限挖高控制点的水平距离 d 为半径，用分规沿Ⅰ—Ⅰ（或Ⅱ—Ⅱ）线移动，找出与控制等高线相切于 a 点（即控制点）的圆心 O。其中 d 值可根据洞门构造图及仰坡坡率 m 求出，即 $d=(H-h)m$（h 为路基面至仰坡坡脚的高度，H 是仰坡的极限开挖高度）。

（4）过 O 点作线路中心线的垂线 OO'。

（5）以洞口里程至仰坡坡脚的水平距离 b（由洞门图查得）为间距，作 OO' 线的平行线 PP'，则 PP' 线为洞口里程位置。

在实际设计中，若有几个控制点时，可根据"早进晚出"的原则，综合考虑洞口附近的地形、工程地质及水文地质情况，经详细比较，才能最后确定洞口位置的最佳方案。

2. 绘制隧道洞口边、仰坡开挖线

为了布置洞顶排水设施和洞口附近其他建筑物，故需确定洞口边、仰坡开挖范围，在洞口地形平面图上绘制边、仰坡开挖线（即路堑边坡坡面及洞门仰坡坡面与地面的交线）。

（1）绘制仰坡开挖线

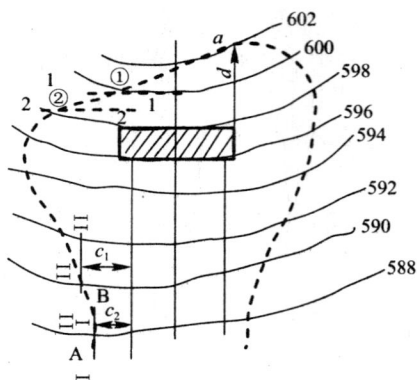

图 3-10　控制等高线

洞门位置确定后，可计算仰坡坡脚标高 $H_{仰}$，则由仰坡坡率，求得仰坡定点位置。

例如，如图 3-10 所示，控制等高线为 602m，仰坡坡脚标高为 595m，仰坡坡率 $m=0.75$，即可计算 602～595m 各等高线坡率为 m 而距仰坡坡脚的水平投影距离 d_1，d_2 等各值。

对 600m 等高线：$d_1=(600-595)\times m=5\times 0.75=3.75m$

对 598m 等高线：$d_2=(598-595)\times m=3\times 0.75=2.25m$

......

在洞门地形图上，作与洞门墙平行且相距为 d_1 的 1-1 线交 600m 等高线于①点；作 2-2 线与洞门墙相距为 d_2 交 598m 等高线于②点等，以此类推。

连接 d_1、d_2 等各点，即为仰坡开挖线。

（2）绘制边坡开挖线

其原理同前，先确定边坡坡脚标高，根据边坡坡率 n，可计算不同标高位置的边坡顶至边坡坡脚的水平投影距离 c。

例如，边坡坡脚标高为 586m，$n=0.5$，则：

$$c_1 = (588 - 586) \times n = 2 \times 0.5 = 1.0m$$
$$c_2 = (590 - 586) \times n = 4 \times 0.5 = 2.0m$$

作 Ⅰ-Ⅰ 线与路堑坡脚线平行且相距为 c_1，交 588m 等高线于 A。作 Ⅱ-Ⅱ 线与路堑坡脚线平行且相距为 c_2，交 590m 等高线于 B。同理可求得其他各点，并连接各点，即得边坡开挖线。

（3）绘制仰坡与边坡交角处开挖线

其原理同前，但应注意以下几点：

① 洞门开挖方式有两种，即甲式开挖和乙式开挖，如图 3-11 所示，其刷坡的起坡点不同。采用甲式开挖时，起坡点为翼墙端点；乙式开挖时，起坡点为仰坡坡脚。由此可确定相应起坡点的标高值。

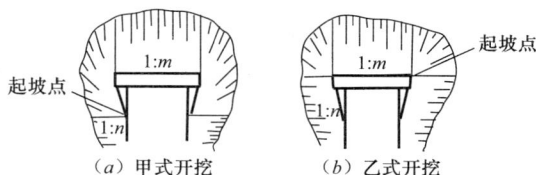

图 3-11　洞门的开挖方式

② 在 90°交角范围内，等分为 6 等份，即由边坡至仰坡的累计度数为 15°、30°、45°、60°、75°、90°。由各等份的坡率可计算相应等高线坡顶到起坡点的水平投影距离。

③ 当仰坡坡率 m 与边坡坡率 n 不同时，应圆顺过渡，其各等份的坡率 K 可按下式计算：

$$K = \frac{n \cdot m}{\sqrt{n^2 \sin^2 \alpha + m^2 \cos^2 \alpha}} \tag{3-1}$$

式中　n——边坡坡率；

$\quad\quad m$——仰坡坡率；

$\quad\quad \alpha$——圆角部分等分角度的累积度数（由边坡至仰坡）。

3.4　隧道平、纵断面设计

隧道内线路设计时，首先应满足整体线路规定的各种技术指标。因为隧道内的环境条件比较差，无论是车辆运行，还是维修养护，都处于不利的条件下。所以，在设计隧道内线路时，还要考虑为适应隧道特点的一些技术要求。

3.4.1 隧道平面设计

一般情况下隧道内的线路最好采用直线，但当受到地形的限制或是由于地质原因，特别是出于线路走向需要时，往往不得不采用曲线。例如，当线路绕行于山嘴时，为了避免直穿隧道太长，或是为了便于开辟辅助性的横洞，有时也会有意识地设置与地形等高线相接近的曲线隧道。

当隧道越岭时，线路常常是沿着垭口的一侧山谷转入山体后，又沿顺垭口另一侧山谷转出。这样可以使隧道较长的中段放在直线上，但两端为了转向都要落在曲线上。如果垭口两侧沟谷地势开阔，则可将曲线放在洞口以外。

铁路隧道应尽可能采用较短的曲线，或是半径较大的曲线。在曲线两端设缓和曲线时，最好不使洞口恰恰落在缓和曲线上，因为，缓和曲线在平面上半径总在改变，竖向的外轨超高也在变化，这样，在双重变化下，列车行驶不平稳。所以，应尽可能将缓和曲线设在洞外一个适当距离以外，圆曲线的长度也不应短于一节车厢的长度。在一座隧道内最好不设一个以上的曲线，尤其是不宜设置反向曲线或复合曲线。如果列车同时跨在两个曲线上，行驶很不稳当。所以，两曲线间应有足够长的夹直线，一般是要求在三倍车辆长度以上。

在高速铁路平面设计时，由于高速铁路隧道的行车速度快，对曲线半径有较高的要求，如表3-3所示。同时正线平面的圆曲线半径应因地制宜，优先采用推荐曲线半径，慎用最小曲线半径和最大曲线半径。

线路平面圆曲线半径   表3-3

设计速度（km/h）	推荐曲线半径（m）	最小曲线半径（m）	最大曲线半径（m）
200	4500~7000	3500（2800）	10000（1200）
300	5500~8000	4500（4000）	12000（14000）
350	8000~10000	7000（5500）	12000（14000）

注：括号内数值为特殊困难条件下，经技术经济比选后方可采用的最小曲线半径或最大曲线半径。

3.4.2 隧道纵断面设计

隧道内线路纵断面设计就是要选定隧道内线路的坡道形式、坡度大小、坡段长度和坡段间的衔接等。

1. 坡道形式

隧道处于岩层之中，除了地质有变化以外，线路走向不受任何限制，不必采用复杂多变的形式。一般可采用单面坡形（图3-12a）或人字坡形（图3-12b）。

单面坡多用于线路的紧坡地段或是展线的地区，因为单面坡可以争取高程，拔起或降落一定的高度。单面坡隧道的优点是：施工及测量上都比较方便；此外，单面坡隧道两洞口的高程差较大，由此而产生的气压差和热位差也大，能促进洞内的自然通风。它的缺点是：在施工阶段，对于下坡开挖，洞内的水自然地流向开挖工作面，使开挖工作受到干扰，需要随时抽水外排；此外，运渣时，空车下坡重车上坡，运输效率低。

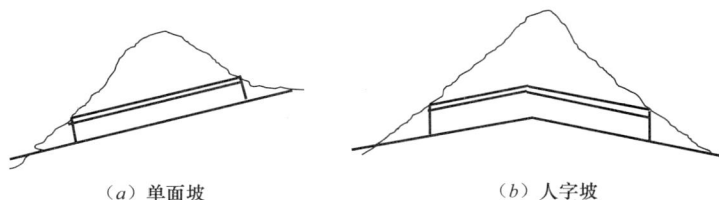

（a）单面坡 　　　　　　　　　（b）人字坡

图 3-12　坡道形式示意图

人字形坡道多用于长隧道，尤其是越岭隧道。因为越岭无需争取高程，而垭口两端都是沟谷地带，同时向下的人字形坡道，正好符合地形条件。人字坡的优点是：施工时水自然流向洞外，排水措施相应地简化，而且重车下坡，空车上坡，运输效率高。它的缺点是：列车通过时排出的有害气体聚集在两坡间的顶峰处，尽管用机械通风，有时也排除不干净，长时间积累，浓度渐渐增大，使司机以及洞内维修人员的健康受到影响。

两种不同的坡形适用于不同的隧道。对位于紧坡地段，要争取高程的区段上的隧道；位于越岭隧道两端展线上的隧道；地下水不大的隧道；或是可以单口掘进的短隧道，可以采用单面坡形。对于长大隧道、越岭隧道、地下水丰富而抽水设备不足的隧道，宜采用人字坡形。

2. 坡度大小

铁路隧道对于行车来说线路的坡度以平坡为最好。但是，天然地形是起伏不定的，为了能适应天然地形的形状以减少工程数量，只好随着地形的变化设置与之相适应的线路坡度。但依据地形设计坡度时，注意应不超过限制坡度，如果在平面上有曲线，还需为克服曲线的阻力，再减去一个曲线的当量坡度，即：

$$i_允 = i_限 - i_曲 \tag{3-2}$$

式中　$i_允$——设计中允许采用的最大坡度（‰）；

　　　$i_限$——按照线路等级规定的限制最大坡度（‰）；

　　　$i_曲$——曲线阻力折算的坡度当量（‰）。

隧道内行车条件要比明线差，对线路最大限制坡度的要求更为严格。因此，隧道内线路的最大允许坡度要在明线最大限制坡度上乘以一个折减系数。考虑坡度折减有以下原因：

（1）列车车轮与钢轨踏面间的粘着系数降低——机车的牵引能力有时是由车轮与轨面之间的粘着力来控制的。隧道内空气的相对湿度较露天处大，因而钢轨踏面上易凝成一层薄膜，使轮轨之间的粘着系数降低，于是机车的牵引力也随之降低。此外，如果是蒸汽机车牵引，机车喷出的煤烟渣滓落在轨面上，也会使粘着系数降低。因此，隧道内线路的限制坡度应比明线的限制坡度有所减小。

（2）洞内空气阻力增大——列车在隧道内行驶，洞内空气将像活塞那样给前进的列车以空气阻力，使列车的牵引力减弱。所以，隧道内的限制坡度要比明线的限制坡度小。

由于上述原因，隧道内线路的限制坡度要在明线限制坡度上乘以一个小于 1 的折减系数。按现行规范，除隧道长度小于 400m 时，上述影响不太显著，坡度可以不折减，其他凡长度大于 400m 的隧道都要考虑坡度的折减。折减的方法按下式进行：

$$i_允 = mi_限 - i_曲 \tag{3-3}$$

其中，m 为隧道内线路的坡度折减系数，它与隧道的长度有关。当隧道内有曲线时，注意要先进行隧道内线路坡度的折减，然后再扣除曲线折减，如上式所列。

《铁路隧道设计规范》TB 10003—2016 中规定了隧道内线路坡度折减系数 m 的经验数值，列于表 3-4 可参照使用。

各种牵引种类的隧道内线路最大坡度系数 m 表 3-4

隧道长度（m）	电力牵引	内燃牵引	蒸汽牵引	
			单机牵引	双机牵引
401～1000	0.95	0.90	0.90	0.85
1001～4000	0.90	0.80	0.80	0.75
>4000	0.85	0.75	0.70	0.65

另外，不但隧道内的线路应按上述方式予以折减，洞口外一段距离内，也要考虑相应的折减。因为当列车的机车一旦进入隧道，空气阻力就增加，粘着系数也开始减少。所以在上坡进洞前半个远期货物列车长度范围内，也要按洞内一样予以折减。至于列车出洞，机车已达明线，就不存在折减的问题了，如图 3-13 所示。

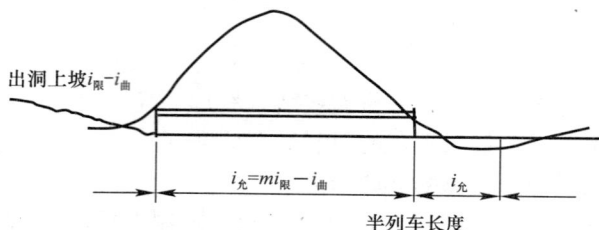

图 3-13　洞内、洞外线路坡度折减方式示意

除了最大坡度的限制以外，还要限制最小坡度。因为隧道内的水全靠排水沟向外流出。《铁路隧道设计规范》TB 10003—2016 规定，隧道内线路不得设置平坡，最小的允许坡度应不小于 3‰。

3. 坡段长度

铁路隧道内线路的坡形单一，不宜把坡段定得太长，尤其是单坡隧道。

如果是一路上大坡，列车就必须用尽机车的全部动力，持续前进，这样，会越爬越慢，以至有停车或出现车轮打滑的情况，容易发生事故。在下坡时，由于坡段太长，制动时间过久，机车闸瓦摩擦发热，将使燃油失效，以致刹不住车，发生溜车事故。所以，在限坡地段，坡段不宜太长。如果隧道很长，坡度又不想变动，为了不使机车爬长坡，可以设缓坡段，使机车有一个喘息和缓和的时间。

此外，顺坡设排水沟时，如果坡段太长，水沟就难以布置。不是流量太大，就是沟槽太深，有时为此需要设置许多抽水、扬水设施，分级分段排水，这给今后的运营和维修增加了工作量。所以，隧道内线路的坡段不宜太长。

与此相反，隧道内的线路坡段也不宜太短。因为，坡段太短就意味着变坡点多而密集，列车行驶不平稳，司机要随时调整操纵。列车过变坡点时，受力情况也随之变化，车辆间会发生相互的冲撞，车钩产生附加的应力。实践指出，坡段长度最好不小于列车的长度。考虑到长远的发展，坡段长度最好不小于远期到发线的长度。

4. 坡段联接

对于铁路隧道来说，为了行车平顺，两个相邻坡段坡度的代数差值不宜太大，否则会引起车辆之间仰俯不一，车钩受到扭力，容易发生断钩。因此，在设计坡度时，坡间的代数差要有一定的限制。《铁路隧道设计规范》TB 10003—2016 规定，旅客列车设计行车速度小于 160km/h 铁路，相邻坡段的坡度差大于 3‰时，应以圆曲线形竖曲线连接，竖曲线的半径应采用 10000m；旅客列车设计行车速度 160km/h 及以上路段，相邻坡段的坡度差大于 1‰时，应以圆曲线形竖曲线连接，竖曲线的半径应按现行铁路线路相关设计规范的规定选用。动车组走行线相邻坡段差大于 3‰时，应以圆曲线形竖曲线连接，竖曲线的半径一般采用 5000m，困难条件 3000m。

隧道内线路坡度不但要考虑上述因素，还要检算列车在相应坡段上的行车速度。因为列车上坡需要有一定的速度，才能将动能转为势能。如果列车开始上坡时，没有足够的前进能力，行至中途机车的效能就会有所降低，逐渐衰减以至趋近于不能前进而出现打滑、停车以致倒退等危险情况。即使能勉强爬上，缓缓而过，洞内行车时间过长，散发出的污浊空气会使机车乘务人员以及旅客感到非常不舒服，甚至酿成窒息、晕倒等事故。按照实践经验，规定了隧道内最小行车速度的数值，如表 3-5 所示。

内燃、蒸汽牵引列车通过隧道的最低速度 v_s（km/h）　　表 3-5

隧道长度（m）	蒸汽牵引		内燃牵引
	单线隧道单机牵引，双线隧道单、双机牵引	单线隧道双机牵引	
≤400	计算速度	计算速度	计算速度
401~1000	25（但不小于计算速度）	30	计算速度
1001~4000	30	35	25
>4000	35	40	25

小结及学习指导

本章内容包括隧道工程勘测的主要内容，隧道位置选择的原则，地质条件对隧道位置的影响，隧道洞口位置选择的原则，洞口进洞里程的确定方法，隧道洞口边、仰坡开挖线的绘制，隧道平、纵断面设计。

通过本章学习，要求掌握隧道位置选择的原则，熟悉地质条件对隧道位置选择的影响，能确定隧道洞口进洞里程，能绘制洞口边、仰坡开挖线，熟悉隧道平、纵断面设计的内容和原则。

思考题与习题

3-1　简述隧道平面位置和洞口位置选择的影响因素和选择原则。

3-2　简述隧道进口里程及洞口边、仰坡开挖线的确定方法。

3-3　解释隧道纵坡的形式、适用条件及限制坡度。

3-4　简述隧道平、纵断面设计的原则。

第4章
隧道结构构造

本章知识点

> 知识点：隧道建筑物的限界，曲线隧道的净空加宽，隧道支护结构、洞门、明洞的构造形式，隧道附属建筑物。
>
> 重　点：隧道支护结构、明洞、洞门的构造形式，隧道结构限界的组成，曲线隧道净空加宽的计算。
>
> 难　点：隧道建筑物限界的组成，曲线隧道净空加宽的计算。

隧道建筑可分为主体建筑物和附属建筑物。前者是为了保持隧道的稳定，保证隧道正常使用而修建的，由洞身支护结构及洞门组成，在铁路线上洞口附近容易坍塌或有落石危险时则需要加筑明洞；后者指保证隧道正常使用所需的各种辅助设施，是为了运营管理、维修养护、给水排水、供蓄发电、通风、照明、通信、安全而修建的构造物。

4.1　隧道限界与净空

4.1.1　直线隧道净空

隧道净空是指隧道衬砌的内轮廓线所包围空间。铁路隧道净空是根据"隧道建筑限界"确定的，而"隧道建筑限界"是根据"基本建筑限界"制定的，"基本建筑限界"又是根据"机车车辆限界"制定的。

"限界"是一种规定的轮廓线，这种轮廓线以内的空间是保证列车安全运行所必需的。"建筑限界"是建筑物不得侵入的一种限界。

1. 机车车辆限界

它是指机车车辆最外轮廓的限界尺寸。要求所有在线路上行驶的机车车辆停在平坡直线上时，沿车体所有部分都必须容纳在此限界范围内而不得超越。

2. 基本建筑限界

它是指线路上各种建筑物和设备均不得侵入的轮廓线。它的用途是保证机车车辆（包括超限车辆，其最大装载高度为5300mm，宽度为4450mm，这是最大级超限货物装载的限界）的安全运行及建筑物和设备不受损害。

3. 隧道建筑限界

它是指包围"基本建筑限界"外部的轮廓线。即要比"基本建筑限界"

大一些，留出少许空间，用于安装通信信号、照明、电力等设备。

　　根据《铁路技术管理规程》（普速铁路部分），$v \leqslant 160$km/h 客货共线铁路限界：内燃牵引区段如图 4-1 所示，电力牵引区段如图 4-2 所示。我国高速铁路隧道建筑限界分为 200km/h 客货共线、200km/h 及以上客运专线、200km/h 客货共线双层集装箱三种，如图 4-3～图 4-5 所示。

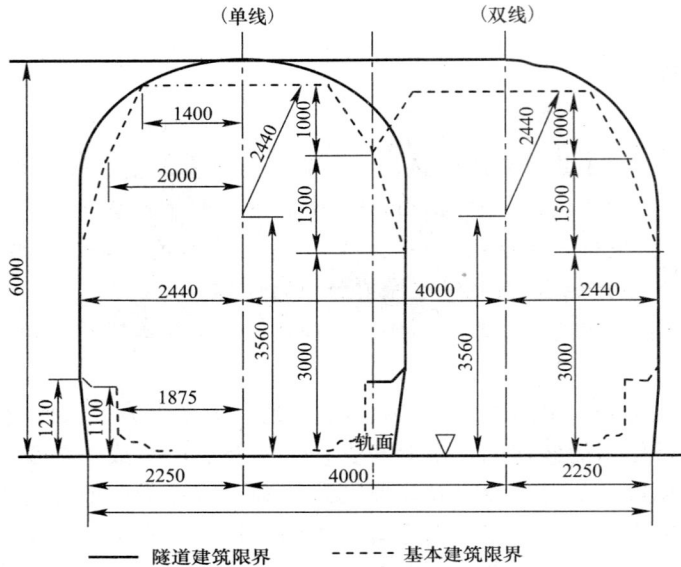

图 4-1　160km/h 内燃牵引隧道限界图（单位：mm）

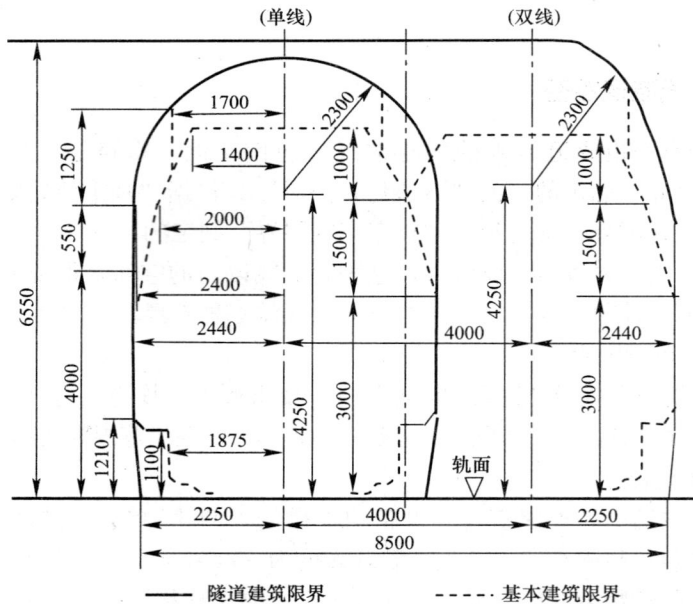

图 4-2　160km/h 电力牵引隧道限界图（单位：mm）

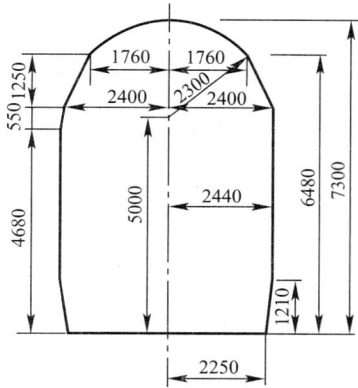

图 4-3　200km/h 客货共线电力牵引铁路
KH-200 桥隧建筑限界（单位：mm）

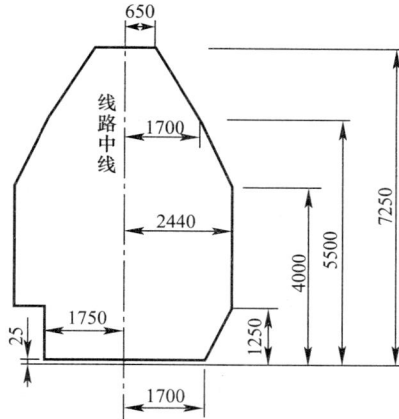

图 4-4　200km/h 及以上客运专线
建筑限界（单位：mm）

4. 直线隧道净空

"直线隧道净空"要比"隧道建筑限界"稍大一些，除了需满足限界要求，考虑避让等安全空间、救援通道及技术作业空间外，还考虑了在不同的围岩压力作用下，支护结构的合理受力形状（拱部采用三心圆，边墙采用直墙式或曲墙式）以及施工方便等因素。图 4-6～图 4-14 为速度在 120～350km/h 单线及双线电力牵引铁路隧道衬砌内轮廓。

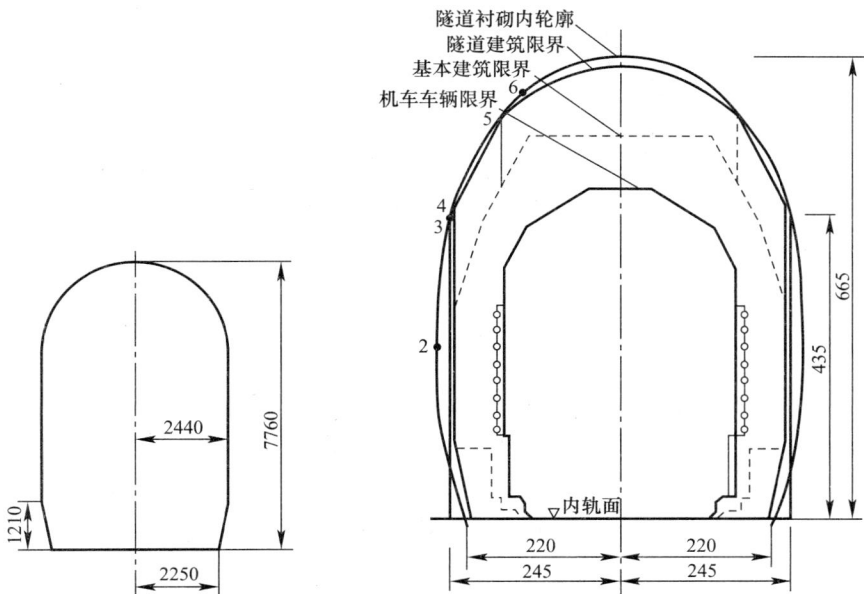

图 4-5　200km/h 客货共线电力
牵引铁路双层集装箱运输隧道
建筑限界（单位：mm）

图 4-6　120km/h 单线电力牵引铁路
隧道内轮廓图（单位：cm）

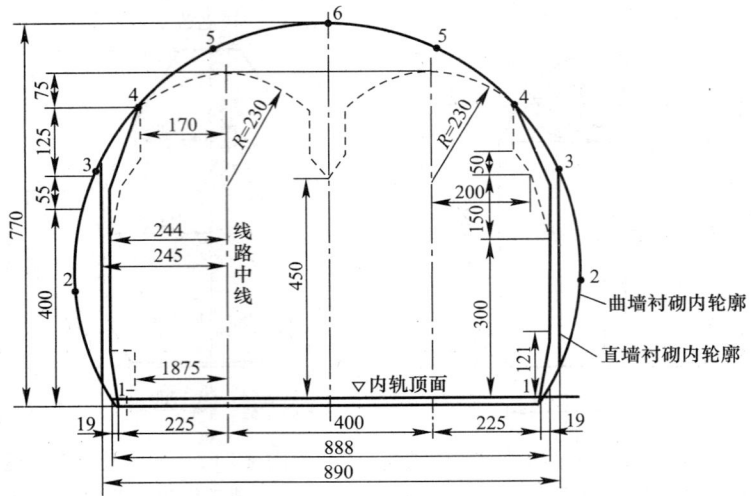

图 4-7 120km/h双线电力牵引铁路隧道内轮廓图（单位：cm）

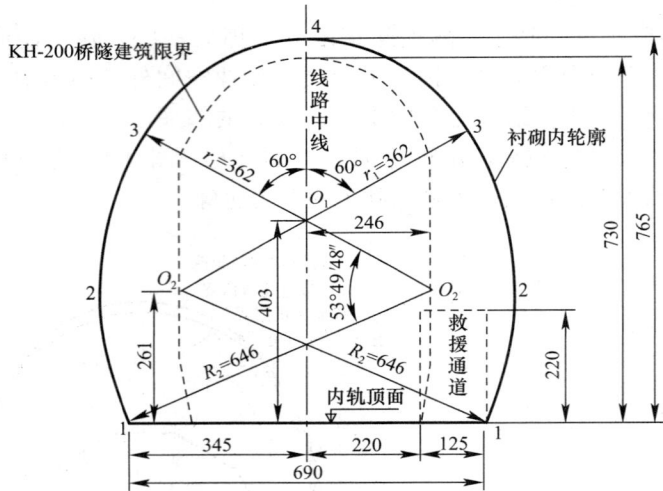

图 4-8 200km/h客货共线铁路单线隧道内轮廓图（单位：cm）

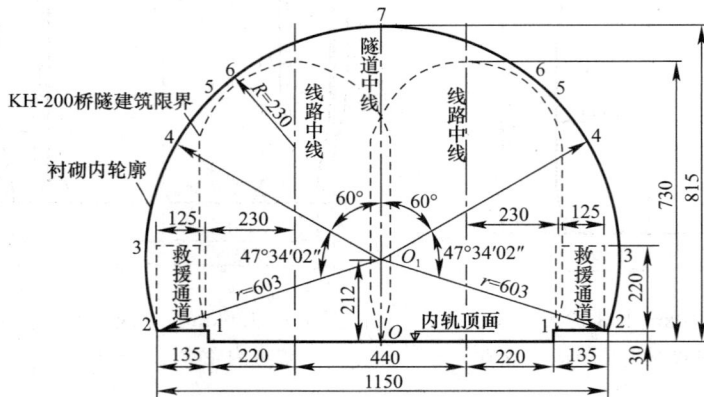

图 4-9 200km/h客货共线铁路双线隧道内轮廓图（单位：cm）

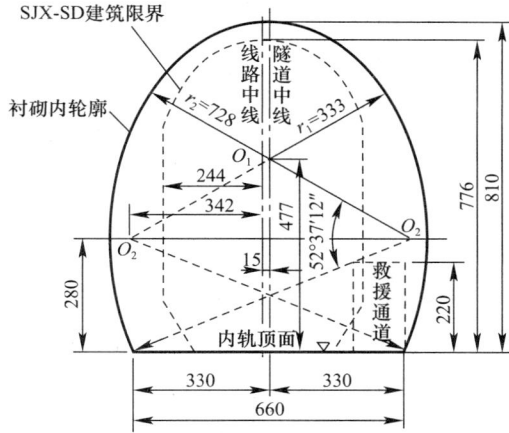

图 4-10　200km/h 客货共线铁路兼顾双箱运输的单线隧道内轮廓图（单位：cm）

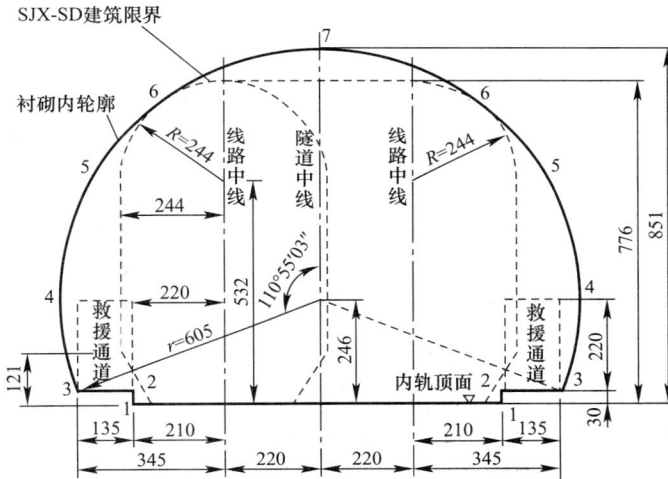

图 4-11　200km/h 客货共线铁路兼顾双箱运输的双线隧道内轮廓图（单位：cm）

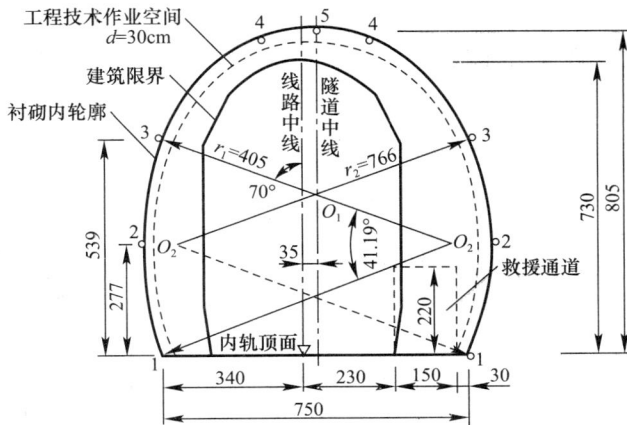

图 4-12　250km/h 客运专线单线隧道建筑限界及内轮廓图（单位：cm）

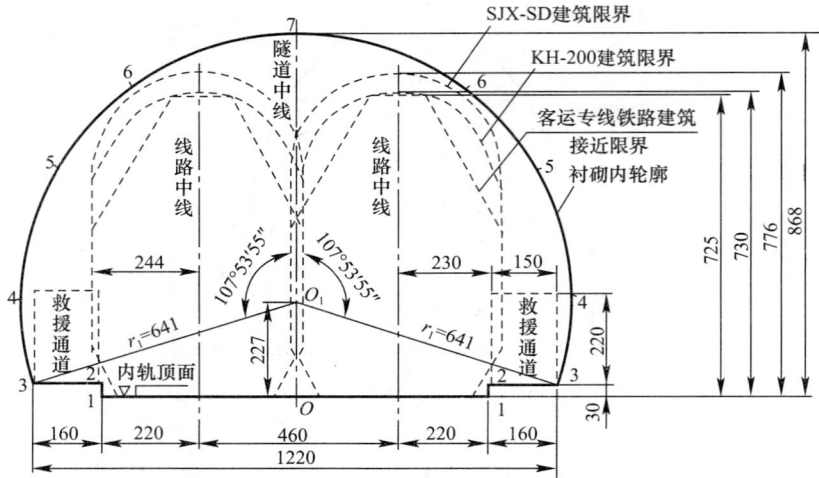

图 4-13　250km/客运专线铁路双线隧道建筑限界及内轮廓图（单位：cm）

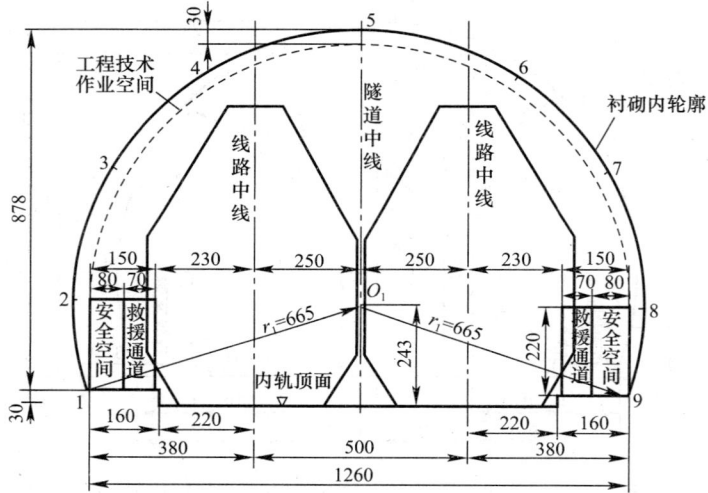

图 4-14　350km/客运专线铁路双线隧道建筑限界及内轮廓图（单位：cm）

4.1.2　曲线隧道净空加宽

1. 铁路线间距

直线部分铁路线间距如表 4-1 所示。

铁路线间距
　　　　表 4-1

序号	名称		线间最小距离（mm）
1	区间双线	$v \leqslant 120\mathrm{km/h}$	4000
		$120\mathrm{km/h} < v \leqslant 160\mathrm{km/h}$	4200
		$160\mathrm{km/h} < v \leqslant 200\mathrm{km/h}$	4400
		$200\mathrm{km/h} < v \leqslant 250\mathrm{km/h}$	4600
		$250\mathrm{km/h} < v \leqslant 300\mathrm{km/h}$	4800
		$300\mathrm{km/h} < v \leqslant 350\mathrm{km/h}$	5000

序号	名称		线间最小距离（mm）
2	三线及四线区间的第二与第三线		5300
3	站内正线	$v \leqslant 250\text{km/h}$	4600
		$250\text{km/h} < v \leqslant 300\text{km/h}$	4800
		$300\text{km/h} < v \leqslant 350\text{km/h}$	5000
4	站内正线与邻近到发线		5000
5	到发线与相邻到发线		5000
6	安全线与其他线路		5000

注：线间有建（构）筑物或有影响限界设施，最小线间距按建筑限界计算确定。

2. 加宽原因

（1）车辆通过曲线时，转向架中心点沿线路运行，而车辆本身却不能随线路弯曲仍保持其矩形形状。故其两端向曲线外侧偏移（$d_{外}$），中间向曲线内侧偏移（$d_{内1}$），如图 4-15 所示。

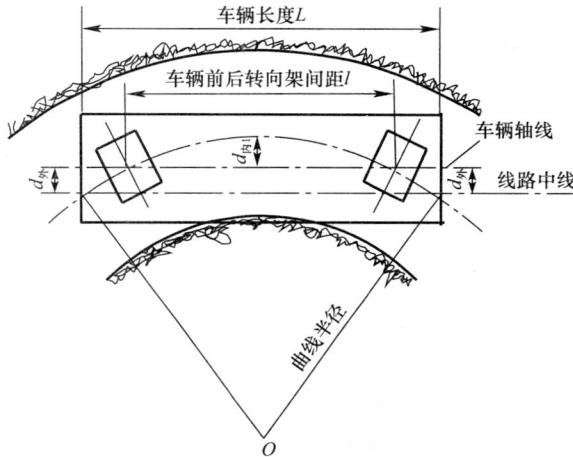

图 4-15　曲线隧道净空加宽原因图

（2）由于曲线外轨超高，车辆向曲线内侧倾斜，使车辆限界上的控制点在水平方向上向内移动了一个距离 $d_{内2}$，如图 4-16 所示。据此，曲线隧道净空的加宽值为：

内侧加宽　　$W_1 = d_{内1} + d_{内2}$

外侧加宽　　$W_2 = d_{外}$

总加宽　　$W = W_1 + W_2 = d_{内1} + d_{内2} + d_{外}$

3. 速度 200km/h 以下曲线隧道的加宽计算

（1）单线曲线隧道加宽值的计算

① 车辆中间部分向曲线内侧的偏移 $d_{内1}$

$$d_{内1} = l^2/8R \qquad (4\text{-}1)$$

式中　l——车辆转向架中心距，取 18m；

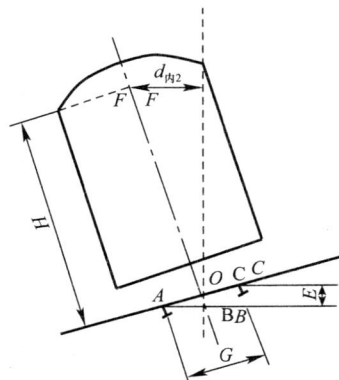

图 4-16　曲线隧道净空加宽原因断面示意图

R——曲线半径（m）。

则
$$d_{内1}=\frac{18^2}{8R}\times100=\frac{4050}{R}\ (\text{cm})$$

② 车辆两端向曲线外侧的偏移 $d_{外}$

$$d_{外}=\frac{L^2-l^2}{8R} \tag{4-2}$$

式中　L——标准车辆长度，我国为 26m。

$$d_{外}=\frac{26^2-18^2}{8R}\times100=\frac{4400}{R}\ (\text{cm})$$

③ 外轨超高使车体向曲线内侧倾移 $d_{内2}$

$$d_{内2}=\frac{H}{150}E\ (\text{cm}) \tag{4-3}$$

式中　H——隧道限界控制点自轨面起的高度（cm）；

　　　E——曲线外轨超高值，其最大值不超过 15cm。

且
$$E=0.75\frac{v^2}{R}\ (\text{cm}) \tag{4-4}$$

式中　v——铁路远期行车速度（km/h）。

在我国铁路隧道标准设计中，$d_{内2}$ 是将相应的隧道建筑限界绕内侧轨顶中心转动 $\arctan\frac{E}{150}$ 角求得，可近似取 $d_{内2}=2.7E$（cm）。则隧道内侧加宽值（图 4-17）为：

$$W_1=d_{内1}+d_{内2}=\frac{4050}{R}+2.7E\ (\text{cm}) \tag{4-5}$$

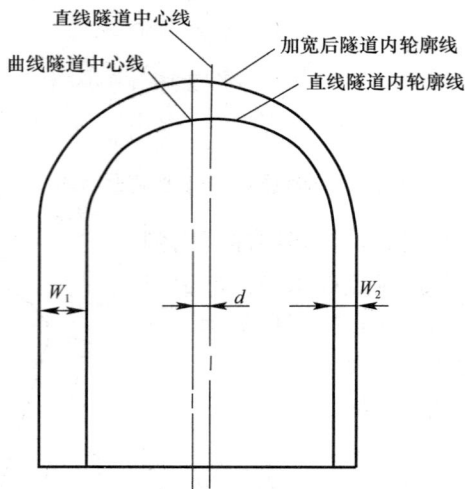

图 4-17　单线隧道曲线加宽示意图

隧道外侧加宽值为：

$$W_2=d_{外}=\frac{4400}{R}\ (\text{cm}) \tag{4-6}$$

隧道总加宽值为：

$$W = W_1 + W_2 = \frac{4050}{R} + 2.7E + \frac{4400}{R} \text{ (cm)} \tag{4-7}$$

或

$$W = \frac{8450}{R} + 2.7E \text{ (cm)} \tag{4-8}$$

（2）双线曲线隧道加宽值的计算

双线曲线隧道的内侧加宽值 W_1 及外侧加宽值 W_2 与单线隧道加宽值的计算相同。内外侧线路中线间的加宽值 W_3 按以下情况计算（图4-18）。

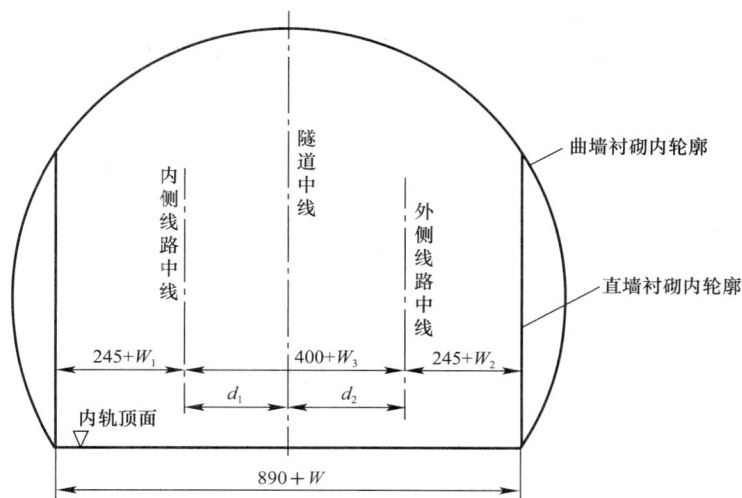

图 4-18　双线曲线隧道加宽示意图

当外侧线路的外轨超高大于内侧线路的外轨超高时：

$$W_3 = \frac{8450}{R} + \frac{H}{150} \times \frac{E}{2} \text{ (cm)} \tag{4-9}$$

式中　　H——车辆外侧顶角距内轨顶面的高度，取 360cm；

　　　　E——外侧线路的外轨超高值（cm）；

　　　　R——曲线半径（m）。

则

$$W_3 = \frac{8450}{R} + \frac{360}{150} \times \frac{E}{2} \text{ (cm)} \tag{4-10}$$

或

$$W_3 = \frac{8450}{R} + 1.2E \text{ (cm)} \tag{4-11}$$

其他情况时：

$$W_3 = \frac{8450}{R} \text{ (cm)} \tag{4-12}$$

（3）曲线隧道中线与线路中线偏移距离

从以上计算可知，曲线隧道内外侧加宽值不同（内侧加宽大于外侧加宽），断面加宽后，隧道中线应向曲线内侧偏移一个 d 值。

单线隧道（图4-17）的 d 值算法为：

$$d = \frac{1}{2}(W_1 - W_2) \text{ (cm)} \tag{4-13}$$

双线隧道（图 4-18）的 d 值算法如下。

内侧线路中线至隧道中线的距离：

$$d_1 = 200 - \frac{1}{2}(W_1 - W_2 - W_3) \text{（cm）} \qquad (4\text{-}14)$$

外侧线路中线至隧道中线的距离：

$$d_2 = 200 + \frac{1}{2}(W_1 - W_2 + W_3) \text{（cm）} \qquad (4\text{-}15)$$

4. 速度 200km/h 以上曲线隧道净空加宽

最高速度在 200km/h 以上的新建铁路单、双线隧道内净空面积和断面形式，因考虑其已满足空气动力学标准的要求，净空也满足建筑物接近限界及其他工程使用空间的需要，且留有富余量。因此，曲线隧道的内轮廓不考虑曲线加宽。

4.1.3　曲线隧道与直线隧道衬砌的衔接方法

根据《铁路隧道设计规范》TB 10003—2016 规定：位于曲线地段的隧道，断面加宽除圆曲线部分按上述计算值予以加宽外，缓和曲线部分可分两段加宽，即自圆曲线至缓和曲线中点，并向直线方向延长 13m，采用圆曲线加宽断面（按 W 值加宽）；其余缓和曲线，并自直缓分界点向直线段延长 22m，采用缓和曲线中点加宽断面，其加宽值取圆曲线之半（即按 W/2 加宽），如图 4-19 所示。

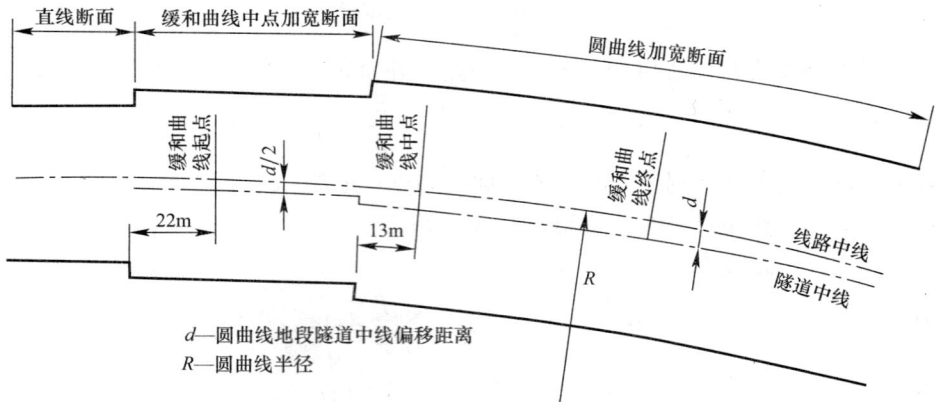

图 4-19　曲线隧道与直线隧道衔接方法平面示意图

上述分别延长 22m 和 13m 的理由是：当列车由直线进入曲线，车辆前面的转向架进到缓和曲线起点后，由于缓和曲线外轨设有超高，故车辆开始向内侧倾斜，车辆的后端点亦已偏离线路中心，所以从车辆的前转向架到车辆后端点的范围内应按圆曲线加宽值的一半（W/2）加宽，此段长度为两转向架间距离 18m 加上转向架中心到车辆后端点距离 4m，共 22m。当车辆的一半进入缓和曲线中点时，其车辆后端偏离中线值应根据前面的转向架所在曲线的半径及超高值决定。此时，前面转向架已接近圆曲线，故车辆后段（按切线支距法原理推算，近似取车长一半，即 26/2＝13m）应按圆曲线加宽值（W）加宽。

位于曲线车站上的隧道，断面加宽应根据站场线路具体要求计算确定。

当隧道位于反向曲线上且其间夹直线长度小于 44m 时，重叠部分按两端不同的曲线半径分别计算内外侧加宽值，取其中较大者。

隧道支护结构施工中，对不同宽度衬砌断面的衔接，可采用在衬砌断面变化点错成直角台阶的错台法及自加宽断面终点向不加宽断面延伸 1m 范围内逐渐过渡的顺坡法。

4.2 隧道支护结构断面设计

隧道的净空限界确定以后，就可以据此进行隧道支护结构断面的初步拟定。

初步拟定结构形状和尺寸可采用经验类比的方法。支护结构断面设计的主要步骤为：确定隧道类型，选定相应建筑限界；根据围岩级别初步拟定截面形状和厚度；对拟定的各种断面方案进行优化计算，得出最优解时所对应的断面几何参数；对断面最优解进行力学分析，并对结果做出评价。拟定结构尺寸时需考虑内轮廓、结构轴线和截面厚度三个方面因素。

4.2.1 内轮廓线

衬砌的内轮廓必须符合隧道建筑净空限界。结构的任何部位都不应侵入限界以内，同时又应尽量减小坑道的断面积，使土石开挖量和圬工砌筑量最少。因此，内轮廓线总是紧贴着限界，但又不能随着限界曲折，而是平顺圆滑的，使结构受力合理。

我国铁路隧道的建筑限界是统一固定的，因此，相同围岩级别情况下，其支护结构的断面形状也是固定的，这些支护结构断面均有通用的设计参考图，不需做专门的设计，但当有较大偏压、冻胀力、倾斜的滑动推力或施工中出现大量塌方以及 7 度以上地震区等情况时，则应根据荷载特点进行个别设计。

拟定衬砌拱部内轮廓线的有关参数为（图 4-20）：轨顶面至拱顶高度 h、拱顶至拱脚矢高 f；衬砌拱部净宽一半 b，拱圈第一个内径 r_1 和第二个内径 r_2；内径 r_1 所画出的第一段圆曲线的终点截面与竖直面的夹角 φ_1，拱脚截面与竖直面的夹角 φ_2；内径 r_2 的圆心 o_2 至 o_1 的水平和垂直距离 a（当 $\varphi_1＝45°$ 时，此二值相等）。其中 h 和 b 主要与限界的尺寸和形状有关，其他参数可根据有关要求给出或通过计算确定。从图 4-20 中可以得出以下几个关系：

$$r_1 + a - r_2\cos\varphi_2 = f \qquad (4\text{-}16)$$

$$r_2\sin\varphi_2 - a = b \qquad (4\text{-}17)$$

$$r_1 + \frac{a}{\sin\varphi_1} = r_2 \qquad (4\text{-}18)$$

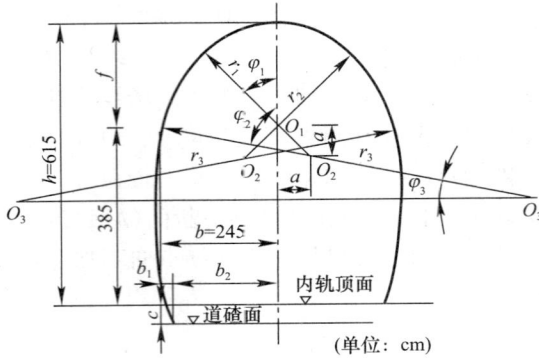

图 4-20　支护拱郭内轮廓线的相关参数

上述 3 个方程中，共有 7 个参数，故必须先给定 4 个参数才能解出另外 3 个参数。拟定横断面尺寸时，是先给定 b，f，φ_1 及 a 的值后，再解出 r_1，r_2 及 φ_2 的值。

曲线地段支护结构内轮廓线需要加宽时，为了便于调整拱架，应保持 r_2 及 φ_2 的数值不变，φ_1 取 45°，b 值根据加宽要求也是已知的，故其余 3 个未知参数 f，a，r_1 仍可解出。

曲墙式衬砌拱部内轮廓线尺寸和直墙式是一致的。而边墙的内径 r_3 由参数 H_1 及 b_1 确定（图 4-21）。由图 4-20 可知，$H_1 = h - f + c$，$b_1 = b - b_2$。为了保证道碴面上在机车车辆限界以外留出人行道的宽度，故 b_2 不得小于 220cm（直线隧道取 $b_2 = 220$cm）。c 值在曲线的内侧和外侧不同，并随外轨超高值而变化；为使不同加宽断面曲墙式衬砌内轮廓线尺寸一致，设计时以曲线内侧（设侧沟的一侧）的 c 值为准，取定数为 25cm。H_1 及 b_1 值确定后，就可导出 r_3 的计算公式：

$$r_3 = \frac{H_1 + b_1}{2(H_1 \sin\varphi_3 + b_1 \cos\varphi_3)} \tag{4-19}$$

$$\varphi_3 = 90° - \varphi_2 \tag{4-20}$$

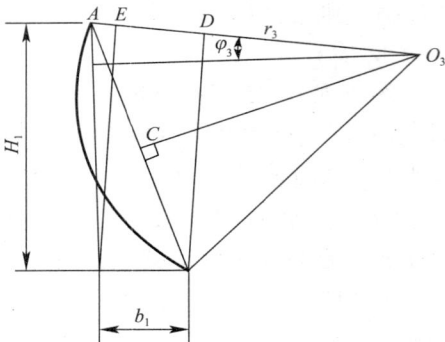

图 4-21　边墙内径 r_3 的确定

从理论和实践得出，当衬砌承受径向分布的静水压力时，结构轴线以圆形最合适。当衬砌主要承受竖向荷载和不大的水平荷载时，结构轴线上部宜采用圆弧形或尖拱形，下部可以做成直线形（即直墙式）。当衬砌在承受竖向荷载的同时，又承受较大的水平荷载时，衬砌结构的轴线上部宜采用圆弧形或平拱形，下部可采用凸向外侧的圆弧形（即曲墙式）。如果有底鼓压力，则结构底部应有凸向下方的仰拱为宜。

4.2.2 截面厚度

隧道衬砌截面的厚度随工程地质及水文地质条件的不同而变化。衬砌拱圈可设计为等截面或变截面形式。仰拱应具有与其使用目的相适应的强度、刚度和耐久性，仰拱厚度宜与拱、墙厚度相同。所确定的各截面厚度尺寸应通过内力分析检算决定。从施工角度出发，截面的厚度不应太薄，否则施工将操作困难且质量也不易保证。《铁路隧道设计规范》TB 10003—2016 规定，承载的隧道建筑物各部分结构的截面最小厚度不应小于表 4-2 所列的数值。

截面最小厚度（cm）　　　　　表 4-2

建筑材料种类	隧道衬砌和明洞	洞门端墙翼墙和洞门挡土墙
混凝土	25	30
片石混凝土	—	50

4.3 隧道洞身支护结构

隧道开挖后，为了保持围岩的稳定性，一般需要进行支护（衬砌）。支护的方式有：外部支护，即从外部支撑着坑道的围岩（如整体式混凝土衬砌、砌石衬砌、拼装式衬砌、喷射混凝土支护等）；内部支护，即对围岩进行加固以提高其稳定性（如锚杆支护、锚喷支护、压入浆液等）；混合支护（内部与外部支护混合一起的衬砌）。隧道衬砌的构造与围岩的地质条件和施工方法是密切相关的。

4.3.1 整体式混凝土衬砌

整体式混凝土衬砌是在隧道开挖后，以较大厚度和刚度的整体模筑混凝土作为隧道的衬砌。为防止围岩掉块、坍塌，常在开挖后、施作衬砌前，采用支撑或临时支护（传统上为各类支撑，如木支撑、钢支撑），随着喷锚技术的应用现多为喷锚支护。但这种支撑或支护多作为临时支护，而不作为结构的组成部分。

整体式衬砌按照不同的工程类别、围岩级别采用不同的衬砌厚度，其形式有直墙式和曲墙式两种，而曲墙式又分为有仰拱和无仰拱两种。当有较大的偏压、冻胀力、倾斜的滑动推力或施工中出现大量坍方以及 7 度以上地震区等情况时，则应根据荷载特点进行个别设计。

1. 直墙式衬砌

这种类型的衬砌适用于地质条件比较好，以垂直围岩压力为主而水平围岩压力较小的情况。主要适用于Ⅰ～Ⅲ级围岩，直墙式衬砌由上部拱圈、两侧竖直边墙和下部铺底三部分组合而成。图 4-22 为时速 160km 及以下铁路隧道Ⅲ级围岩整体直墙式衬砌标准参考图，拱部内轮廓线系由三心圆曲线组成。

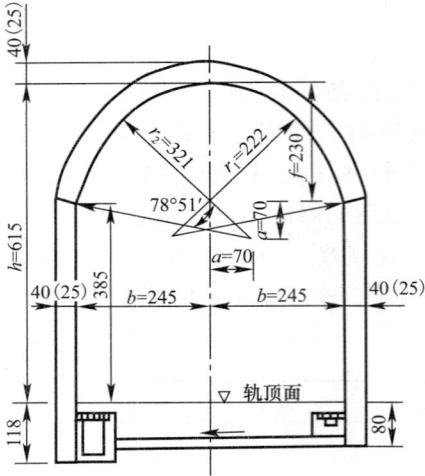

图 4-22 铁路隧道Ⅲ级围岩整体
直墙式衬砌标准图（单位：cm）

2. 曲墙式衬砌

曲墙式衬砌适用于地质较差，有较大水平围岩压力的情况。主要适用于Ⅳ级及以上的围岩，或Ⅲ级围岩双线。多线隧道也采用曲墙有仰拱的衬砌。它由顶部拱圈、侧面曲边墙和底部仰拱（或铺底）组成。除在Ⅳ级围岩无地上水，且基础不产生沉降的情况下可不设仰拱，只做平铺底外，一般均设仰拱，以抵御底部的围岩压力和防止衬砌沉降，并使衬砌形成一个环状的封闭整体结构，以提高衬砌的承载能力，图 4-23 为时速 160km 及以下铁路隧道Ⅴ级围岩整体曲墙式衬砌标准参考图，其内部轮廓线由五心圆曲线组成。

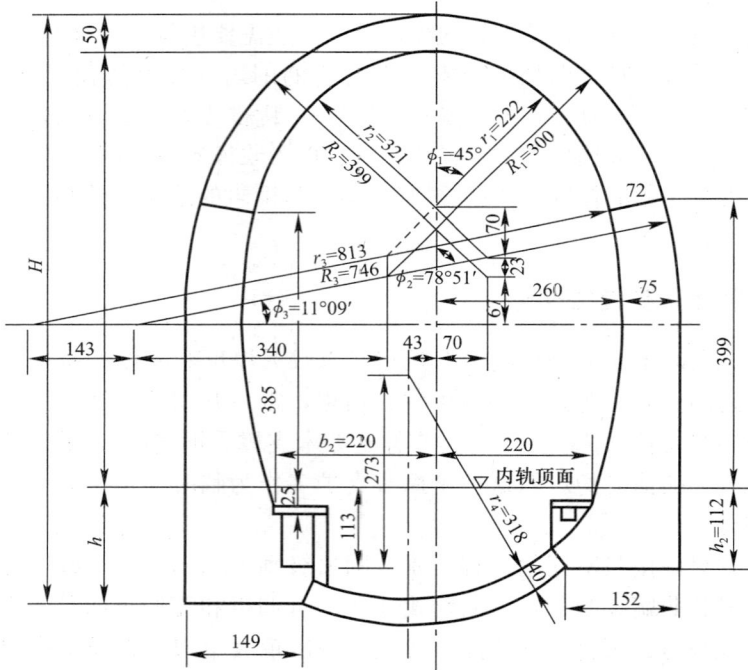

图 4-23 铁路隧道Ⅴ级围岩整体曲墙式衬砌标准图（单位：cm）

双线或三线隧道的洞身衬砌，可采取单孔式，四线隧道可采取双孔式。单孔式衬砌应满足双线或三线隧道衬砌净空要求。双孔式衬砌由两个双线隧道组成，中间设隔墙，为节省圬工，隔墙上设有孔洞。图 4-24 为贵昆线上某四线铁路隧道的衬砌断面图，其隔墙厚度为 3m，孔洞宽 4m，高 3.6m，纵向间隔为 2.6m。

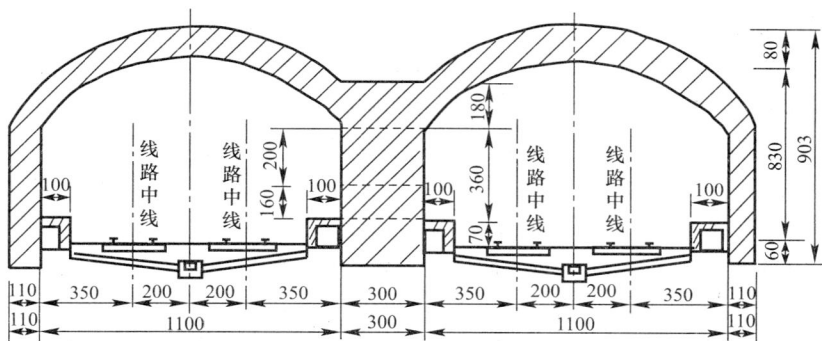

图 4-24　四线铁路隧道衬砌断面图

4.3.2　装配式衬砌

装配式衬砌是将衬砌分成若干块构件，这些构件在现场或工厂预制，然后运到坑道内用机械将它们拼装成一环接着一环的衬砌。这种衬砌的特点是：拼装成环后立即受力，便于机械化施工，改善劳动条件，节省劳力。目前多在使用盾构法施工的城市地下铁道和水底隧道中采用。在铁路隧道中由于很少采用圆形断面。而装配式衬砌要求有一整套的机械化设备，施工工艺复杂，衬砌整体性差而未能广泛使用。

4.3.3　锚喷式衬砌

锚喷式衬砌是指锚喷结构既作为隧道临时支护，又作为隧道永久结构的形式。它具有隧道开挖后支护及时、施工方便和经济的显著特点，特别是采用纤维喷射混凝土技术显著改善了喷混凝土的性能，在围岩整体性较好的军事工程、各类用途的使用期较短及重要性较低的隧道中广泛使用。在《铁路隧道设计规范》TB 10003—2016 中，有根据隧道围岩地质条件、施工条件和使用要求可采用锚喷衬砌的条文，该规范中规定，锚喷衬砌设计应符合下列要求：

（1）锚喷衬砌内轮廓线应比整体式衬砌适当加大，除考虑施工误差和位移量外，应再预留 10cm 作为必要时补强用。

（2）遇到下列情况时不应采用锚喷衬砌：地下水发育或大面积淋水地段；能造成衬砌腐蚀或特殊膨胀性围岩地段；最冷月平均气温低于−5℃地区的冻害地段；有其他要求的隧道。

4.3.4　复合式衬砌

复合式衬砌把衬砌分成两层或两层以上，可以是同一种形式、方法和材料施作的，也可以是不同形式、方法、时间和材料施作的。目前大都采用内外两层衬砌。按内外衬砌的组合情况可分为：锚喷混凝土与混凝土衬砌、装配式衬砌与混凝土衬砌等多种组合形式。目前最通用的是外衬为锚喷支护，内衬为整体式混凝土衬砌，根据围岩条件不同分别采用不同的断面形式和支

61

62

护、衬砌参数。

复合式衬砌是先在开挖好的洞壁表面喷射一层早强的混凝土（有时也同时施作锚杆），凝固后形成薄层柔性支护结构（称初期支护）。它既能容许围岩有一定的变形，又能限制围岩产生有害变形，其厚度多在5～20cm之间。一般待初期支护与围岩变形基本稳定后再施作内衬，通常为就地灌筑混凝土衬砌（称二次衬砌）。为了防止地下水流入或渗入隧道内，可以在外衬和内衬之间设防水层，其材料可采用软聚氯乙烯薄膜、聚异丁烯片、聚乙烯等防水卷材，或用喷涂防水涂料等。

复合式衬砌设计参数拟定的原则是：初期支护承担施工阶段全部荷载，二次衬砌承担由于初期支护可能劣化而作用于二次衬砌上的荷载或由于软岩蠕变、环境条件变化等引起的附加荷载，以及作为安全储备。《铁路隧道设计规范》TB 10003—2016规定，隧道优先采用曲墙复合衬砌，其中单线Ⅲ级、双线Ⅳ级及以上地段均应设置仰拱。时速160km及以下的单线和双线隧道复合式衬砌的设计参数可参考表4-3及表4-4，单线铁路隧道Ⅳ级围岩复合式衬砌标准参考图见图4-25；时速250～300km双线隧道排水型复合式衬砌设计参数见表4-5，时速350km双线隧道排水型复合式衬砌设计参数见表4-6，代表性衬砌断面见图4-26和图4-27。

单线铁路隧道复合式衬砌的设计参数表　　　　　　表4-3

围岩级别	初期支护							二次衬砌厚度（cm）	
	喷射混凝土厚度（cm）		锚杆			钢筋网	钢架	拱墙	仰拱
	拱墙	仰拱	位置	长度（m）	间距（m）				
Ⅱ	5							25	
Ⅲ	7		局部设置	2.0	1.2～1.5			25	
Ⅳ	10		拱、墙	2.0～2.5	1.0～1.5	必要时设置		30	40
Ⅴ	15～22	15～22	拱、墙	2.5～3.0	0.8～1.0	拱墙、仰拱	必要时设置	35	40
Ⅵ	通过试验确定								

双线铁路隧道复合式衬砌的设计参数表　　　　　　表4-4

围岩级别	初期支护							二次衬砌厚度（cm）	
	喷射混凝土厚度（cm）		锚杆			钢筋网	钢架	拱墙	仰拱
	拱墙	仰拱	位置	长度（m）	间距（m）				
Ⅱ	5～8		局部设置	2.0～2.5	1.5			30	
Ⅲ	8～10		拱、墙	2.0～2.5	1.2～1.5	必要时设置		35	45
Ⅳ	15～22	15～22	拱、墙	2.5～3.0	1.0～1.2	拱墙、仰拱	必要时设置	40	45
Ⅴ	20～25	20～25	拱、墙	3.0～3.5	0.8～1.0	拱墙、仰拱	拱墙、仰拱	45	45
Ⅵ	通过试验确定								

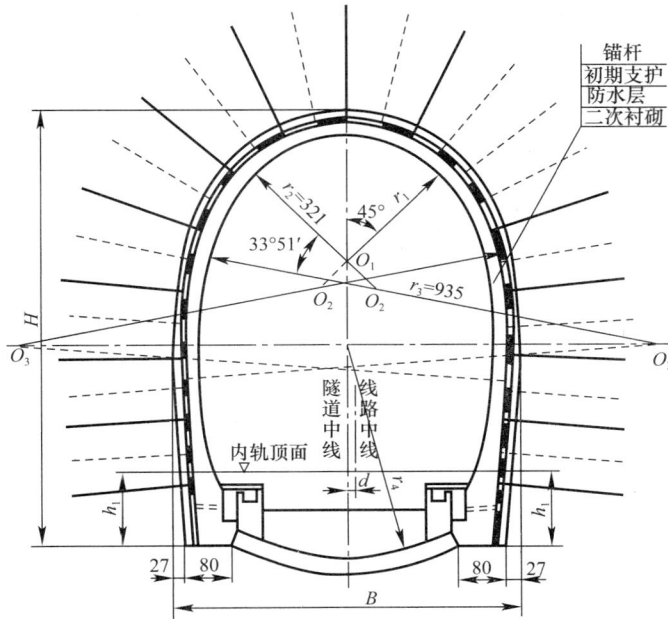

图 4-25　时速 160km 单线铁路隧道代表性复合式衬砌
结构断面（Ⅳ围岩）（单位：cm）

时速 250～300km 双线铁路隧道排水型复合式衬砌设计参数　　　表 4-5

| 衬砌类型 | 初期支护 | | | | | | | | 二次衬砌 | | 预留变形量（cm） |
| | 喷混凝土 | 钢筋网（φ8mm） | | 锚杆 | | 钢架 | | 拱墙（cm） | 仰拱/底板（cm） | |
	部位/厚度（cm）	网格间距（cm）	设置部位	长度（m）	间距（m）（环×纵）	规格	间距（m）			
Ⅱ（无仰拱）	拱墙/5	—	—	2.5	局部	—	—	35	/30*	3～5
Ⅲ	拱墙/15	25×25	拱部	3.0	1.2×1	—	—	40	55/	5～8
Ⅲ偏压	拱墙/18	20×20	拱部	3.0	1.2×1	型钢	1.0（拱墙）	40*	55* /	5～8
Ⅳ	拱墙/25 仰拱/10	20×20	拱墙	3.5	1.0×1	格栅	1.0（拱墙）	45	55* /	8～10
Ⅳ加强	全环/25	20×20	拱墙	3.5	1.0×1	格栅或型钢	1.0（全环）	45	55* /	8～10
Ⅳ偏压	全环/25	20×20	拱墙	3.5	1.0×1	型钢	0.8（全环）	50*	60* /	8～10
Ⅴ	全环/28	20×20	拱墙	4.0	1.0×0.8	格栅或型钢	0.6～0.8（全环）	50*	60* /	10～15
Ⅴ加强	全环/28	20×20	拱墙	4.0	0.8×1.0	型钢	0.6（全环）	50*	60* /	10～15
Ⅴ偏压	全环/28	20×20	拱墙	4.0	0.8×1.0	型钢	0.5（全环）	55*	65* /	10～15

注：1. 表中带＊者为钢筋混凝土；
　　2. 所有拱墙喷射混凝土中均掺加合成纤维；
　　3. 加强衬砌用于浅埋隧道段；
　　4. 喷射混凝土强度等级为C25，素混凝土强度等级为C25，钢筋混凝土强度等级为C30。

时速 350km 双线铁路隧道排水型复合式衬砌设计参数　　　表 4-6

| 衬砌类型 | 初期支护 | | | | | | | | 二次衬砌 | | 预留变形量 (cm) |
| | 喷混凝土 | 钢筋网 (ϕ8mm) | | 锚杆 | | 钢架 | | 拱墙 (cm) | 仰拱/底板 (cm) | |
	部位/厚度 (cm)	网格间距 (cm)	设置部位	长度 (m)	间距 (m) (环×纵)	规格	间距 (cm)			
Ⅱ（无仰拱）	拱墙/8	—	—	2.5	局部	—	—	35	/30*	3～5
Ⅱ（有仰拱）	拱墙/10	—	—	2.5	1.5×1	—	—	35	35/	3～5
Ⅲ	拱墙/15	25×25	拱部	3.0	1.2×1	—	—	40	55/	5～8
Ⅲ偏压	拱墙/18	20×20	拱部	3.0	1.2×1	型钢	1.0（拱墙）	40*	55*/	5～8
Ⅳ	拱墙/25 仰拱/15	20×20	拱墙	3.5	1.0×1	格栅	1.0（拱墙）	45*	55*/	8～10
Ⅳ加强	全环/25	20×20	拱墙	3.5	1.0×1	格栅或型钢	1.0（全环）	45*	55*/	8～10
Ⅳ偏压	全环/25	20×20	拱墙	3.5	1.0×1	型钢	0.8（全环）	50*	60*/	8～10
Ⅴ	全环/28	20×20	拱墙	4.0	1.0×0.8	格栅或型钢	0.6～0.8（全环）	50*	60*/	10～15
Ⅴ加强	全环/28	20×20	拱墙	4.0	0.8×1.0	型钢	0.6（全环）	50*	60*/	10～15
Ⅴ偏压	全环/28	20×20	拱墙	4.0	0.8×1.0	型钢	0.5（全环）	55*	65*/	10～15

注：1. 表中带 * 者为钢筋混凝土；
　　2. 所有拱墙喷射混凝土中均掺加合成纤维；
　　3. 加强衬砌用于浅埋隧道段；
　　4. 喷射混凝土强度等级为 C25，素混凝土强度等级为 C30，钢筋混凝土强度等级为 C35。

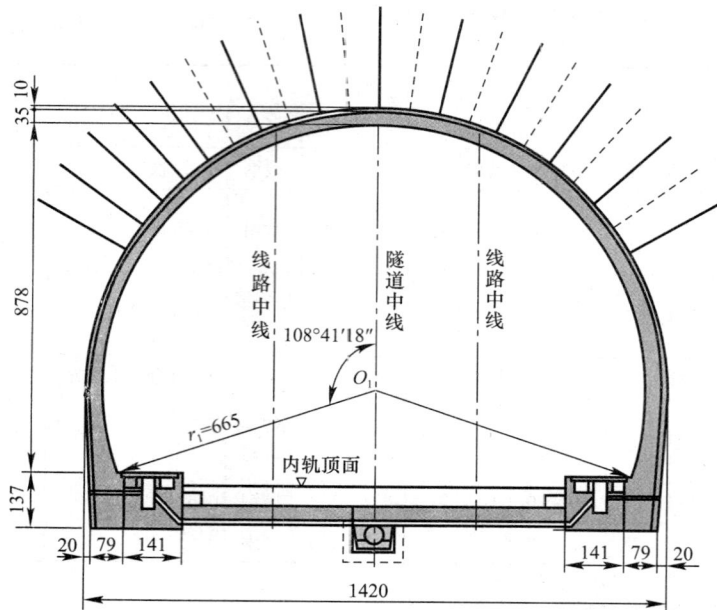

图 4-26　时速 350km 双线铁路隧道代表性复合式衬砌
结构断面（Ⅱ围岩）（单位：cm）

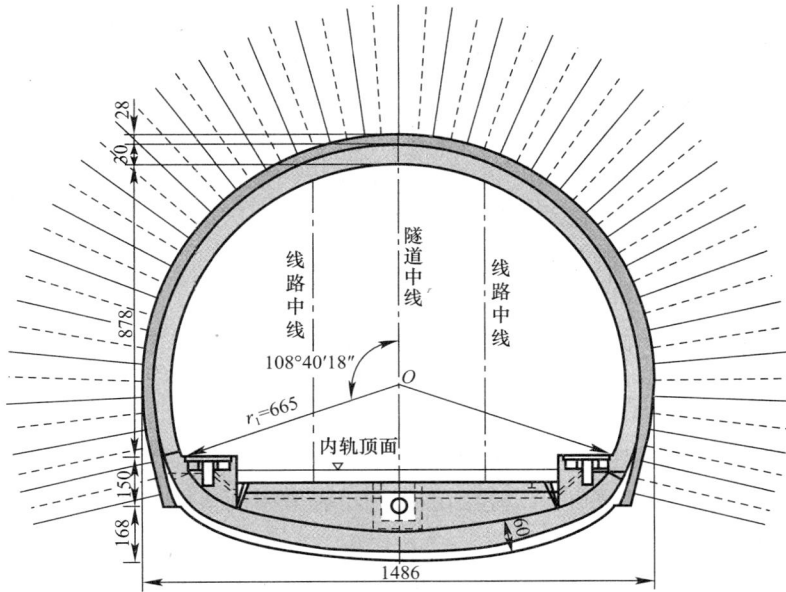

图 4-27 时速 350km 双线铁路隧道代表性复合式衬砌
结构断面（Ⅴ围岩）（单位：cm）

关于复合式衬砌内外层结构受力状态，一种看法认为：因围岩具有自承能力，它与初期支护组合在一起能起到永久建筑物的作用，故二次衬砌只是用来提高安全度的；另一种看法则认为：二次衬砌的承载作用是主要的，它不仅稳定围岩的变形且在整个衬砌结构中占有主导地位；还有一种看法认为：内、外衬砌是共同承载受力的。根据模型试验和理论分析的结果表明：复合式衬砌的极限承载能力比同等厚度的单层模筑混凝土衬砌可提高 15%～25%，如能调整好内衬的施作时间，还可以改善结构的受力条件。

总之，复合式衬砌可以满足初期支护施作及时、刚度小易变形的要求，且与围岩密贴，从而能保护和加固围岩，充分发挥围岩的自承作用。二次衬砌施作后，衬砌内表面光滑平整，可以防止外层风化，装饰内壁，增强安全感，是一种合理的结构形式，有着广阔的发展前途。

4.4 洞门与明洞

4.4.1 洞门

1. 洞门的作用

洞门的作用有以下几个方面：

（1）减少洞口土石方开挖量。洞口段范围内的路堑是根据地质条件以一定坡率开挖的，当隧道埋置较深时，开挖量较大，设置隧道洞门可以起到挡土墙的作用，减少土石方开挖量。

（2）稳定边、仰坡。修建洞门可减小引线路堑的边坡高度，缩小正面仰坡的坡面长度，使边坡及仰坡得以稳定。

（3）引离地表水流。地表水流往往汇集在洞口，如不排除，将会浸害线路，妨碍行车安全。修建洞门可以把水流引入侧沟排走，确保运营安全。

（4）装饰洞口。洞口是隧道唯一外露部分，是隧道的正面外观。修建洞门可起装饰作用，特别在城市附近、风景区及旅游区内的隧道更应配合当地的环境，给予艺术处理进行美化。

2. 洞门的形式

由于隧道洞口所处的地形、地质条件不同，洞门形式也有所不同，主要有以下几种：

（1）洞口环框

当洞口石质坚硬稳定（Ⅰ级围岩），且地形陡峻无排水要求时，可仅修建洞口环框，如图 4-28 所示，以起到加固洞口和减少洞口雨后滴水的作用。

（2）端墙式（一字式）洞门

端墙式（一字式）洞门是最常见的洞门，如图 4-29 所示。它适用于地形开阔、石质较稳定（Ⅱ～Ⅲ级围岩）的地区，由端墙和洞门顶排水沟组成。端墙的作用是抵抗山体纵向推力及支持洞口正面上的仰坡，保持其稳定；洞门顶水沟用来将仰坡流下来的地表水汇集后排走。

图 4-28　环框式洞门　　　　　　　图 4-29　端墙式洞门

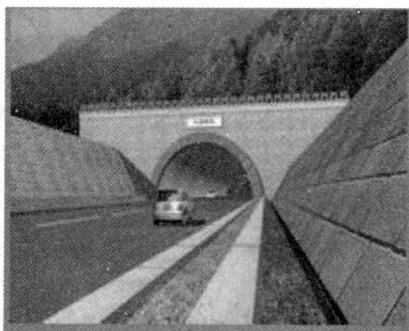

（3）翼墙式（八字式）洞门

当洞口地质较差（Ⅳ级及以上围岩），山体纵向推力较大时，可以在端墙式洞门的单侧或双侧设置翼墙，如图 4-30 所示。翼墙在正面起到抵抗山体纵向推力，增加洞门的抗滑及抗倾覆能力的作用；两侧面保护路堑边坡起挡土墙作用。翼墙顶面与仰坡的延长面相一致，其上设置水沟，将洞门顶水沟汇集的地表水引至路堑侧沟内排走。

（4）柱式洞门

当地形较陡（Ⅳ级围岩），仰坡有下滑的可能性，又受地形或地质条件限制，不能设置翼墙时，可在端墙中部设置 2 个（或 4 个）断面较大的柱墩，以增加端墙的稳定性，如图 4-31 所示。柱式洞门比较美观，适用于城市附近、风景区或长大隧道的洞口。

图 4-30　翼墙式洞门

图 4-31　柱式洞门

（5）台阶式洞门

当洞门位于傍山侧坡地区，洞门一侧边仰坡较高时，为了提高靠山侧仰坡起坡点，减少仰坡高度，将端墙顶部改为逐级升高的台阶形式，以适应地形的特点，减少洞门圬工及仰坡开挖数量，也能起到一定的美化作用，如图 4-32 所示。

（6）斜交式洞门

当隧道洞口线路与地面等高线斜交时，为了缩短隧道长度，减少挖方数量，可采用平行于等高线与线路呈斜交的洞口（洞门与线路中线的交角不应小于 45°）。一般斜交式洞门与衬砌斜口段应整体灌筑。由于斜交式洞门及衬砌斜口段的受力复杂，施工也不方便，所以只有在十分必要时才采用。

（7）喇叭口式洞门

高速铁路隧道为了减缓列车的空气动力学效应，对单线隧道，一般设喇叭口缓冲段，同时兼做隧道洞门，如图 4-33 所示。

图 4-32　台阶式洞门

图 4-33　喇叭口式洞门

由于隧道洞口段受力复杂，除了在横断面上受垂直及水平荷载外，还受纵向的推力，所以《铁路隧道设计规范》TB 10003—2016 规定：单线铁路隧道洞口应设置不小于 5m 长的加强衬砌，双线和多线隧道应适当加长。洞门宜与洞身整体砌筑。

综上所述，洞门的形式较多，选择洞门形式应根据洞口的地形、地质条件、隧道长度和所处的位置等确定，特别要注意洞口施工后地形改变的特点。

4.4.2　明洞

　　明洞是隧道的一种变化形式，用明挖法修筑。所谓明挖法是指把岩体挖开，在露天修筑衬砌，然后回填土石。这样修筑的构筑物，外形几乎与隧道无异，有拱圈、边墙和底板，净空与隧道相同，和地表相连处，也设有洞门、排水设施等。

　　明洞一般修筑在隧道的进出口处，当遇到地质状况差且洞顶覆盖层薄；用暗挖法难以进洞；洞口路堑边坡上有落石而危及行车安全；铁路、公路、河渠必须在铁路上方通过且不宜做立交桥或涵渠时，均需要修建明洞。它是隧道洞口或线路上起防护作用的重要建筑物。

　　明洞的结构类型常因地形、地质和危害程度的不同，有多种形式，采用最多的为拱式明洞和棚式明洞两种。

　　1. 拱式明洞

　　拱式明洞由拱圈、边墙和仰拱（或铺底）组成，它的内轮廓与隧道相一致，但结构截面的厚度要比隧道大一些，可分为以下几种形式。

　　（1）路堑式对称型

　　它适用于路堑边坡处于对称或接近对称，边坡岩层基本稳定，仅防止边坡有少量坍塌、落石，或用于隧道洞口岩层破碎，覆盖层较薄而难以用暗挖法修建隧道时，如图 4-34 所示。

　　此种明洞承受对称荷载，拱、墙均为等截面，边墙为直墙式。洞顶做防水层，上面夯填土石后，覆盖防水黏土层，并在其上做纵向水沟，以排除地表流水。

　　（2）路堑式偏压型

　　这种明洞适用于两侧边坡高差较大的不对称路堑。它承受不对称荷载，拱圈为等截面，边墙为直墙式，外侧边墙厚度大于内侧边墙的厚度，如图 4-35 所示。

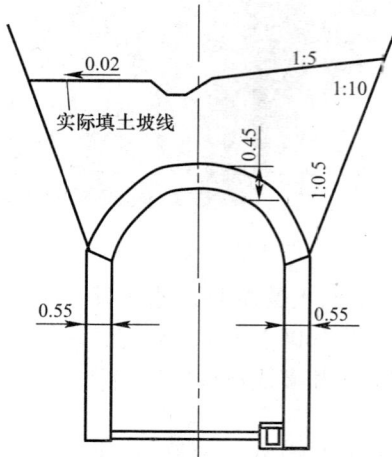

图 4-34　路堑式对称型拱形明洞　　　　图 4-35　路堑式偏压型拱形明洞

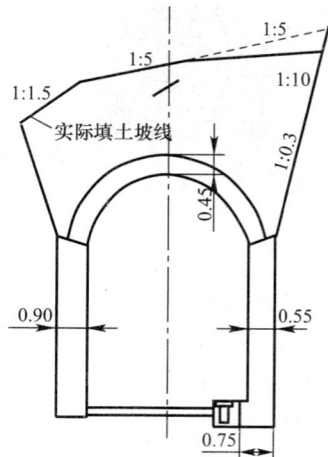

（3）半路堑式偏压型

它适用于地形倾斜，低侧处路堑外侧有较宽敞的地面供回填土石，以增加明洞抵抗侧向压力的能力。此种明洞承受偏压荷载，拱圈为等截面，内侧边墙为等厚直墙式，外侧边墙为不等厚斜墙式，如图 4-36 所示。

（4）半路堑式单压型

它适用于傍山隧道洞口或傍山线路上半路堑地段。因外侧地形狭小，地面陡峻，无法回填土石以平衡内侧压力。此种明洞荷载不对称，承受偏侧压力，拱圈等截面（有时也可能采用变截面），内侧边墙为等厚直墙式，外侧边墙为设有耳墙的不等厚斜墙，如图 4-37 所示。此时要注意处理好外墙基础，以防因外墙下沉而使结构开裂。

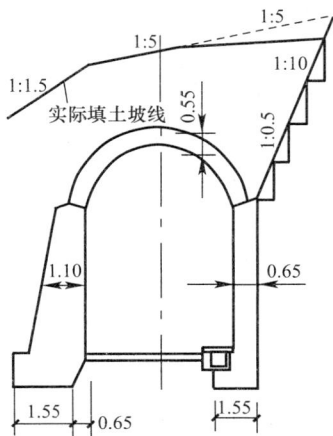

图 4-36　半路堑式偏压型拱形明洞　　　图 4-37　半路堑式单压型拱形明洞

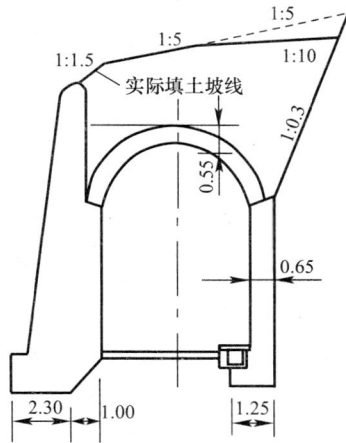

2. 棚式明洞（简称棚洞）

有些傍山隧道，地形的自然横坡比较陡，外侧没有足够的场地设置外墙及基础或确保其稳定，这时可考虑采用另一种建筑物——棚式明洞。

棚式明洞常见的结构形式有盖板式、刚架式和悬臂式三种。

（1）盖板式明洞

它由内墙、外墙及钢筋混凝土盖板组成简支结构。其上回填土石，以保护盖板受山体落石的冲击。这种明洞的内侧应置于基岩或稳定的地基上，一般为重力式墩台结构，厚度较大，以抵抗山体的侧向压力，如图 4-38 所示。当基岩层完整，坡面较陡，地面水不大，采用重力式内墙开挖量较大时，可采用钢筋混凝土锚杆式内墙。外墙只承受由盖板传来的垂直压力，厚度较薄，要求的地基承载力较小。外墙也可做成梁式（即中间留有侧洞）以适应地形和节省圬工。

（2）刚架式明洞

当地形狭窄，山坡陡峻，基岩埋置较深而上部地基稳定性差时，为了使基础置于基岩上且减小基础工程，可采用刚架式外墙，此时称明洞为刚架式

钢筋混凝土盖板

Ⅰ-Ⅰ断面

夯填土

水泥砂浆垫层

盖板

黏土隔水层

防水层

钢筋混凝土梁

棚洞中线

线路中线

侧洞

外墙

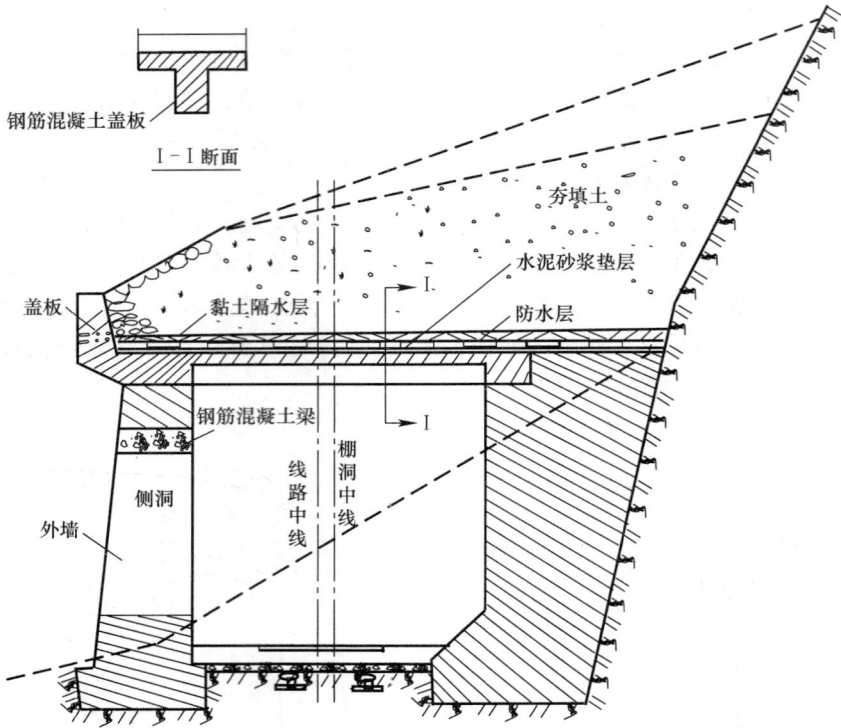

图 4-38 盖板式明洞

明洞（有时也可采用长腿式明洞）。

该明洞主要由外侧刚架，内侧重力式墩台结构、横顶梁、底横撑及钢筋混凝土盖板组成，并做防水层及回填土石处理。

（3）悬臂式棚洞

对稳定而陡峻的山坡，在外侧地形难以满足一般棚洞的地基要求，且落石不太严重的情况，可修建悬臂式棚洞。它的内墙为重力式，上端接筑悬臂式横梁，其上铺以盖板，在盖板的内端设平衡重来维持结构受外荷载作用下的稳定性。同时为了保证棚洞的稳定性，要求悬臂必须伸入稳定的基岩内。

4.5 附属建筑物

为了使隧道正常使用，保证列车安全运营，除主体建筑物外，还要修筑一些附属建筑物。其中包括：安全避让设施、防排水设备、电力通信信号的安放设备及运营通风设施等。

4.5.1 避车洞

当列车通过隧道时，为了保证洞内行人、维修人员及维修设备（小车、料具）的安全，在隧道两侧边墙上交错均匀修建的人员躲避及放置车辆、料具的洞室叫避车洞。时速 200km 以上的高速铁路隧道，避车洞的设置将从空气动力学的角度上影响高速运行的列车，同时高速运行的列车将产生强烈的列车风。采用较大的隧道内净空面积后，在隧道内净空轮廓范围内设置宽1.2m人员待避区时，可不再设置避车洞；或从维修管理模式上改变行车及行车间隔，进洞维修，可不设待避区或避车洞。每天集中在"天窗"（停止行车，进行线路、电网、信号等设备检查与维修）时段进行综合检查与维修时，可不设人员待避区或避车洞。

1. 避车洞的布置

避车洞根据其断面尺寸的大小分为大避车洞及小避车洞两种。

（1）大避车洞

在碎石道床的隧道内，每侧相隔300m布置一个避车洞；在整体道床的隧道内，因人员行车待避较方便，且线路维修工作量较小，为此，每侧相隔420m布置一个大避车洞。

当隧道长度在300~400m时，可在隧道中间布置一个大避车洞；隧道长度在300m以下时，可不布置大避车洞；如果两端洞口接桥或路堑，当桥上无避车台或路堑两边侧沟外无平台时，应与隧道一并考虑布置大避车洞。

（2）小避车洞

无论在碎石道床或整体道床的隧道内，每侧边墙上应在大避车洞之间间隔60m（双线隧道按30m）布置一个小避车洞。如隧道邻近有农村市镇、曲线半径小或视距较短时，小避车洞可适当加密。

大小避车洞平面布置的方法如图4-39所示，图4-39（a）适用于碎石道床，图4-39（b）适用于整体道床。

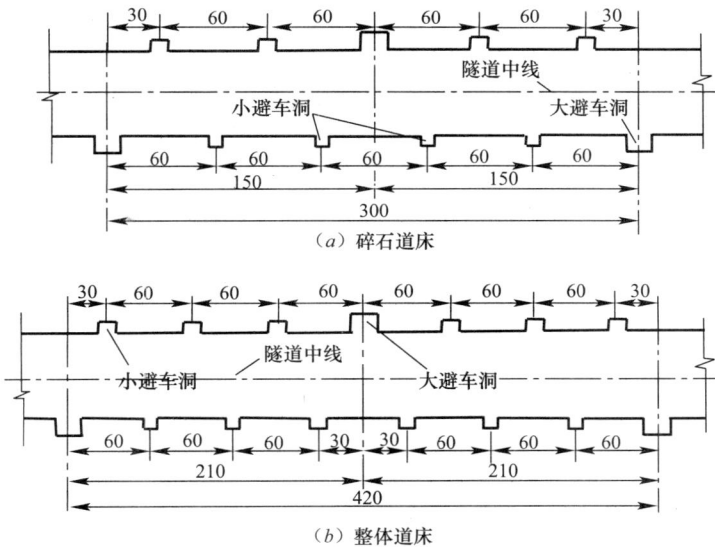

（a）碎石道床

（b）整体道床

图4-39 避车洞平面布置图

不同衬砌类型或不同加宽断面衔接处，以及沉降缝、工作缝、伸缩缝处应避免设置避车洞。

（3）避车洞底部标高

当避车洞位于直线上且隧道内有人行道时，避车洞底面应与人行道顶面齐平，无人行道时，避车洞的底面应与道碴顶面（或侧沟盖板顶面）齐平；隧道内采用整体道床，应与道床面齐平。

当避车洞位于曲线上时，因受曲线外轨超高的影响，碎石道床隧道内，在各种不同的超高值 E 时，线路内侧和外侧轨枕端头道床面（即避车洞底面）低于内轨顶面的高度分别为 h_1 及 h_2，如图 4-40 所示，其值为：

$$h_1 = 25 + 0.33E \tag{4-21}$$
$$h_2 = 25 - 1.33E \tag{4-22}$$

式中　E——曲线外轨超高值（cm）。

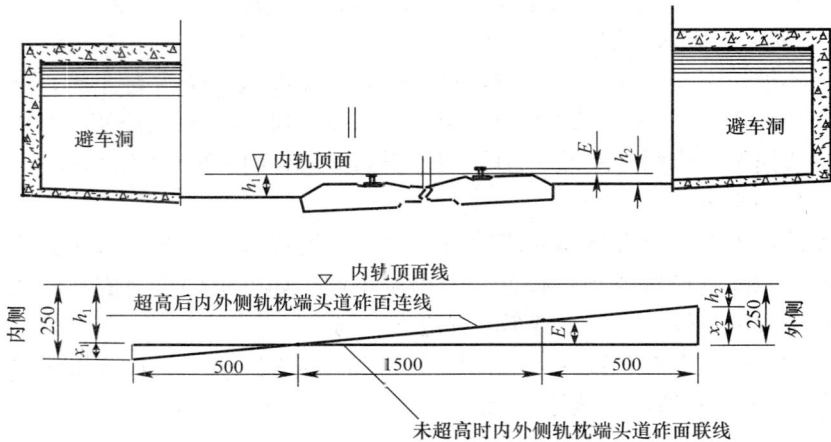

图 4-40　避车洞底部标高

25cm 为隧道内线路采用钢筋混凝土轨枕未加超高时，内轨顶面到轨枕端头道床面（避车洞底面）的高度。当线路为整体道床时，应根据钢轨、扣件的类型，道床结构形式、尺寸等另行确定。

为了使避车洞的位置明显，应将洞内全部及洞周边 30cm 刷成白色。在洞的两侧各 10m 处的边墙上标注指向避车洞的白色箭头。

2. 避车洞的净空尺寸及衬砌类型

大避车洞的净空尺寸 4.0m（宽）×2.5m（深）×2.8m（中心高），如图 4-41 所示。小避车洞的净空尺寸为 2.0m（宽）×1.0m（深）×2.2m（中心高），如图 4-42 所示。

避车洞的衬砌类型应和隧道衬砌类型相适应。

4.5.2　防排水设施

保持隧道干燥是使其能够正常运营的重要条件之一。但隧道内经常有一些地下水渗漏进来，且维修工作也会带来一些废水。隧道漏水易引起漏电事故和造成金属的电蚀现象，使隧道内的各种附属设施霉烂、锈蚀、变质、失效。在严寒地区，冬季渗入洞内的水结成冰凌，倒挂在衬砌拱顶上，侵入净

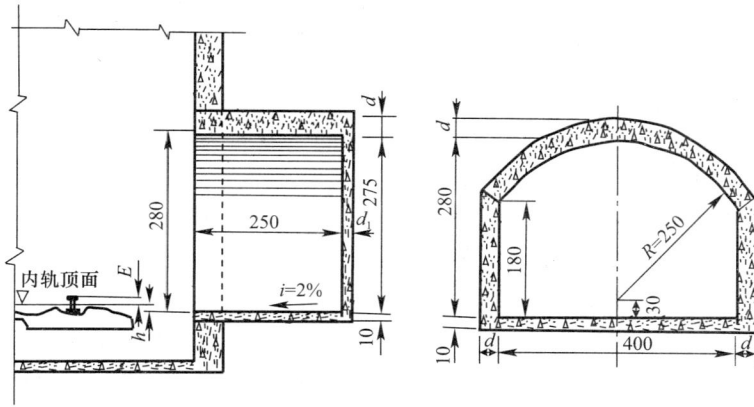

图 4-41 大避车洞尺寸

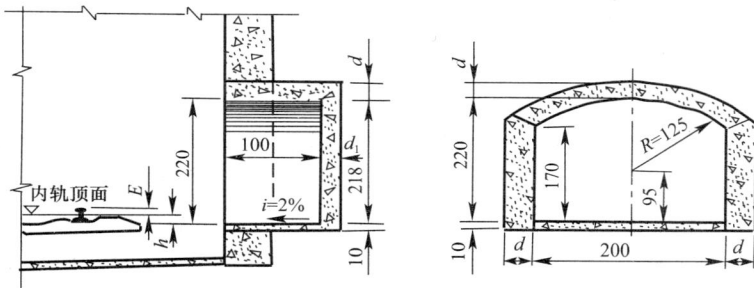

图 4-42 小避车洞尺寸

空限界，危及行车安全。因此隧道的防排水是隧道设计、施工和运营中的一个重要问题之一。

隧道的永久性防排水，是用防排水工程措施实现的。通过理论和实践经验的总结，提出了"防、排、截、堵结合，因地制宜，综合治理"的原则。

1."防"

它是指衬砌防水，即防止地下水从衬砌背后渗入隧道内。其办法是充分利用混凝土结构的自防水能力，并在衬砌与支护之间设置防水层。

（1）防水混凝土结构：厚度不应小于30cm，抗渗等级不得低于P8，裂缝宽度不得大于0.2mm，并不得贯通；当为钢筋混凝土时，迎水面主筋保护层厚度不应小于5cm；结构施工缝和变形缝都应有防水设施。

（2）防水层：防水层种类很多，大致可归纳为两类。一类为粘贴式防水层，如用沥青将油毡（或麻布）粘贴在衬砌外表面（适用于明挖修建的地下工程），复合式衬砌在初期支护与二次衬砌之间可粘贴软聚氯乙烯薄膜、聚异丁烯片、聚乙烯片等防水卷材；另一类为喷涂式防水层，如"881"涂膜防水胶、阳离子乳化沥青等防水剂。

2."堵"

向支护背后压注水泥砂浆，用以充填支护与围岩之间的空隙，以堵住地下水的通路，并使支护与围岩形成整体，改善支护受力条件。采用压浆分段

4.5 附属建筑物

堵水，使地下水集中在一处或几处后再引入隧道内排出，此法可收到良好的防水效果。

3. "截"

它是指截断地表水和地下水流入隧道的通路。为了防止地表水渗入地层内，主要采取以下措施：

（1）在洞口仰坡外缘5m以外，设置天沟，并加以铺砌。当岩石外露，地面坡度较陡时可不设天沟。仰坡上可种植草皮、喷抹灰浆或加以铺砌。

（2）对洞顶天然沟槽加以整治，使山洪宣泄畅通。

（3）对洞顶地表的陷穴、深坑加以回填，对裂缝进行堵塞。处理隧道地表水时，要有全局观点，不应妨害当地农田水利规划，做到因地制宜，一改多利，各方满意。

4. "排"

它是将地下水排入隧道内，再经由洞内排水沟排走。隧道内设置的排水建筑物有：

（1）排水沟

除了长度在100m以下，且常年干燥无水的隧道以外，一般的隧道都应设置排水沟，使渗漏到洞内和从道床涌出的地下水，沿着带有流水坡的排水沟，顺着线路方向引出洞外。排水沟的断面按排水量计算确定，但一般沟底宽不应小于40cm，沟深不应小于35cm。沟底纵坡宜与线路纵坡一致。水沟上面应设有预制的钢筋混凝土盖板，其顶面应与避车洞底面齐平。排水沟在一定长度上应设检查井，以便随时清理残渣。

排水沟有两种形式：一种是侧式水沟，这种形式的水沟设在线路的两侧或一侧，视水流量大小而定，当为一侧时，应设在来水的一侧；如为曲线隧道，则应设在曲线内侧。双侧水沟隔一定距离应设一横向联络沟，以平衡不均匀的水流量。另一种是中心式水沟，隧道采用整体式道床时，水沟设在线路中线的下方，或设在双线隧道两线路之间。

在严寒地区，为了不使流水冻结而堵死水沟，应采取防寒措施。一般可修筑浅埋保温水沟，即将水沟沟身加深，用轻质混凝土做成上、下两层，各自设钢筋混凝土盖板。两层盖板之间用保温材料填充密实，其厚度不小于70cm。但当浅埋保温水沟不足以防止冻害时，可设置中心深埋渗水沟，即利用地温本身的作用，达到保温防冻害的目的。当隧道内冻结深度较深，用明挖法会影响边墙稳定时，可采用暗挖法修筑泄水洞。

（2）盲沟

在衬砌背后，用片石或埋管设置环向或竖向盲沟，以汇集衬砌周围的地下水，并通过盲沟底部泄水孔（或预埋管）引入隧道侧沟排出。

小结及学习指导

本章内容包括隧道结构的限界，曲线隧道的净空加宽，隧道支护结构、洞门、明洞的构造形式，隧道附属建筑物的布置原则等。

通过本章学习，要求掌握隧道结构限界的组成，熟悉曲线隧道加宽的原因，能正确计算曲线隧道的加宽值；熟悉隧道洞门的作用、结构类型及适用条件；熟悉明洞的结构类型及适用条件；熟悉铁路隧道辅助建筑物的布置原则。

思考题与习题

4-1 曲线隧道为什么要进行加宽？应怎样加宽？

4-2 隧道衬砌有哪些类型？各自的适用条件是什么？

4-3 隧道洞门的作用、结构类型及其适用条件。

4-4 简述明洞的结构类型及其适用条件。

4-5 铁路隧道大、小避车洞的作用各是什么？如何设置？

4-6 隧道工程的治水原则是什么？治水措施主要有哪些？

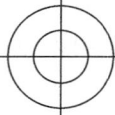

第5章
隧道支护结构设计

本章知识点

知识点：	隧道工程的受力特点，围岩压力的概念及分类，围岩松动压力的形成、影响因素及确定方法，结构力学方法的基本原理和计算方法，岩体力学方法的基本原理，收敛约束法和剪切滑移破坏法的基本原理，信息反馈方法的概念。
重　点：	围岩压力的概念及分类，围岩松动压力的确定方法，结构力学方法的基本原理，岩体力学方法的基本原理，利用围岩特性曲线、支护特性曲线说明围岩与支护结构的相互作用。
难　点：	围岩松动压力的计算，结构力学方法，围岩特性曲线、支护特性曲线。

　　隧道工程建筑物是埋置于地层中的结构物，它的受力和变形与围岩密切相关，支护结构与围岩作为一个统一的受力体系相互约束，共同工作。这种共同作用正是地下结构与地面结构的主要区别，所以如何恰当地反映支护结构与围岩相互作用的力学特征，正是支护结构设计计算理论需要解决的重要课题。

5.1　隧道支护体系的计算模型

5.1.1　隧道工程的受力特点

　　隧道工程从开挖、支护，直到形成稳定的地下结构体系所经历的力学过程中，围岩的地质因素、施工过程等因素对围岩—结构体系终极状态的安全性影响极大。但准确地将其反映到计算模型中，是十分困难的。隧道工程的受力特点大致可归纳为以下几点：

　　（1）隧道工程是在自然状态下的岩土地质中开挖的，隧道周边围岩的地质环境对隧道支护结构的设计起着决定性的作用。隧道结构承受的荷载取决于岩体的初始应力状态，但是岩体的初始应力状态难以进行准确测试，同时围岩的物理力学参数具有不均匀性、各向异性以及可变性，这就使得隧道工程的计算精度受到影响，因此只有正确认识地质环境对支护结构体系的影响，才能正确地进行隧道支护结构设计。

（2）围岩不仅对支护结构产生荷载，同时其本身也是一种承载体，隧道开挖后的围岩压力是由围岩本身和支护结构共同来承受的。因此充分发挥围岩自身的承载力是隧道支护结构设计的一个出发点。

（3）作用在支护结构上的荷载受施工方法和施工时间的影响。某些情况下，即使选用的支护结构尺寸足够大，但由于施作时机和施工方法不当，仍然会遭受破坏。

（4）隧道工程支护结构安全与否，既要考虑支护结构能否承载，又要考虑围岩是否失稳。支护结构的承载力可由支护材料的强度来判断，但围岩是否失稳至今没有合适的判断准则，一般都按经验来确定。

由此可见，地下结构的力学模型必须符合下述条件：

① 与实际工作状态一致，能反映围岩的实际状态以及与支护结构的接触状态；

② 荷载假定应与在修建洞室过程（各作业阶段）中荷载发生的情况一致；

③ 算出的应力状态要与经过长时间使用的结构所发生的应力变化和破坏现象一致；

④ 材料性质和数学表达要等价。

只要符合上述条件，任何计算方法都会获得合理的结果。

隧道支护结构的设计应根据围岩条件（围岩的强度特性、初始地应力场等）和设计条件（隧道断面形状、隧道周边地形条件、环境条件等）选择合适的设计方法。考虑隧道支护结构的特点，目前在设计中，采用以下方法：结构力学方法、岩石力学方法、信息反馈法、以工程类比为依据的经验法。

5.1.2 隧道结构体系的计算模型

按支护结构与围岩相互作用考虑方式的不同，隧道支护结构计算力学模型主要有两类：一类是以支护结构作为承载主体，围岩对支护结构的变形起约束作用的计算模型；另一类是以围岩为承载主体，支护结构限制围岩向隧道内变形的计算模型。

第一类模型称为结构力学方法，是仿效地面结构的计算模型。它是将支护和围岩分开考虑，支护结构是承载主体，围岩对支护结构的作用只是产生作用在地下结构上的荷载（包括主动的围岩压力和被动的围岩弹性反力），以计算支护结构在荷载作用下产生的内力和变形的方法，也称为荷载—结构模型。围岩对支护结构变形的约束作用是通过弹性支撑来体现的，而围岩的承载能力则在确定围岩压力和弹性支撑的约束能力时间接来考虑。围岩的承载能力越高，它给予支护结构的压力越小，弹性支撑约束支护结构变形的弹性反力越大，相对来说，支护结构所起的作用就变小了。

结构力学方法主要适用于围岩因过分变形而发生松弛和崩塌，以及支护结构主动承担围岩"松动"压力的情况。由于此类模型概念清晰，计算简便，易于被工程师们所接受，故至今仍很通用，尤其是对整体式混凝土衬砌。但它没有真实地反映出坑道开挖后围岩与支护结构的相互作用关系。

第二类模型称为岩体力学方法。它是将支护结构与围岩视为一体，作为共同承受荷载的隧道支护结构体系，其中围岩为主要的承载结构，支护结构只用来约束和限制围岩的变形，两者共同作用的结果是使支护结构体系达到平衡状态。对于按新奥法设计和施工的支护结构，因其能和围岩紧密接触，并使围岩始终工作在非松动阶段，与围岩一起共同承受由于开挖而释放的初始应力的作用，因此可以采用连续介质力学的方法来分析，又称为地层结构模型。目前这种方法主要用于研究地层的稳定性，以及对隧道工程的各种施工方案进行比较，判断开挖对地层的影响等。当然，在有经验的情况下，也可用于隧道支护结构的内力校核。岩体力学方法通常分为解析法和数值法。

岩体力学方法分析的关键是模型中各类物理力学参数的确定，其中有初始应力参数、隧道开挖的应力释放率、地层物理及力学参数、支护结构的力学参数等。

5.2 围岩压力

5.2.1 围岩压力及其分类

1. 围岩压力

围岩压力是指引起地下开挖空间周围岩体和支护变形或破坏的作用力。它包括由原始地应力引起的围岩应力以及因围岩变形受阻而作用在支护结构上的作用力。因此，从广义来理解，围岩压力既包括围岩有支护的情况，也包括围岩无支护的情况；既包括作用在普通的传统支护，如架设的支撑或施作的衬砌上所显示的力学性态，也包括在锚喷和压力灌浆等现代支护的方法中所显示的力学性态。从狭义来理解，围岩压力是指围岩作用在支护结构上的压力。在工程中一般研究狭义的围岩压力。

2. 围岩压力分类

围岩压力按作用力发生的形态，一般可分为如下几种类型：

（1）松动压力

由于开挖而松动或坍塌的岩体以重力形式直接作用在支护结构上的压力称为松动压力。松动压力按作用在支护结构上力的位置不同，分为竖向压力和侧向压力。松动压力常由下列三种情况发生：在整体稳定的岩体中，可能出现个别松动掉块的岩石；在松散软弱的岩体中，坑道顶部和两侧边帮冒落；在节理发育的裂隙岩体中，围岩某些部位沿软弱面发生剪切破坏或拉坏等局部塌落。

（2）形变压力

形变压力是由于围岩变形受到与其密贴的支护如锚喷支护等的抑制，而使围岩与支护结构在共同变形过程中，围岩对支护结构施加的接触压力。所以形变压力除与围岩应力状态有关外，还与支护时间和支护刚度有关。

（3）膨胀压力

当岩体具有吸水、应力解除等膨胀性特征时，由于围岩膨胀所引起的压力称为膨胀压力。它与形变压力的基本区别在于它是由吸水、应力解除等膨胀引起的。

（4）冲击压力

冲击压力是在围岩中积累了大量的弹性变形能以后，由于隧道的开挖，围岩的约束被解除，能量突然释放所产生的压力。

由于冲击压力是岩体能量的积累与释放问题，所以它与高地应力和完整硬岩直接相关。弹性模量较大的岩体，在高地应力作用下，易于积累大量的弹性变形能，一旦破坏原始平衡条件，它就会突然猛烈地大量释放。

5.2.2 影响围岩压力的因素

影响围岩压力的因素很多，通常可分为两大类。一类是地质因素，它包括初始应力状态、岩石力学性质、岩体结构面等；另一类是工程因素，它包括施工方法、支护设置时间、支护刚度、坑道形状等。

例如在隧道开挖过程中，由于受到开挖面的约束，使其附近的围岩不能立即释放全部瞬时弹性位移，这种现象称为开挖面的"空间效应"。如在"空间效应"范围（一般为 1～1.5 倍洞径）内尽快设置支护，就可减少支护前的围岩位移值。所以当采用紧跟开挖面支护的施工方法，支护时间的长短必然会大大地影响围岩的稳定和围岩压力的数值。因此，一般宜尽快地施作支护，封闭岩层，待围岩变形基本稳定后再施作二次衬砌，减少"二衬"时的围岩压力。

5.2.3 围岩松动压力的形成和确定方法

开挖隧道所引起的围岩松动和破坏的范围有大有小，有的可达地表，有的则影响较小。对于一般裂隙岩体中的深埋隧道，其波及范围仅局限在隧道周围一定深度。所以作用在支护结构上的围岩松动压力远远小于其上覆岩层自重所造成的压力。这可以用围岩的"成拱作用"来解释。下面以水平岩层中开挖一个矩形坑道，来说明坑道开挖后围岩由形变到坍塌成拱的整个变形过程，如图 5-1 所示。

（1）隧道开挖后，在围岩应力重分布过程中，顶板开始沉陷，并出现拉断裂纹（图 5-1a），可视为变形阶段；

（2）顶板的裂纹继续发展并且张开，由于结构面切割等原因，逐渐转变为松动（图 5-1b），可视为松动阶段；

（3）顶板岩体视其强度的不同而逐步塌落（图 5-1c），可视为塌落阶段；

（4）顶板塌落停止，达到新的平衡，此时其界面形成一个近似的拱形（图 5-1d），可视为成拱阶段。

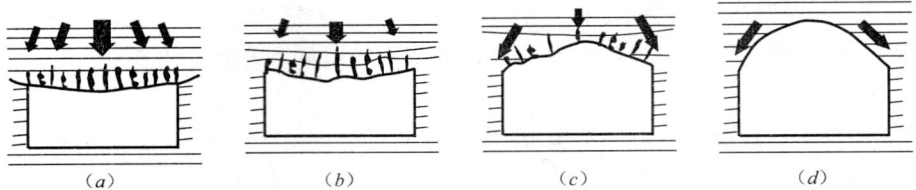

图 5-1　松动压力的形成

　　隧道开挖后虽然施作了支护结构，由于支护与围岩间仍有一定间隙，支护没有在围岩扰动之前施作，支护结构虽然阻止了围岩的塌落，但未能阻止围岩的扰动。此扰动范围称为塌落拱或自然拱，塌落拱范围内土石重量就形成了围岩对支护的松动压力。

　　实践证明，自然拱范围的大小除了受上述的围岩地质条件、支护结构架设时间、刚度以及它与围岩的接触状态等因素影响外，还取决于以下诸因素：

　　（1）隧道的形状和尺寸。隧道拱圈越平坦，跨度越大，则自然拱越高，围岩的松动压力也越大。

　　（2）隧道的埋深。人们从实践中得知，只有当隧道埋深超过某一临界值时，才有可能形成自然拱。习惯上，将这种隧道称为深埋隧道，否则称为浅埋隧道。由于浅埋隧道不能形成自然拱，所以，它的围岩压力的大小与埋置深度直接相关。

　　（3）施工因素。如爆破的影响，爆破所产生的震动常常是引起塌方的重要原因之一，造成围岩压力过大；又如分部开挖会多次扰动围岩，也会引起围岩失稳，加大自然拱范围。

5.2.4　确定围岩松动压力的方法

　　确定围岩松动压力的方法有：现场实地量测；按理论公式计算；根据大量的实际资料，并采用统计的方法分析确定。应该说，实地量测是今后的努力方向，但按目前的量测手段和技术水平来看，量测的结果尚不能充分反映真实情况。理论计算则由于围岩地质条件的千变万化，所用计算参数难以确切取值，目前也还没有一种能适合于各种客观实际情况的统一方法。在大量施工坍方事件的统计基础上建立起来的统计方法，在一定程度上能反映围岩压力的真实情况。目前，采用几种方法相互验证参照取值是确定围岩压力较通用的方法。

　　1. 我国《铁路隧道设计规范》TB 10003—2016 所推荐的方法

　　（1）深、浅埋隧道的判定原则

　　隧道的埋深不同，确定围岩压力的计算方法也应不同，因此有必要分清深埋与浅埋隧道的界限。一般情况下应以隧道顶部覆盖层能否形成"自然拱"为原则，但要确定出界限是困难的，因为它与许多因素有关，因此只能按经验做出概略的估算。深埋隧道围岩松动压力值是以施工坍方高度（等效荷载高度值）为根据，为了能形成此高度值，隧道上覆岩体就应有一定的厚度，否则坍方会扩展到地面。为此，深、浅埋隧道分界深度至少应大于坍方的平均高度且有一定余量。根据经验，这个深度通常为 $2\sim2.5$ 倍的坍方平均高度值，即：

$$H_p = (2 \sim 2.5)h_q \tag{5-1}$$

式中　H_p——深浅埋隧道分界的深度；

　　　h_q——等效荷载高度值，$h_q = 0.45 \times 2^{S-1} \times \omega$；

　　　S——围岩级别，如Ⅲ级围岩 $S=3$；

　　　ω——宽度影响系数，$\omega = 1 + i(B-5)$；

　　　B——坑道宽度，以 m 计；

　　　i——B 每增加 1m 时，围岩压力的增减率（以 $B=5$m 为基准），当 $B<5$m 时取 $i=0.2$，$B>5$m 时，取 $i=0.1$。

H_p 的系数在松软的围岩中取高限，而在较坚硬围岩中取低限。对于某些情况，则应作具体分析后确定。

当隧道覆盖层厚度 $h \geqslant H_p$ 时为深埋，$h < H_p$ 时为浅埋。

（2）深埋隧道荷载计算方法

当隧道的埋置深度超过一定限值后，由于围岩有"成拱作用"，其松动压力仅是隧道周边某一破坏范围（自然拱）内岩体的重量，而与隧道埋置深度无关。故解决这一破坏范围的大小就成为问题的关键。

确定围岩松动压力的关键是找出其破坏范围的规律性，而这种规律性只有通过大量的实际破坏性态的统计分析才能发现。

围岩破坏的直接表现形式是施工中产生的坍方。因此，根据大量隧道坍方资料的统计分析，可找出隧道围岩破坏范围形状和大小的规律性，从而得出计算围岩松动压力的统计公式。由于所统计的坍方资料有限，加上资料的相对可靠性，所以这种统计公式也只能在一定条件下反映围岩松动压力的真实情况。我国现行《铁路隧道设计规范》TB 10003—2016 中推荐的计算围岩垂直均布松动压力 q 的公式，就是根据 1000 多个坍方点的资料进行统计分析而拟定的。

《铁路隧道设计规范》TB 10003—2016 规定，垂直围岩压力为：

$$q = \gamma \times h_q = \gamma \times 0.45 \times 2^{S-1} \times \omega \tag{5-2}$$

式中　γ——围岩的容重；

　　　h_q——等效荷载高度值，见式（5-1）。

公式的适用条件为：①$H/B<1.7$（H 为坑道的高度）；②深埋隧道；③不产生显著的偏压和膨胀力的一般围岩隧道；④采用钻爆法施工的隧道。

随着现代隧道施工技术的发展，可将隧道开挖引起的破坏范围控制在最小限度内，所以围岩松动压力的发展也将受到控制。

在上述产生垂直压力的同时，隧道也会有侧向压力出现，即围岩水平分布松动压力 e，按表 5-1 中的经验公式计算（一般取平均值），其适用条件同式（5-2）。

水平分布松动压力

表 5-1

围岩级别	I～II	III	IV	V	VI
水平分布压力	0	$<0.15q$	$(0.15～0.3)q$	$(0.30～0.5)q$	$(0.5～1.0)q$

除了确定压力的数值外，还要考虑压力的分布状态。根据我国隧道垂直围岩压力的一些量测资料表明，作用在支护结构上的荷载一般是不均匀的。这是因为岩体破坏范围的大小和形状，受岩体结构、施工方法等因素的影响极不规则。根据统计资料，围岩垂直松动压力的分布图大概可概括为以下四种，如图 5-2 所示。用等效荷载，即非均布压力的总和应与均布压力的总和相等的方法来确定各荷载图形的高度值。

另外，还应考虑围岩水平松动压力非均匀分布的情况。

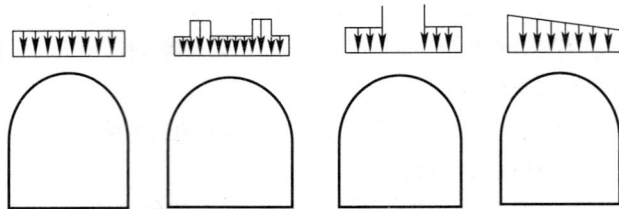

图 5-2　垂直松动压力的分布图

但上述压力分布图形只概括了一般情况，当地质、地形或其他原因可能产生特殊荷载时，围岩松动压力的大小和分布应根据实际情况分析确定。

（3）浅埋隧道荷载计算方法

当隧道浅埋时，地层多为松散堆积物，"自然拱"无法形成，此时的围岩压力计算不能再引用上述深埋情况的计算公式，而应按浅埋情况进行分析计算。

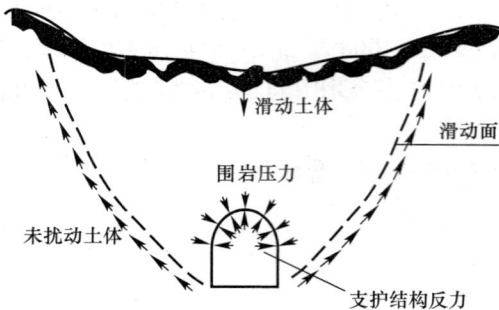

图 5-3　浅埋隧道上覆土体滑动图

当隧道埋深不大时，开挖的影响将波及地表而不能形成"自然拱"。从施工过程中岩体（包括土体）的运动情况可以看到，隧道开挖后如不及时支撑，岩体即会大量坍落移动，这种移动会影响到地表并形成一个坍陷区域，此时岩体将会出现两个滑动面，如图 5-3 所示。对于这样的情况，可以采用松散介质极限平衡理论进行分析。当滑动岩体下滑时，受到两种阻力作用：一是滑面上阻止滑动岩体下滑的摩擦阻力；二是支护结构的反作用力，这种反作用力的数值应等于滑动岩体对支护结构施加的压力，也就是我们所要确定的围岩松动压力。根据受力极限平衡条件：

滑动岩体重量＝滑面上的阻力＋支护结构的反作用力（围岩松动压力）

则围岩松动压力＝滑动岩体重量－滑面上的阻力

计算浅埋隧道围岩松动压力分两种情况：

1）隧道埋深 h 小于或等于等效荷载高度 h_q（即 $h \leqslant h_q$）

因上覆岩体很薄，滑动面上的阻力很小，为安全起见，计算时可忽略滑面上的摩擦阻力，则围岩垂直均布压力：

$$q = \gamma h \tag{5-3}$$

式中　γ——围岩容重；

　　　h——隧道埋置深度。

围岩水平均布压力 e 按朗金公式计算：

$$e = \left(q + \frac{1}{2}\gamma H_t\right)\tan^2\left(45° - \frac{\varphi}{2}\right) \tag{5-4}$$

式中符号同前。

2）当隧道埋深 h 大于等效荷载高度 h_q（即 $h > h_q$）时，随着隧道埋置深度增加，上覆岩体逐渐增厚，滑面的阻力也随之增大。因此，在计算围岩压力时，必须考虑滑面上阻力的影响，可按下述方法计算：

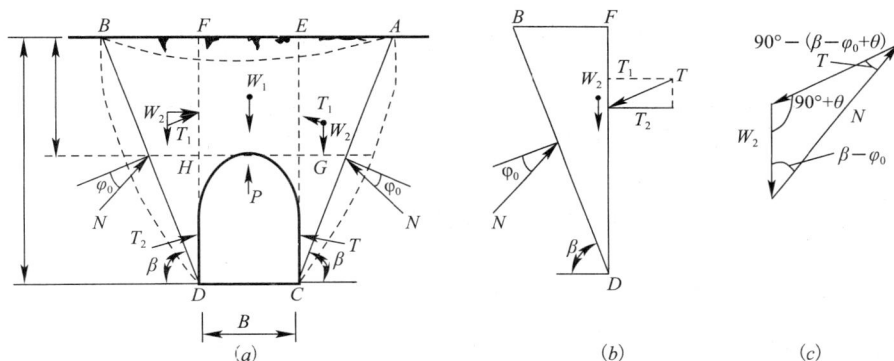

图 5-4　浅埋隧道谢家休理论围岩压力示意图

施工中，上覆岩体的下沉和位移与许多因素有关，如支护是否及时，岩体的性质、坑道的尺寸及埋置深度的大小，施工方法是否合理等。为方便计算，根据实践经验作如下简化假定，如图 5-4 所示。

① 岩体中所形成的破裂面是一个与水平面成 β 角的斜直面；如图 5-4 所示中的 AC、BD。

② 当洞顶上覆盖岩体 $FEGH$ 下沉时受到两侧岩体的挟持，应当强调它反过来又带动了两侧三棱岩体 ACE 和 BDF 的下滑，而当整个下滑岩体 AB-$DHGC$ 下滑时，又受阻于未扰动岩体。据此所形成的作用力有：洞顶上覆盖岩体 $EFHG$ 的重量 W_1；两侧三棱体 ACE、BDF 的重量 W_2；两侧三棱体给予下沉岩体 $EFDC$ 的阻力 T（对整个下滑岩体来说为内力），$T = T_1 + T_2$；整个下滑岩体滑动时，两侧未扰动岩体给予的阻力 N。

③ 斜直面 AC、BD 是一个假定破裂滑面，该滑面的抗剪强度决定于滑面的摩擦角 φ 及粘结力 c，为简化计算采用岩体的似摩擦角 φ_0。应注意，洞顶岩体 $EFHG$ 与两侧三棱体之间的摩擦角 θ 与 φ_0 是不同的。因为 EG、FH 面上

并没有发生破裂面，所以它介于零与岩体内摩擦角之间，即 $0<\theta<\varphi_0$。显然 θ 值与岩体的物理力学性质有着密切的关系。在计算时可以取一个经验数字，此处假定 θ 与 φ_0 有关（表 5-2）。表中所推荐的数值，是根据隧道的埋深情况和地质、地形资料，经验算一些发生地表沉陷和衬砌开裂的隧道以后提出的，可供实际工作时使用。

岩体两侧摩擦角 θ 与似摩擦角 φ₀ 的关系

表 5-2

岩体似摩擦角 φ_0	θ	岩体似摩擦角 φ_0	θ
$<20°$	$(0\sim0.1)\varphi_0$	$45°\sim50°$	$(0.5\sim0.6)\varphi_0$
$20°\sim30°$	$(01\sim0.2)\varphi_0$	$50°\sim55°$	$(0.6\sim0.7)\varphi_0$
$30°\sim35°$	$(0.2\sim0.3)\varphi_0$	$55°\sim60°$	$(0.7\sim0.8)\varphi_0$
$35°\sim40°$	$(0.3\sim0.4)\varphi_0$	$60°\sim65°$	$(0.8\sim0.9)\varphi_0$
$40°\sim45°$	$(0.4\sim0.5)\varphi_0$	$>65°$	$0.9\varphi_0$

还可以进一步把各级围岩具体的 θ 及 φ_0 计算值列于表 5-3。

各级围岩的 θ 与 φ₀ 值

表 5-3

围岩类别	Ⅵ	Ⅴ	Ⅳ	Ⅲ	Ⅱ	Ⅰ
θ	$0.9\varphi_0$	$0.9\varphi_0$	$0.9\varphi_0$	$(0.7\sim0.9)\varphi_0$	$(0.5\sim0.7)\varphi_0$	$(0.3\sim0.5)\varphi_0$
φ_0	$>78°$	$70°\sim78°$	$60°\sim70°$	$50°\sim60°$	$40°\sim50°$	$30°\sim40°$

基于上述假定，按力的平衡条件，可求出作用在隧道支护结构上的围岩松动压力值，其步骤如下：

由图 5-4（a）可知，作用在支护结构上总的垂直压力 Q 为：

$$Q = W_1 - 2T_1\sin2\theta \tag{5-5}$$

式中，W_1 为已知的 $EFHG$ 的土体重，$T_1\sin2\theta$ 为 $EFHG$ 土体下滑时受两侧土体挟制的摩擦力。其中 θ 做为假定可知，但是 T_1 是未知的，故必须先算出 T_1 值，才能求出 Q。

① 求两侧三棱体对洞顶土体的挟制力 T_1

取三棱体 BDF（或 ACE）作为脱离体分析（如图 5-4（b）所示），作用在其上的力有 W_2、T、N，其中 W_2 为 BDF 的土体自重，T 为隧道与上覆土体下沉而带动两侧 BDF 和 ACE 随着下滑时在 FD 面产生的带动下滑力，N 为 BD 面上的摩擦阻力。由图 5-4（a）可知 $T=T_1+T_2$，T_1、T_2 分别为上覆土体部分和衬砌部分带动 FD 和 EC 面下滑时的带动力，其方向如图 5-4 所示。因此为了求出 T_1 必须先求 T。根据力的平衡条件，由图 5-4（c）的力三角形可求出 T 值。

三棱体重量 W_2 为：

$$W_2 = \frac{1}{2}\gamma\times\overline{BF}\times\overline{DF} = \frac{1}{2}\gamma H^2\frac{1}{\tan\beta} \tag{5-6}$$

式中，γ 为围岩容重；H、β 意义见图 5-4（a）。

按正弦定理，有：

$$\frac{T}{\sin(\beta-\varphi_0)} = \frac{W_2}{\sin[90°-(\beta-\varphi_0+\theta)]}$$

将式（5-6）代入，化简后有：

$$T = \frac{1}{2}\gamma H^2 \frac{\tan\beta - \tan\varphi_0}{\tan\beta[1 + \tan\beta(\tan\varphi_0 - \tan\theta) + \tan\varphi_0\tan\theta]} \cdot \frac{1}{\cos\theta} \quad (5-7)$$

令

$$\lambda = \frac{\tan\beta - \tan\varphi_0}{\tan\beta[1 + \tan\beta(\tan\varphi_0 - \tan\theta) + \tan\varphi_0\tan\theta]} \quad (5-8)$$

则

$$T = \frac{1}{2}\gamma H^2 \frac{\lambda}{\cos\theta} \quad (5-9)$$

分析式（5-9）的物理含义可知，从散体极限平衡理论可知，T 为 FD 面的带动下滑力，则 λ 即为 FD 面上侧压力系数，而 T 又为 T_1 和 T_2 之和，衬砌上覆土体下沉时受到两侧摩阻力为 T_1，这是我们所需要求的数值。T_1 值根据上述概念可直接写出，为：

$$T_1 = \frac{1}{2}\gamma h^2 \frac{\lambda}{\cos\theta} \quad (5-10)$$

可知欲求得 T_1 必须先求 λ。但是从式（5-8）中可以看出，λ 为 β、φ_0、θ 的函数。前文已说明，φ_0、θ 为已知，而 β 为 BD 与 AC 滑动面与隧道底部水平面的夹角，由于 BD 和 AC 滑动面并非极限状态下的自然破裂面，它是假定与土体 $EFHG$ 下滑带动力有关的，而其最可能的滑动面位置必然是 T 为最大值时带动两侧土体 BFD 和 ECA 的位置。基于这一概念，应当利用 T 的极值来求得 β 值。

② 求破裂面 BD 的倾角 β

根据前述，令 $\frac{\mathrm{d}\lambda}{\mathrm{d}\beta} = 0$，经简化得：

$$\tan\beta = \tan\varphi_0 + \sqrt{\frac{(\tan^2\varphi_0 + 1)\tan\varphi_0}{\tan\varphi_0 - \tan\theta}} \quad (5-11)$$

由上式知，在 T 为极值条件下的 β 值仅与 φ_0、θ 有关，而 φ_0、θ 是随围岩类别而定的已知值。在求得 β 后，T_1 亦可求得。

③ 求围岩总的垂直压力 Q

将求得的 T_1 值代入（5-5）式，得 Q 值为：

$$Q = W_1 - 2 \times \frac{1}{2}\gamma h^2 \frac{\lambda}{\cos\theta}\sin\theta$$

而 $W_1 = Bh\gamma$，则：

$$Q = Bh\gamma - \gamma h^2\tan\theta \cdot \lambda$$

即

$$Q = \gamma h(B - h\lambda\tan\theta) \quad (5-12)$$

④ 求围岩垂直均布松动压力 q

$$q = \frac{Q}{B} = \gamma h\left(1 - \frac{h\lambda\tan\theta}{B}\right) = \gamma hK \quad (5-13)$$

式中　K——压力缩减系数，其值为 $K = 1 - \frac{h}{B}\lambda\tan\theta$；

　　　B——隧道开挖宽度；

　　　h——洞顶岩体覆盖层厚度。

⑤ 求围岩水平均布松动压力

若水平压力按梯形分布，则作用在隧道顶部和底部的水平压力可直接写为：

$$\left.\begin{array}{l} e_1 = \gamma h\lambda \\ e_2 = \gamma H\lambda \end{array}\right\} \tag{5-14}$$

式中 λ——侧压力系数，可由式（5-8）求得。

若为均布时，则：

$$e = \frac{1}{2}(e_1 + e_2) \tag{5-15}$$

2. 普氏理论

普氏理论认为，所有的岩体都不同程度被节理、裂隙所切割，因此可视为散粒体。但岩体又不同于一般的散粒体，其结构面上存在着不同程度的粘结力。基于这种认识，普氏理论提出了岩体的"坚固性系数" f（又称侧摩擦系数）的概念。

岩体的抗剪强度 $\tau = \sigma\tan\varphi + c$，现将岩体视为散粒体，但又要保证其抗剪强度不变，则 $\tau = \sigma f$。所以：

$$f = \tau/\sigma = (\sigma\tan\varphi + c)/\sigma = \tan\varphi + c/\sigma = \tan\varphi_0 \tag{5-16}$$

式中 φ、φ_0——岩体的内摩擦角和似摩擦角；

τ、σ——岩体的抗剪强度和剪切破坏时的正应力；

c——岩体的粘结力。

由此可以看出，岩体的坚固性系数 f 是一个说明岩体特性（如强度、抗钻性、抗爆性、构造、地下水等）的综合指标。

为了确定围岩的松动压力，普氏理论进一步提出了基于"自然拱"概念的计算理论。普氏理论认为在具有一定粘结力的松散介质中开挖坑道后，其上方会形成一个抛物线形的自然拱，作用在支护结构上的围岩压力就是自然拱内松散岩体的重量。而自然拱的形状和尺寸（即它的高度 h_k 和跨度 B_t）与岩体的坚固性系数 f 有关。具体表达式为：

$$h_k = b_t/f \tag{5-17}$$

式中 h_k——自然拱高度；

b_t——自然拱的半跨度。

在坚硬的岩体中，坑道侧壁较稳定，自然拱的跨度即为坑道的跨度，如

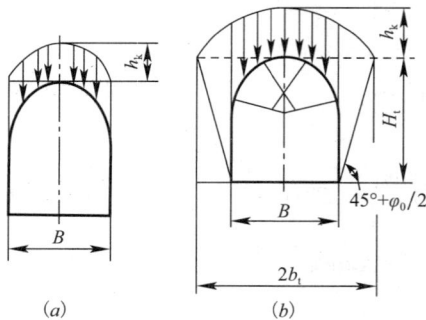

图 5-5 普氏理论自然拱形成

图 5-5（a）所示。在松散和破碎岩体中，坑道的侧壁受到扰动而产生滑移，自然拱的跨度也相应加大，如图 5-5（b）所示。此时的 b_t 值为：

$$b_t = b + H_t \cdot \tan(45 - \varphi_0/2) \tag{5-18}$$

式中 b——坑道的净跨之半；

H_t——坑道的净高；

φ_0——岩体的似摩擦角，$\varphi_0 =$

$\arctan f$。

围岩垂直均布松动压力：

$$q = \gamma h_k \qquad (5-19)$$

围岩水平均布松动压力可按人们所熟悉的朗金公式计算：

$$e = \left(q + \frac{1}{2} \gamma H_t \right) \tan^2 \left(45° - \frac{\varphi_0}{2} \right) \qquad (5-20)$$

按普氏理论算得的软质围岩松动压力，与实际情况相比较偏小，对坚硬围岩则偏大，一般在松散、破碎围岩中较为适用。

3. 泰沙基理论

泰沙基也将岩体视为散粒体，他认为坑道开挖后，其上方的岩体因坑道的变形而下沉，并产生如图 5-6 所示的错动面 OAB。假定作用在任何水平面上的竖向压应力 σ_v 是均布的，相应的水平力 $\sigma_H = \lambda \sigma_v$（$\lambda$ 为侧压力系数）。在地面深度为 h 处取出一厚度为 dh 的水平条带单元体，考虑其平衡条件 $\sum V = 0$，得出：

$$2b(\sigma_v + d\sigma_v) - 2b \cdot \sigma_v + 2\lambda \sigma_v \tan \varphi_0 \cdot dh - 2b\gamma \cdot dh = 0 \qquad (5-21)$$

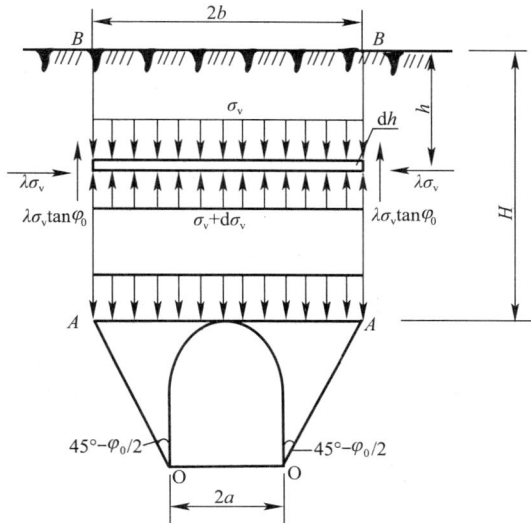

图 5-6　泰沙基理论围岩压力图示

展开后，得：

$$\frac{d\sigma_v}{\gamma - \dfrac{\lambda \sigma_v \tan \varphi_0}{b}} - dh = 0 \qquad (5-22)$$

解上述微分方程，并引进边界条件（当 $h = 0$，$\sigma_v = 0$），得洞顶岩层中任意点的垂直压力为：

$$\sigma_v = \frac{\gamma b}{\tan \varphi_0 \cdot \lambda} (1 - e^{-\lambda \tan \varphi_0 \cdot \frac{h}{b}}) \qquad (5-23)$$

随着坑道埋深 h 的加大，$e^{-\lambda \tan \varphi_0 \cdot \frac{h}{b}}$ 趋近于零，则 σ_v 趋于某一个固定值，且：

$$\sigma_v = \frac{\gamma b}{\tan \varphi_0 \cdot \lambda} \qquad (5-24)$$

泰沙基根据试验结果，得出 $\lambda=1\sim1.5$，取 $\lambda=1$，则：

$$\sigma_v = \frac{\gamma b}{\tan\varphi_0} \tag{5-25}$$

如以 $\tan\varphi_0=f$ 代入，得：

$$\sigma_v = \gamma b/f$$

式中，b、φ_0 意义同上。

此时便与普氏理论计算公式得到相同的结果。泰沙基认为当 $H\geqslant5b$ 时为深埋隧道。至于侧向均布压力则仍按朗金公式计算：

$$e = \left(\sigma_v + \frac{1}{2}\gamma H_t\right)\tan^2\left(45° - \frac{\varphi_0}{2}\right) \tag{5-26}$$

4. 围岩压力计算实例

【例 5-1】如图 5-7 所示单线铁路隧道，处在Ⅳ级围岩中，埋深 $h=20\text{m}$，$B=7.4\text{m}$，$H_t=8.8\text{m}$。围岩容重 $\gamma=21.5\text{kN/m}^3$，计算时纵向取单位长度。

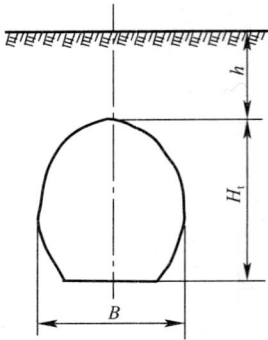

图 5-7　松动压力计算示例

【解】由式（5-1）知：

$$h_q = 0.45\times2^{S-1}\times\omega = 0.45\times2^{S-1}\times[1+i(B-5)]$$
$$= 0.45\times2^3\times[1+0.1\times(7.4-5)] = 4.464\text{m}$$
$$H_p = 2.5h_q = 11.16\text{m}$$

$h=20\text{m}>H_p$，属深埋隧道，则垂直围岩压力为：
$$q = \gamma h_q = 21.5\times4.464 = 95.976\text{kN/m}$$

如果 $h=8\text{m}$，$h<2h_q$ 应为浅埋，按浅埋公式（5-13）计算。

查表 5-2 和表 5-3，可得 $\varphi_0=55°$，$\theta=44°$，则：
$$\tan\varphi_0 = 1.428, \tan\theta = 0.966, \tan\beta = \tan\varphi_0$$

$$+ \sqrt{\frac{\tan\varphi_0(\tan^2\varphi_0+1)}{\tan\varphi_0-\tan\theta}} = 1.428 + \sqrt{\frac{1.428(1.428^2+1)}{1.428-0.966}} = 4.493$$

$$\lambda = \frac{\tan\beta-\tan\varphi_0}{\tan\beta[1+\tan\beta(\tan\varphi_0-\tan\theta)+\tan\varphi_0\tan\theta]} = 0.153$$

由式（5-13）可得：

$$q = \gamma\left(h - \frac{\lambda h^2\tan\theta}{B}\right) = 144.52\text{kN/m}$$

$$e_1 = \gamma h\lambda = 26.32\text{kN/m}$$

$$e_2 = \gamma(h+H_t)\lambda = 55.26\text{kN/m}$$

可知浅埋隧道所受围岩松动压力比深埋隧道大，因而靠近洞口段的洞身衬砌需要加强。

5.3　结构力学方法

5.3.1　基本原理

结构力学方法的基本原理是：将支护和围岩分开考虑，支护结构是承载主体，地层作为荷载的来源和支护结构的弹性支撑。隧道支护结构与围岩的相互作用是通过弹性支撑对支护结构施加约束来体现的。当作用在支护结构上的荷载确定后，用普通结构力学的方法求解超静定结构的内力和位移。

结构力学方法虽然是以承受岩体松动、崩塌而产生的竖向和侧向主动压力为主要特征，但在围岩与支护结构相互作用的处理上却有几种不同的做法：

（1）主动荷载模式，如图 5-8（a）所示。此模式不考虑围岩与支护结构的相互作用，因此，支护结构在主动荷载作用下可以自由变形。它主要适用于围岩与支护结构的"刚度比"较小的情况，或软弱围岩对结构变形的约束能力较差，没有能力去约束支护结构变形的情况，如采用明挖法施工的城市地铁工程及明洞工程。

（2）主动荷载加被动荷载（弹性抗力）模式，如图 5-8（b）所示。此模式认为围岩不仅对支护结构施加主动荷载，而且由于围岩与支护结构的相互作用，还对支护结构施加被动的约束反力。因此，支护结构在主动荷载和约束反力同时作用下进行工作。这种模式能适用于各种类型的围岩，只是不同围岩所产生的弹性抗力大小不同而已，这种模式基本能反映出支护结构的实际受力状况。

（3）实际荷载模式。这是当前正在发展的一种模式，它采用量测仪器实地量测到作用在支护结构上的荷载值，这是围岩与支护结构相互作用的综合反映，既包含围岩的主动荷载，也含有弹性反力，如图 5-8（c）所示。在支护结构与围岩牢固接触时，不仅能量测到径向荷载，而且还能量测到切向荷载，切向荷载的存在可减少荷载分布的不均匀程度，从而改善结构的受力情况。结构与围岩松散接触时，就只有径向荷载。但应该指出，实际量测到的荷载值，除与围岩特性有关外，还取决于支护结构的刚度以及支护结构背后回填的质量。因此，某一种实地量测的荷载，只能适用于其相类似的情况。

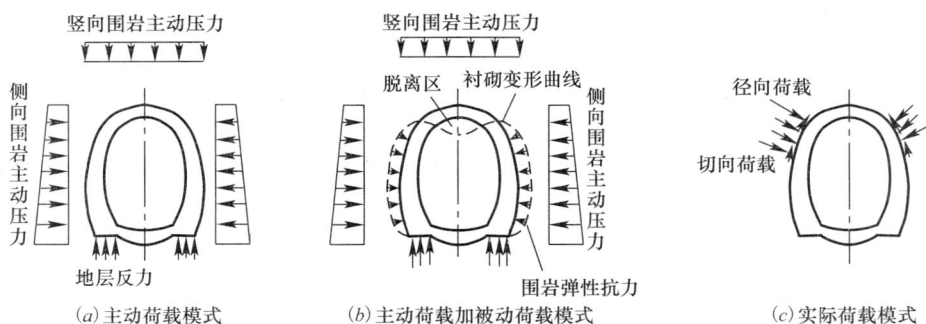

图 5-8　常用的计算模型

5.3.2　隧道支护结构受力变形特点

隧道支护结构在主动荷载作用下要产生变形。如图 5-9 所示的曲墙式衬砌，在主动荷载（假设围岩垂直压力大于侧向压力）作用下，结构产生的变形用虚线表示。在拱顶，其变形背向地层，不受围岩的约束而自由变形，这

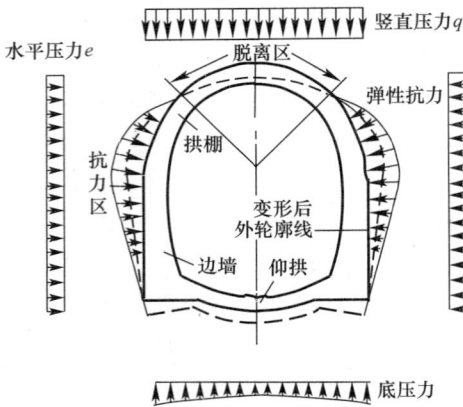

图 5-9　隧道结构受力变形

个区域称为"脱离区"。而在两侧及底部，结构产生朝向地层的变形，受到围岩的约束并阻止其变形，因而围岩对衬砌产生了弹性抗力，这个区称为"抗力区"。为此，围岩对支护结构变形起双重作用：围岩产生主动压力使支护结构变形，又产生被动压力阻止支护结构变形。这种效应的前提条件是围岩与支护结构必须全面地、紧密地接触。但实际的接触状态是相当复杂的，由于围岩的性质、施工方法、支护结构类型等因素的不同，致使围岩与支护结构可能是全面接触，也可能是局部接触；可能是面接触，也可能是点接触；有时是直接接触，有时通过回填物间接接触。为便于计算，一般将上述复杂情况予以理想化，即假定支护结构与围岩全面地、紧密地接触。因此，为了符合设计计算要求，应严格按照施工规范要求进行施工。

5.3.3　隧道支护结构承受的作用（荷载）

以图 5-8（b）模式进行分析，作用在隧道支护结构上的作用分为主动作用（荷载）和被动作用（荷载）两种。

1. 主动荷载

隧道结构上的主动荷载可以按其在设计基准期内随时间的变化特征划分为三类：①永久作用，在设计考虑的时期内始终存在且其量值变化与平均值相比可以忽略不计的作用，包括结构自重、围岩压力（含水压力）、混凝土收缩和徐变作用、使用设施自重（如道床重量）等；②可变作用，在设计使用年限内其量值随时间变化，且其变化与平均值相比产生不可忽略不计的作用，包括施工作用、温度变化的作用、使用荷载（如车辆荷载等）和荷载所产生的地层压力等；③偶然作用，在设计使用年限内不一定出现，而一旦出现其量值很大，且持续期很短的作用，如地震力、爆炸力、火灾作用等。在结构上可能同时出现的作用，应按承载能力极限状态和正常使用极限状态分别进行组合，并取其最不利组合进行设计。

2. 被动荷载（即围岩的弹性反力）

所谓弹性反力就是指由于支护结构发生向围岩方向的变形而引起的围岩对支护结构的约束反力。

弹性反力的大小，目前多用温克尔（Winkler）假定为基础的局部变形理论计算。局部变形理论把围岩简化为一组彼此独立的弹簧（弹性支承），某一弹簧受压缩时产生的反力值，只和其自身压缩量成正比，和其他弹簧无关，如图 5-10（a）所示。

$$\sigma_i = K\delta_i \qquad\qquad (5\text{-}27)$$

式中 δ_i——支护结构表面某点 i 的位移（即对应的围岩表面某点的压缩变形）；

$\quad\quad\sigma_i$——在该点处围岩和结构相互作用的反力；

$\quad\quad K$——围岩的弹性反力系数。

这样假设和实际情况有出入，实际地层变形如图 5-10（b）所示，但局部变形理论简单明了，便于应用，且能满足一般工程设计的需要精度，故广泛使用。围岩的约束作用是地下结构的一大特点，它有利于结构的稳定，限制了围岩的变形，从而改善了结构的受力条件，提高了结构的承载力。

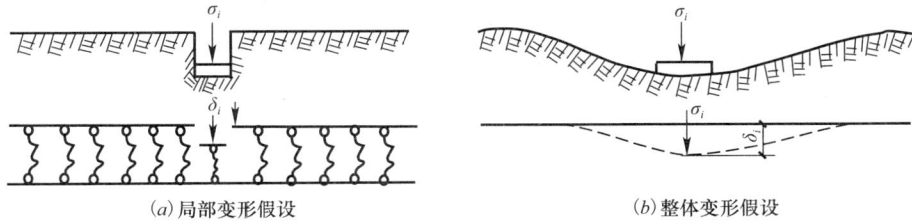

（a）局部变形假设　　　　　　　　　　（b）整体变形假设

图 5-10　变形引起反力的计算

5.3.4　隧道支护结构的计算方法

隧道支护结构计算的主要内容有：按工程类比方法初步拟定断面的几何尺寸；确定作用在结构上的荷载，进行力学计算，求出截面的内力（弯矩 M 和轴向力 N）；检算截面的承载力。

隧道支护结构计算采用的荷载—结构模式，是在主动荷载及被动荷载（弹性反力）共同作用下的拱式结构。支护结构在主动荷载作用产生的弹性反力的大小和分布形态取决于支护结构的变形，而支护结构的变形又和弹性反力有关，所以支护结构的计算是一个非线性问题。

目前对隧道支护结构计算采用的比较多的方法是弹性支承法，弹性支承法也称为链杆法。其基本特点是将支护结构离散为有限个杆系单元体，按照"局部变形"理论考虑支护结构与围岩的相互作用，将弹性反力作用范围内（一般先假定拱顶 90°～120°范围为脱离区）的连续围岩，离散成若干条彼此互不相关的矩形岩柱，矩形岩柱的一个边长是支护结构的纵向计算宽度，通常取单位长度，另一边长是两个相邻的支护结构单元的长度之半的和。因岩柱的深度与传递轴力无关，故不予考虑。

为了便于计算，用一些具有一定弹性的支承来代替岩柱，并以铰接的方式支承在支护结构单元之间的节点上，使它不承受弯矩，只承受轴力。弹性支承的设置方向应该和弹性反力的方向一致。可以是径向的，不计支护结构与围岩间的摩擦力，如图 5-11（a）所示，且只传递轴向压力（由于围岩与支护结构存在粘结力，也可能传递少量轴向拉力）；也可以和径向偏转一个角度，考虑支护结构与围岩间的摩擦力，如图 5-11（b）所示；为了简化计算也可将弹性支承水平设置，如图 5-11（c）所示；若支护结构与围岩之间充填密实，接触良好，此时除设置径向弹性支承外还可设置切向弹性支承，如图 5-11（d）所示。对于弹性固定的边墙底部可用一个既能约束水平位移，又能产生转动和垂直位移的弹性支座来模拟。

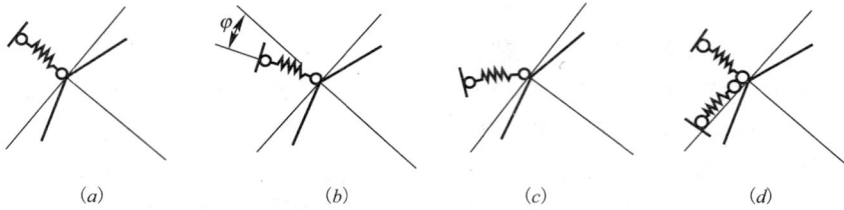

图 5-11　弹性支承设置方式

　　图 5-12 为隧道支护结构内力分析的计算图式。将主动围岩压力简化为节点荷载，支护结构的内力计算，可采用矩阵力法或矩阵位移法，编制程序进行分析计算。

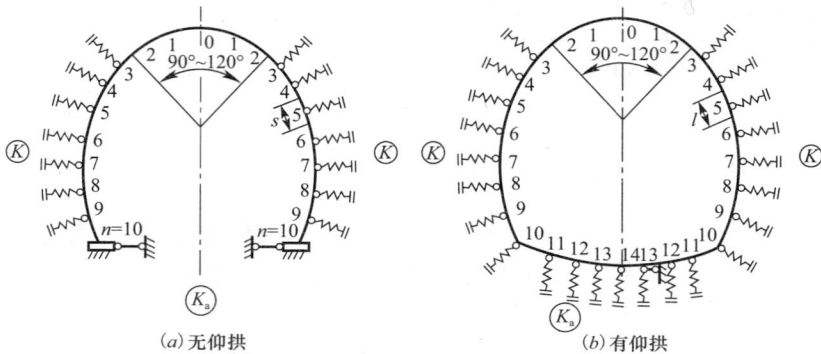

图 5-12　弹性支承法计算模型

5.3.5　支护结构截面强度检算

　　计算出支护结构内力、位移后，最后要作截面检算。

　　根据支护结构内力计算结果，可得到支护结构任一截面所受弯矩、轴力及剪力（图 5-13）。其中弯矩和轴力是主要的，为一偏心受压杆件。

　　由图 5-13 可知：

$$e_0 = M/N \tag{5-28}$$

　　《铁路隧道极限状态法设计暂行规范》Q/CR 9129—2015 规定，按概率极限状态法设计隧道支护结构应根据承载能力极限状态及正常使用极限状态的要求，分别进行计算和验算。

　　1. 承载能力极限状态

　　（1）素混凝土矩形截面轴心及偏心受压构件，当偏心距 e_0 小于 0.2 倍截面高度时，其受压承载能力应为：

$$N \leqslant \frac{\varphi \alpha f_c b h}{\gamma_d} \tag{5-29}$$

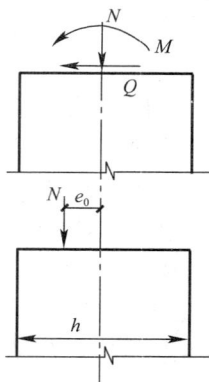

图 5-13　截面内力

式中　N——轴力设计值（MN）；

　　　　γ_d——结构调整系数，取 1.20；

　　　　φ——素混凝土构件的稳定系数；

f_c——混凝土轴心抗压强度设计值；

b——截面宽度；

h——截面高度；

α——轴向力偏心影响系数，$\alpha=1.000+0.648(e_0/h)-12.569(e_0/h)^2+15.444(e_0/h)^3$。

（2）对不允许开裂的素混凝土矩形截面偏心受压构件，当偏心距 e_0 不小于 0.2 倍截面高度时，其抗裂承载力应为：

$$N \leqslant \frac{1.55\varphi f_t bh}{\gamma_d [6(e_0/h)-1]} \tag{5-30}$$

式中，f_t 为混凝土轴心抗拉强度设计值；γ_d 为结构调整系数，取为 1.55。

（3）钢筋混凝土矩形截面偏心受压构件正截面受压承载力应为：

$$N \leqslant \frac{1}{\gamma_d}(f_c bx + f'_y A'_s - \sigma_s A_s) \tag{5-31}$$

$$Ne \leqslant \frac{1}{\gamma_d}\left[f_c bx \left(h_0 - \frac{x}{2}\right) + f'_y A'_s (h_0 - a'_s) \right] \tag{5-32}$$

$$e = e_i + \frac{h}{2} - a_s \tag{5-33}$$

$$e_i = e_0 + e_a \tag{5-34}$$

式中　　f'_y——钢筋抗拉强度设计值；

A_s、A'_s——受拉区、受压区钢筋的截面面积；

e——轴向力作用点到受拉边（或较小受压边）钢筋合力点的距离；

a_s、a'_s——受拉区钢筋合力点、受压区钢筋合力点至截面近边的距离；

e_a——附加偏心距，取 0.02m 和偏心方向截面最大尺寸的 1/30 两者中的较大者；

σ_s——受拉边或受压较小边的纵向普通钢筋的应力；

γ_d——结构调整系数，取 1.0。

2. 正常使用极限状态

（1）素混凝土衬砌结构不允许开裂，按荷载标准组合进行计算时，构件受拉边缘混凝土拉应力不应大于混凝土抗拉强度的标准值。

（2）钢筋混凝土衬砌结构构件，按荷载准永久组合并考虑长期作用影响计算时，构件最大裂缝宽度不应超过 0.2mm。

5.4　岩体力学方法

岩体力学方法主要是对锚喷支护进行预设计。这种方法的出发点是支护结构与围岩相互作用，组成一个共同承载体系，其中围岩为主要的承载结构，支护结构为镶嵌在围岩孔洞上的承载环，只是用来约束和限制围岩的变形，两者共同作用的结果是使支护结构体系达到平衡状态。它的计算模式为地层—结构模式，即处于无限或半无限介质中的结构和镶嵌在围岩孔洞上的支护结构（相当于加劲环）所组成的复合模式。它的特点是能反映出隧道开挖后的围岩应力状态。

5.4.1 岩体力学分析的思路

岩体力学方法是把围岩和支护结构看做一个支承体系，分析在洞室开挖以后，支护设置前后体系中的应力（相应的位移）变化情况，并据以判断是否稳定。

在洞室开挖以前，围岩处于初始应力状态，也称初始应力场 $\{\sigma\}^0$，它通常总是稳定的。开挖以后，地应力自我调整，且出现相应位移，称二次应力场及位移场($\{\sigma\}^2$ 及 $\{u\}^2$)，这时，如果其应力水平及位移小于岩体的强度及允许值，那么岩体处于弹性状态，仍是稳定的。一般说，无须施作支护结构来增加整个体系的支撑能力。反之，围岩的一部分出现塑性以至松弛，就要适时修筑支护，给围岩以反力并约束其自由位移，这样两者结合成一个体系，应力再次调整，围岩出现三次应力场及位移场($\{\sigma\}^3$，$\{u\}^3$)，支护结构中相应出现了内力及位移($\{F\}$，$\{\delta\}$)，据此判断结构的安全状况。

完整分析流程如图 5-14 所示。

目前对这种模式的求解方法主要有解析法、数值法、收敛约束法和剪切滑移破坏法。解析法是根据实际问题列出其平衡方程、几何方程和物理方程，而后根据所给定的边界条件，对问题进行直接求解。由于数学上的困难，目前解析法还只能给出少数简单问题的具体解答。

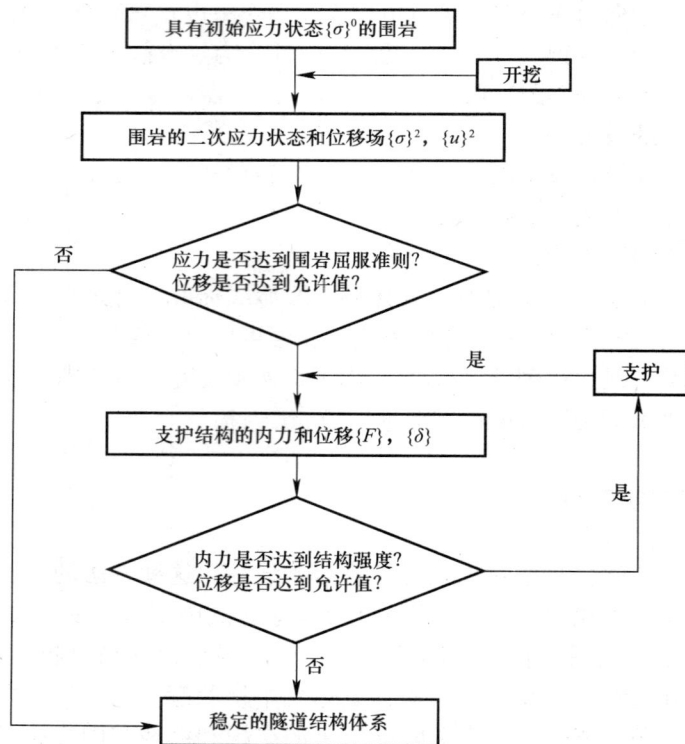

图 5-14 岩体力学方法分析流程

5.4.2　数值法

1. 基本原理

常用的数值方法有有限单元法、边界元法和离散元法，其中有限元和边界元建立在连续介质力学的基础上，适合小变形分析，是发展较早、较成熟的方法，尤其以有限元法应用更为广泛。将岩土介质和支护结构离散为仅在节点相连的诸单元，荷载移至于节点，利用插值函数考虑连续条件，由矩阵力法或矩阵位移法方程组统一求解岩土介质和支护结构的应力场和位移场的方法称为有限单元法。

在平面问题中，离散岩土介质常用的单元有常应变三角形单元，六节点三角形单元、矩形单元和四边形等参数单元等，这些单元各有优缺点，目前应用最广的是四边形等参数单元，因为它既具有较高的精度，又能灵活地适应复杂的边界形状。离散支护结构的常用单元一般是杆件单元，如结构厚度较大，也可采用上述的各种单元。

求解岩土工程问题采用的有限单元法一般是矩阵位移法，取用的基本未知数是单元节点的位移。为了在节点位移值与单元内任意点的位移值之间建立联系并保持元素之间的连续性，需要根据插值函数建立位移模式。位移模式的合理选择与单元的类型有关，将它们规定为坐标的函数。

2. 计算范围的确定和单元划分

无论是深埋或浅埋隧道，在力学上均属于半无限空间问题，当简化为平面应变问题时，则为半无限平面问题。从理论上讲，开挖对周围岩体的影响，将随远离开挖部位而逐渐消失（圣维南原理）。因此，有限元分析仅需在一个有限的区域内进行即可。确定计算边界，一方面要节省计算费用，另一方面也要满足精度要求。实践和理论分析证明，对于地下洞室开挖后的应力和应变，仅在洞室周围距孔洞中心点 3～5 倍开挖宽度（或高度）的范围内存在实际影响。在 3 倍宽度处的应力变化一般在 10% 以下，在 5 倍宽度处的应力变化一般在 3% 以下，所以计算边界即可确定 3～5 倍开挖宽度（高度）。在这个边界上，可以认为开挖引起的位移为零。此外，根据对称性的特点，分析区域可以取 1/2（1 个对称轴）或 1/4（2 个对称轴），如图 5-15 所示。

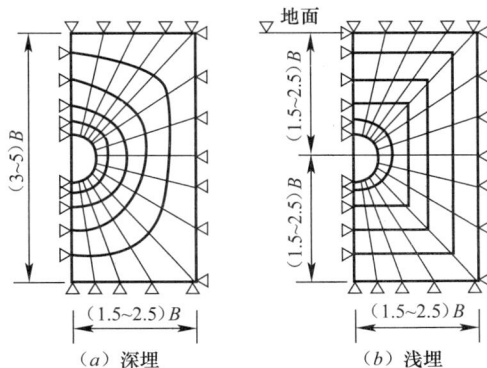

图 5-15　计算域单元划分方法示意

当要求计算精度增高时，计算边界的确定就比较困难，可考虑采用有限元和无限元耦合算法。

将岩体与支护结构离散为有限元在节点处铰接的单元体组合，对平面应变问题常采用的有限单元包括线单元和面单元，如图 5-16 所示，对于地下结构体系离散化后往往是各种类型单元的组合：二节点和三节点杆单元用以模拟锚杆；二节点和三节点梁单元用以模拟喷射混凝土；三节点和六节点三角形常应变单元或四节点、八节点四边形等参数单元用以模拟围岩和二次衬砌，因四边形等参数单元具有应力变化连续、精度较高、便于网格划分的优点，采用四边形单元最为适宜。

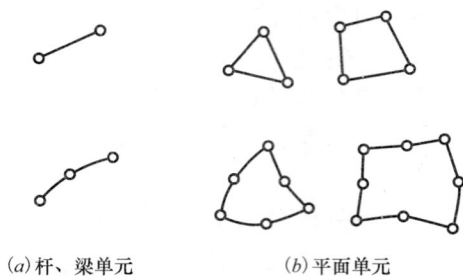

(a) 杆、梁单元　　　　(b) 平面单元

图 5-16　有限单元的基本类型

理论上讲，单元划分得越密越小、形状越规则，计算精度越高。根据误差分析，应力的误差与单元尺寸的一次方成正比，位移的误差与单元的二次方成正比。但单元数多则要求计算机储存量大，计算时间长。在地下结构物周围区域、地质构造区域等应力、位移变化梯度大以及荷载有突变的区域，单元划分可加密，而其他区域则可稀疏一些。疏密区单元大小相差不宜过大，应尽可能均匀过渡。

在结构体系离散化时需注意以下几点：

① 单元的边长相差不能过大，两边夹角不能过小，各夹角最好尽量相等；

② 单元边界应当划分在材料的分界面上和开挖的分界线上，1 个单元不能包含两种材料；

③ 集中荷载作用点、荷载突变处及锚杆的端点处必须布置节点；

④ 地下结构和岩体结构在几何形状和材料特性方面都具有对称性时，可利用该对称性取部分计算范围进行离散；

⑤ 单元的划分要考虑到分部开挖的分界线和开挖区域的分界线。

3. 边界条件和初始应力的设置

由于隧道工程都是在应力岩体中开挖的，因而数值计算中一般采用内部加载方式计算，即由于开挖而在洞周形成释放荷载，其值等于沿开挖边界上原先的应力并以原来相反的方向作用于开挖边界上。

计算范围的边界可采用两种方式处理：其一为位移边界条件，即一般假定边界点位移为零；其二是假定为力边界条件，由岩体的初始应力场确定，包括自由边界（$p=0$）条件。还可以给定混合边界条件，即节点的一个自由度给定位移，另一个自由度给定节点力（二维问题），如图 5-17 所示。当然无论哪种处理都有一定的误差，且随计算范围的减小而增大，靠近边界处误差最大，即"边界效应"，边界效应在动力分析中影响更为显著，需妥善处理。

当结构为浅埋时，上部为自由边界，考虑重力作用，两侧作用三角形分布初始应力，侧压力系数为 $\mu/(1-\mu)$；当为深埋时，上部及侧部均作用有匀布的初始应力，侧压力系数以实测或经验确定。

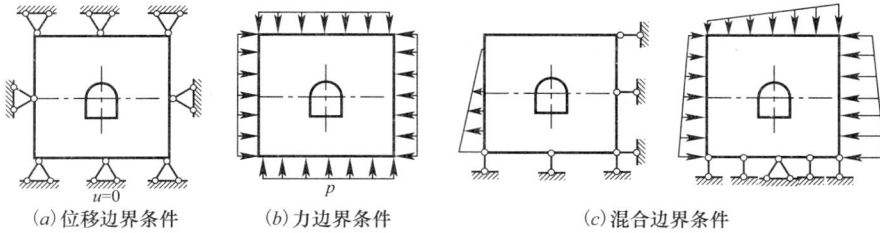

(a) 位移边界条件　　　(b) 力边界条件　　　(c) 混合边界条件

图 5-17　计算边界的类型

4. 开挖效果的模拟

岩体在开挖隧道之前是处于一定的初始应力状态，都具有初始应力，开挖以后，在洞壁处应力解除，因此坑道开挖在力学上可以认为是一个应力释放和回弹变形问题。为了模拟开挖效应、获得坑道开挖后围岩中的应力、应变状态，可以将开挖释放的应力作为等效荷载施加在开挖后坑道的周边上。

（1）反转应力释放法

"反转应力释放法"是把沿开挖边界上的初始应力反向后转换成等价的"释放荷载"，施加于开挖边界，在不考虑初始应力的情况下进行有限元分析，将由此得到的围岩位移作为由于工程开挖卸载产生的岩体位移，由此得到的应力场与初始应力场叠加即为开挖后的应力场，如图 5-18 所示。这种方法的不足之处在于：应力反转时释放荷载计算困难。

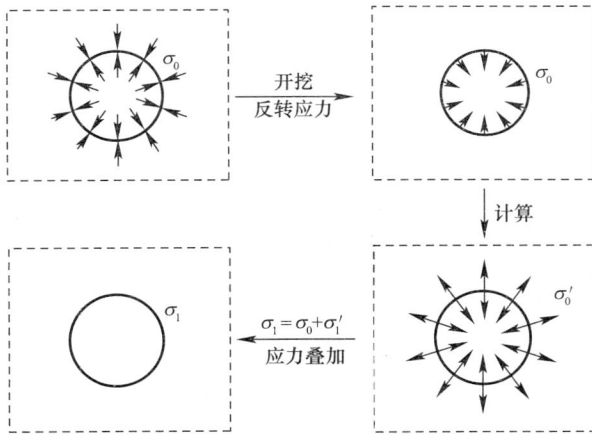

图 5-18　反转应力释放法

"反转应力逐步释放法"是以"反转应力释放法"为基础，将释放荷载按开挖和支护的工序分成几部分，多次逐步释放。图 5-19 表示"反转应力逐步释放法"开挖简单的圆形隧道时各个工序工况计算示意。图 5-19（a）为开挖前的初始应力状态 σ_0，其中初始应力可根据实测或用有限元计算加以确定，后者即为围岩的自重应力。在开挖阶段图 5-19（b），作用在开挖边界上的释放节点荷载 $f_{1i} = \alpha_1 f_i$，α_1 为此阶段的地应力释放率，可根据量测资料加以确定，通常近似地将它定为本阶段隧道控制测点的变形值与施工完毕变形稳定以后该控制测点的总变形值的比值。在缺乏实测变形资料的情况下，也可按工程类比加以选定，并根据试算结果予以修正。在初期支护施作阶段图 5-19 (c)，作用在开挖边界上的释放节点荷载 $f_{2i}=\alpha_2 f_i$；二次衬砌施作阶段图 5-19 (d)，作用在开挖边界上的释放节点荷载 $f_{3i}=\alpha_3 f_i$，α_2、α_3 的确定办法与 α_1 相同，且有 $\sum_{1}^{n}\alpha_i=1$，n 为施工阶段数，在图中 $n=3$。围岩和支护结构的最后应力和位移值为各个施工阶段相应值叠加的结果。

对于释放荷载的确定，常用的方法有两种：一种是将释放边界一侧单元的初始应力转换为相应的等效节点荷载，然后通过叠加，计算开挖边界上各节点的等效节点荷载，此节点荷载由连接节点的被开挖掉的有关单元在节点上的等效节点力综合贡献而成；另一种是根据预计边界两侧单元的初始应力，并通过插值求得各边界节点上的应力，然后假定两相邻边界节点之间应力变化为线性分布，从而按静力等效原则计算各节点的等效节点荷载，如图 5-20 所示。

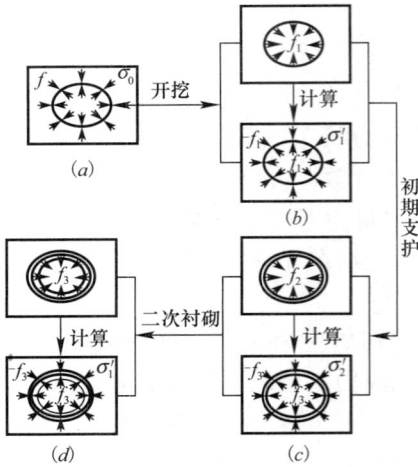

图 5-19　反转应力逐步释放法

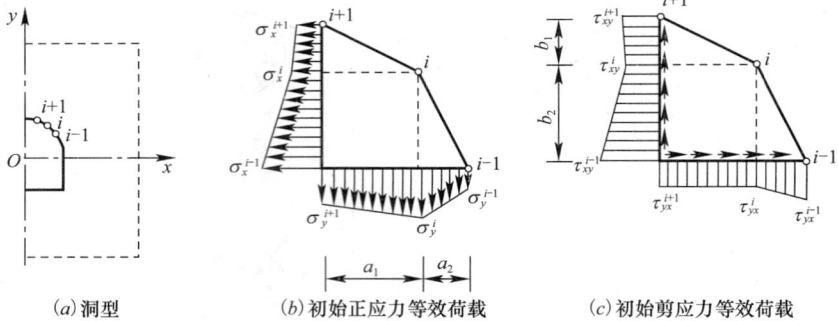

(a)洞型　　(b)初始正应力等效荷载　　(c)初始剪应力等效荷载

图 5-20　开挖力界线上应力及等效节点力计算图

（2）地应力自动释放法

"地应力自动释放法"认为洞室的开挖打破了开挖边界上各点的初始应力平衡状态，开挖边界上的节点受力不平衡，为获得新的受力平衡，围岩就要产生新的变形，引起应力的重新分布，从而直接得到开挖后围岩的应力场和位移场（图 5-21）。分部开挖时，将每一步被挖出部分单元变为"空单元"，即在保证求解方程不出现病态的情况下把要挖掉单元的刚度矩阵乘以一个很小的比例因子，使其刚度贡献变得很小可忽略不计，同时使其质量、荷载等效值也设为 0 来实现。在开挖边界产生了新的力学边界条件，然后直接进行计算就可得到此工况开挖后的结果，接着可用同样的方法进行下一步的开挖分析。此方法更符合隧道开挖后围岩应力重分布的真实过程，反映了开挖后围岩卸载的机理，可以实现连续的开挖分析。它不需要人为计算释放荷载，对于弹塑性分析计算只需建立塑性模型，其余计算过程同线弹性。

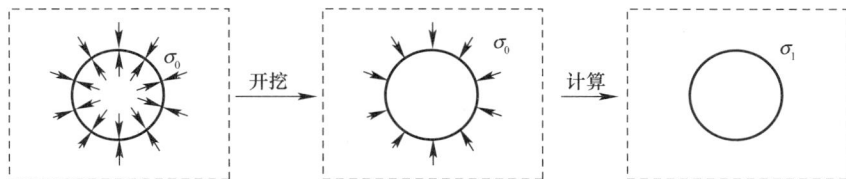

图 5-21 地应力自动释放法

"施加虚拟支撑力逐步释放法"是在"地应力自动释放法"的基础上，通过在开挖边界施加虚拟支撑力的方法，来模拟围岩的逐步卸载，其示意图如图 5-22 所示。图 5-22（a）所示阶段为初始地应力状态；在图 5-22（b）所示阶段，隧道的开挖引起开挖边界上的释放节点荷载 $f_{1i}=\alpha_1 f_i$，为实现这一过程，在初始应力场中挖去隧道单元的同时，在开挖边界上各相应节点施加虚拟支撑力 $p_{1i}=(1-\alpha_1)(-f_i)$，则产生新的荷载边界条件，继续进行计算，就直接得到开挖后围岩的位移场和应力场；在图 5-22（c）所示阶段，初期支护施作后，又有一部分的节点荷载 $f_{2i}=\alpha_2 f_i$ 被释放，这时只需将虚拟支撑力减小为 $p_{2i}=(1-\alpha_1-\alpha_2)(-f_i)$，继续进行计算即得到初期支护后围岩和支护的位移和应力；在图 5-22（d）所示阶段，二次衬砌施作后，剩余的节点荷载被完全释放，这时只需去除虚拟支撑力，继续计算就可得到最终竣工后围岩和衬砌的位移和应力。

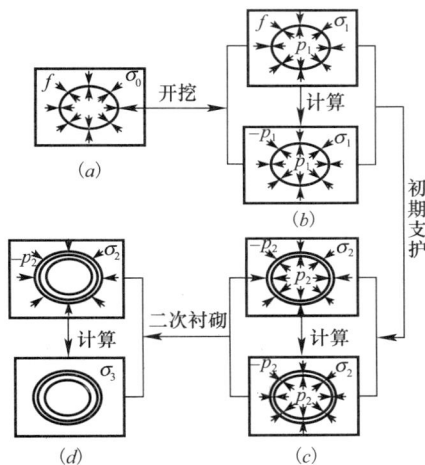

图 5-22 施加虚拟支撑力逐步释放法

5. 本构关系的选择

弹性（线性或非线性）、塑性和黏性是支护结构和岩土材料的三种基本应力-应变特性。在线性假定下，弹性表示应力与应变呈线性、可逆关系；黏性表示应力与应变速率呈线性关系；塑性表示（当应力超过材料的屈服极限时）应力与应变呈不可逆（即与荷载路径有关）的非线性关系。材料的弹塑性本构模型具有三个组成部分：屈服（超越弹性极限）准则、流动法则和硬化（软化）规则，分别描述材料的破坏机制和条件、应力与塑性应变增量的关系和屈服后材料应变硬化（或软化）的规律。最简单的弹塑性本构模型是理想弹塑性模型，最简单的屈服理论是朗肯（Rankine）的最大应力准则和圣维南（Saint Venant）的最大应变准则，而对于岩土材料，最常用的屈服准则有摩尔-库伦（Mohr-Coulomb）准则和德鲁克-普拉格（Drucker-Prager）准则，在分析时应根据具体情况选用。

5.4.3 收敛—约束法

收敛—约束法又称为特征曲线法，这种方法的基本概念是：隧道工程开挖时，由于临空面的形成，围岩开始向洞内产生挤向隧道的变形，这种变形称为收敛。若围岩强度高、整体性好、断面形状有利，则围岩变形到一定程度，就将自行终止，隧道处于稳定状态。反之，围岩的变形将自由地发展下去，最终导致围岩整体失稳而破坏。在这种情况下，应在开挖后适时地沿隧道周边设置支护结构，对围岩的变形产生阻力，形成约束。此时相应地支护结构也将承受围岩给予的反力，并产生变形。支护结构变形后所能提供的阻力会有所增加，而围岩却在变形过程中释放了部分能量，进一步变形的趋势有所减弱，需要支护结构提供的阻力及支护结构所承受的反力都将降低。如果支护结构有一定的强度和刚度，这种围岩和支护结构的相互作用会一直延续到支护结构所提供的阻力与围岩应力之间达到平衡为止，从而形成一个力学上稳定的结构体系。从力学上分析，设隧道开挖后，随即施作柔性支护（即让它能与围岩共同变形），如图 5-23（a）所示。取围岩为脱离体分析，如图 5-23（b）所示，显然围岩将向隧道内变形，但周边受到支护力 P_a 的作用；而取支护结构为脱离体，如图 5-23（c）所示，支护结构受到围岩压力 P_c 的作用。显然，围岩所受的 P_a 与支护结构所受的 P_c 为一对大小相等方向相反的力。

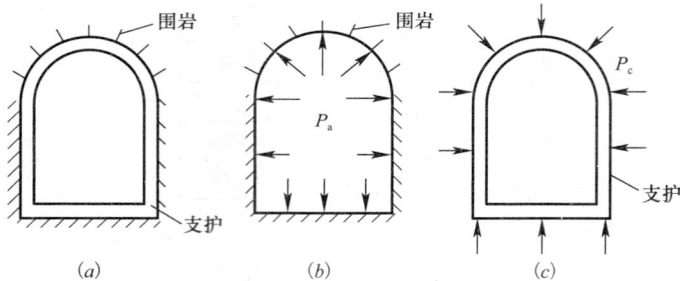

图 5-23 支护与围岩相互作用

将地层在洞周的变形 u 表示为支护结构对洞周地层的作用力 P_i 的函数，即可在以 u 为横坐标、P_i 为纵坐标的平面上绘出表示二者关系的曲线。因这类曲线表示洞室开挖后地层的受力变形特征，故可称为地层特征线或地层收敛线。

洞室地层对支护结构的作用力，即为支护结构受到的地层压力，其量值也为 P_i，支护结构的变形 u 也可表示为 P_i 的函数，并在以 u、P_i 为坐标轴的平面上绘出二者的关系曲线。这类曲线表示支护结构的受力变形特征，称为支护特征线。因支护结构发生变形的效果是对洞周地层的变形起限制作用，故支护特征线又可称为支护限制线。

在同一 u—P_i 坐标平面上同时绘出地层收敛线与支护限制线，则两条曲线交点的 u、P_i 值即可作为设计计算的依据。对于支护结构来说，这时的 P_i 值为它承受的地层压力，u 值即为它所产生的变形，如在 P_i 作用下结构产生位移 u 后能保持持续稳定，即可判定结构安全可靠。与此同时，也可判定这时地层处于稳定状态。如在 P_i 作用下结构产生位移 u 后将不稳定，则地层也不稳定。在这种情况下，应调整结构形状和厚度等参数，或调整施作支护结构的时间，重新进行设计计算。

综上所述，以地层收敛线与支护限制线相交于一点为依据的支护结构设计方法，称为收敛约束法。

图 5-24 为上述收敛约束法原理的示意图。图中纵坐标表示结构承受的地层压力，横坐标表示沿洞周径向位移，这些值一般都以拱顶为准测量计算。曲线①为地层特征线，曲线②为支护特征线。二条曲线交点的纵坐标即为作用在支护结构上的最终地层压力，交点的横坐标为衬砌的最终变形位移。

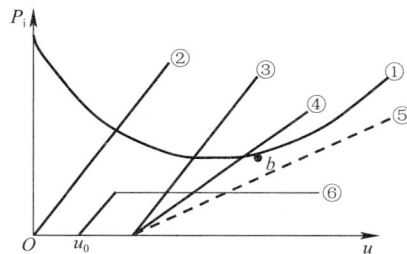

因洞室开挖成型后一般需要隔开一段时间后才修筑支护结构，在这段时间内洞周地层将在不受支护结构约束的情况下产生自由变形。图 5-24 中的 u_0 值即为洞周地层（毛洞）在支护结构修筑前已经发生了的初始自由变形值。

在不同时间设置支护和选用不同刚度的支护结构，可使地层特征线与支护特征线在 u—P_i 坐标平面上产生不同的组合，如图 5-25 所示。图中曲线①为地层开挖后的地层特征线，斜线②～⑥则为在不同时间设置支护或支护结构刚度不同时的各种支护特征线。由图可见，地层特征线为上凹曲线，最低点为 b，这是因为地层开始阶段为弹性变形，到 b 点之后开始出现松动，对支护施加松动压力，并且随松动压力程度的增加而增加。如支护特征线正好在 b 点与地层特征线相交，如图中斜线④所示，则支护结构上承受的地层压力最小。一般来说，在施工中严格实现使两条特征线在 b 点相交并不现实，能够达到的目标仅是两条特征线在 b 点附近相交。由于曲线①在 b 点以后上升的原因是地层施加于支护结构上的松动压力增大，意味着洞周地层将出现较大程度的破坏，因而作为收敛限制法的设计准则，应做到使支护特征线在 b 点以左附近与地层特征线相交。此外，因岩土材料物性参数的离散性较大，上述两特征线的交点也宜设计在离 b 点以左一定距离的位置上，以增加安全性。

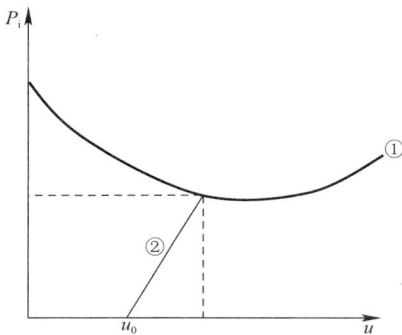

图 5-24　收敛约束法原理　　　　图 5-25　围岩与支护特征线及其关系

图中斜线②为在洞室开挖后立即施作支护时的支护特征线，斜线③为在洞室开挖后隔一段时间再施作支护时的支护特征线，两条斜线相互平行，表示支护刚度完全相同。对比斜线②与③，可见同一刚度的支护如设置的时间不同，作用在支护结构上的地层压力及支护结构位移值都将不同。鉴于地层本身具有一定的自支撑能力，适当推迟设置支护的时间将有利于减小作用于支护结构上的地层压力，以达到设计经济的目的。

图中斜线③与④为在同一时间设置的刚度不同的两种支护的支护特征线。对比两条斜线可见，若地层特征线与支护特征线均能在 b 点以左相交，则相应于柔性结构的斜线④将承受较小的地层压力，但柔性结构将优于刚性结构的结论并不是在任何情况下都是正确的。例如图中斜线⑤所示的支护特征线将与地层特征线不再相交，表示支护刚度严重不足，未能有效抵御围岩的松动，此时地层松动压力将急剧增长，使围岩破坏区的范围相应扩大。线⑥则表示，如支护结构刚度过于不足时，支护在围岩变形过程中早已破坏。可见，结构的柔性与刚性仅是相对而论的概念，在设计实践中选用柔性结构时仍需注意使结构保持必要的刚度。

只有将地层特征、支护设置时间及支护刚度等因素综合考虑，才能作出合理的设计。

5.4.4　剪切滑移破坏法

20 世纪 60 年代，奥地利的拉布塞维奇教授，首先提出了剪切滑移破坏理论，指出锚喷柔性支护破坏形态主要是剪切破坏而不是挠曲破坏，且在剪切破坏前没有出现挠曲开裂。以后被奥地利学者塞特勒的模型试验所证实。

塞特勒对不同数量弹性支撑点的椭圆形支护系统作的受力分析表明，在靠近支护顶部有相同的集中荷载作用时，不同数量的支撑点所产生的弯矩值是不同的，支撑点越多弯矩值越小。喷射混凝土柔性支护与围岩接触紧密，可看成由无数多个支撑点，处于无弯矩状态下工作。

1. 剪切滑移体的形成

如开挖的圆形坑道，在荷载（垂直荷载大于侧向荷载）作用下，在水平直径的两侧形成压应力集中而产生剪切滑移面，随着压应力的不断增加，剪切滑移面不断地向水平直径的上下方且与最大主应力轨迹线成 $45°-\varphi/2$（φ 为围岩内摩擦角）方向扩展。由于围岩受剪而松弛，产生应力释放，当围岩的应力较小，剪切滑移面不再继续扩展时，则在坑道水平直径两端形成两个剪切楔形滑移块体，如图 5-26 所示。

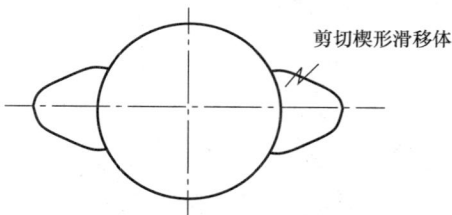

剪切楔形滑移体

图 5-26　剪切楔形滑移体

在无支护情况下，两楔形滑移块体，由于剪切而与围岩体分离，向坑道内移动，如图 5-27（a）所示。之后，上下部分围岩体由于楔形块体滑移而失去支承力，产生挠曲破坏而坍塌，如图 5-27 （b）、（c）所示，最后形成一个暂时稳定的垂直椭圆形洞室。当水平侧向压力大于垂直压力时，则形成水平椭圆形洞室。通过试验及调查，拱形的直、曲墙式隧道，其破坏形态与圆形洞室基本相同。

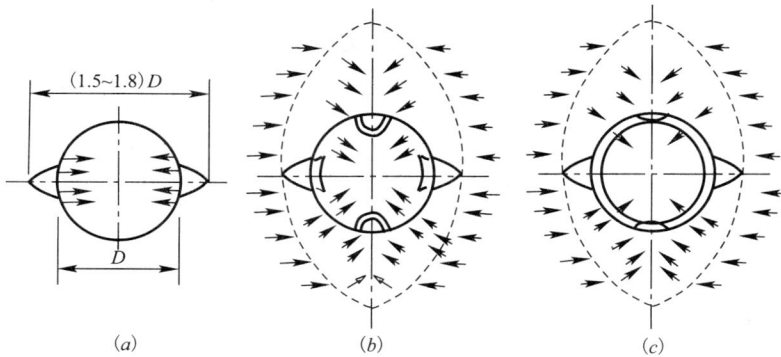

图 5-27　剪切滑移体理论围岩破坏过程

剪切破坏所形成的剪切滑移体一定位于塑性圈内。设在剪切滑移线上任取一点 i（如图 5-28 所示）。该点处的半径为 r，与垂直轴的夹角为 θ，当 θ 增加一个 $d\theta$ 角时，r 的增量为 dr，由于 $d\theta$、dr 值很小，近似求得：

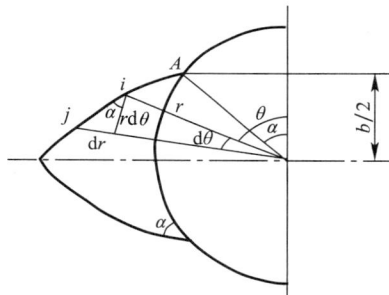

图 5-28　滑移体滑移线计算图式

$$\tan\alpha = \frac{dr}{r\,d\theta} \tag{5-35}$$

则

$$\frac{dr}{r} = \tan\alpha\,d\theta \tag{5-36}$$

两边积分：

$$\int_a^r \frac{dr}{r} = \int_a^\theta \tan\alpha\,d\theta \tag{5-37}$$

$$\ln r \mid_a^r = \tan\alpha(\theta - \alpha) \tag{5-38}$$

$$\ln \frac{r}{a} = \tan\alpha(\theta - \alpha) \tag{5-39}$$

故

$$r = a\exp[(\theta - \alpha)\tan\alpha] \tag{5-40}$$

式中　r——剪切滑移体半径。

由此知，剪切滑移体为一对对数螺旋线组成，其曲线方程式为：

$$\left.\begin{array}{l} r = a\exp[(\theta - \alpha)\tan\alpha] \\ b = 2a\cos\alpha \end{array}\right\} \tag{5-41}$$

在坑道中心作与中心轴呈 α 角的直线交坑壁于 A 点，再由 A 点作与坑壁呈 α 角的曲线即为剪切滑移线，其方程为式（5-41）。

为了阻止剪切滑移体向坑道内滑移，需修筑锚喷柔性支护以稳定坑道，如图 5-29 所示。

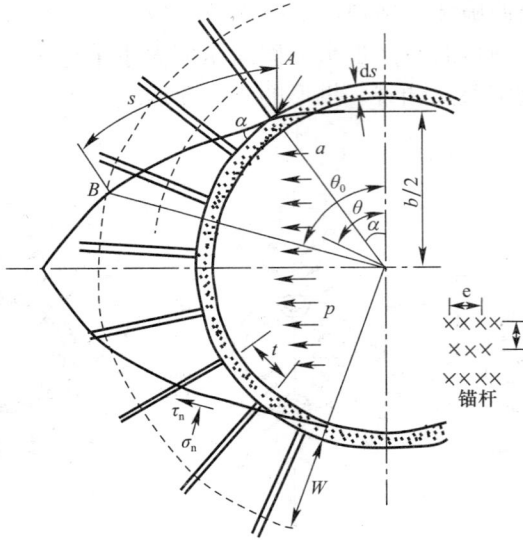

图 5-29　滑移体与支护体系受力关系

2. 剪切滑移破坏法的计算

拉布塞维奇教授指出，为了维持坑道的稳定，锚喷支护所提供的支护抗力必须与剪切滑移体的滑移力相平衡。现假定锚杆、钢支撑、喷混凝土所组成的联合支护，它们的总支护抗力可视为各支护抗力之和，即：

$$P = P_1 + P_2 + P_3 + P_4 \tag{5-42}$$

式中　P——所提供的总的支护抗力；

　　　P_1——喷混凝土提供的支护抗力；

　　　P_2——钢支撑提供的支护抗力；

　　　P_3——锚杆提供的支护抗力；

　　　P_4——围岩本身提供的支护抗力。

计算所得的 P 值应大于阻止剪切滑移所需的最小支护抗力值，即 $P > P_{min}$。

确定 P_{min} 值的途径有：

（1）由现场实测的塑性区半径 r_0 求 P_{min} 值；

（2）根据坑道周边的极限位移值 $[u]$ 求 P_{min} 值；

（3）实地量测形变压力作为 P_{min} 值；

（4）根据围岩特征曲线求解 P_{min} 值。

假定 P 的作用方向为水平方向。

5.5　信息反馈方法及经验方法

由于围岩性质的复杂性，加上施工等人为因素的影响，在隧道工程中，无论事先的调查和试验做得多么细致，支护的实际受力及变形状态往往难与按力学模式所分析的结果相一致。为了确保隧道工程支护结构的安全可靠和经济合理，需在施工阶段进行监控量测，及时收集由于隧道开挖而在围岩和支护结构中所产生的位移和应力变化等信息，并根据一定的标准来判断是否需要修改预先设计的支护结构和施工流程，这种方法叫信息反馈法，又叫监控法，日本人叫情势报化方法。它的特点是能反映隧道开挖后围岩的实际应力及变形状态，使得设计和施工与围岩的实际动态相匹配。

5.5.1 信息反馈方法的设计流程

施工前的预设计，是在认真研究勘测资料和地质调查成果的基础上进行的，对矿山法施工的隧道可按照图 5-30 来确定和修正支护结构的设计参数和施工流程，以实现隧道工程的最优化设计和施工。

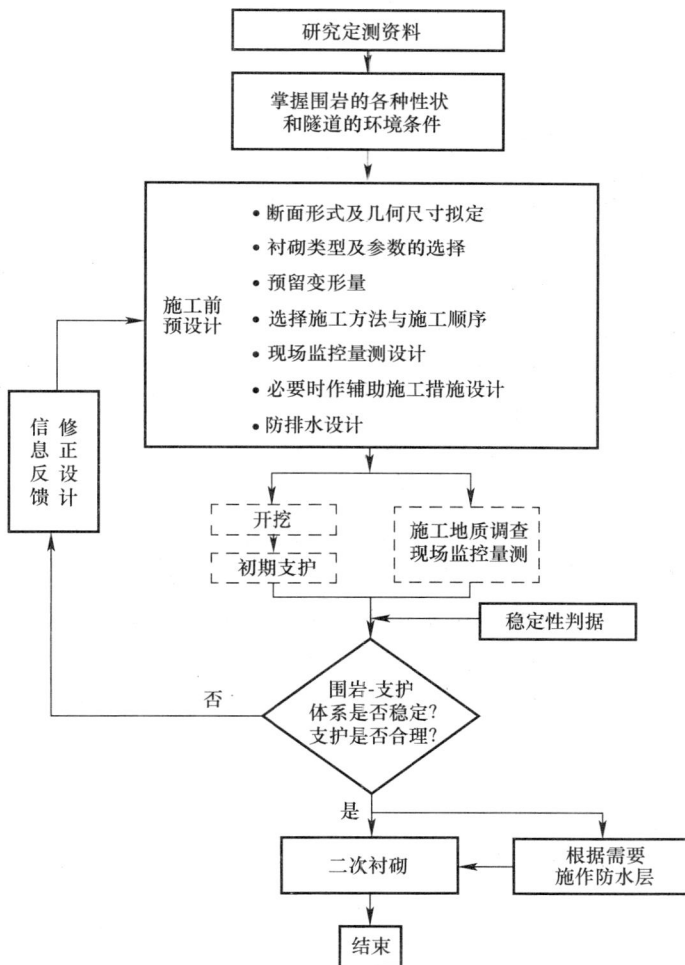

图 5-30　信息反馈法设计施工流程图

5.5.2 信息反馈方法

在隧道工程中所采用的反馈方法可归纳为两大类，即理论反馈法和经验反馈法。理论反馈法是基于初勘地质成果、初步设计及施工效果对初步设计和施工效果进行理论分析（量测数据的回归或时间序列分析、宏观围岩参数的位移反分析、理论解析或数值方法的隧道稳定性分析），判别隧道稳定性，修正设计参数和施工方法。经验反馈法则直接利用量测数据与经验数据（位移值、位移速率、位移速率变化率等）进行对比，判断隧道的稳定性。

1. 围岩物理力学参数的反分析

围岩物理力学参数是隧道计算分析的基础性数据，勘探及洞内取样试验结果是隧道局部岩块的结果，与隧道总体的岩体的结果有一定差距，在软弱、裂隙岩体中差距更大。利用施工监测位移的反分析，能获得反映等效围岩的和施工实际的宏观条件下的围岩物理力学参数，根据反分析方法不同又有逆反分析法、直接反分析法、图解法等。

例如直接反分析法，即先按工程类比法预先假定围岩物理力学参数，用分析方法求解隧道周边的位移值，并与量测到的隧道周边位移值进行比较，当两者有差异时，修正原先假定的计算参数，重复计算直至两者之差符合计算精度要求时为止。最后所用的计算参数即为围岩物理力学参数。

除弹塑性模型下的反分析法，也可进行弹黏性模型反分析、弹黏塑性模型反分析。除定期反分析外，还可进行随机反分析。

2. 经验反馈法

（1）根据位移量测值或预计最终位移值判断

根据实测最大相对位移值或预测相对位移值不大于《铁路隧道设计规范》TB 10003—2016 规定的极限相对位移值的 2/3，可认为初期支护达到稳定，如果大于极限相对位移值的 2/3，意味着围岩不稳定或支护系统工作状态不安全，需要加强。

洞室稳定性或可靠性分析的关键和难点是位移极限值（或称位移强度）的确定。位移极限值是洞室所处围岩性质、支护结构形状和施工等条件的综合反映。与其所处的地形、地质条件、洞室形态、支护结构形态和施工等因素有关，任一点的极限位移都是在具体条件下的隧道稳定极限状态位移。根据隧道洞室的变形动态信息反推的围岩参数和支护结构实际所受荷载即为输入参数，进行洞室极限位移的计算模拟，并结合室内模拟试验和现场资料进行综合确定。

（2）根据位移速率判断

位移速率是以每天的位移量来表示的。对某一开挖断面来讲，从开始产生位移到其稳定为止，每天的位移变化速率都是不同的，位移速率是由大变小递减的过程，从变形曲线可分为三个阶段：

① 变形急剧增长阶段——变形速率大于 1mm/d 时；

② 变形速率缓慢增长阶段——变形速率 0.2～1mm/d 时；

③ 基本稳定阶段——变形速率小于 0.2mm/d 时。

根据位移速率来判断围岩的稳定程度，也是目前国内外广泛采用的方法。但还没有统一的数值标准。我国根据下坑、金家岩、大瑶山等十余座铁路隧道制定的位移变化速率标准为：当净空收敛速率小于 0.2mm/d 时，认为围岩已达到基本稳定。我国大秦铁路复合式衬砌隧道提出达到围岩基本稳定的标准为：隧道跨度＜10m 时，水平收敛速率为 0.1mm/d；隧道跨度＞10m 时，水平收敛速率为 0.2mm/d。

（3）根据位移－时间曲线（位移时态曲线）形态判断

由于岩体的流变特性，岩体破坏前变形曲线可分为三个阶段。

① 基本稳定区

主要标志为变形速率逐渐下降，即 $d^2u/dt^2 < 0$，表明围岩趋于稳定状态。

② 过渡区

变形速率保持不变，即 $d^2u/dt^2 = 0$。表明围岩向不稳定状态发展，须发出警告，加强支护系统。

③ 破坏区

变形速率逐渐增大，即 $d^2u/dt^2 > 0$。表明围岩已进入危险状态，须停工，进行加固。

根据量测结果可按表 5-4 所列变形管理等级指导施工。

变形管理等级   表 5-4

管理等级	管理位移	施工状态
Ⅲ	$u < u_0/3$	可正常施工
Ⅱ	$u_0/3 \leqslant u \leqslant 2u_0/3$	应加强支护
Ⅰ	$u > 2u_0/3$	应采取特殊措施

注：u 为实测位移值；u_0 为极限位移值。

围岩稳定性判断是很复杂的也是非常重要的问题，应结合具体工程实践采用上述经验判别准则综合判断。

（4）隧道失稳的经验先兆

局部块石坍塌或层状劈裂，喷层的大量开裂；累计位移量已达极限位移的 2/3，且仍未出现收敛减缓的迹象；每日的位移量超过极限位移的 10%；洞室变形有异常加速，即在无施工干扰时的变形速率加大。

5.5.3 经验设计法

由于隧道支护结构的设计受到各种复杂因素的影响，从当前地下工程设计现状来看，经验设计法往往占据一定的位置，即使内力分析采用了比较严密的理论，其计算结果往往也需要用经验类比来加以判断和补充。因此，在大多数情况下，隧道支护体系还是依赖"经验设计"的，并在实施过程中，依据量测信息加以修改和验证。"经验"是客观的，但也是主观的，如果使客观和主观很好地结合在一起，"经验设计"常常是极好的设计。

经验设计的前提是要正确地对围岩进行分级，然后在分级的基础上，编制支护结构设计。

1. 对坑道围岩进行分级

首先，对坑道围岩要有一个分级，这些分级大多是根据地质调查结果，为隧道单独编制的。不管采用何种分级，大体上都是把坑道围岩，分为 4 种基本类型，即：①完整稳定岩体；②易破碎，剥离的块状岩体；③有地压作用的破碎岩体；④强烈挤压性岩体或有强大地压的岩体。

2. 选择支护类型与参数

根据围岩的稳定情况选择合理的支护类型与参数并充分发挥其功效。在各级围岩中，一般情况下，初期支护应优先考虑选用喷射混凝土支护或锚喷联合支护。

支护结构参数大体是按下述原则确定的：

(1) 支护类型的确定

应根据围岩地质特点、工程断面大小和使用条件要求等综合考虑确定支护类型。

(2) 锚杆支护设计

锚杆支护设计，主要是根据围岩地质、工程断面和使用条件等，选定锚杆类型，确定锚杆直径、长度、数量、间距和布置方式。

目前应用最广的是全长粘结式锚杆。端头锚固型锚杆一般用于局部加固围岩及中等强度以上围岩。预应力锚索一般用于大型洞室及不稳定块体的局部加固，而预拉力小且锚固于中硬以上岩体时宜采用胀壳机械式锚头。摩擦式锚杆目前主要用于服务期短的矿山工程。

锚杆的数量和间距的确定，一般应充分发挥喷混凝土层的作用，即通过锚杆数量的变化使喷层始终具有有利厚度。合理的锚杆数量能使初期喷混凝土层恰好达到稳定状态，这样复喷才能提高支护强度和安全性。为了防止锚杆之间的岩体塌落，通常要求锚杆的纵横向间距不大于杆体长度的一半。为了施工方便，锚杆的纵向间距最好与掘进进尺相适应。锚杆长度的确定应当以能充分发挥锚杆的功能，并获得合理的锚固效果为原则。一般说来，锚杆的最小长度应超过松动圈厚度，留有一定的安全余量，且不超过塑性区。对于裂隙岩体和层状岩体，锚杆主要是对节理、裂隙面起加固作用，这时锚杆宜适当长些，尽量穿过较多的节理和裂隙。根据我国锚喷支护的设计经验，锚杆长度可在洞跨 1/4～1/2 范围内选取。而国外采用的锚杆长度一般都超过我国所用的锚杆长度。

锚杆直径的选取通常视工程规模、围岩性质而确定，一般全长粘结型锚杆在 14～22mm 之间。在选取锚杆的钢材类型、直径和长度时，还应当充分考虑到尽量发挥锚杆的效用，力求使锚杆杆体的承载力与锚杆的拉力相当，并要考虑到锚杆杆体与砂浆的粘结力以及砂浆与围岩间的摩擦力相适应。

锚杆的布置应采用重点（局部）布置与整体（系统）布置相结合。为了防止危石和局部滑塌，应重点加固节理面和软弱夹层，重点加固的部位应放在顶部和侧壁上部。为了防止围岩整体失稳，当原岩最大主应力位于垂直方向时，应重点加固边墙，以防止该处出现的所谓"剪压破坏"，且在顶部仍应配置相当数量的锚杆。当最大主应力位于水平方向时，则应把锚杆重点配置在顶部和底部。

锚杆的方向,应与岩体主结构面呈较大的角度,这样做能穿过更多的结构面,提高结构面上抗剪强度,使锚杆间的岩块相互咬合。

(3)喷混凝土层设计

最佳的喷层厚度(刚度)应既能使围岩维持稳定,又允许围岩有一定塑性位移,以利于围岩承载能力的发挥和减小喷层的弯曲应力。因此,无论是初次喷层厚度还是总厚度都不宜过大,根据经验,初始喷层厚度宜在 3～15cm 之间,喷层总厚度不宜大于 20cm,只有大断面洞室才允许适当增大喷层厚度。在地压较大、喷层不足以维持围岩稳定的情况下,应采取增设锚杆、配置钢筋网等联合支护或其他控制措施,而不能盲目地加大喷层厚度。一般来说,随喷层厚度的增加,支护的弯矩也逐渐增大,当喷层厚度 $d_s \leqslant D/40$(D 为开挖的隧道直径)时,喷层接近无弯矩状态。

除了仅起防风化作用外,喷层支护的最小厚度一般不能小于 5cm,而在有较大围岩压力的破碎软弱岩体中,喷层厚度以不小于 8～10cm 为宜。

(4)钢筋网设计

钢筋网具有防止或减小喷层收缩裂缝,提高支护结构的整体性和抗震性,使混凝土中的应力得以均匀分布和增加喷层的抗拉、抗剪强度等功能,在下列情况中可考虑配置钢筋网:

① 在土砂等条件下,喷射混凝土从围岩表面可能剥落时;

② 在破碎软弱塑性流变岩体和膨胀性岩体条件下,由于围岩压力较大,喷层可能破坏剥落,或需要提高喷射混凝土抗剪强度时;

③ 地震区或有震动影响的洞室。

(5)钢支撑设计

在下列场合必须考虑使用钢支撑:

① 在喷射混凝土或锚杆发挥支护作用前,需要使洞室岩面稳定时;

② 用钢管棚,钢插板进行超前支护需要支点时;

③ 为了抑制地表下沉,或者由于土压大,需要提高初期支护的强度或刚度时。

(6)二次衬砌设计

二次衬砌通常是模筑的,在二次衬砌之前要设防水层,从而形成具有防水性能的复合衬砌。应使衬砌成为薄壳,这样可减小弯矩而使弯曲破坏发生的概率最小。因此,二次衬砌也不宜过厚。

根据以上的原则,针对不同性质的围岩,建议采用下述的支护参数:

① 完整、稳定的岩体:锚杆长度小于 1.5m,4～4.2 根/m 左右。从力学上看,围岩本身强度就可以支护坑道,但因有局部裂隙或岩爆等,用锚杆加以控制。喷混凝土用于填平补齐,为确保洞内安全作业应设金属网防止顶部岩石剥离。二次衬砌用能灌筑的最小混凝土厚度,约 30cm 左右。

② 易破碎、剥离的块状岩体:这类岩体分布范围较广,还可细分为若干亚类。

锚杆长 1.5～3.5m,10 根/m 左右。对于坚硬裂隙岩体中的大断面洞室,通常在长锚杆之间还要加设短锚杆以支护其间的岩体；短锚杆用胀壳式，长锚杆用胶结式。

喷层厚 5～20cm，稳定性好些的用来填平补齐，也可只在拱部喷射，此时开挖掌子面无需喷射。特殊情况（围岩变形较大）要采用可缩性支撑或轻型格栅钢支撑。二次衬砌厚度约 30～40cm。

③ 有地压作用的破碎岩体：对于破碎软弱岩体，其特点是围岩出现松动早、来压快，容易形成大塌方，一定要早支护、早封闭、设仰拱、加强支护。一般必须采用锚喷联合支护。

锚杆长 3.0～4.0m，有时用 6.0m 的全长粘结式，每米 10 根左右。根据围岩的单轴抗压强度与埋深压力的比值，预计有塑性区发生时，为控制它的发展，锚杆必须用锚喷混凝土等加强。喷层厚约 15～20cm（拱部和侧壁相同），视情况掌子面也要喷 3cm 左右。开挖循环进尺控制在 1m 以内。二次衬砌厚度，包括喷层在内为 40～50cm，尽可能薄些。

④ 强烈挤压性岩体或有强大地压的岩体：塑性流变岩体的特点是围岩变形与时俱增，变形量很大，围岩压力也大且变化延续时间长。在这种围岩中施工是很困难的，要分台阶施工，限制分部的面积。一般原则是：洞形要尽量做到与围岩压力分布相适应。一般来说，这种岩体是四周受压或有很大的水平压力。因此，应采用圆形、椭圆形或马蹄形等曲线形断面。

支护施作宜"先柔后刚"，设置仰拱，形成全封闭环。因为变形量和地压都大，故初期支护应在围岩不致发生失稳前提下，有控制的充分"卸压"。为此，初期支护的刚度应有较大可缩性。因该类岩体有明显的"时间效应"，所以，必须适当地提高支护阻力，进行后期支护，以保证洞室长期稳定。为了增加后期刚度，可考虑采用锚喷支护与模筑混凝土相结合的复合衬砌。

此外，在这类岩体中底鼓现象严重，因而，必须设置仰供，适时形成全封闭环，以限制底鼓的发展和提高支护阻力。总之，在此类围岩中，根据不同时间阶段与支护的变化特征，调整支护阻力，使围岩支护的变形协调发展是取得支护成功的关键。

⑤ 无法形成自然平衡拱的地层：对于浅埋洞室，由于覆盖层厚度较小，一般不能形成完整的承载环，支护结构主要承受松散压力，因此，支护的强度和刚度要大于一般埋深的情况。

⑥ 膨胀岩体：在膨胀潮解岩体中采用锚喷支护时，首先应及早封闭围岩和采用防排水的措施处理以防止岩体潮解和形成膨胀地压。

小结及学习指导

本章内容包括隧道工程的受力特点，围岩压力的概念及分类，围岩松动压力的形成、影响因素及确定方法，结构力学方法的基本原理和计算方法，岩体力学方法的基本原理，收敛约束法和剪切滑移破坏法的基本原理，及信息反馈方法的概念等。

通过本章学习，要求掌握隧道围岩压力的概念及分类；掌握围压松动压力的确定方法，熟悉结构力学方法和岩体力学方法的基本原理，能从围岩与支护结构的相互作用角度说明结构力学方法和岩体力学方法的不同；能利用围岩特性曲线和支护特性曲线来说明围岩与支护结构的相互作用；熟悉信息反馈法的内容，能利用量测信息反馈指导设计。

思考题与习题

5-1 隧道常用的设计方法有哪些？

5-2 从围岩与支护结构的相互作用角度说明结构力学方法和岩体力学方法有哪些不同？

5-3 什么是围岩压力？松动压力如何计算？

5-4 信息反馈法主要包括什么内容？量测信息反馈是怎样指导设计的？

5-5 什么是收敛？什么是约束？从围岩与支护结构的相互作用说明，支护刚度和设置时间是怎么确定的？

第6章
隧道施工方法

本章知识点

> 知识点：隧道施工的基本理念，隧道施工方法的选择，新奥法的概念及基本原则，开挖方法的适用条件、工序、流程，洞口段施工方法。
>
> 重　点：隧道施工的基本理念，新奥法的概念及基本原则，开挖方法的适用条件、工序、流程。
>
> 难　点：新奥法的概念及基本原则，开挖方法的适用条件、工序、流程。

6.1 隧道施工方法概述

6.1.1 隧道工程的特点

隧道施工是指修建隧道及地下洞室的施工方法、施工技术和施工管理的总称。

隧道施工过程通常包括：在地层内挖出土石，形成符合设计断面的坑道，进行必要的支护和衬砌，控制坑道围岩变形，保证隧道施工安全和长期使用。

隧道施工技术主要研究解决上述各种隧道施工过程所需的技术方案和措施（如开挖、掘进、支护和衬砌施工方案和措施）；隧道穿越特殊地质地段时（如膨胀土、黄土、溶洞、塌方、流沙、高地温、岩爆、瓦斯地层等）的施工手段；隧道施工过程中的通风、防尘、防有害气体及照明、风水电作业的方式方法和对围岩变化的量测监控方法。

隧道施工管理主要解决施工组织设计（如施工方案的选择、施工技术措施、场地布置、进度控制、材料供应、劳力及机具安排等）和施工中的技术管理、计划管理、质量管理、经济管理、安全管理等问题。

在进行隧道施工时，必须充分考虑隧道工程的特点，才能在保证隧道安全的条件下，快速、优质、经济地建成隧道建筑物。隧道工程的特点可归纳如下：

（1）整个工程埋设于地下，故工程地质和水文地质条件对隧道工程的成败起着重要的、甚至决定性的作用。因此，必须在勘测阶段做好详细的地质调查和勘探，尽可能准确地掌握隧道工程范围内的岩层性质、岩体强度、完整程度、地应力场、自稳能力、地下水状态、有害气体和地温状况等资料，并根据原始材料，初步选定合适的施工方法，确定相应的施工措施和配套的施工机具。由于地质条件的复杂性和勘探手段的局限性，在隧道的施工中，还应采取超前地质预报等技术措施，进一步查清掘进前方的地质，及时掌握工程地质和水文地质的变化情况，以便及时修改施工方法和采取必要的技术措施。

（2）隧道是一个狭长的建筑物，正常情况下只有进口和出口两个工作面，因此隧道工程的施工进度比较慢，工期比较长，一些长大隧道成为新建线路上起控制作用的关键工程。为此，长大隧道常需用竖井、斜井、横洞等辅助坑道来增加工作面。此外，隧道断面较小，工作场地狭长，一些工序只能顺序作业，而另一些工序又需要沿隧道纵向展开，因此，在施工中要加强管理、合理组织、避免干扰。洞内设备、管线布置应周密考虑、妥善安排，隧道施工机械应当结构紧凑、坚固耐用。

（3）地下施工环境差，在施工中还可能进一步恶化，必须采取有效措施加以改善，使施工场地符合卫生条件，并有足够的强度，以保证施工人员的身体健康，提高劳动效率。

（4）隧道大多穿越崇山峻岭，因此施工工地一般都位于偏远的深山峡谷之中，往往远离既有交通线，运输不便，供应困难。

（5）隧道埋设于地下，一旦建成就难以更改，所以除了必须审慎规划和设计外，施工中还要做到不留后患。

（6）施工中可以不受或少受昼夜更替、季节变换、气候变化等自然条件的影响，可以全日终年、稳定地安排施工。

6.1.2　隧道施工方法及其选择

根据隧道穿越地层的不同情况和目前隧道施工方法的发展，隧道施工方法可按图 6-1 的方式分类。

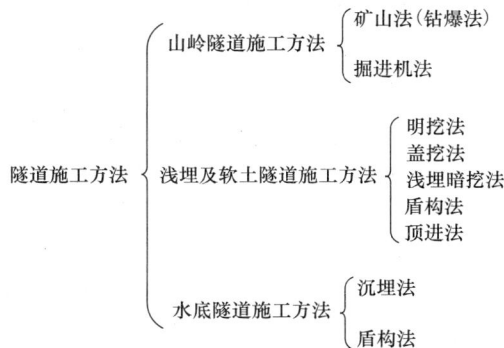

图 6-1　隧道施工方法

矿山法因最早应用于矿石开采而得名，包括传统矿山法和新奥法。由于多数情况下都需要采用钻眼爆破进行开挖，故又称为钻爆法。掘进机法是采用大型隧道掘进机开挖的方法，主要用于岩石地层。盾构法指采用盾构机进行开挖的方法，主要用于土质地层，尤其适用于软土、流砂、淤泥等特殊地层。沉埋法主要用于修建水底隧道，顶进法主要用于城市地下人行通道和城市市政隧道等。

隧道施工方法的选择主要依据工程地质和水文地质条件，并结合隧道断面尺寸、长度、衬砌类型、隧道的使用功能和施工技术水平等因素综合考虑研究确定。所选择的施工方法也应体现出技术先进、经济合理及安全适用的特点。

隧道施工和工程实践有密切联系，因此应理论与生产实践紧密结合。必须指出，由于地质勘探的局限性和地质条件的复杂性及多变性，隧道施工过程中经常会遇到突然变化的地质条件、意外情况（如塌方、涌水等），原制定的施工方案、施工技术措施和施工进度计划等也必须随之变更。因此，必须学会结合工程实践经验、掌握综合运用这些知识的能力，以便正确处理隧道施工中遇到的各种实际问题。

从目前我国隧道发展趋势来看，在今后很长一段时间内，仍以采用钻爆法为主，这也符合世界潮流。所以，本书将着重论述新奥法施工中的有关问题。

6.1.3　隧道施工的基本理念

隧道施工的基本理念，归纳起来是四句话："爱护围岩"、"内实外美"、"重视环境"和"动态施工"。

"爱护围岩"有两层含义：一层含义是不损伤或少损伤遗留围岩的固有支护能力，可以通过采用机械开挖技术和控制爆破技术予以解决；另一层含义是通过各种手段和方法，如采用支护技术、加固或预加固技术以及各种辅助施工技术增强围岩的自支护能力等，这些形成了隧道施工的核心技术。

所谓"内实外美"，关键是内实，而内实的关键是要做到"四密实"，即衬砌混凝土密实、喷混凝土密实、喷混凝土与围岩密实、二次衬砌与初期支护密实。

"重视环境"也有两层含义：一层含义是指内部环境，即施工作业环境；另一层是外部环境，即对周边环境的影响。重视环境是时代的要求，环境技术因时代的变迁而得到发展，许多基准也是因环境的要求而制定的。

"动态施工"是指：隧道施工过程中的地质条件和力学状态都是不断变化的，因此，施工过程不可能是一成不变的。施工过程中采用的各种施工方法和技术都是要适应这种"状态"变化，根据暴露出来的围岩状态采取对策，是隧道施工的基本原则。因此，隧道施工的各种决策都要在施工阶段的地质变化、施工阶段的量测结果和施工阶段的质量控制标准的基础上进行管理。

6.1.4　山岭隧道的常规施工方法

在矿山法中，坑道开挖后的支护方法大致可以分为钢木构件支撑和锚杆喷射混凝土支护两类。人们习惯上将采用钻爆开挖加钢木构件支撑的施工方法称为"传统的矿山法"；而将采用钻爆开挖加锚喷支护的施工方法称为"矿山法"或"钻爆法"。

1. 传统的矿山法

传统的矿山法是人们在长期的施工实践中发展起来的。它是凿眼爆破、以木或钢构件作为临时支撑，待隧道开挖成形后，逐步将临时支撑撤换下来，而代之以整体式衬砌作为永久性支护的施工方法。

木构件支撑由于其耐久性差和对坑道形状的适应性差，支撑撤换工作既麻烦又不安全，且对围岩有所扰动，因此，目前已很少采用。

钢构件支撑具有强度高、刚度大和对坑道形状的适应性等优点，但也存在若撤换时不安全，不撤换时成本高，以及与围岩非面接触的缺点。

钢木构件支撑类似于地上的"荷载—结构"力学体系。它作为一种维持坑道稳定的措施，是很直观和奏效的，也容易被施工人员理解和掌握。因此这种方法常被应用于不便采用锚喷支护的现代隧道中，或处理塌方等情况。

2. 矿山法

随着隧道工程理论及施工工艺的不断发展，人们逐渐深刻地认识到隧道是围岩和支护组成的体系，应充分地保护围岩，发挥围岩自身的承载能力，维护围岩的稳定性；隧道设计及施工与隧道的围岩条件密切相关，只有充分掌握隧道的围岩条件，才能有合理的隧道设计与施工。

施工手段分人力、小型机械化、半机械化到机械化施工。人力施工指锤、钎、镐、纯人工作业方式；小型机械化施工指风动凿岩机钻眼、人力或小型装渣机装渣、人力或电瓶车牵引、小矿车运输、人力或机械搅拌混凝土、人力灌注衬砌的施工模式；半机械化施工指采用气腿式风动凿岩机或凿岩台车钻眼、轨行铲斗式装渣机装渣、矿车有轨运输或汽车无轨运输等，其主要特点是机械成套配置；机械化施工指采用以台车钻眼、挖装运机械化作业、喷锚支护机械化作业、混凝土衬砌机械化作业、注浆机械化作业为特征的施工模式。

6.2　新奥法的基本概念

6.2.1　新奥法的概念

新奥法即奥地利隧道施工新方法（New Austrian Tunnelling Method—NATM），是以喷射混凝土锚杆作为主要支护手段，通过监测控制围岩的变形，便于充分发挥围岩的自承能力的施工方法。它是在锚喷支护技术的基础上由奥地利学者腊布塞维奇首先提出的，并于1954～1955年首次应用于奥地利的普鲁茨—伊姆斯特电站的压力输水隧洞中。以后，经瑞典、意大利以及其他国家的同行们的理论研究和实践，于 1963 年在奥地利的萨尔茨堡召开的第八次土力学会议上正式命名为新奥法，并取得了专利权。之后在西欧、北欧、美国和日本等许多地下工程中得到了极为迅速的发展。

锚喷支护技术与传统的钢木构件支撑相比，不仅仅是手段上的不同，更重要的是工程理念的不同，是人们对隧道及地下工程问题的进一步认识和理解。由于锚喷支护技术的应用和发展，导致隧道及地下洞室工程理论步入到现代理论的新领域，也使隧道及地下洞室工程设计和施工更符合地下工程实际，即设计理论－施工方法－结构（体系）工作状态（结果）的一致。

奥地利隧道学会认为，新奥法是在围岩中形成一个以封闭岩石支撑环为主要目的隧道施工方法。奥地利的泰勒教授认为，所谓新奥法不是单纯的开挖、支护的方法和顺序，而是按照实际观测到的围岩动态的各项指标来指导开挖隧道的方法。有人把新奥法归纳为：其原则为充分保护，并利用围岩的承载能力；其施工要点为控制爆破、锚喷支护和施工监测；其实施方法为设计、施工和监测三位一体的动态模式。

新奥法的概念，我国是在 20 世纪 70 年代末开始被人们了解和接受。从 20 世纪 80 年代开始，在一些隧道设计中贯彻了新奥法基本原理，采用了信息设计方法，例如铁路大瑶山隧道、南岭隧道、枫林隧道、岭前隧道、军都山隧道等，1988 年出版了《铁路隧道新奥法指南》，并编写了"喷锚技术法规则"、"复合衬砌标准设计"等作业标准。随着新奥法基本原理在铁路隧道工程实践中的应用，开挖方法、辅助工法、锚喷技术、现场监测技术等的不断完善和提高，逐步发展成具有中国特色的浅埋暗挖法（即"管超前、严注浆、短开挖、强支护、快封闭、勤量测"十八字诀）和复合式衬砌等隧道施工技术，大大丰富和发展了新奥法原理。

6.2.2　新奥法施工程序

新奥法施工程序可用图 6-2 的框图来表示。

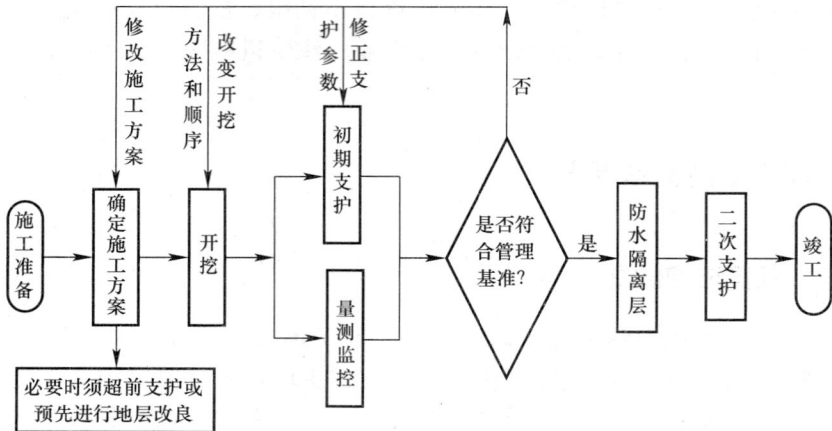

图 6-2　新奥法施工程序

6.2.3　新奥法施工的基本原则

新奥法施工的基本原则可以归纳为"少扰动、早支护、勤量测、紧封闭"。

少扰动，是指在进行隧道开挖时，要尽量减少对围岩的扰动次数、强度、范围和持续时间。故要求能用机械开挖的就不用钻爆法开挖；采用钻爆法开挖时，要严格地进行控制爆破；尽量采用大断面开挖；根据围岩级别、开挖方法、支护条件选择合理的循环掘进进尺；自稳性差的围岩，循环掘进进尺应短一些；支护要尽量紧跟开挖面，缩短围岩应力松弛时间。

早支护，是指开挖后及时施作初期锚喷支护，使围岩的变形进入受控制状态。这样做一方面是为了使围岩不致因变形过度而产生坍塌失稳；另一方面是使围岩变形适度发展，以充分发挥围岩的自承能力。必要时可采取超前预支护措施。

勤量测，是指以直观、可靠的量测方法和量测数据来准确评价围岩（或围岩加支护）的稳定状态，或判断其动态发展趋势，以便及时调整支护形式、开挖方法，确保施工安全和顺利进行。量测是现代隧道及地下工程理论的重要标志之一，也是掌握围岩动态变化过程的手段和进行工程设计、施工的依据。

紧封闭，一方面是指采取喷射混凝土等防护措施，避免围岩因长时间暴露而导致强度和稳定性的衰减，尤其是对易风化的软弱围岩；另一方面是指要适时对围岩施作封闭形支护，这样做不仅可以及时阻止围岩变形，而且可以使支护和围岩能进入良好的共同工作状态。

6.3　隧道开挖方法

隧道施工就是要挖除坑道范围内的岩体，并尽量保持坑道围岩的稳定。显然，开挖是隧道施工的第一道工序，也是关键工序。在坑道的开挖过程中，围岩稳定与否，虽然主要取决于围岩本身的工程地质条件，但开挖方法对围岩的稳定状态也有直接而重要的影响。

因此，隧道开挖的基本原则是：在保证围岩稳定或减少对围岩扰动的前提条件下，应选择恰当的开挖方法和掘进方式，并尽量提高掘进速度。即在选择开挖方法和掘进方式时，一方面应考虑隧道围岩地质条件及其变化情况，选择能很好地适应地质条件及其变化，并能保持围岩稳定的方法和方式；另一方面应考虑坑道范围内岩体的坚硬程度，选择能快速掘进，并能减少对围岩扰动的方法和方式。

隧道施工中，开挖方法是影响围岩稳定的重要因素之一。因此，在选择开挖方法时，应对隧道断面大小及形状、围岩的工程地质条件、支护条件、工期要求、工区长度、机械配备能力、经济性等相关因素进行综合分析，采用恰当的开挖方法，尤其应与支护条件相适应。

隧道开挖方法实际上是指开挖成形方法。按开挖隧道的横断面的分部情形来分，开挖方法可分为全断面开挖法、台阶开挖法、分部开挖法等。

6.3.1　全断面开挖法

全断面开挖法是按设计轮廓线一次爆破开挖成型，再施作支护和衬砌的施工方法。

1. 适用条件

全断面开挖法一般适用于 I、II、III 级围岩，IV、V 级围岩在采取有效措施稳定开挖面后，也可采用全断面开挖法。

2. 特点

（1）可以减少开挖对围岩的扰动次数，有利于围岩天然承载拱的形成。

（2）全断面开挖法有较大的作业空间，有利于采用大型配套机械化作业，提高施工速度，防水处理简单，且工序少，便于施工组织和管理。

（3）对地质条件要求高，围岩必须有足够的自稳能力。

（4）由于开挖面较大，围岩相对稳定性降低，且循环工作量相对较大。

（5）当采用钻爆法开挖时，每次深孔爆破振动较大，因此要进行精心的钻爆设计和严格的控制爆破作业。

3. 施工作业

（1）全断面开挖法的施工工序如图 6-3 所示。

（2）全断面开挖法的施工工艺流程如图 6-4 所示。

（3）施工注意事项

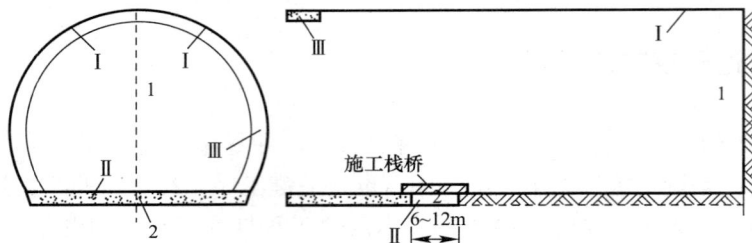

图 6-3　全断面开挖法施工工序示意图

1—开挖；I—初期支护；2—捡底；II—铺底混凝土；III—拱墙混凝土

① 加强对开挖面前方的工程地质和水文地质的调查。对不良地质情况要及时预测预报、分析研究。随时准备好应急措施（包括改变施工方法），以确保施工安全和工程进度。

② 控制一次同时起爆的炸药量和循环进尺，降低爆破震动对围岩的影响，确保开挖工作面的稳定。

③ 各工序机械设备要配套，以充分发挥机械设备的使用效率。隧道机械化施工，有三条主要作业线，见表 6-1。

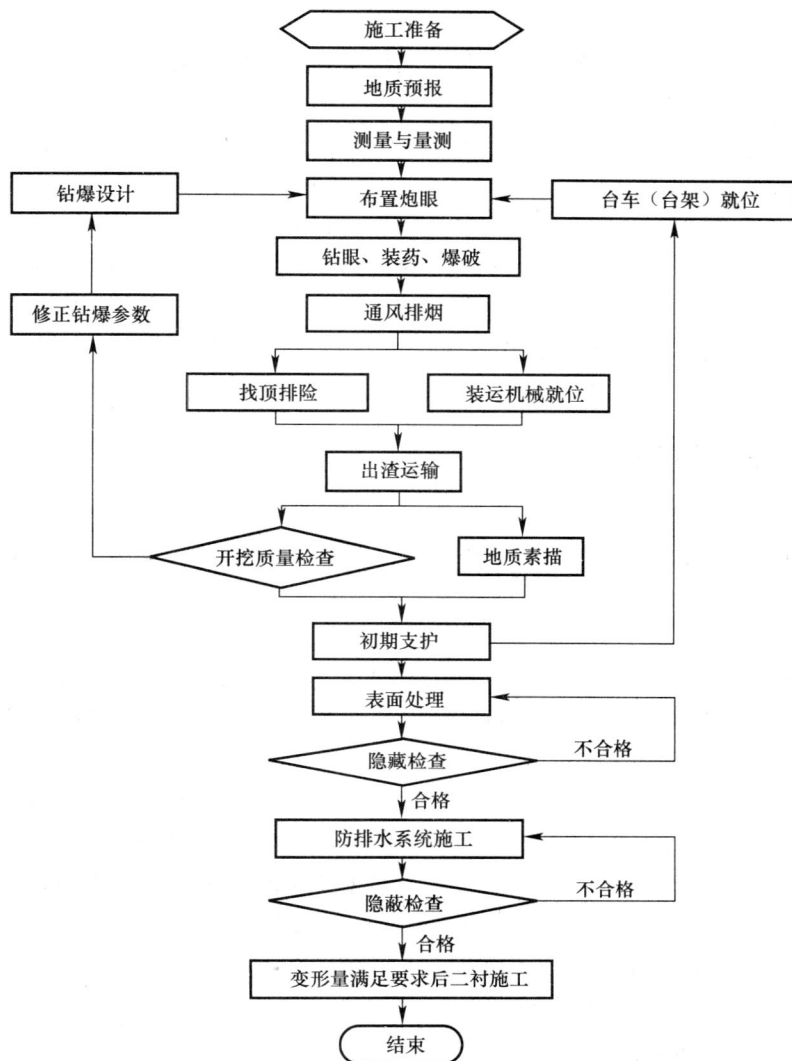

图 6-4　全断面开挖法施工工艺流程图

隧道机械化施工作业线　　　　　　　　　　　　　表 6-1

作业线	采用的大型机械设备
开挖作业线	钻孔台车、装药台车、装载机配合自卸汽车（无轨运输时）、装渣机配合矿车及电瓶车或内燃机车（有轨运输时）
喷锚作业线	混凝土喷射机、混凝土喷射机械手、喷锚作业平台、进料运输设备及锚杆灌浆设备
模筑衬砌作业线	混凝土拌和作业厂、混凝土输送车及输送泵、施作防水层作业平台、衬砌钢模台车

　　为加快隧道建设，必须实现隧道施工机械化，而隧道工程新技术、新工艺的推广又为机械化施工奠定了基础。同时，机械化的发展又推动了隧道施工工艺水平的不断提高。机械设备选型时应遵循可靠性、经济性、配套性等

原则。

④ 加强各辅助作业和辅助施工方法的设计与施工检查，尤其在软弱破碎围岩中使用全断面开挖时，应对支护后围岩的变形进行动态量测与监控，使各辅助作业的三管两线（即高压风管、高压水管、通风管、电线和运输路线）保持良好状态。

⑤ 重视和加强对施工作业人员的技术培训，使其能熟练掌握各种机械的操作方法，并进一步推广新技术，不断提高工效，改进施工管理，加快施工速度。

⑥ 全断面开挖法选择支护类型时，应优先考虑锚杆、喷混凝土、挂网、钢架等支护形式。

6.3.2 台阶开挖法

台阶开挖法是将开挖断面分两部或多部开挖，可根据地层条件、断面大小和机械配备情况选用。台阶开挖法可分为上下两部或上、中、下三部开挖，其演变有三台阶七步开挖法、弧形导坑预留核心土法等。

1. 适用条件

二台阶法适用于双线隧道Ⅲ级以上围岩，也可用在单线隧道Ⅳ级以上围岩地段；三台阶法可用在高速铁路双线隧道Ⅲ、Ⅳ级围岩，单线隧道Ⅵ级围岩。

2. 特点

（1）灵活多变，适用性强，凡是软弱围岩、第四纪堆积地层，均可采用二台阶法作为基本方法，地层变化时，可以及时变换成其他方法。

（2）台阶法开挖具有足够的作业空间和较快的施工速度。台阶法有利于开挖面的稳定性，尤其是上部开挖支护后，下部作业较为安全。

（3）上下部作业有干扰，应注意下部作业对上部稳定性的影响。另外，台阶开挖会增加围岩扰动次数。

3. 二台阶开挖法

二台阶开挖法的施工工序如图 6-5 所示。

二台阶开挖法的施工工艺流程如图 6-6 所示。

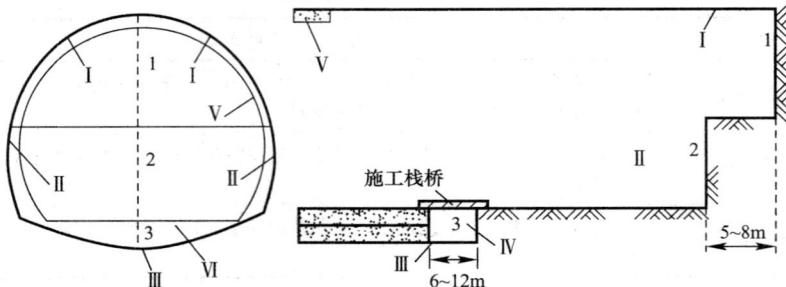

图 6-5　二台阶开挖法施工工序示意图

1—上台阶开挖；Ⅰ—上台阶初期支护；2—下台阶开挖；Ⅱ—下台阶初期支护；
3—仰拱开挖；Ⅲ—仰拱初期支护；Ⅳ—仰拱填充混凝土；Ⅴ—拱墙混凝土

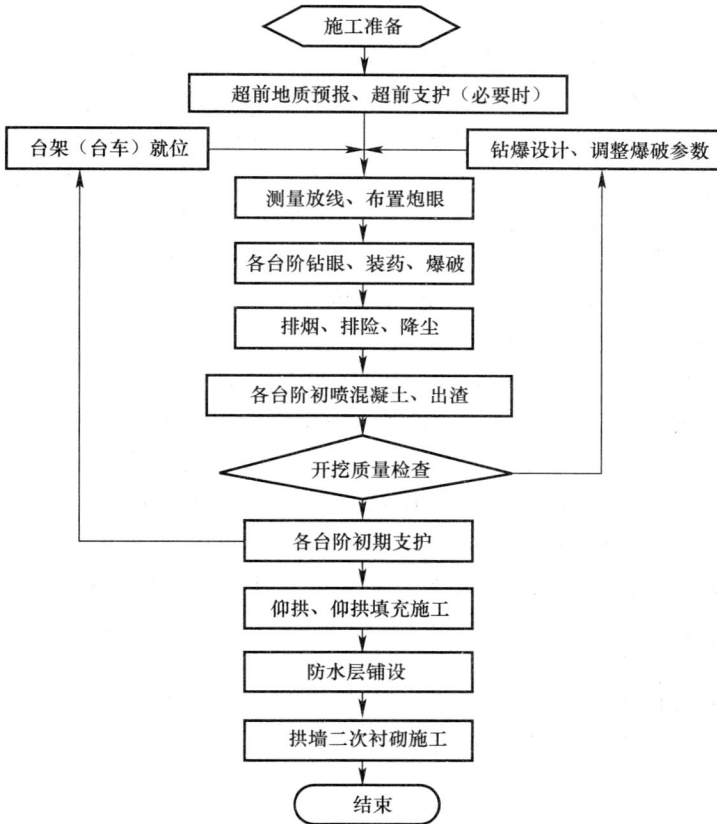

图 6-6 二台阶、三台阶开挖法施工工艺流程图

二台阶开挖法施工要求如下：

① 采用台阶法开挖隧道时，应根据围岩条件合理确定台阶长度。台阶长度不宜过长，宜控制在一倍洞径以内。台阶高度应根据地质情况、隧道断面大小和施工机械设备情况确定，其中上台阶高度以 2～2.5m 为宜。台阶形成后，各台阶开挖、支护宜平行作业。

② 爆破开挖时应采用弱爆破，爆破时严格控制炮眼深度及装药量。

③ 下台阶断面开挖可两侧交错进行，下台阶开挖后仰拱应紧跟。施工中应解决好上下台阶的施工干扰问题，下部应减少对上部围岩、支护的扰动。

④ 循环进尺应根据围岩地质条件和初期支护钢架间距合理确定。Ⅲ级围岩不宜超过 2.0m，Ⅳ级围岩不宜超过 1.5m，Ⅴ级围岩不宜超过 1.0m。

⑤ 上台阶施作钢拱架时，采用扩大拱脚和锁脚锚杆等措施控制围岩和初期支护变形，必要时施作临时仰拱。

⑥ 下台阶在上台阶喷射混凝土达到设计强度 70% 以上时开挖，当岩体不稳定时需缩短进尺，必要时下台阶左右两部开挖，并及时施作初期支护和仰拱。

⑦ 下台阶施工时要保证初期支护钢架整体顺接平直，螺栓连接牢靠。

⑧ 上台阶开挖超前一个循环后，上下台阶可同时开挖。

4. 三台阶开挖法

三台阶开挖法是将隧道分成上、中、下三个断面进行开挖。三台阶开挖法可用于双线隧道Ⅲ、Ⅳ级围岩，单线隧道Ⅵ级围岩地段。

三台阶的划分应遵循以下两点：一是，拱部第一台阶矢跨比不得小于1/5，且台阶高度在满足人工作业空间需求的前提下尽量低。因为，当矢跨比小于1/5时，则支护的力学性能更接近于梁而不是拱，很危险，所以一般情况下，拱部第一台阶矢跨比按照1/5～1/3确定。降低拱部第一台阶高度的意义在于，当掌子面发生滑塌时，其停止滑塌的条件就是塌体形成坡面，所以，降低拱部第一台阶高度有助于尽快稳定滑塌。二是，第二台阶底应位于隧道断面圆心高度位置。第二台阶底位于隧道断面圆心位置的意义在于，当围岩发生变化时，有利于工法的转变。如围岩由Ⅲ级变为Ⅳ级时，由于Ⅲ级围岩一般采取二台阶开挖法施工，且其台阶划分是以圆心为准的，只要先暂停中台阶掘进而只掘进上台阶，约两个循环后三台阶的形式就形成了（刚开始掘进上台阶产生的渣扒至中台阶即可，不必运出）；当围岩由Ⅳ级变为Ⅲ级时，只要暂停上台阶的掘进，两、三个循环后，二台阶的形式即形成。

上台阶长度的确定主要考虑两个条件：一是满足凿岩机作业所需长度要求，二是不得小于上台阶高度。中台阶长度的确定主要考虑满足挖掘机作业空间需求和确保上台阶稳定。上、中台阶长度一般为5～8m。

三台阶法的施工工序如图6-7所示。

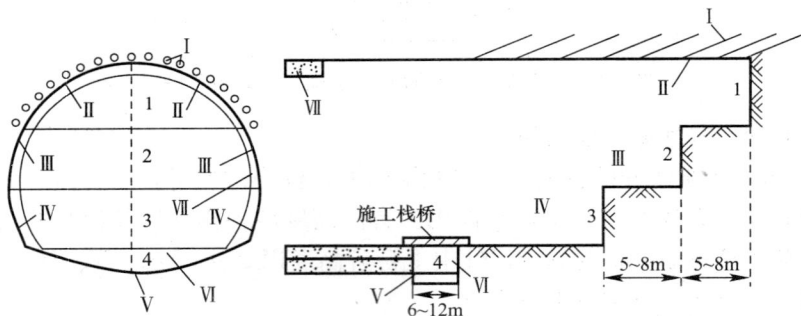

图6-7 三台阶法施工工序示意图

Ⅰ—超前小导管；1—上台阶开挖；Ⅱ—上台阶初期支护；2—中台阶开挖；

Ⅲ—中台阶初期支护；3—下台阶开挖；Ⅳ—下台阶初期支护；4—仰拱开挖；

Ⅴ—仰拱初期支护；Ⅵ—仰拱填充混凝土；Ⅶ—拱墙混凝土

三台阶法的施工工艺流程如图6-6所示。

施工要求：超前支护的长度应大于进尺的2倍以上；对于土质围岩一般采取机械开挖，而对于石质围岩，一般采取弱爆破的方法开挖；各步台阶一次开挖长度宜控制在2～3m之间，下台阶开挖后仰拱应紧跟；中、下台阶开挖时要确保支护基础襟边宽度不小于1.0m。

5. 弧形导坑预留核心土法

弧形导坑预留核心土法是在上部断面以弧形导坑超前，支护好后开挖上部核心土，其次开挖下半部两侧，支护好后再开挖中部核心土的方法。

（1）适用条件

弧形开挖预留核心土法可用于单线隧道Ⅳ～Ⅵ级围岩，双线隧道Ⅲ～Ⅵ级围岩地段。

（2）特点

① 能适应不同跨度和多种断面形式，没有需拆除的临时支护，节省投资。

② 在地质结构复杂多变、软硬围岩相间的隧道施工中，便于灵活和及时地调整施工工法，进度稳定，工期保障性强。

③ 无需增加特殊设备，施工投入少，工艺可操作性强。

④ 开挖工作面稳定性好，施工比较安全。

（3）施工作业

弧形导坑预留核心土施工工序如图 6-8 所示，施工工艺流程如图 6-9 所示。

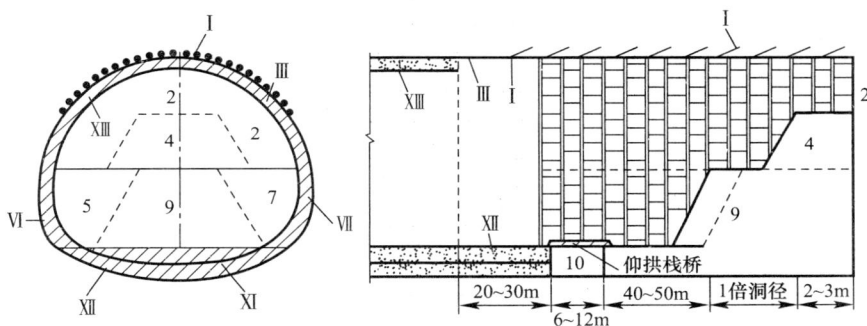

图 6-8　弧形导坑预留核心土法施工工序示意图

Ⅰ—超前支护；2—上部弧形导坑开挖；Ⅲ—上部初期支护；4—上部核心土开挖；5、7—两侧开挖；

Ⅵ、Ⅷ—两侧初期支护；9—下部核心土开挖；10—仰拱开挖；Ⅺ—仰拱初期支护；

Ⅻ—仰拱填充混凝土；ⅩⅢ—拱墙混凝土

（4）施工要求

① 环形开挖每循环长度宜为 0.5～1m。

② 开挖后应及时施作喷锚支护，安装型钢支撑或格栅支撑，每两榀钢架之间应采用钢筋连接，并应加设锁脚锚杆，初期支护形成闭合断面的位置距拱部开挖面不宜超过 30m。

③ 预留核心土面积的大小应满足开挖面稳定的要求，一般不小于整个断面的 50%。

④ 当地质条件差，围岩自稳时间较短时，开挖前应在拱部设计开挖轮廓线以外进行超前支护。

⑤ 上部弧形，左、右侧墙部，中部核心土开挖各错开 3～5m 进行平行作业。

⑥ 仰拱要超前二次衬砌且分别全幅浇筑，全断面衬砌时间根据监控量测确定，全断面衬砌距离掌子面一般不超过 70m。

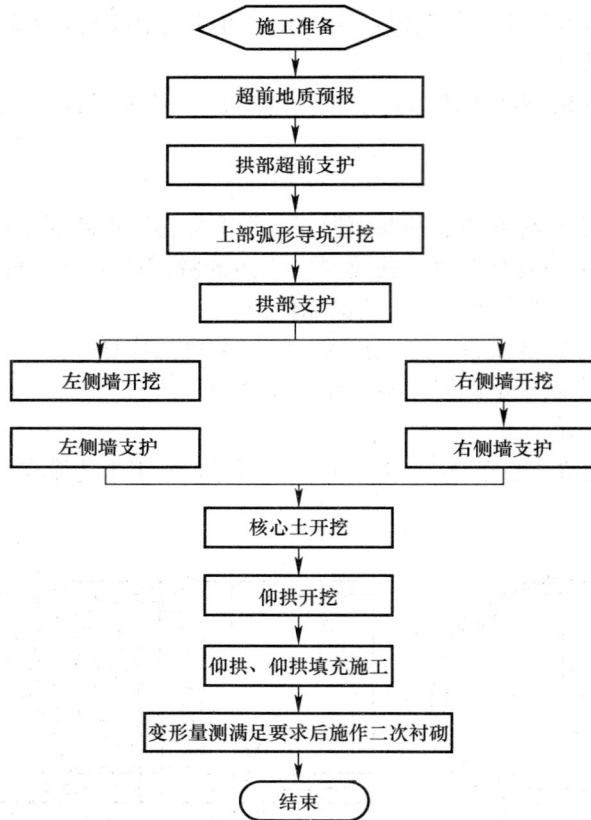

图 6-9　弧形导坑预留核心土法施工工艺流程图

6. 三台阶七步开挖法

三台阶七步开挖法是以弧形导坑开挖留核心土为基本模式，分上、中、下三个台阶七个开挖面，各部位的开挖与支护为沿隧道纵向错开平行推进的隧道施工方法。

（1）适用条件

三台阶七步开挖法适用于开挖断面为 $100\sim180m^2$，具备一定自稳条件的 Ⅳ、Ⅴ级围岩地段隧道施工。

（2）特点

① 施工空间大，方便机械化施工，可以多作业面平行作业。部分软岩或土质地段可以采用挖掘机直接开挖，工效较高。

② 当地质条件发生变化时，便于灵活、及时地转换施工工序，调整施工方法。

③ 适应不同跨度和多种断面形式，初期支护工序操作便捷。

④ 在台阶法开挖的基础上，预留核心土，左右错开开挖，利于开挖工作面稳定。

⑤ 当围岩变形较大或突变时，在保证安全和满足净空要求的前提下，可尽快调整闭合时间。

（3）施工作业

三台阶七步开挖法施工步骤如图 6-10 所示，开挖透视图如图 6-11 所示。

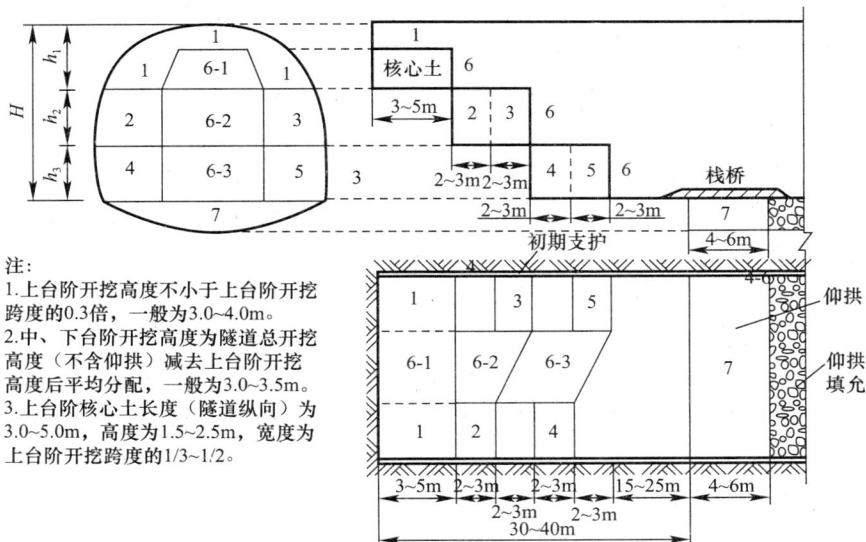

注：
1.上台阶开挖高度不小于上台阶开挖跨度的0.3倍，一般为3.0~4.0m。
2.中、下台阶开挖高度为隧道总开挖高度（不含仰拱）减去上台阶开挖高度后平均分配，一般为3.0~3.5m。
3.上台阶核心土长度（隧道纵向）为3.0~5.0m，高度为1.5~2.5m，宽度为上台阶开挖跨度的1/3~1/2。

图 6-10 三台阶七步开挖法施工步骤（单位：m）

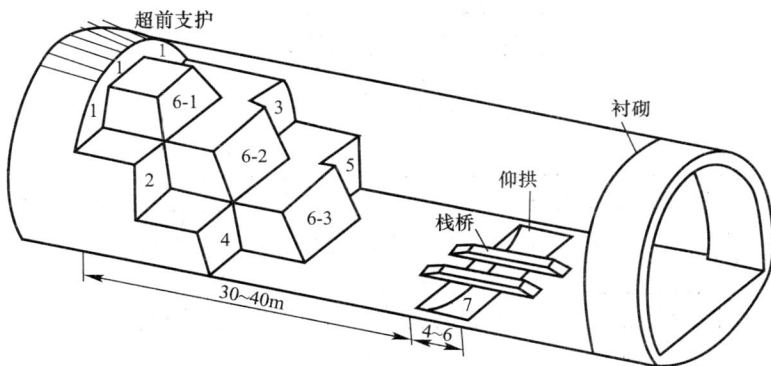

图 6-11 三台阶七步开挖法开挖透视图

第 1 步：施作超前支护，开挖拱部弧形导坑，预留核心土，施作拱部初期支护；第 2、3 步：开挖左右侧中台阶并施作初期支护；第 4、5 步：开挖左右侧下台阶并施作初期支护；第 6 步：分部开挖上、中、下台阶核心土；第 7 步：开挖隧底并施作仰拱初期支护封闭成环

第 1 步——上部弧形导坑开挖：在拱部超前支护后，环向开挖上部弧形导坑，预留核心土，核心土长度宜为 3~5m，宽度宜为隧道开挖宽度的 1/3~1/2。开挖循环进尺应根据初期支护钢拱架间距确定，最大不得超过 1.5m，开挖后立即初喷 3~5 cm 混凝土。上台阶开挖矢跨比应大于 0.3，开挖后应及时进行喷、锚、网系统支护，架设钢架，在钢架拱脚以上 30 cm 高度处，紧贴钢架两侧边，按向下倾角 30°设锁脚锚杆，锁脚锚杆与钢架牢固焊接，复喷混凝土至设计厚度。

第 2、3 步——左、右侧中台阶开挖：开挖进尺应根据初期支护钢架间距确定，最大不得超过 1.5m，开挖高度一般为 3～3.5m，左、右侧台阶错开 2～3m，开挖后立即初喷 3～5 cm 混凝土，及时进行喷、锚、网系统支护，接长钢架，在钢架墙脚以上 30 cm 高度处，紧贴钢架两侧边，按向下倾角 30°设锁脚锚杆，锁脚锚杆与钢架牢固焊接，复喷混凝土至设计厚度。

第 4、5 步 ——左、右侧下台阶开挖：开挖进尺应根据初期支护钢架间距确定，最大不得超过 1.5m，开挖高度一般为 3～3.5m，左、右侧台阶错开 2～3m，开挖后立即初喷 3～5 cm 混凝土，及时进行喷、锚、网系统支护，接长钢架，在钢架墙脚以上 30 cm 高度处，紧贴钢架两侧边、按向下倾角 30°设锁脚锚杆，锁脚锚杆与钢架牢固焊接，复喷混凝土至设计厚度。

第 6 步——上、中、下台阶预留核心土：各台阶分别开挖预留的核心土，开挖进尺与各台阶循环进尺一致。

第 7 步——隧底开挖：每循环开挖长度宜为 2～3m，开挖后及时施作仰拱初期支护，完成两个隧底开挖、支护循环后，及时施作仰拱，仰拱分段长度宜为 4～6m。

三台阶七步开挖法施工工艺流程如图 6-12 所示。

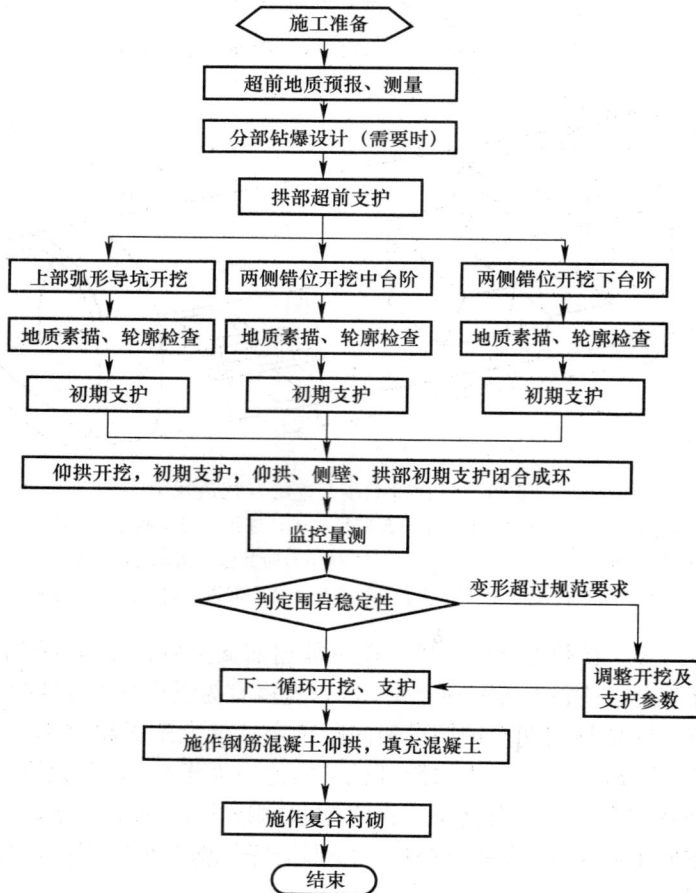

图 6-12 三台阶七步开挖法施工工艺流程图

（4）施工控制要点

① 三台阶七步开挖法施工应做好工序衔接。工序安排应紧凑，尽量减少围岩暴露时间，避免因长时间暴露引起围岩失稳。

② 初期支护应及时封闭成环，全断面初期支护闭合时间宜控制在 15d 左右，有条件时应尽量缩短闭合时间。

③ 仰拱应超前施作，仰拱距上台阶开挖工作面宜控制在 30～40m，铺设防水板、二次衬砌等后续工作应及时进行。

④ 二次衬砌距仰拱宜保持 2 倍以上衬砌循环作业长度，但不得大于 50m。

⑤ 在满足作业空间和台阶稳定的前提下，应尽量缩短台阶长度，核心土长度应控制在 3～5m，宽度宜为隧道开挖宽度的 1/3～1/2。

⑥ 三台阶七步开挖法施工应严格控制开挖长度，根据围岩地质情况，合理确定循环进尺，每次开挖长度不得超过 1.5m；开挖后立即初喷 3～5cm 混凝土，以减少围岩暴露时间。

⑦ 严格按设计要求施作超前支护，控制好超前支护外插角，严格按注浆工艺加固地层，保证隧道在超前支护的保护下施工。

⑧ 隧道周边部位应预留 30cm 人工开挖，其余部位宜采用机械开挖，局部需要爆破时，必须采用弱爆破，不得超挖。施工时应严格控制装药量，减少对围岩的扰动。

⑨ 中、下台阶左、右侧开挖应错开，严禁对开，左、右侧错开距离宜为 2～3m。

⑩ 钢架应严格按设计及规范要求加工制作和架设。钢架应架设在坚实基面上，严禁拱（墙）脚悬空或采用虚渣回填。钢架应与锁脚锚杆（管）焊接牢固。

⑪ 隧道超挖部位必须回填密实，严禁初期支护背后存在空洞。必要时初期支护背后应进行充填注浆，保证初期支护与围岩密贴。

⑫ 施工过程中可采用增加拱（墙）脚锁脚锚杆（管）、增设钢架拱（墙）脚部位纵向连接筋、扩大拱（墙）脚初期支护基础及增设拱（墙）脚槽钢垫板等增强拱（墙）脚承载力措施控制变形。

⑬ 应加强监控量测工作，根据量测结果，及时调整支护参数，确定二次衬砌施作时间，进行信息化施工管理。

⑭ 完善洞内临时防排水系统，严禁积水浸泡拱（墙）脚及在施工现场漫流，防止基底承载力降低。当地层含水量大时，上台阶开挖工作面附近宜开挖横向水沟，将水引至隧道中部或两侧排水沟排出洞外。必要时应配合井点降水等措施，降低地下水位至隧道仰拱以下，确保施工顺利进行。反坡施工时，应设置集水坑将水集中抽排。

6.3.3 分部开挖法

分部开挖法包括中隔壁法、交叉中隔壁法、双侧壁导坑法等。

1. 中隔壁开挖法（CD 法）

中隔壁法（CD 法）是将隧道分为左右两大部分进行开挖，先在隧道一侧采用台阶法自上而下分层开挖，待该侧初期支护和中隔墙临时支护完成，且喷射混凝土达到设计强度 70%以上时再分层开挖隧道的另一侧，其分部次数及支护形式与先开挖的一侧相同。

（1）适用条件

中隔壁法一般适用于Ⅳ、Ⅴ级围岩浅埋双线隧道，软弱围岩或三线隧道采用中隔壁法时宜增设临时仰拱。

（2）施工作业

中隔壁法施工工序如图 6-13 所示，施工工艺流程如图 6-14 所示。

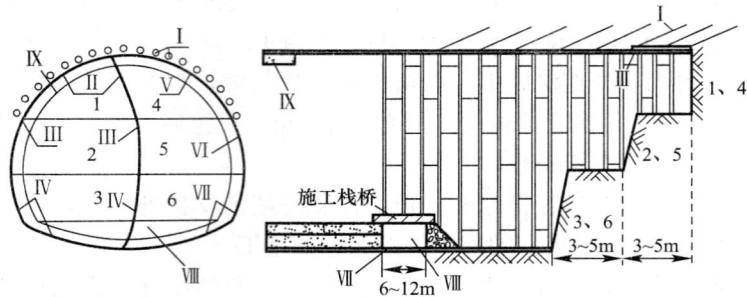

图 6-13　中隔壁法施工工序示意图

Ⅰ—超前小导管；1—左侧上部开挖；Ⅱ—左侧上部初期支护；2—左侧中部开挖；
Ⅲ—左侧中部初期支护；3—左侧下部开挖；Ⅳ—左侧下部初期支护；4—右侧上部开挖；
Ⅴ—右侧上部初期支护；5—右侧中部开挖；Ⅵ—右侧中部初期支护；6—右侧下部开挖；
Ⅶ—右侧下部初期支护；Ⅷ—仰拱及填充混凝土；Ⅸ—拆除中隔壁后作拱墙二次衬砌

（3）施工要求

① 各部开挖时，周边轮廓应尽量圆顺，减小应力集中。

② 各部的底部高程应与钢架接头处一致。

③ 左右部的开挖高度应根据地质情况、隧道断面大小和施工设备确定。每侧按两部或三部台阶开挖，开挖后应及时施作初期支护、中隔壁。

④ 后一侧开挖形成全断面时，应及时完成全断面初期支护闭合。

⑤ 开挖时，同层左、右两侧纵向错开 10～15m，单侧上下台阶长度一般为 3～5m。

⑥ 先行侧的中隔壁应设置成向外鼓的弧形，并应向后行侧偏斜 1/2 个钢拱架宽度。

⑦ 各部开挖时，相邻部位的喷射混凝土强度应达到设计强度的 70%以上。

⑧ 在灌注二次衬砌前，应逐段拆除中隔壁临时支护，拆除时应加强量测，一次拆除长度应根据量测结果确定，一般不宜超过 15m。临时支护拆除后应及时施作仰拱和二次衬砌。

⑨ 特殊情况下可将中隔壁浇筑在仰拱中，待铺设防水板时再割断。

2. 交叉中隔壁开挖法（CRD 法）

交叉中隔壁开挖法（CRD 法）仍是将隧道分侧分层进行开挖，分部封闭成环。每开挖一部均及时施作锚喷支护，安设钢架，施作中隔壁，安装底部

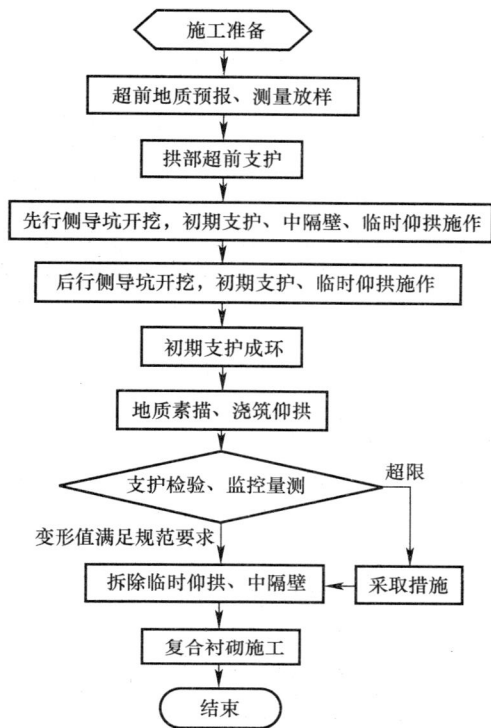

图 6-14 中隔壁法施工工艺流程图

临时仰拱。先挖一侧超前的上、中部，待初期支护完成且喷射混凝土达到设计强度 70% 以上时，再开挖隧道另一侧的上、中部，然后开挖一侧的下部，最后开挖另一侧的下部，左右交替开挖。

（1）适用条件

交叉中隔壁开挖法适用于Ⅴ、Ⅵ级围岩及围岩较差的浅埋地段。

（2）特点

交叉中隔壁法是大跨度、软弱围岩隧道分部开挖，钢架支撑，仰拱先行施工方法中的一种。各部开挖及支护自上而下，步步成环，封闭及时，且中隔壁能有效地阻止支护结构收敛变形和下沉，在控制地面沉降和土体水平位移等方面优于其他工法，但拆除中隔壁时风险较大，工序繁杂，施工速度较慢。

（3）施工作业

交叉中隔壁法施工工序如图 6-15 所示，施工工艺流程如图 6-16 所示。

（4）施工要求

① 根据地质条件，隧道断面的分部，应以初期支护受力均匀，便于发挥人力、机械效率为原则，一般水平方向分两部、上下分二或三层开挖。

② 先行施工部位的临时支撑（中隔壁、临时仰拱），均应有向外（下）鼓的弧度。

③ 同一层左、右侧两部纵向间距不宜大于 15m，上下层开挖工作面相距一般保持在 3～4m，且待喷射混凝土强度达到设计强度的 70% 后再开挖相邻部位。

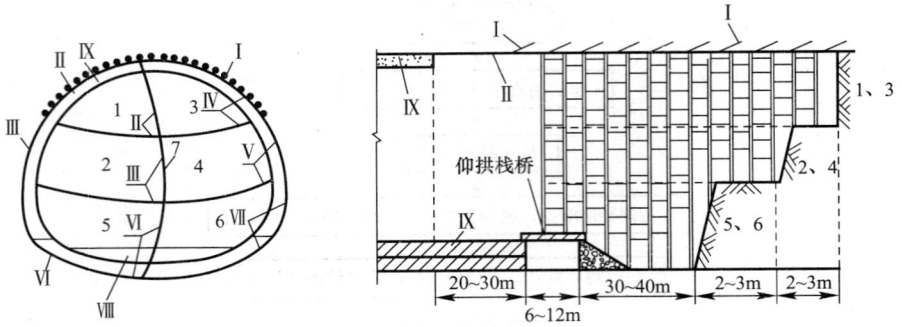

图 6-15　交叉中隔壁法施工工序示意图

Ⅰ—超前小导管；1—左侧上部开挖；Ⅱ—左侧上部初期支护成环；2—左侧中部开挖；

Ⅲ—左侧中部初期支护成环；3—右侧上部开挖；Ⅳ—右侧上部初期支护成环；

4—右侧中部开挖；Ⅴ—右侧中部初期支护成环；5—左侧下部开挖；

Ⅵ—左侧下部初期支护成环；6—右侧下部开挖；Ⅶ—右侧下部初期支护成环；

7—拆除中隔壁及临时仰拱；Ⅷ—仰拱及填充混凝土；Ⅸ—拱墙二次衬砌

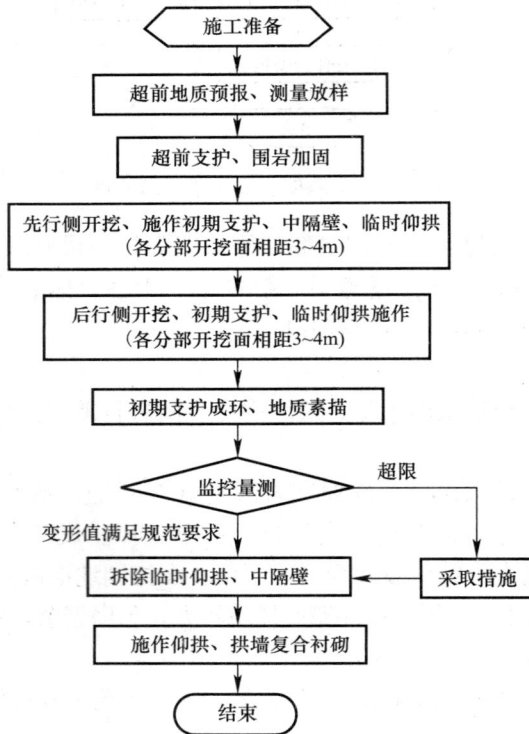

图 6-16　交叉中隔壁法施工工艺流程图

④ 各部的开挖及支护应自上而下，开挖后及时施作初期支护、中隔壁、临时仰拱，步步成环，尽量缩短成环时间。

⑤ 中隔壁宜设置为弧形，并应向后行侧偏斜 1/2 个钢拱架宽度。

⑥ 隧道左右开挖小断面水平临时支护保持对接一致。

⑦ 根据监控量测结果，中隔壁及临时仰拱应在仰拱浇筑前逐段拆除，每

段拆除长度一般不宜超过 15m。

3. 双侧壁导坑法

双侧壁导坑法是采用先开挖隧道两侧导坑，及时施作导坑四周初期支护及临时支护，必要时施作边墙衬砌，然后再根据地质条件、断面大小，对剩余部分采用二台阶或三台阶开挖的方法。

（1）使用范围

双侧壁导坑法适用于浅埋双线或三线隧道Ⅴ、Ⅵ级围岩。

（2）特点

双侧壁导坑法具有开挖断面小，扰动范围小，支护快，封闭早和安全性高等特点。采用双侧壁导坑法施工时，两侧导坑可根据围岩情况采用全断面开挖，也可以分步开挖。对变形较大、初期支护结构开裂破坏的，可在两侧壁导坑内中部增设临时型钢横撑，以达到维护稳定的目的。

（3）施工作业

双侧壁导坑法施工工序如图 6-17 所示，施工工艺流程如图 6-18 所示。

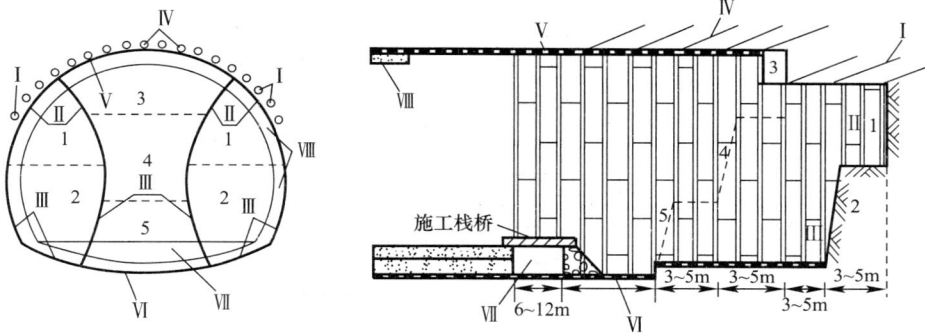

图 6-17　双侧壁导坑法施工工序示意图

Ⅰ—两侧超前小导管；1—两侧上部开挖；Ⅱ—两侧上部初期支护；2—两侧下部开挖；

Ⅲ—两侧下部初期支护；3—中壁上部开挖；Ⅳ—拱部超前小导管；Ⅴ—中壁上部初期支护；

4、5—中壁中部开挖；6—中壁下部开挖；Ⅵ—中壁下部初期支护；

Ⅶ—仰拱及填充混凝土；Ⅷ—拱墙二次衬砌

（4）施工要求

① 双侧壁导坑法开挖时，应先开挖隧道两侧导坑，再开挖中部剩余部分。

② 侧壁导坑形状应近似椭圆形，导坑断面宽度宜为整个隧道断面宽度的 1/3。

③ 双侧壁导坑、中央部上部、中央部下部错开一定距离平行作业。

④ 导坑开挖后应及时进行初期支护及临时支护，并尽早封闭成环。

⑤ 双侧壁导坑采用短台阶法开挖，台阶长度为 3～5m，必要时留核心土；左右侧壁导坑可同步施工，但应超前中部 10～15m。

⑥ 拱部与两侧壁间的钢架应定位准确，连接牢固，确保架设钢架连接后在同一个垂直面内。

⑦ 当全断面初期支护封闭成环后，量测显示支护体系稳定，变形很小时，方可拆除中部两片临时隔壁，一次拆除长度不得大于 15m，并加强监控量测。

132

施工准备

测量放样

安装导向管、浇筑套拱

搭设工作平台、钻机就位

钻孔

清孔　←　补孔

钻孔验收　—不合格→

合格

棚管加工　→　顶入棚管、安装止浆塞　　　原材料进场检验

喷混凝土封闭工作面　　　初选浆液配合比

连接注浆管路、调试　　　初配浆液试验注浆

压水试验　　　确定浆液配合比

注浆作业　←　浆液制备

注浆效果分析　—不合格→　调整注浆参数

合格

封孔、连接钢架结构

结束

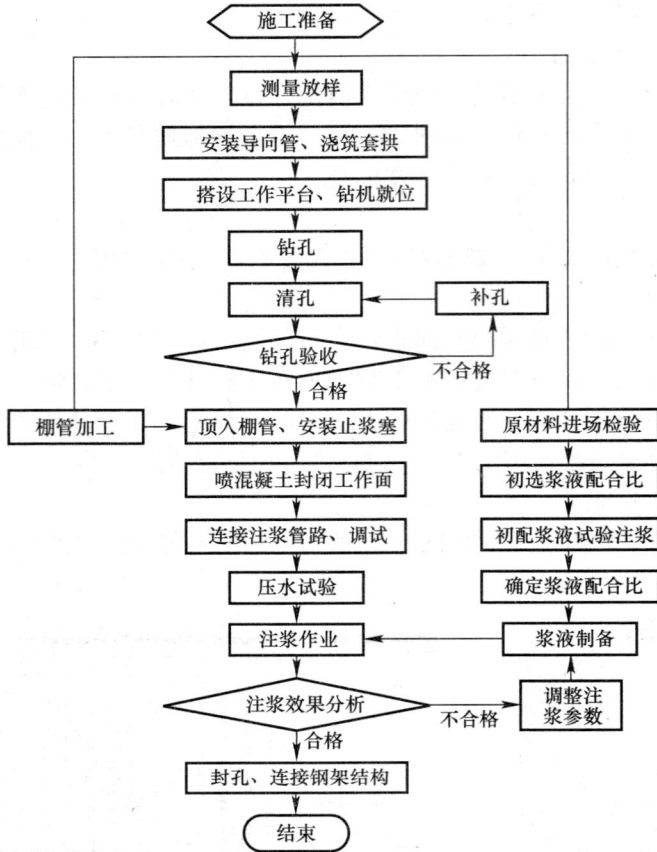

图 6-18　双侧壁导坑法施工工艺流程图

⑧ 临时隔壁拆除完成后，应及时施作仰拱及二次衬砌。

6.4　隧道洞口工程施工

6.4.1　洞口地段的一般概念

隧道施工的洞口地段，是指隧道进口（或出口）附近对隧道施工有影响的地段，该地段通常因地质地形复杂需要做特殊处理。隧道洞口工程主要包括边、仰坡土石方；边、仰坡防护；端墙、翼墙等洞门坞工；洞口排水系统；洞口检查设备安装；洞口段洞身衬砌。

隧道洞口地段，一般地质条件差，且地表水汇集，施工难度较大。施工时要结合洞外场地和相邻工程的情况，全面考虑、妥善安排、及早施工，为隧道洞身施工创造条件。

由于每座隧道的地形、地质及线路位置不同，要明确规定洞口段的范围是比较困难的。在一般情况下，可以将由于隧道开挖可能给上部地表造成不良影响的洞口范围称为洞口加强段。每座隧道应根据各自的围岩条件来确定

洞口段范围，一般亦可参照图 6-19 确定。

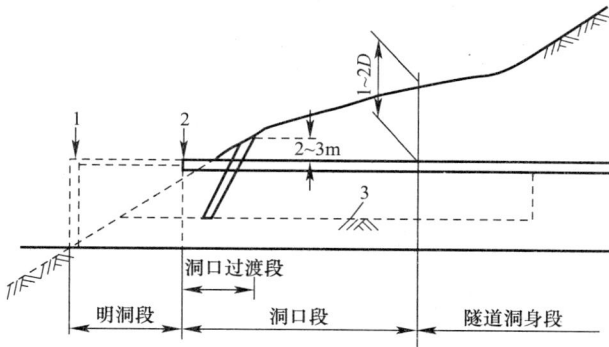

图 6-19　洞口段的一般范围
1—洞门位置；2—洞口位置；3—上下部开挖分界线；D—最大洞跨

洞口工程中的洞门施工，一般可在开挖进洞后尽快做，并应做好边、仰坡防护，以减少洞门施工对洞身施工的干扰。为了有效地防止洞口地段围岩失稳，保证进出隧道的道路畅通，应及早修好隧道洞口开始一段的衬砌和洞门。

洞口地段是隧道的咽喉，该地段的地形、地质均对隧道施工不利。其特点为：洞口地段地层一般较破碎，多属堆积、坡积、严重风化或节理裂隙发育的松软岩层，稳定性较差；当岩层层面坡度与洞门主墙开挖坡度一致时，容易产生纵向推滑力；洞口附近山体覆盖层较薄，一旦塌方可能塌穿到地表面；若隧道处于沟谷一侧或傍山时，通常会产生侧向压力。因此，该地段在开挖时宜特别谨慎小心，随挖随撑，并尽快做好衬砌。

6.4.2　进洞方法

洞口段施工方法的确定取决于诸多因素。如施工机具设备情况、工程地质、水文地质和地形条件；洞外相邻建筑的影响；隧道自身构造特点等。根据地层情况，可分为以下几种施工方法：

（1）洞口段围岩为Ⅲ级以下，地层条件良好时，一般可采用全断面直接开挖进洞，初始 10～20m 区段的开挖，爆破进尺应控制在 2～3m。施工支护，在拱部可施做局部锚杆；墙、拱采用素喷混凝土支护。洞口 3～5m 区段可以挂网喷混凝土及架设钢拱架予以加强。

（2）洞口段围岩为Ⅲ～Ⅳ级，地层条件较好时，宜采用正台阶法进洞（不短于 20m 区段），爆破进尺控制在 1.5～2.5m。施工支护采用拱、墙系统锚杆和钢筋网喷射混凝土。必要时设钢拱架加强施工支护。

（3）洞口段围岩为Ⅲ～Ⅴ级，地层条件较差时，宜采用上半断面长台阶法进洞施工。上半断面先进 50m 左右后，拉中槽、落底，在保证岩体稳定的条件下，再进行边墙扩大及底部开挖。上部开挖进尺一般控制在 1.5m 以下，并严格控制爆破药量。施工支护采用超前锚杆与系统锚杆相结合，挂网喷混凝土。拱部安设间距为 0.5～1.0m 的钢拱架支护，及早施作混凝土衬砌，确保稳定和安全。

（4）洞口段围岩为Ⅴ级以上，地层条件差时，可采用分部开挖法和其他特殊方法进洞施工。具体方法有：开挖前应对围岩进行预加固措施，如采用超前预注浆锚杆或采用管棚注浆法加固岩层后，用钢架紧贴洞口开挖面进行支护，再采用短台阶或预留核心土环形开挖法等进行开挖作业。在洞身开挖中，支撑应紧跟开挖工序，随挖随支。施工支护采用网喷混凝土，系统锚杆支护；架立钢拱架间距为 0.5m，必要时可在开挖底面施作临时仰拱。开挖完毕后应及早施作混凝土内层衬砌。

6.4.3　边、仰坡开挖及防护

隧道洞口边、仰坡开挖及防护施工工艺流程如图 6-20 所示。

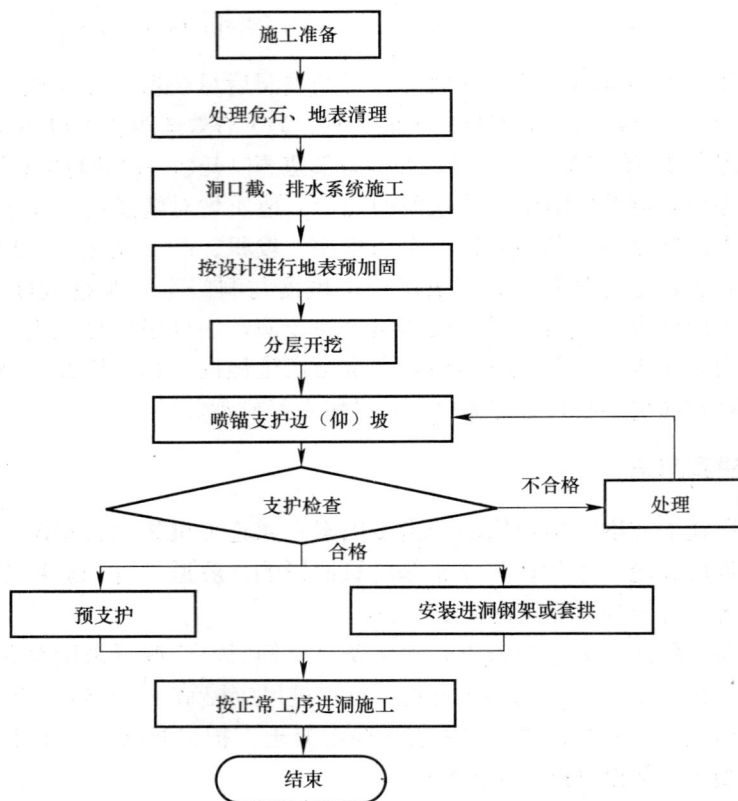

图 6-20　洞口边、仰坡开挖及防护施工工艺流程图

隧道洞口边（仰）坡开挖前应先清除边仰坡上的植被、浮土、危石，做好边（仰）坡的临时截水天沟，将地表水和边（仰）坡积水引离洞口，以防地表水冲刷而造成边（仰）坡失稳，截水天沟距边（仰）坡开挖边线不小于 5m。

洞口边（仰）坡开挖按设计控制坡度，自上而下，分层开挖，不得掏底开挖或上下重叠开挖，随挖随支护。根据地形、地质条件，土方和强风化岩一般采用挖掘机开挖，人工配合清理边（仰）坡开挖面；对于较硬的土层采用人工手持风镐进行凿除，减少对边（仰）坡原状土的扰动，确保边（仰）坡稳定，防止洞口边（仰）坡坍塌；石质地层一般采用松动爆破，机械和人工配合清理，仰坡开挖需要爆破时，应以浅眼松动爆破为主，且预留光爆层。开挖过程中应随时检查边、仰坡，如有滑动、开裂等现象，应适当施缓坡度或采取适当的加固措施。挖掘机开挖后预留 20～30cm 进行人工修坡，清除虚土。开挖过程中，边（仰）坡以外的植被不得破坏，应尽可能确保土体植被的完整。

边（仰）坡开挖后及时进行打锚杆、挂网喷混凝土临时防护，以防围岩风化、雨水渗透而滑塌。当边（仰）坡较高时，应分层开挖并分层防护。

6.4.4 洞门施工

1. 端墙式洞门施工

端墙式洞门施工工艺流程如图 6-21 所示。

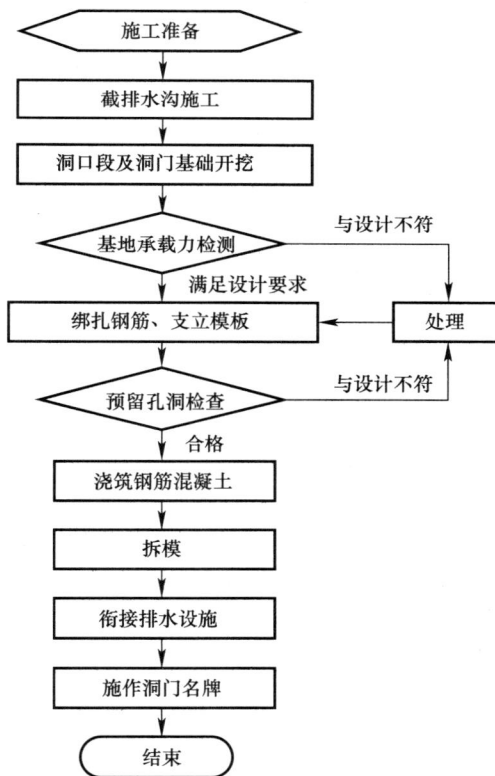

图 6-21 端墙式洞门施工工艺流程图

端墙应在土石方开挖后及时完成，基础超挖部分应用与基础同级的混凝土和基础同步浇筑，端墙及挡墙的开挖轮廓面应符合设计要求。

端墙混凝土施工前根据施工范围，搭设脚手架至端墙顶，以便固定侧向模板和墙面装饰施工，搭设中应预留出隧道进出口运输通道位置。端墙混凝土一般以拱顶、帽石底为界分三次立模浇筑成型，模板及支（拱）架应根据洞门结构形式、荷载大小、地基土类别、施工设备、施工工艺等条件设计，浇筑混凝土应两侧对称进行，不得对衬砌产生偏压。端墙与洞口衬砌应连接成整体。

隧道洞门端墙和挡墙在墙体施工时应设置反滤层、泄水孔、施工缝。

2. 斜切式洞门施工

斜切式洞门的施工工艺流程如图 6-22 所示。

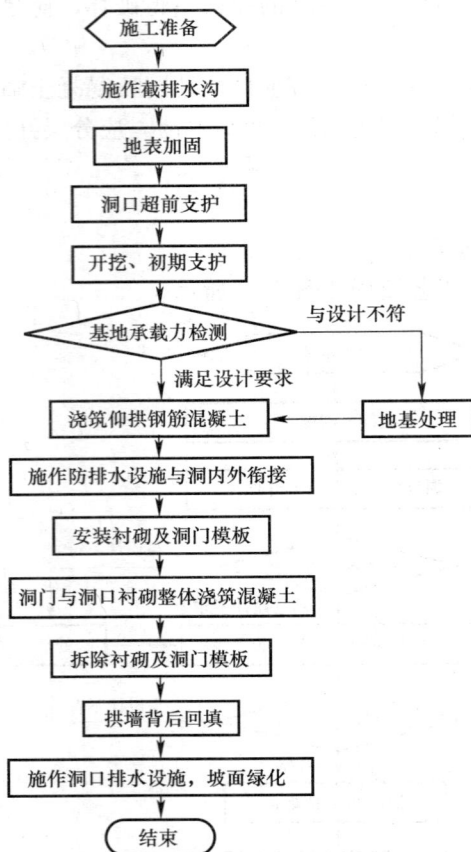

图 6-22　斜切式洞门施工工艺流程图

斜切式衬砌结构与正洞内轮廓线相同，一般可利用洞身衬砌台车配合洞口斜切段定型钢模进行混凝土施工。斜切段衬砌为扩大断面结构时，可利用洞身衬砌台车改装或制作可供循环利用符合扩大断面结构的衬砌台车。

浇筑混凝土时外侧模板按混凝土分层厚度分层支立，每层外模在安装前应加工制作成整体，使其能短时间安装就位。

斜切式洞门坡面较平缓时，应尽量与自然地形坡度相一致，为避免开挖边（仰）坡时局部坍塌破坏原地貌，宜采用非爆破方法开挖。洞门混凝土达到设计强度后，及时回填边、仰坡超挖部分，恢复自然地形坡面。

6.4.5　明洞及缓冲结构施工

明洞是隧道洞口或线路上起防护作用的重要建筑物，其施工工艺流程如

图 6-23 所示。

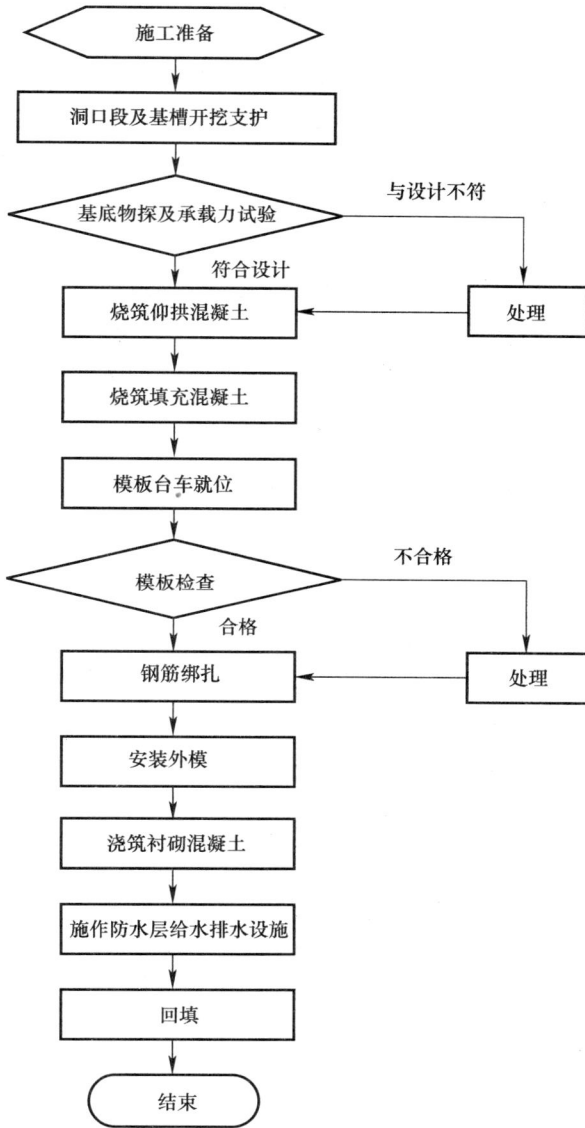

图 6-23　明洞施工工艺流程图

　　明洞施工土质挖方到基底高程后清理浮土，进行地基承载力试验，如地基承载力不够，可采用浆砌片石、混凝土换填等处理措施。石质挖方到设计高程后清理浮渣，对进入到仰拱范围内的孤石进行小炮处理。

　　仰拱及填充混凝土施工前必须清除隧道底部的虚渣、淤泥和杂物，超挖部分应采用同级混凝土回填。并将上循环混凝土仰拱接头凿毛，安设止水带。仰拱混凝土应整体一次浇筑成型，填充混凝土应在仰拱混凝土终凝后浇筑。

　　明洞衬砌采用整体式模板台车一次浇筑，衬砌不得侵入隧道设计轮廓线。混凝土浇筑前及浇筑过程中，应对模板、支架、钢筋骨架、预埋件等进行检查。混凝土衬砌应自下而上、先墙后拱、对称浇筑。

在明洞及洞门混凝土施工完成后，待混凝土的 28d 抗压强度达到设计要求后，可对明洞进行回填。洞顶回填的材料应选用均匀的碎石土，分层回填并采用小型机具压实。回填的最后一层为耕植土，主要为日后的绿化做好准备，故可松铺。洞顶要做好排水系统，保障洞顶排水顺畅，无积水。

小结及学习指导

本章内容包括隧道施工方法的选择，隧道施工的基本理念，新奥法的概念及基本原则，开挖方法的适用条件、工序、流程，洞口段施工方法。

通过本章的学习，要求掌握各种隧道施工方法的施工原则、基本理念，掌握新奥法的基本概念及基本原则，能根据隧道的断面大小和地质条件等合理选择开挖方法，能画出各种开挖方法的工序示意图，能合理选择隧道进洞方法，熟悉边、仰坡开挖和洞门、明洞的施工工艺。

思考题与习题

6-1 简述施工方法的种类及选择依据。

6-2 隧道开挖方法有哪些？各自的特点是什么？

6-3 新奥法与传统矿山法的区别有哪些？

6-4 用新奥法指导隧道设计与施工的基本原则是什么？

6-5 简述边、仰坡的施工顺序。

6-6 简述洞门和明洞的施工工艺。

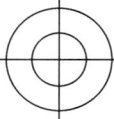

第7章

隧道钻爆法施工技术

本章知识点

> 知识点：隧道施工辅助方法的类型、特点及作用机理，隧道爆破施工，装渣运输方式，喷射混凝土的作用及施工工艺，锚杆的支护效应、种类及施工，监控量测项目及现场监控量测技术，结构防排水施工，辅助坑道种类及布置原则。
>
> 重　点：隧道爆破施工，喷射混凝土的作用及施工工艺，锚杆的支护效应、种类及施工，监控量测项目及现场监控量测技术，辅助坑道种类及布置原则。
>
> 难　点：隧道爆破施工，喷射混凝土施工工艺，锚杆施工工艺。

7.1　围岩预支护（预加固）

在隧道施工过程中，随时可能会遇到开挖工作面不能自稳，或地表沉陷过大等情况，为了确保隧道工程施工顺利、安全进行，必须采取一定的工程措施对地层进行预支护或预加固，称为辅助施工措施。隧道施工中常用的辅助稳定措施如图 7-1 所示。

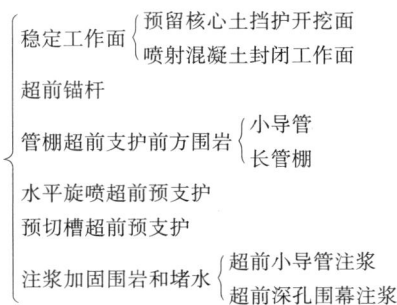

图 7-1　隧道施工中的辅助稳定措施

这些辅助稳定措施的选用应视围岩地质条件、地下水情况、施工方法、环境要求等具体情况而定，并尽量与常规施工方法相结合，进行充分的技术经济比较，选择一种或几种同时使用。施工中应经常观测地形、地貌的变化以及地质和地下水的变异情况，制定有关的安全施工细则，预防突然事故的发生。对软弱不稳定地层必须坚持预支护（或强支护）、后开挖、短进度、弱

139

爆破、快封闭、勤量测的施工原则。

7.1.1　超前锚杆

1. 构造组成

超前锚杆是沿开挖轮廓线，以一定的外插角，向开挖面前方钻孔安装锚杆，形成对前方围岩的预锚固，在提前形成的围岩锚固圈的保护下进行开挖等作业（图 7-2）。

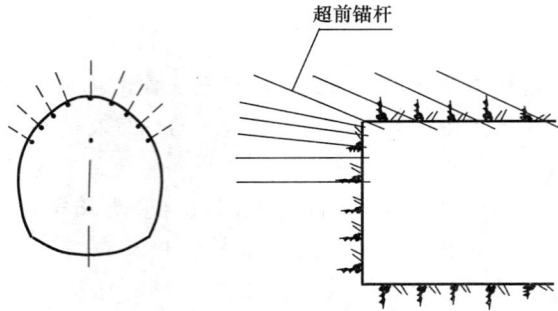

图 7-2　超前锚杆

2. 性能特点及适用条件

锚杆超前支护的柔性较大，整体刚度较小。它主要适用于地下水较少的破碎、软弱围岩的隧道工程中，如裂隙发育的岩体、断层破碎带、浅埋无显著偏压的隧道等。采用风枪、凿岩机或专用的锚杆台车进行钻孔、锚固剂或砂浆锚固，其工艺简单、工效高。

3. 设计、施工要点

（1）超前锚杆的长度、环向间距、外插角等参数，应视围岩地质条件、施工断面大小、开挖循环进尺和施工条件而定。一般超前长度为循环进尺的 3～5 倍，环向间距采用 0.3～1.0m；外插角宜用 10°～30°；搭接长度宜为超前长度的 40%～60% 左右，即大致形成双层或双排锚杆。

（2）超前锚杆宜用早强砂浆全粘结式锚杆，锚杆材料可用不小于 $\phi22$ 的螺纹钢筋。

（3）超前锚杆的安装误差，一般要求孔位偏差不超过 10cm，外插角偏差不超过 1°～2°，锚入长度不小于设计长度的 96%。

（4）开挖时应注意保留前方有一定长度的锚固区，以使超前锚杆的前端有一个稳定的支点。其尾端应尽可能多地与系统锚杆及钢筋网焊连。若掌子面出现滑坍现象，则应及时喷射混凝土封闭开挖面，并尽快打入下一排超前锚杆，然后才能继续开挖。

（5）开挖后应及时喷射混凝土，并尽快封闭环形初期支护。

（6）开挖过程中应密切注意观察锚杆变形及喷射混凝土层的开裂、起鼓等情况，以掌握围岩动态，及时调整开挖及支护参数，如遇地下水时，则可钻孔引排。

7.1.2 管棚

1. 构造组成

管棚是利用钢拱架沿开挖轮廓线以较小的外插角、向开挖面前方打入钢管构成的棚架来形成对开挖面前方围岩的预支护（图7-3）。

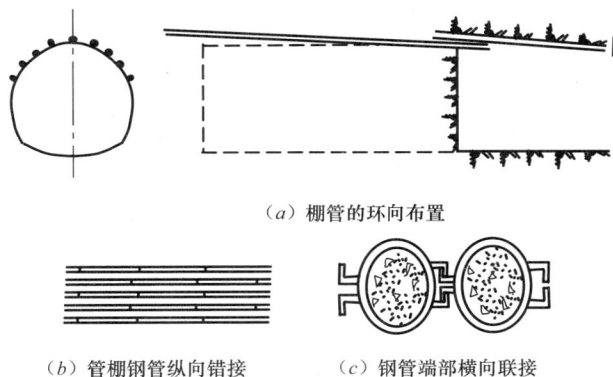

（a）棚管的环向布置

（b）管棚钢管纵向错接　　　　　（c）钢管端部横向联接

图 7-3　管棚预支护围岩（长管棚）

采用长度小于 10m 的钢管的称为短管棚；采用长度为 10～45m 且较粗的钢管的称为长管棚。

2. 性能特点及适用条件

管棚因采用钢管或钢插板作纵向预支撑，又采用钢拱架作环向支撑，其整体刚度较大，对围岩变形的限制能力较强，且能提前承受早期围岩压力。因此管棚主要适用于围岩压力来得快来得大、对围岩变形及地表下沉有较严格要求的软弱、破碎围岩隧道工程中。如土砂质地层、强膨胀性地层、强流变性地层、裂隙发育的岩体、断层破碎带、浅埋有显著偏压等围岩的隧道中。此外，采用插板封闭较为有效；在地下水较多时，可利用钢管注浆堵水和加固围岩。

短管棚一次超前量少，基本上与开挖作业交替进行，占用循环时间较多，但钻孔安装或顶入安装较容易。

长管棚一次超前量大，虽然增加了单次钻孔或打入长钢管的作业时间，但减少了安装钢管的次数，减少了与开挖作业之间的干扰。在长钢管的有效超前区段内，基本上可以进行连续开挖，也更适于采用大中型机械进行大断面开挖。

3. 设计、施工要点

（1）管棚的各项技术参数要视围岩地质条件和施工条件而定。长管棚长度不宜小于 10m，一般为 10～45m；管径 70～180mm，孔径比管径大 20～30mm，环向间距 0.2～0.8m；外插角 1°～2°。

（2）两组管棚间的纵向搭接长度不小于 1.5m；钢拱架常采用工字钢拱架或格栅钢架。

（3）钢拱架应安装稳固，其垂直度允许误差为 ±2°，中线及高程允许误差为 ±5cm。

（4）钻孔平面误差不大于 15cm，角度误差不大于 0.5°，钢管不得侵入开挖轮廓线。

（5）第一节钢管前端要加工成尖锥状，以利导向插入。要打一眼，装一管，由上而下顺序进行。

（6）长钢管应用 4～6m 的管节逐段接长，打入一节，再连接后一节，连接头应采用厚壁管箍，上满丝扣，丝扣长度不应小于 15cm；为保证受力的均匀性，钢管接头应纵向错开。

（7）当需增加管棚刚度时，可在安装好的钢管内注入水泥砂浆，一般在第一节管的前段管壁交错钻 10～15mm 孔若干，以利排气和出浆，或在管内安装出气导管，浆注满后方可停止压注。

（8）钻孔时如出现卡钻或坍孔，应注浆后再钻，有些土质地层则可直接将钢管顶入。

7.1.3 超前注浆小导管

1. 构造组成

超前注浆小导管是在开挖前，沿坑道周边向前方围岩内打入带孔小导管，并通过小导管向围岩压注起胶结作用的浆液，待浆液硬化后，坑道周围岩体就形成了有一定厚度的加固圈。在此加固圈的保护下即可安全地进行开挖等作业（图 7-4）。若小导管前端焊一个简易钻头，则可一次完成钻孔、插管，称为自进式注浆锚杆。

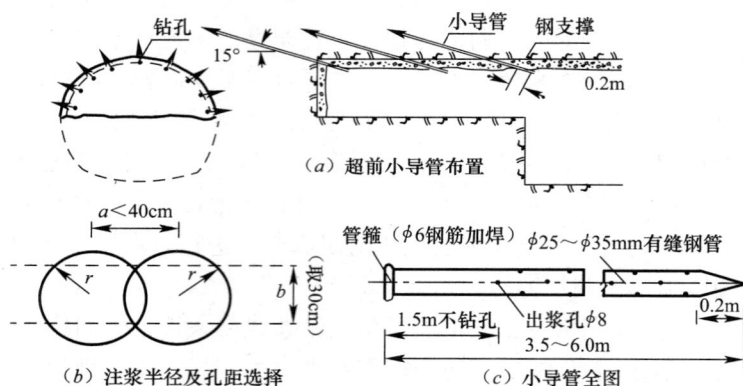

图 7-4　超前小导管注浆预加固围岩

2. 性能特点及适用条件

浆液被压注到岩体裂隙中并硬化后，不仅将岩块或颗粒胶结为整体起到了加固作用，而且填塞了裂隙，阻隔了地下水向坑道渗流的通道，起到了堵水作用。因此，超前注浆小导管不仅适用于一般软弱破碎围岩，而且也适用于含水的软弱破碎围岩。

3. 小导管布置和安装

（1）小导管钻孔安装前，应对开挖面及 5m 范围内的坑道四周喷射 5～

10cm 厚的混凝土封闭。

（2）小导管一般采用 $\phi32mm$ 的焊接管或 $\phi40mm$ 的无缝钢管制作，长度宜为 3～6m，前端做成尖锥形，前段管壁上每隔 10～20cm 交错钻眼，眼孔直径宜为 6～8mm。

（3）钻孔直径应较管径大 20mm 以上，环向间距应按地层条件而定，一般采用 20～50cm；外插角应控制在 10°～30°之间，一般采用 15°。

（4）极破碎围岩或处理坍方时可采用双排管；大断面或注浆效果差时，可采用双排管；地下水丰富的松软层，可采用双排以上的多排管。

（5）小导管插入后应外露一定长度，以便连接注浆管，并用塑胶泥（40°Bé 水玻璃拌 42.5 级水泥）将导管周围孔隙封堵密实。

4. 注浆材料

（1）注浆材料种类及适用条件

① 在断层破碎带及砂卵石地层（裂隙宽度或颗粒粒径大于 1mm，渗透系数 $k\geqslant5\times10^{-4}m/s$）等强渗透性地层中，应采用料源广且价格便宜的注浆材料。一般对于无水的松散地层，宜优先选用单液水泥浆；对于有水的强渗透地层，则宜选用水泥－水玻璃双浆液，以控制注浆范围。

② 断层带，当裂隙宽度（或粒径）小于 1mm，或渗透系数 $k\geqslant10^{-5}m/s$ 时，注浆材料宜优先选用水玻璃类和木胺类浆液。

③ 细砂层、粉砂层、细小裂隙岩层及断层地段等弱渗透地层中，宜选用渗透性好、低毒及遇水膨胀的化学浆液，如聚氨酯类，或超细水泥浆。

④ 对于不透水的黏土层，则宜采用高压劈裂注浆。

（2）注浆材料的配比

注浆材料的配比应根据地层情况和胶凝时间要求，并经过试验而定，一般地：

① 采用水泥浆液时，水灰比可采用 0.5：1～1：1，需缩短凝结时间，则可加入氯盐、三乙醇胺速凝剂。

② 采用水泥－水玻璃浆液时，水泥浆的水灰比可用 0.5：1～1：1；水玻璃浓度为 25～40°Bé，水泥浆与水玻璃的体积比宜为 1：1～1：0.3。

5. 注浆

（1）注浆设备应性能良好，工作压力应满足注浆压力要求，并应进行现场试验运转。

（2）小导管注浆的孔口最高压力应严格控制在允许范围内，以防压裂开挖面，注浆压力一般为 0.5～1.0MPa，止浆塞应能经受注浆压力。注浆压力与地层条件及注浆范围要求有关，一般要求单管注浆能扩散到管周 0.5～1.0m 的半径范围内。

（3）要控制注浆量，即每根导管内已达到规定注入量时，就可结束；若孔口压力已达到规定压力值，但注入量仍不足，亦应停止注浆。

（4）注浆结束后，应做一定数量的钻孔检查或用声波探测仪检查注浆效果，如未达到要求，应进行补注浆。

（5）注浆后应视浆液种类，等待 4h（水泥－水玻璃浆）～8h（水泥浆）方可开挖，开挖长度应按设计循环进尺的规定，以保留一定长度的止浆墙（亦即超前注浆的最短超前量）。

7.1.4　超前深孔围幕注浆

1. 注浆机理及适用条件

注浆机理可以分成四种：

（1）渗透注浆：即是对于破碎岩层、砂卵石层、中细砂层、粉砂层等有一定渗透性的地层，采用中低压力将浆液压注到地层中的空穴、裂缝、孔隙里，凝固后将岩土或土颗粒胶结为整体，以提高地层的稳定性和强度。

（2）劈裂注浆：即对于颗粒更细的黏土质不透水（浆）地层，采用高压浆液强行挤压孔周，在注浆压力的作用下，浆液作用的周围土体被劈裂并形成裂缝，通过土体中形成的浆液脉状固结作用对黏土层起到挤压加固和增加高强夹层加固作用，以提高其强度和稳定性。

（3）压密注浆：即用浓稠的浆液注入土层中，使土体形成浆泡，向周围土层加压使土层得到加固。

（4）高压喷灌注浆：即通过灌浆管在高压作用下，从管底部的特殊喷嘴中喷射出高速浆液射流，促使土粒在冲击力、离心力及重力作用被切割破碎下，随注浆管的向外抽出与浆液混合形成柱状固结体，以达到加固之目的。

深孔预注浆一般可超前开挖面 30～50m，可以形成有相当厚度和较长区段的筒状加固区，从而使得堵水的效果更好，也使得注浆作业的次数减少，它更适用于有压地下水及地下水丰富的地层中，也更适用于采用大中型机械化施工，见图 7-5。

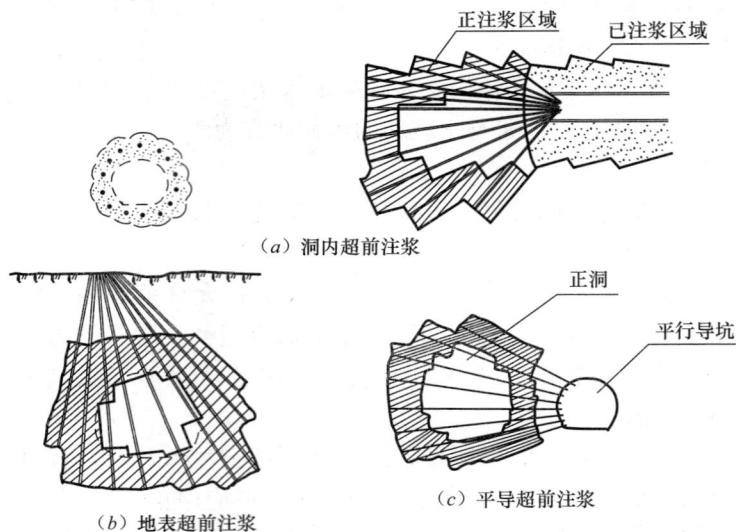

（a）洞内超前注浆

（b）地表超前注浆

（c）平导超前注浆

图 7-5　超前深孔围幕注浆

如果隧道埋深较浅，则注浆作业可在地面进行；对于深埋长大隧道也可利用辅助平行导坑对正洞进行预注浆，这样都可以避免与正洞施工的干扰，缩短施工工期（图7-5）。

2. 注浆范围

图7-5中已示意出对围岩进行注浆加固的大致范围，即形成筒状加固区。要确定加固区的大小，即确定围岩塑性破坏区的大小，可以按岩体力学和弹塑性理论计算出开挖坑道后围岩的压力重分布结果，并确定其塑性破坏区的大小，这也就是应加固区的大小。

3. 注浆数量及注浆材料选择

注浆数量应根据加固区需充填的地层孔隙数量来确定。

工程中常用充填率来估算和控制注浆总量。所谓充填率是指注浆体积占孔隙总体积的比率。注浆总量可按下式估算：

$$Q = n \cdot a \cdot A \qquad (7\text{-}1)$$

式中　Q——注浆总数量（m^3）；

　　　A——被加固围岩的体积（m^3）；

　　　n——被加固围岩的孔隙率（%）；

　　　a——经实践证实了的充填率（%）。

后两项可参见表7-1。

孔隙率和注浆充填率表　　　　　　　　　表7-1

土质		壤土	黏土	粉砂	砂					砂砾		
注浆目的		堵水加固			堵水			加固		堵水		
孔隙率（%）	范围值	65~75	50~70	40~60	46~50	40~48	30~40	46~50	40~48	40~60	28~40	22~40
	标准值	70	60	50	48	44	35	48	44	50	34	31
充填率（%）		约30	约30	约20	约60	约50	约50	约50	约40	约60	约60	约60

为了做好注浆工作，必须事先对被加固围岩进行试验，查清围岩的透水系数、土颗粒组成、孔隙率、饱和度、密度、pH值、剪切和抗压强度等。必要时还要做现场注浆和抽水试验。注浆材料的选择参见小导管注浆部分。

4. 钻孔布置及注浆压力

除了图7-5中显示的注浆钻孔的布置方式。另外，对于浅埋隧道，还可以采用平行布置方式，即注浆钻孔均呈竖直方向并互相平行分布，但每钻一孔即需移动钻机一次。

钻孔间距要视地层条件、注浆压力、钻孔能力等来确定。一般渗透性强的地层，可以采用较低的注浆压力和较大的钻孔间距，钻孔量也少，但平均单孔注浆量大。

渗透式注浆时，注浆压力应大于待注浆地层的静水压力；劈裂式注浆时，注浆压力应大于待注浆地层的水压力与土压之和，并均取一定的储备系数，一般为1.1~1.3。

5. 施工要点

（1）注浆管和孔口套管。深孔注浆采用一次式注浆时，孔内可用注浆管；

分段式注浆时则需用注浆管。注浆管一般采用带孔眼的钢管或塑料管。止浆塞常用的有两种，一种是橡胶式，一种是套管式。安装时，将止浆塞固定在注浆管上的设计位置，一起放入钻孔，然后用压缩空气或注浆压力使其膨胀而堵塞注浆管与钻孔之间的间隙，此法主要用于深孔注浆。

另外，若采用全孔注浆，因浆液流速慢，易造成"死管"问题，尤其是深孔注浆时，因此，多采用前进或后退式分段注浆。

（2）钻孔。钻孔可用冲击式钻机或旋转式钻机，应根据地层条件及成孔效果选择。

（3）注浆顺序。应先上方后下方，或先内圈后外圈，先无水孔后有水孔，先上游（地下水）后下游顺序进行。应利用止浆阀保持孔内压力直至浆液完全凝固。

（4）结束条件。注浆结束条件应根据注浆压力和单孔注浆量两个指标来判断确定。单孔结束条件为：注浆压力达到设计终压；浆液注入量已达到计算值的80%以上。全段结束条件为：所有注浆孔均已符合单孔结束条件，无漏注。注浆结束后必须对注浆效果进行检查，如未达到设计要求，应进行补孔注浆。

7.1.5　水平旋喷预支护

喷射注浆法，又称旋喷法，分为垂直和水平旋喷注浆两种方法，在20世纪70年代初期日本首次开发使用了这种地层加固技术。水平旋喷注浆法是在一般的初期导管注浆的基础上发展起来的，以高压旋喷的方式压注水泥浆，从而在隧道开挖轮廓外，形成拱形预衬砌的超前预支护工法。水平旋喷注浆的施工方法为，首先使用旋喷注浆机，沿着隧道掌子面周边的设计位置旋喷注浆形成旋喷柱体，再通过固结体的相互咬合形成预支护拱棚。旋喷柱体的形成方法：首先通过水平钻机成孔，钻到设计位置以后，随着钻杆的不断旋转不断退出，用水泥浆或水泥—水玻璃双浆液从钻头侧面的喷嘴高压喷出，通过高压射流切割腔壁土体，被切割下的土体与浆液搅拌混合、固结形成固结体，同时周围地层受到压缩和固结，其土体的物理力学性能得到一定程度的改善。旋喷柱体沿隧道拱部形成环向咬合、纵向搭接的预支护拱棚，在松散不稳定地层隧道中，可有效控制坍塌和地层变形。水平旋喷注浆法曾经应用在我国铁路隧道风积砂地层和地下铁道松软地层中，旋喷桩抗弯性能不强，施工控制的难度较大。

它主要适用于黏性土、砂类土、淤泥等地层。

7.1.6　机械预切槽法

机械预切槽法首次用运于20世纪70年代法国巴黎快速轨道交通系统的一个车站的建造工程中。它是利用专业的切槽机械，沿隧道外轮廓切割一定深度的切槽。切槽方式有带锯式和排钻式两种。在硬岩地层中，利用该切槽，作为爆破震动的隔振层，主要起隔震或减震的目的。在软石或砂质地层中，在切槽内填筑混凝土，形成预支护拱，提高隧道稳定性。图 7-6 为软岩中预切槽法示意图。

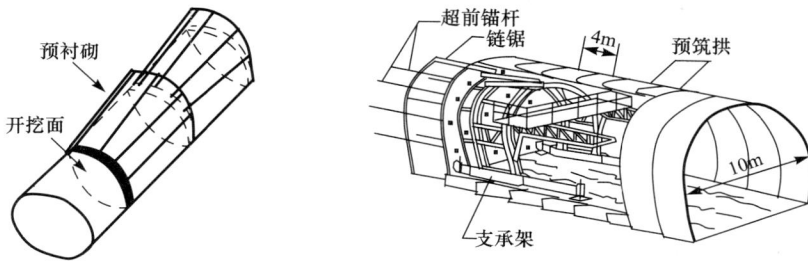

图 7-6　预切槽法示意图

作业过程如下：

（1）用预切槽锯沿隧道外廓弧形拱深切一厚约 15～30cm、长约 5m 的切槽。

（2）在切槽内立即填充高强度喷射混凝土，形成长 3～5m 的整体连续拱，两次连续拱的搭接长度为 0.5～2.0m，视围岩的不同而定。

（3）在安全稳定的作业环境下，用挖掘机或臂式掘进机开挖作业面。自卸汽车或翻斗车可穿行于预切槽机内。

（4）必要时，开挖面装以玻璃纤维锚杆，以稳定开挖面。随后在开挖面上喷混凝土。

（5）紧随其后，安装隧道防水层，进行二次衬砌。

机械预切槽法的优点是：①可减轻在硬岩爆破时，振动的扩展；②在作业面开挖前，快速形成一临时的整体弧形拱，从而减小围岩变形与地表沉陷；③为人员和设备提供清洁、安全的工作条件；④有利于作业全过程的工业化及机械化，从而使进度快速均衡，适应性增强，大大节约了成本。机械预切槽法在硬岩地层中应用的最大弱点是推进速度慢，较适合用于市区隧道工程、松散地层和大断面隧道。

机械切槽预支护，在国外已有多次成功应用的实例，取得了较好的经济和社会效益。在国内，硬岩锯式切槽机尚在研制当中。

7.2　隧道爆破施工

对于山岭隧道矿山法施工，大多数隧道都采用钻爆施工法。对于开挖作业应做到以下要求：按设计要求开挖出断面（包括形状、尺寸、表面平整、超欠挖不过量等要求）；石渣块度（石渣大小）适中，抛掷范围相对集中，便于装渣运输；掘进速度快，少占作业循环时间；爆破在充分发挥其能力的前提下，减少对围岩的震动破坏，减少对施工机具设备及支护结构的破坏并尽量节省爆破器材消耗。

7.2.1　隧道工程常用的炸药

目前在隧道爆破施工中使用最广的是硝铵类炸药，硝铵类炸药品种极多，但其主要成分是硝酸铵。

（1）铵梯炸药。在无瓦斯坑道中使用的铵梯炸药，简称岩石炸药，其中 2 号岩石炸药是最常用的一种；在有瓦斯坑道中使用的炸药，简称煤矿炸药，它是在岩石炸药的基础上外加一定比例食盐作为消焰剂，使其为煤矿用安全炸药。

（2）浆状和水胶炸药。这类炸药含水量较大，爆温较低，比较安全。浆状炸药是由氧化剂水溶液、敏化剂和胶凝剂为基本成分组成的混合炸药。水胶炸药是在浆状炸药的基础上应用交联技术，从而形成塑性凝胶状态，进一步提高了炸药的化学稳定性和抗水性，炸药结构更均一，提高了传爆性能。浆状和水胶炸药具有抗水性强、密度高、爆炸威力较大、原料广、成本低和安全等优点，常用在有水深孔爆破中。

（3）乳化炸药。通常是以硝酸铵，硝酸钠水溶液与碳质燃料通过乳化作用，形成的乳脂状混合炸药，亦称为乳胶炸药。其外观随制作工艺不同而呈白色、淡黄色、浅褐色或银灰色。乳化炸药具有爆炸性能好、抗水性能强、安全性能好、环境污染小、原料来源广、生产成本低、爆破效率比浆状及水胶炸药更高等优点，适用于硬岩爆破。

（4）硝化甘油炸药。又称胶质炸药，是一种高猛度炸药，硝化甘油炸药抗水性强、密度高、爆炸威力大，因此适用于有水和坚硬岩石的爆破。但它对撞击摩擦的敏感度高，安全性差，价格昂贵；保存期不能过长，容易老化而性能降低甚至失去爆炸性能。一般只在水下爆破中使用。

隧道爆破使用的炸药一般均由厂制或现场加工成药卷形式，药卷直径有 $\phi22mm$、$\phi25mm$、$\phi32mm$、$\phi35mm$、$\phi40mm$ 等，长度为 $165\sim500mm$，可按爆炸设计的装药结构和用药量来选择使用。隧道工程中，常用的几种炸药成分性能见表 7-2。各系列的炸药成分、性能详见有关资料及产品说明书。

隧道内常用炸药的规格性能及其他　　　　　　　　　　表 7-2

序号	炸药名称	药卷规格				适用范围
		直径 (mm)	长度 (mm)	质量 (g)	密度 (g/cm³)	
1	2 号岩石硝铵炸药	35	165	150	0.95	适用于一般岩石隧道，孔径 40mm 以下的炮眼爆破；大孔径的光爆
2	2 号岩石小药卷	22	270	105	0.84	适用于一般岩石隧道的周边光爆
3	1 号抗水岩石硝铵炸药	42	500	450	0.95	适用于一般有水的岩石隧道，孔径 42mm 的深孔炮眼爆破
4	1 号抗水岩石硝铵炸药	25	165	80	0.96	适用于一般有水岩石隧道的周边光面爆破

序号	炸药名称	药卷规格				适用范围
		直径(mm)	长度(mm)	质量(g)	密度(g/cm³)	
5	RJ-2 乳胶炸药	40	330	490	1.20	适用于坚硬岩石隧道，孔径48mm 的深炮眼爆破，大孔径光爆
6	RJ-2 乳胶炸药	32	200	190	1.20	适用于一般有水岩石隧道，孔径40mm 以下的炮眼爆破，大孔径光面爆破
7	粉状硝化甘油炸药（标准型）	32	200	170	1.10	适用于有一定涌水量的隧道、竖井、斜井掘进爆破中
8	粉状硝化甘油炸药（2 号光爆）	22	500	152	1.10	适用于岩石隧道的周边眼光面爆破
9	SHJ-K 型水胶炸药	35	400	650	1.05～1.30	适用于岩石隧道，孔径 48mm 的深炮眼爆破，且属防水型炸药
10	EJ-102 乳化炸药（标准性）	32	200	170	1.15～1.35	适用于一般有水岩石隧道的炮眼爆破
11	EJ-102 乳化炸药（小直径）	20	500	190	1.15～1.35	适用于一般有水岩石隧道的周边眼光面爆破

7.2.2 起爆材料（系统）

设置传爆起爆系统的目的是在装药（药包或药卷）以外的安全距离处通过发爆（点火、通电或激发枪）和传递，使安在药包或药卷中的雷管起爆，并引发药包或药卷爆炸，从而爆破岩石。

1. 导火索与火雷管

① 导火索是用来传递火焰给火雷管，并使火雷管在火焰作用下爆炸的传爆材料之一。导火索具有一定的防潮耐水能力，在 1m 深常温静水中浸 2h 后，其燃烧速度和燃烧性能不变。普通导火索不能在有瓦斯或有矿尘爆炸危险的场所使用。

② 火雷管是最简单的一种雷管，成本低，使用简单灵活，不受杂散电流的影响，应用广泛。受撞击、摩擦和火花等作用时能引起爆炸。火雷管全部是即发雷管（一点火就爆炸）。

雷管号数按其起爆能量的大小分为十个等级（号数）。号数愈大，起爆能力愈强。工程中常用的是 8 号和 6 号雷管。

2. 电雷管

电雷管是在火雷管中加设电发火装置。它是用导电线传输电流使装在雷管中的电阻发热而引起雷管爆炸的。可分为即发电雷管和迟发电雷管，迟发电雷管的延期时间是在即发雷管中加装延期药来实现的，按延期时间差可分为秒迟发和毫秒迟发系列，延期时间的长短均用段数来表示，段数越大，延期时间越长。

发爆电源可用交、直流照明电源或动力电源，也可以用各种类型的专用电起爆器。

3. 塑料导爆管

塑料导爆管是用来传递微弱爆轰给非电雷管，并使其爆炸的传爆材料，又称诺雷尔管。它是在聚乙烯塑料管的内壁涂有一层高能炸药，管壁上的高能炸药在冲击波作用下可以沿着管道方向连续稳定爆轰，而将爆轰传播到非电雷管使雷管起爆。

塑料导爆管抗电、抗火、抗冲击性能好；起爆传爆性能稳定，甚至扭结、180°对折，局部断药，管端对接均能正常传爆。它不能直接起爆炸药，应与非电毫秒雷管配合使用。运输和使用过程中抗破坏能力强；安装简单，使用方便，价格便宜等，且可作为非危险品运输，因而在隧道工程中被广泛应用，尤其是在有电条件和炮眼数较多时。非电雷管须与塑料导爆管配合使用。

导爆管可用 8 号火雷管、导爆索、击发枪、专用激发器引爆。其连接和分枝可集束捆扎雷管继爆，也可以用连通器连接继爆（图 7-7、图 7-8）。

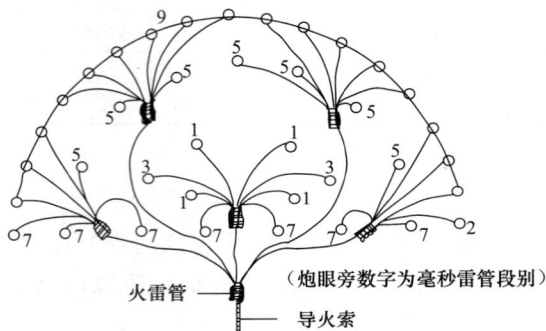

图 7-7　导爆管—非电雷管起爆网络（1）

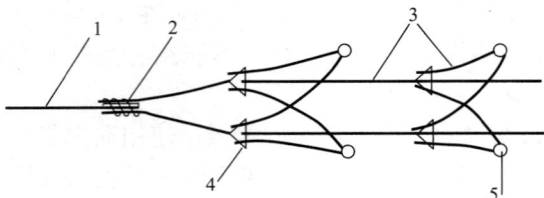

图 7-8　导爆管—非电雷管起爆网络（2）

1—导爆索；2—8 号雷管及胶布；3—导爆管；4—连接块；5—炮眼

4. 导爆索与继爆管

（1）导爆索

导爆索是以单质猛炸药黑索金或太安作为索芯的传爆材料。它经雷管起爆后，可以直接引爆其他炸药。根据适用条件不同，导爆索主要分为普通导爆索和安全导爆索两种。

普通导爆索是目前生产和使用较多的一种，它具有一定的防水性能和耐热性能。但在爆轰传播过程中火焰强烈，所以只能用于露天爆破和没有瓦斯的地下爆破作业。

安全导爆索是在普通导爆索的药芯或外壳内加了适量的消焰剂，使爆轰过程中产生的火焰小，温度低，不会引爆瓦斯或矿尘，专供有瓦斯或矿尘爆炸危险的地下爆破作业使用。

因导爆索能直接引爆炸药，故在隧道工程中，若采用小直径药卷间隔装药时，常用导爆索将各被动药卷与主动药卷相连接，以使被动药卷均能连续爆炸，从而减少了雷管数量和简化了装药结构，实现减少装药量，达到有控制的弱爆破的目的。在装药计算时，应将导爆索的爆力计入炸药用量中。

（2）继爆管

继爆管是一种专门与导爆索配合使用的，具有毫秒延期作用的起爆器材。导爆索与继爆管具有抵抗杂散电流和静电引起爆炸危害的能力，装药时可不停电，增加了纯作业时间，所以导爆索—继爆管起爆系统在矿山和其他工程爆破中得到了应用。缺点是成本比毫秒电雷管系统高，且在有瓦斯环境中危险性高，网络中的导爆索不能交叉。

7.2.3 炮眼布置

1. 炮眼的种类和作用

隧道开挖爆破的炮眼数目与隧道断面的大小有关，多在几十至数百范围内。炮眼按其所在位置、爆破作用、布置方式和有关参数的不同可分为如下几种：

（1）掏槽眼。为提高爆破效果，一般先在开挖断面的适当位置（一般在中央偏下部）布置几个装药量较多的炮眼，如图 7-9 所示中的 1 号炮眼。其作用是先在开挖面上炸出一个槽腔，为后续炮眼的爆破创造新的临空面。

（2）辅助眼。位于掏槽眼与周边眼之间的炮眼称为辅助眼，如图 7-9 所示中的 2 号炮眼。其作用是扩大掏槽眼炸出的槽腔，为周边眼爆破创造临空面。

（3）周边眼。沿隧道周边布置的炮眼称为周边眼。如图 7-9 所示中的 3 号、4 号、5 号炮眼，其作用是炸出较平整的隧道断面轮廓。按其所在位置的不同，又可分为帮眼（3 号眼）、顶眼（4 号眼）、底眼（5 号眼）。

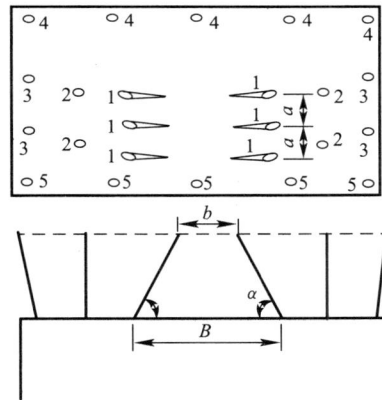

图 7-9　炮眼种类
1—掏槽眼；2—辅助眼；3—帮眼；
4—顶眼；5—底眼

爆破的关键是掏槽眼和周边眼的爆破。掏槽眼为辅助眼和周边眼的爆破创造了有利条件，直接影响循环进尺和掘进效果；周边眼关系到隧道开挖边界的超欠挖和对周围围岩的影响。

2. 掏槽形式和参数

根据隧道断面、岩石性质和地质构造等条件，掏槽眼排列形式有很多种，总的可分为斜眼掏槽和直眼掏槽两大类，如图 7-10 所示。

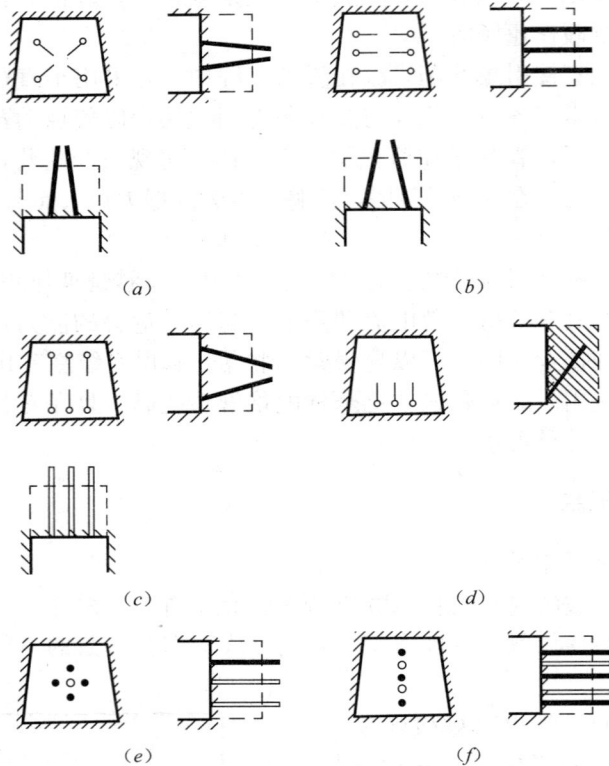

(a)　　　　　　　　　　　　　(b)

(c)　　　　　　　　　　　　　(d)

(e)　　　　　　　　　　　　　(f)

图 7-10　掏槽眼种类

（1）斜眼掏槽

斜眼掏槽的特点是掏槽眼与开挖断面斜交。常用的有锥形掏槽、楔形掏槽、单向掏槽。其中最常用的是垂直楔形掏槽（图 7-10b）。斜眼掏槽的优点是可以按岩层的实际情况选择掏槽方式和掏槽角度，容易把岩石抛出，而且所需掏槽眼的个数较少；缺点是眼深受坑道断面尺寸的限制，也不便于多台钻机同时凿岩。

（2）直眼掏槽

直眼掏槽由若干个垂直于开挖面的炮眼所组成，掏槽深度不受围岩软硬和开挖断面大小的限制，可以实现多台钻机同时作业、深眼爆破和钻眼机械化，从而为提高掘进速度提供了有利条件。直眼掏槽凿岩作业较方便，不需随循环进尺的改变而变化掏槽形式，仅需改变炮眼的深度，且石渣的抛掷距离也可缩短，受到施工现场欢迎。但直眼掏槽的炮眼数目和单位用药量较多，炮眼位置和钻眼方向也要求高度准确，才能保证良好的掏槽效果，技术比较复杂。

直眼掏槽形式很多，过去常用的有龟裂掏槽、五眼梅花掏槽和螺旋掏槽，目前常用的形式有：

柱状掏槽，它是充分利用大直径空眼作为临空孔和岩石破碎后的膨胀空间，使爆破后能形成柱状槽口的掏槽爆破，如图 7-11 所示。作为临空孔的空眼数目，视炮眼深度而定。一般当孔眼深度小于 3.0m 时，采用单临空孔；当孔眼深度为 3.0～3.5m 时，采用双临空孔；当孔眼深度为 3.5～5.15m 时，采用三临空孔。试验表明：第一个起爆装药孔离开临空孔的距离应不大于 1.5 倍的临空孔直径。

图 7-11　柱状掏槽

螺旋形掏槽，由柱状掏槽发展而来，其特点是中心眼为空眼，邻近空眼的各装药眼至空眼之间的距离逐渐加大，其联线呈螺旋形状，如图 7-12 所示。装药眼与空眼之间的距离分别为 $a=(1.0～1.5)D$，$b=(1.2～2.5)D$，$c=(3.0～4.0)D$，$d=(4.0～5.0)D$。D 为空眼直径，一般不小于 100mm，也可用 $\phi60～\phi70$mm 的钻头钻成 8 字形双空。爆破按 1、2、3、4 由近及远顺序起爆，以充分利用自由面，扩大掏槽效果。

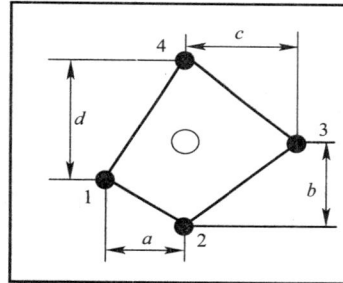

图 7-12　螺旋形掏槽

实践证明：直眼掏槽的爆破效果与临空孔的数目、直径及其与装药孔的距离密切相关。在硬岩爆破中，爆破效果随临空孔至装药孔中心距离 W 与临空孔直径的比值 ϕ 的不同而有很大变化。当 $W>2\phi$ 时，爆破后岩石仅产生塑性变形，而不能产生真正的破碎；$W=0.70～1.5\phi$ 之间时，效果最好，为破碎抛掷型掏槽；眼距过小时，爆破作用有时将相邻炮眼中的炸药"挤实"，使之因密度过高而拒爆。为保证临空孔所形成的空间足够供岩石膨胀，在考虑临空孔数目时，一般要求所形成的空间不小于装药孔至临空孔间的岩柱体积的 $10\%～20\%$。

（3）混合掏槽

混合掏槽是指两种以上的掏槽方式的混合使用，一般在岩石特别坚硬或隧道开挖断面较大时使用。

复式掏槽：采用两层、三层或四层楔形掏槽眼，每对掏槽眼呈完全对称或近似对称，深度由浅到深，与工作面的夹角由小到大。复式掏槽也叫多重楔形掏槽或 V 形掏槽。复式掏槽的爆破角（掏槽眼与工作面的夹角）与掏槽眼深度的相互关系，应使从每个眼底所作的垂线恰好落在开挖断面两壁与开挖面相交的临空面上；最深掏槽眼眼底的垂线也必须落在隧道内，即与已爆出的工作面相交；在每一掏槽眼眼底所作的垂线必须与隧道壁面相交。复式掏槽根据开挖断面的大小及进尺常分为两级复式掏槽和三级复式掏槽，如

图 7-13 所示。复式掏槽在一般情况下，上、下排距为 50～90cm，硬岩取小值，软岩取大值。在硬岩中爆破时，最好使用高威力炸药，一般布置上、下两排即可，若岩石十分坚硬时，可用三排或四排。炮眼深度小于 2.5m 时，一般用两级复式掏槽。

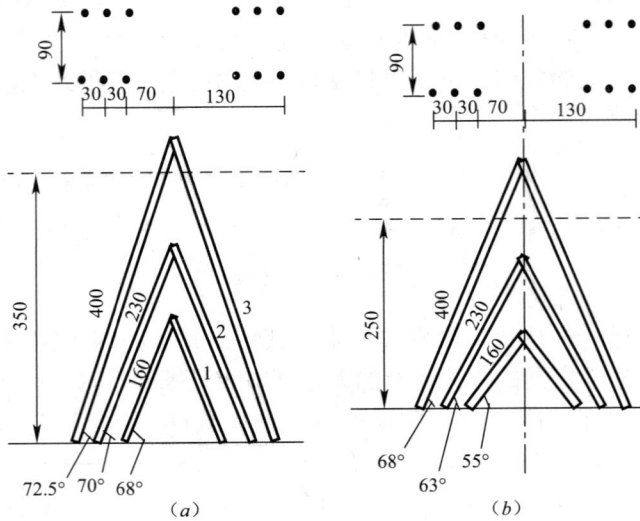

图 7-13　三级复式楔形掏槽

升级掏槽：采用逐级加深的炮眼布置，按掘进方向平行钻孔，把全部掏槽深度分阶段达到爆破的目的，如图 7-14 所示。升级掏槽将常用掏槽方法在爆破技术上的优点和直眼掏槽在钻眼技术上的优点结合起来，因此，其适应能力强，可对各种不同的条件和岩石状况采用不同的方法加以处理，掘进深度可以根据炮眼的级数来确定。实践表明，用这种方法进行爆破是很有成效的。

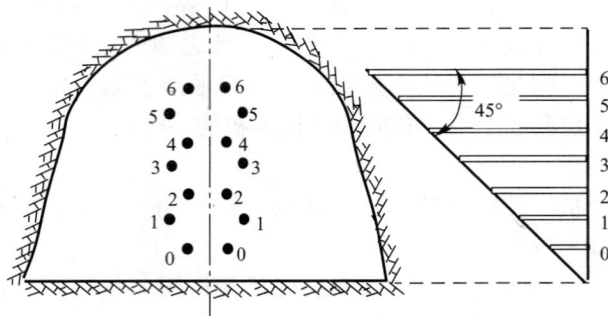

图 7-14　升级掏槽

分段掏槽：为克服深眼爆破中装药底部仅产生挤压破碎作用和弱抛掷，可将掏槽炮眼分次起爆，这样有利于槽腔形成，提高掏槽腔的有效深度，便于机械化作业。图 7-15 为直眼二次掏槽的示意图，炮眼利用率在 90％以上。实践表明，对于斜眼分段掏槽，循环进尺可达隧道开挖宽度的 76％，炮眼利用率可在 95% 以上。除此之外，其他混合掏槽还有角锥与直眼、楔形与直眼（图 7-16）等形式组合。这些混合掏槽形式一般用在比较坚硬的岩石中。

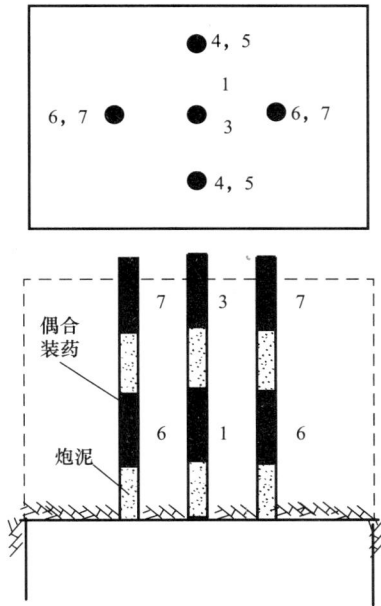

图 7-15　直眼二次掏槽

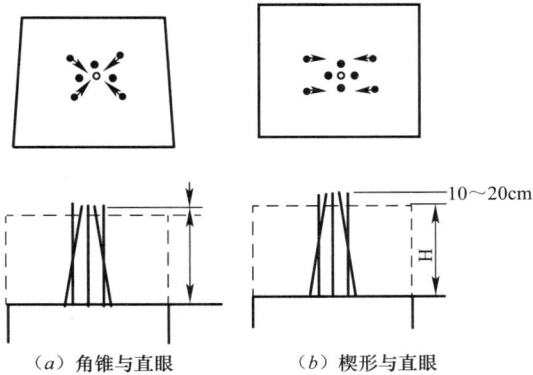

（a）角锥与直眼　　　（b）楔形与直眼

图 7-16　混合掏槽

7.2.4　隧道爆破的参数设计

1. 炮眼直径

炮眼直径对凿岩生产率、炮眼数目、单位耗药量和洞壁的平整程度均有影响。加大炮眼直径以及相应装药量可使炸药能量相对集中，爆炸效果得以改善。但炮眼直径过大将导致凿岩速度显著下降，并影响岩石破碎质量、洞壁平整程度和围岩稳定性。因此，必须根据岩性、凿岩设备和工具、炸药性能等综合分析，合理选用孔径。一般隧道的炮眼直径在 32~50mm 之间，药卷与眼壁之间的间隙一般为炮眼直径的 10%~15%。

2. 炮眼数量

炮眼数量主要与开挖断面、炮眼直径、岩石性质和炸药性能有关，炮眼的多少直接影响凿岩工作量。炮眼数量应能装入设计的炸药量，通常可根据各炮眼平均分配炸药量的原则来计算。其公式为：

$$N = qS/(\alpha\gamma) \tag{7-2}$$

式中　N——炮眼数量，不包括未装药的空眼数；

　　　q——单位岩石炸药消耗量，一般取 $q=1.1~2.9\text{kg/m}^3$，见表 7-3；

　　　S——开挖断面积（m^2）；

　　　α——装药系数，即装药长度与炮眼全长的比值，可参考表 7-4；

　　　γ——每米药卷的炸药质量（kg/m），2 号岩石铵梯炸药的每米质量见表 7-5。

炮眼数量常用的经验数值可参考表 7-6。

爆破 1m³ 岩石用药量（kg/m³）　　　　　　　表 7-3

工程项目		炸药类型	岩石级别			
			特坚石 I	坚石 II～III	次坚石 III～IV	软石 V
导坑	4～6m²	硝铵炸药	2.9	2.3	1.8	1.5
		62%胶质炸药	2.1	1.7	1.8	1.1
	7～9m²	硝铵炸药	2.5	2.0	1.6	1.3
		62%胶质炸药	2.0	1.6	1.25	1.1
	10～12m²	硝铵炸药	2.25	1.8	1.5	1.2
		62%胶质炸药	1.7	1.35	1.1	0.9
扩大炮眼		硝铵炸药	1.10	0.85	0.7	0.6
周边炮眼			0.90	0.75	0.65	0.55
底部炮眼			1.4	1.2	1.1	1.0
半断面（多台阶）	拱部	硝铵炸药	1.0～1.1			
	底部		0.5～0.6			
全断面		硝铵炸药	1.4～1.6			

装药系数 α 值　　　　　　　表 7-4

炮眼名称	围岩级别			
	II、III	IV	V	VI
掏槽眼	0.5	0.55	0.60	0.65～0.80
辅助眼	0.4	0.45	0.50	0.55～0.70
周边眼	0.4	0.45	0.55	0.60～0.75

2 号岩石铵梯炸药每米质量 γ 值　　　　　　　表 7-5

药卷直径（mm）	32	35	38	40	44	45	50
γ（kg/m）	0.78	0.96	1.10	1.25	1.52	1.59	1.90

炮眼数量参考值　　　　　　　表 7-6

围岩级别	开挖面积（m²）				
	4～6	7～9	10～12	13～15	40～43
软岩（VI、V）	10～13	15～15	17～19	20～24	—
次坚岩（III、VI）	11～16	16～20	18～25	23～30	—
坚岩（II、III）	12～18	17～24	21～30	27～35	75～90
特坚岩（I）	18～25	28～33	37～42	38～43	80～100

3. 炮眼深度

炮眼深度是指炮眼底至开挖面的垂直距离。合适的炮眼深度有助于提高掘进速度和炮眼利用率。随着凿岩、装渣运输设备的改进，目前普遍存在用加长炮眼深度以减少作业循环次数的趋势。炮眼深度一般根据下列因素确定：

围岩的稳定性，避免过大的超欠挖；凿岩机的允许钻眼长度、操作技术条件和钻眼技术水平；掘进循环安排，充分保证作业时间。

确定炮眼深度的常用方法有如下三种。

一种是采用斜眼掏槽时，炮眼深度受开挖面大小的影响，炮眼过深，周边岩石的夹制作用较大，故炮眼深度不宜过大。一般最大炮眼深度取断面宽度（或高度）的 $0.5 \sim 0.7$ 倍，当围岩条件好时，采用较小值。

另一种方法是利用每一掘进循环的进尺数及实际的炮眼利用率来确定，即：

$$L = \frac{l}{\eta} \tag{7-3}$$

式中　L——炮眼深度；

　　　l——每掘进循环的计划进尺数；

　　　η——炮眼利用率，一般要求不低于 0.85。

第三种方法是按每一掘进循环中所占时间确定，即：

$$L = \frac{mvt}{N} \tag{7-4}$$

式中　m——钻机数量；

　　　v——钻眼速度（m/h）；

　　　t——每一掘进循环中钻眼所占的时间（h）；

　　　N——炮眼数目。

所确定的炮眼深度还应与装渣运输能力相适应，使每个作业班能完成整数个循环，而且使掘进每米坑道消耗的时间最少，炮眼利用率最高。目前较多采用的炮眼深度为 $1.2 \sim 1.8\mathrm{m}$，中深孔 $2.5 \sim 3.5\mathrm{m}$，深孔 $3.5 \sim 5.15\mathrm{m}$。

4. 装药量的计算及分配

炮眼装药量的多少是影响爆破效果的重要因素。装药量不足，会出现炸不开，炮眼利用率低和石渣块度过大；装药量过多，则会破坏围岩稳定，崩坏支撑和机械设备，使抛渣过散，对装渣不利，且增加了洞内有害气体，相应地增加了排烟时间和供风量等。合理的药量应根据所使用炸药的性能和质量、地质条件、开挖断面尺寸、临空面数目、炮眼直径和深度及爆破的质量要求来确定。目前多采取先用体积公式计算出一个爆破循环的总用药量，然后按各种类型炮眼的爆破特性进行分配，再在爆破实践中加以检验和修正，直到取得良好的爆破效果的方法。计算总用药量 Q 的公式为：

$$Q = qV \tag{7-5}$$

式中　Q——一个爆破循环的总用药量（kg）；

　　　q——爆破每立方米岩石所需炸药的消耗量（kg/m³）；

　　　V——一个循环进尺所爆落的岩石总体积（m³）。

总的炸药量应分配到各个炮孔中去。由于各炮眼的作用及受到岩石夹制情况不同，装药数量亦不同。

5. 炮眼的布置

隧道内布置炮眼时，必须保证获得良好的爆破效果，并考虑钻眼的效率。

在开挖面上除出现土石互层、围岩级别不同、节理异常等特殊情况外，应按实际需要布置炮眼。炮眼一般按下述原则布置：

（1）先布置掏槽眼，其次是周边眼，最后是辅助眼。掏槽眼一般应布置在开挖面中央偏下部位，其深度应比其他眼深 15～20cm。为爆出平整的开挖面，除掏槽眼和底部炮眼外，所有掘进眼眼底应落在同一平面上。底部炮眼深度一般与掏槽眼相同。

（2）周边眼应严格按照设计位置布置。断面拐角处应布置炮眼。为满足机械钻眼需要和减少超欠挖，周边眼设计位置应考虑 0.03～0.05 的外插斜率，并应使前后两排炮眼的衔接台阶高度（即锯齿形的齿高）最小。此高度一般要求为 10cm，最大也不应大于 15cm。

（3）辅助眼的布置主要是解决炮眼间距和最小抵抗线的问题，这可以由施工经验决定，一般抵抗线 W 约为炮眼间距的 60%～80%，并在整个断面上均匀排列。当采用 2 号岩石铵梯炸药时，W 值一般取 0.6～0.8m。

（4）当炮眼的深度超过 2.5m 时，靠近周边眼的内圈辅助眼应与周边眼有相同的倾角。

（5）当岩层层理明显时，炮眼方向应尽量垂直于层理面。如节理发育，炮眼应尽量避开节理，以防卡钻和影响爆破效果。

隧道开挖面的炮眼，在遵守上述原则的基础上，可以有以下几种布置方式：

（1）直线形布眼。将炮眼按垂直方向或水平方向围绕掏槽开口呈直线形逐层排列，如图 7-17（a）、（b）所示。这种布眼方式，形式简单且易掌握，同排炮眼的最小抵抗线一致，间距一致，前排眼为后排眼创造临空面，爆破效果较好。

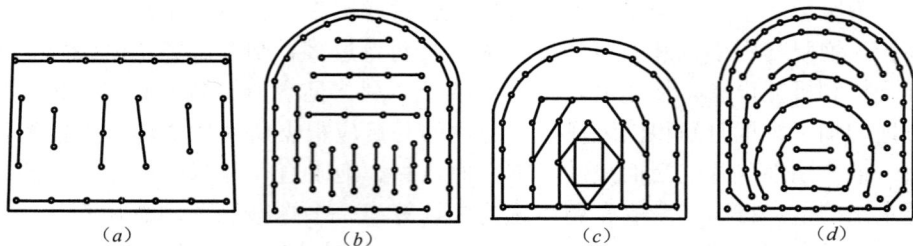

图 7-17 隧道炮眼布置方式（连线表示同时起爆的炮眼）

（2）多边形布眼。这种布眼是围绕着掏槽部位由里向外将炮眼逐层布置成正方形、长方形、多边形等，如图 7-17（c）所示。

（3）弧形布眼。顺着拱部轮廓线逐圈布置炮眼，如图 7-17（d）所示。此外，还可将开挖面上部布置成弧形，下部布置成直线形，以构成混合型布置。

（4）圆形布孔。当开挖面为圆形时，炮孔围绕断面中心逐层布置成圆形。这种布孔方式多用在圆形隧道、泄水洞以及圆形竖井的开挖中。

7.2.5　周边眼的控制爆破

在隧道爆破施工中，首要的要求是炮眼利用率高，开挖轮廓与尺寸准确，对围岩扰动小。所以，周边眼的爆破效果反映了整个隧道爆破的成洞质量。实践表明，采用普通爆破方法不仅对围岩扰动大，而且难以爆出理想的开挖轮廓，故目前采用控制爆破技术，隧道控制爆破是指光面爆破和预裂爆破。

1. 隧道的光面爆破

（1）隧道光面爆破的特点与标准

光面爆破是通过正确确定周边眼的爆破参数，在设计断面内的岩体爆破崩落后才爆周边孔，使爆破后的围岩断面轮廓整齐，最大限度地减轻爆破对围岩的扰动和破坏，尽可能地保持原岩的完整性和稳定性的爆破技术。实现光面爆破，就是要使周边眼起爆后优先沿各孔的中心连线形成贯通裂缝，然后由于爆炸气体的作用，使裂解的岩体向洞内抛撒。其主要标准为：开挖轮廓成形规则，岩面平整；围岩壁上保存有 50% 以上的半面炮眼痕迹，无明显的爆破裂缝；超欠挖符合规定要求，围岩壁上无危石等。

光面爆破对围岩扰动小，又尽可能保存了围岩自身原有的承载能力，从而改善了支护结构的受力状况；由于围岩壁面平整，减少了应力集中和局部落石现象，增加了施工安全度，减少了超挖和回填量，降低工程造价，加快施工进度；光面爆破可减轻振动和保护围岩，是在松软及不均质的地质岩体中较为有效的开挖爆破方法。

（2）隧道光面爆破的主要参数

确定合理的光面爆破参数是获得良好的光面爆破效果的重要保证，其主要参数包括周边炮眼的间距、光面爆破层的厚度、周边眼密集系数和装药集中度等。影响光面爆破参数选择的因素很多，主要有地质条件、岩石的爆破性能、炸药品种、一次爆破的断面大小及形状等，其中影响最大的是地质条件。光面爆破参数的选择，通常采取工程类比方法加以确定。为了获得良好的光面爆破效果，可采用以下技术措施：

① 适当加密周边眼。周边眼孔距适当缩小，可以控制爆破轮廓，避免超欠挖，又不至过大地增加钻眼工作量。孔间距的大小与岩石性质、炸药种类、炮眼直径有关，一般为 $E=(8\sim18)d$，其中 E 为孔距，如图 7-18 所示，d 为炮眼直径。一般情况下，坚硬或破碎的岩石宜取小值，软岩或完整的岩石宜取大值。

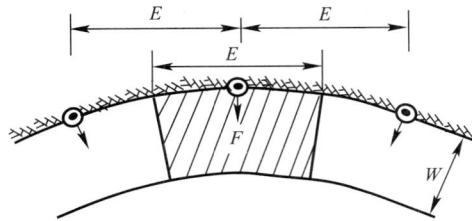

图 7-18　光面爆破参数示意

② 合理确定光爆层厚度。所谓光面层就是周边眼与最外层辅助眼之间的一圈岩石层。其厚度就是周边眼的最小抵抗线 W（图 7-18）。周边眼的间距 E 与光面层厚度 W 有着密切关系，通常以周边眼的密集系数 K（$K=E/W$）表示，其大小对光面爆破效果有较大影响。必须使应力波在两相邻炮眼间的传

播距离小于应力波至临空面的传播距离，即 $E<W$。实践表明，$K=0.8$ 较为适宜，比时光面层厚度 W 一般取 50～90cm。

③ 合理用药。用于光面爆破的炸药既要求有较高的破岩能力，又要消除或减轻爆破对围岩的扰动，所以宜采用低猛度、低爆速、传爆性能好的炸药。但在炮眼底部，为了克服眼底岩石的挟制作用，应改用高爆速炸药。

周边眼的装药量通常以线装药密度表示。线装药密度是指炮眼中间正常装药段每米长的装药量。恰当的装药量应是既具有破岩所需的能量，又不造成围岩的过度破坏。施工中应根据孔距、光爆层厚度、石质及炸药种类等综合考虑确定装药量，并据爆破效果加以调整。

④ 采用小直径药卷不耦合装药结构。在装药结构上，宜采用比炮眼直径小的小直径药卷连续或间隔装药。药卷与炮眼壁间留有空隙，称之为不耦合装药结构，炮眼直径与药卷直径之比为不耦合系数。光面爆破的不耦合系数最好大于 2，但药卷直径不应小于炸药的临界直径，以保证稳定起爆。当采用间隔装药时，相邻炮眼所用药串的药卷位置应错开，以便充分利用炸药效能。

⑤ 保证光面爆破眼同时起爆，各炮眼的起爆时差超过 0.1s 时，就同于单个炮眼起爆。使用即发雷管与导爆索起爆是保证光面爆破眼同时起爆的首选方法，同段毫秒雷管起爆次之。

⑥ 要为周边眼光面爆破创造临空面。在开挖程序和起爆顺序上予以保证，并应注意不要使先爆落的石渣堵死周边眼的临空面。一个均匀的光面爆破层是有效地实现光面爆破的重要一环，应对靠近光面爆破层的辅助眼的布置和装药量给予特殊注意。

2. 隧道预裂爆破

预裂爆破是由于首先起爆周边眼，在其他炮眼未爆破之前先沿着开挖轮廓线预裂爆破出一条用以反射爆破地震应力波的裂缝而得名。预裂爆破的目的与光面爆破相同，只是在炮眼的爆破顺序上不同，光面爆破是先引爆掏槽眼，再引爆辅助眼，最后引爆周边眼；而预裂爆破则是首先引爆周边眼，使沿周边眼的连心线炸出平顺的预裂面，由于这个预裂面的存在，对后爆的掏槽眼、辅助眼的爆轰波能起反射和缓冲作用，可以减轻爆轰波对围岩的破坏影响，保持岩体的完整性，使爆破后的开挖面整齐规则。由于成洞过程和破岩条件不同，在减轻对围岩的扰动程度上，预裂爆破较光面爆破的效果更好。所以，预裂爆破很适用稳定性较差而又要求控制开挖轮廓的软弱围岩，但预裂爆破的周边眼距和最小抵抗线都要比光面爆破小，相应地要增多炮眼数量，钻眼工作量增大。

理想的预裂效果应保证在炮眼连线上产生贯通裂缝，形成光滑的岩壁。但预裂爆破受到只有一个临空面条件的制约，因此，其爆破技术较光面爆破更为复杂。影响预裂爆破效果的因素很多，如钻孔直径、孔距、装药量、岩石的物理力学性质、地质构造、炸药品种、装药结构及施工因素等，而这些因素又是相互影响的。就目前的状况来说，对预裂爆破的理论研究还很欠缺，设计计算方法也很不完善，多半需通过经验类比初步确定爆破参数，再由现场试验调整，才能获得满意的结果。

7.2.6 钻爆施工

钻爆施工是把钻爆设计付诸实施的重要环节，包括钻眼、装药、堵塞等。

1. 钻眼

在隧道开挖爆破过程中，广泛采用的钻孔设备为凿岩机和钻孔台车。为保证达到良好的爆破效果，施钻前应由专门人员根据设计布孔图在现场布设，且必须标出掏槽眼和周边眼的位置，并严格按照炮眼的设计位置、深度、角度和眼径进行钻眼。

2. 装药

在炸药装入炮眼前，应将炮眼内的残渣、积水排除干净，并仔细检查炮眼的位置、深度、角度是否满足设计要求，装药时应严格按照设计的炸药量进行装填。隧道爆破中常采用的装药结构有连续装药、间隔装药及不耦合装药等，连续装药结构按照雷管所在位置不同又可分为正向起爆和反向起爆两种形式，如图 7-19 所示。

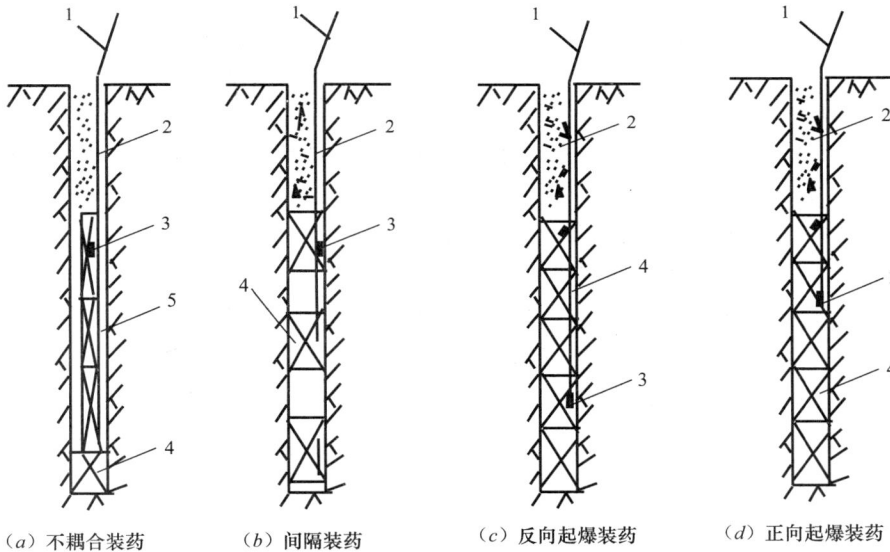

（a）不耦合装药　　（b）间隔装药　　（c）反向起爆装药　　（d）正向起爆装药

图 7-19　装药结构

1—引线；2—炮泥；3—雷管；4—药卷；5—小直径药卷

实践表明，反向起爆有利于克服岩石的夹制作用，能提高炮眼利用率，减小岩石破碎块度，爆破效果较正向起爆为好。但反向起爆较早装入起爆药卷，会影响后续装药质量，在有水情况下，起爆药卷易受潮拒爆，还易损伤起爆引线，机械化装药时易产生静电早爆。

隧道周边眼一般采用小直径药卷连续装药结构或普通药卷间隔装药结构（图 7-19）。当岩石很软时，也可用导爆索装药结构，即用导爆索取代炸药药卷进行装药。眼深小于 2m 时，可采用空气柱装药结构。

3. 堵塞及起爆

隧道内所用的炮眼堵塞材料一般为砂子和黏土混合物，其比例大致为砂子 40%～50%，黏土 50%～60%，堵塞长度视炮眼直径而定。当炮眼直径为 25mm 和 50mm 时，堵塞长度不能小于 18cm 和 45cm。堵塞长度也和最小抵抗线有关，通常不能小于最小抵抗线。堵塞可采用分层捣实法进行。起爆网络是隧道爆破成败的关键，它直接影响爆破效果和爆破质量，起爆网络必须保证每个药卷按设计的起爆顺序和起爆时间起爆。目前，在无瓦斯与煤尘爆炸危险的隧道中进行爆破开挖多采用导爆管起爆系统起爆。

4. 起爆顺序及时差

（1）除预裂爆破的周边眼是最先起爆外，在一个开挖断面上，起爆顺序是由内向外逐层起爆。这个起爆顺序可以用迟发雷管的不同延期时间（段别）来实现。

（2）试验和研究表明，各层（卷）炮之间的起爆时差越小，则爆破效果越好。常采用的时差为 40～200ms，称为微差爆破。

（3）内圈炮眼先起爆，外圈炮眼后起爆，这个顺序不能颠倒，否则爆破效果大受影响，甚至完全失败。为了保证内外圈先后起爆顺序，实际使用中，常跳段选用毫秒雷管。但应注意，在深孔爆破时，要将掏槽炮与辅助炮之间的时差稍加大，以保证掏槽炮在此时差内将石渣抛出槽口，防止槽口淤塞，为后爆辅助炮提供有效的临空面。

（4）同圈眼必须同时起爆，尤其是掏槽眼和周边眼，以保证同圈眼的共同作用效果。

（5）延期时间可以由孔内控制或孔外控制。孔内控制是将迟发雷管装入孔内的药卷中来实现微差爆破，这是常用的方法，但装药要求严格，一旦差错就影响爆破效果。孔外控制是将迟发雷管装在孔外，在孔内药卷中装入即发雷管实现微差爆破，这样便于装药后进行系统检查（段数），但先爆雷管可能会炸断其他管线，造成瞎炮，影响爆破效果。由于毫秒雷管段数较多和延期时间精度提高，现多采用孔内控制微差爆破，而较少采用孔外控制。此外，若一次爆破孔眼数量较多，雷管段数不够用时，可采用孔内、孔外混合及串联、并联混合网络。

7.3　装渣与运输

将开挖的石渣迅速装车运出洞外，是提高隧道掘进速度的重要环节。该项作业往往占全部开挖作业时间的 50% 左右，控制着隧道的施工速度。因此，正确选择并准备足够的装渣运输方案，维修好线路，减少相互干扰，提高装渣效率是加快隧道施工速度，尤其是加快长大隧道施工速度的关键。在选择出渣方式时，应对隧道或开挖坑道断面的大小、围岩的地质条件、一次开挖量、机械配套能力、经济性及工期要求等相关因素综合考虑。出渣作业可以分解为装渣、运渣、卸渣三个环节。

7.3.1 装渣

装渣就是把开挖下来的石渣装入运输车辆。

1. 渣量计算

出渣量应为开挖后的虚渣体积，可按下式计算：

$$Z = R \cdot \Delta \cdot L \cdot S \tag{7-6}$$

式中　Z——每循环爆破后石渣量；

　　　R——岩体松胀系数，见表7-7；

　　　Δ——超挖系数，视爆破质量而定，一般可取 $1.05 \sim 1.15$；

　　　L——设计循环进尺；

　　　S——开挖断面面积。

岩体松胀系数 R 值　　　　　　　　　　　　表 7-7

岩体级别	Ⅵ		Ⅴ		Ⅳ	Ⅲ	Ⅱ	Ⅰ
土石名称	砂砾	黏性土	砂夹卵石	硬黏土	石质	石质	石质	石质
松胀系数	1.15	1.25	1.30	1.35	1.6	1.7	1.8	1.85

2. 装渣方式

装渣的方式可采用人力装渣或机械装渣。人力装渣劳动强度大、速度慢，仅在短隧道缺乏机械或断面小无法使用机械装渣时才考虑采用；机械装渣速度快、可缩短作业时间，目前在隧道施工中经常采用，但仍需配少数人工辅助。

3. 装渣机械

隧道用的装渣机又称装岩机，要求外形尺寸小，坚固耐用，操作方便和生产效率高。装渣机械的类型很多，按其扒渣机构型式可分为：铲斗式、蟹爪式、立爪式、挖斗式。铲斗式装渣机为间歇性非连续装渣机，有翻斗后卸、前卸和侧卸式三个卸渣方式；蟹爪式、立爪式和挖斗式装渣机是连续装渣机，均配备刮板（或链板）转载到后卸机构。

装渣机的走行方式有轨道走行和轮胎走行两种。也有配备履带走行和轨道走行两套走行机构的。轨道走行式装渣机须铺设走行轨道，因此其工作范围受到限制。但有些轨道走行式装渣机的装渣机构能转动一定角度，以增加其工作宽度。必要时，可采用增铺轨道来满足更大的工作宽度要求。轮胎走行式装渣机移动灵活，工作范围不受限制，但在有水土质围岩的隧道中，有可能出现打滑和下陷。

装渣机械扒渣方式的不同，走行方式不同，装备功率不同，则其工作能力各不相同。装渣机的选择应充分考虑围岩及坑道条件、工作宽度及其与运输车辆的匹配和组织，以充分发挥各自的工作效能，缩短装渣的时间。

隧道施工中较为常用的装渣机有以下几种：

（1）翻斗式装渣机又称铲斗后卸式装渣机，有风动和电动之分。它是利用机体前方的铲斗铲起石渣，然后后退并将铲斗后翻，经机体上方将石渣投入机后的运输车内，如图 7-20 所示。该机具有构造简单，操作方便的特点，但工作宽度一般只有 1.7～3.5m，工作长度较短，须将轨道延伸至渣堆，且一进一退间歇装渣，工作效率低，其斗容量小，工作能力较低，一般只有 30～120m³/h（技术生产率），主要使用于小断面或规模较小的隧道中。

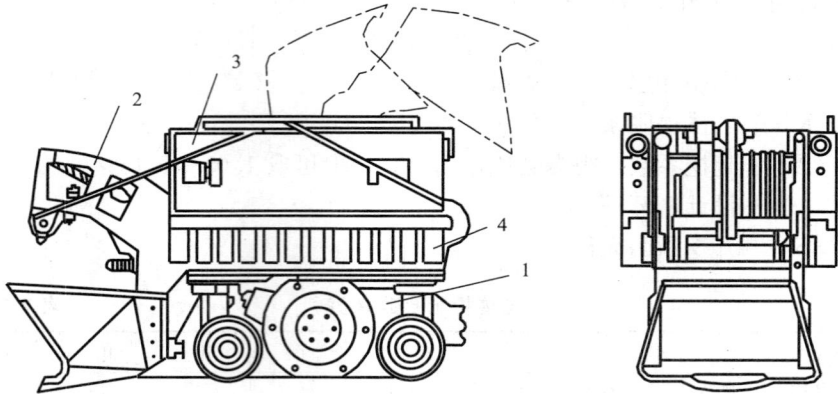

图 7-20　翻斗式装渣机
1—走行部分；2—铲斗；3—操纵箱；4—回转部分

（2）蟹爪式装渣机。这种装渣机多采用履带走行，电力驱动。它是一种连续装渣机，其前方倾斜的受料盘上装有一对由曲轴带动的扒渣蟹爪。装渣时，受料盘插入岩堆，同时两个蟹爪交替将岩渣扒入受料盘，并由刮板输送机将岩渣装入机后的运输车内（图 7-21）。

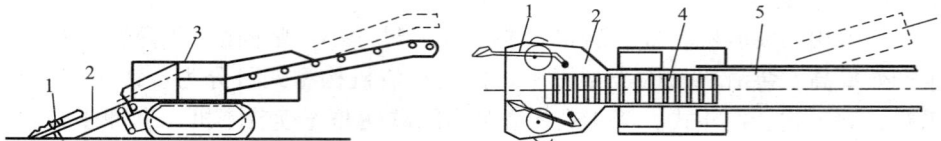

图 7-21　蟹爪式装渣机
1—蟹爪；2—受料盘；3—机身；4—链板输送机；5—带式输送机

因受蟹爪拨渣限制，岩渣块度较大时，其工作效率降低，故主要用于块度较小的岩渣及土的装渣作业。工作能力一般在 60～80m³/h 之间。

（3）立爪式装渣机。这种装渣机多采用轨道走行，也有采用轮胎走行或履带走行的。以采用电力驱动、液压控制的较好。装渣机前方装有一对扒渣立爪，可以将前方或左右两侧的石渣扒入受料盘，其他同蟹爪式装渣机。立爪扒渣的性能较蟹爪式的好，对岩渣的块度大小适应性强，轨道走行时，其工作宽度可达到 3.8m，工作长度可达到轨端前方 3.0m，工作能力一般在 120～180m³/h 之间。

（4）挖掘式装渣机。这种装渣机是近几年发展起来的较为先进的隧道装渣机。其扒渣机构为自由臂式挖掘反铲，其他同蟹爪式装渣机，并采用电力驱动和全液压控制系统，配备有轨道走行和履带走行两套走行机构。

（5）铲斗式装渣机。这种装渣机多采用轮胎走行，也有采用履带走行或轨道走行的。轮胎走行的铲斗式装渣机多采用铰接车身、燃油发动机驱动和液压控制系统（图7-22）。

图 7-22　轮胎走行铲斗式装渣机

轮胎走行铲斗式装渣机转弯半径小，移动灵活；铲取力强，铲斗容量大，达 $0.76 \sim 3.8 m^3$，工作能力强；可侧卸也可前卸，卸渣准确，但燃油废气污染洞内空气，须配备净化器或加强隧道通风，常用于较大断面的隧道装渣作业。

轨道走行及履带走行的铲斗式装渣机，多采用电力驱动。轨道走行装渣机一般只适用于断面较小的隧道中，履带走行的大型电铲则适用于特大断面的隧道中。

7.3.2　运输

隧道施工的洞内运输（出渣和进料）分为有轨运输和无轨运输。有轨运输铺设轻轨线路，用轨道式运输车出渣，小型机车牵引，适用于各种隧道开挖方法，尤其适用于较长的隧道运输（2km 以上），是一种适应性较强和较为经济的运输方式。

无轨运输是采用各种无轨运输车出渣。其特点是机动灵活，不需要铺设轨道，能适用于弃渣场离洞口较远和道路坡度较大的场合。缺点是由于多采用内燃驱动，在整个洞中排除废气，污染洞内空气，故一般适用于大断面开挖和短中等长度的隧道中，并应注意加强通风。

运输方式的选择应充分考虑与装渣机的匹配和运输组织，还应考虑与开挖速度及运量的匹配，以尽量缩短运输和卸渣时间。必要时应作技术经济和理性分析，以求最佳方案。

1. 有轨运输

有轨运输基本上不排放有害气体（电瓶式机车不排放有害气体、内燃机因行车密度小排放有害气体少），对空气污染较轻，占用空间小而且固定等。不足之处在于轨道铺设较复杂，维修工作量大；调车作业复杂；开挖面延伸轨道影响正常装渣作业等。

（1）出渣车辆

有轨运输较普遍采用的出渣车辆有斗车、梭式矿车和槽式列车等。

斗车结构简单，使用方便，适应性强。斗车运输是较经济的运输方式。

按其容量大小分为小型斗车（容量小于 $3m^3$）和大型斗车。小型斗车轻便灵活、满载率高、调车便利，一般均可人力翻斗卸渣，在无牵引机械时还可以人力推送，是最常用的运输车辆。大型斗车单车容量较大，可达 $20m^3$，须用动力机车牵引，并配备大型装渣机械才能保证快速装运，对轨道要求严格，但可以减少装渣中调车作业次数，而缩短装渣时间。

梭式矿车采用整体式车体，下设两个转向架，车厢底部设有刮板式或链式转载机构，便于将整体车厢装满和转载或卸渣，它对装渣机械要求不高，能保证快速运输，但机构复杂，使用费较高。

槽式列车是由一个接渣车、若干个仅有两侧侧板而没有前后挡板的斗车单元和一个卸渣车串联组成的长槽形列车，在其底板处安装有贯通整个列车的链板式输送带。使用时由装渣机向接渣车内装渣，装满接渣车后，开动链板传送带使石渣在列车内移动一个车位，如此反复装移石渣，即可装满整个列车。卸渣时采取类似的操作，由卸渣车将石渣卸去。

（2）牵引机车

常用的牵引机车分电动和内燃两类。隧道施工中较为常用的电动牵引车为蓄电池电机车俗称电瓶车。它具有体积小，占用空间小，不排放有害气体，不需要架设供电线路，使用较安全等特点，但蓄电池须充电，能量有限，必要时可增加电瓶车台数。内燃机车牵引能力较大，但增加洞内噪声及废气污染，必要时，须配备废气净化装置和加强通风。

（3）运输轨道布置

隧道内用于机车牵引的道路，宜采用 $38kg/m$ 及其以上的钢轨，轨距一般为 $600mm$ 或 $750mm$。洞内轨道纵坡应与隧道纵坡相同，洞外可不同，但一般不超过 2%。最小曲线半径，在洞内不小于 7 倍机车车辆轴距，洞外一般不小于 10 倍轴距。曲线轨道应有适当的加宽和外轨超高值。

常用的轨道布置形式有单线运输和双线运输。单线运输能力较低，一般用在地质较差的短隧道中。为调车方便和提高运输能力，在整个路线上应合理布设会让站（错车道）。会让站间距应根据装渣作业时间和行车速度计算确定，并编制和优化列车运行图，以减少避让及等待时间。会让站的站线长度应能够容纳整个列车，并保证回车安全，如图 7-23 所示。双线运输时，进出车分道行驶，无须避让等待，故通过能力较单车道有显著提高。为了调车方

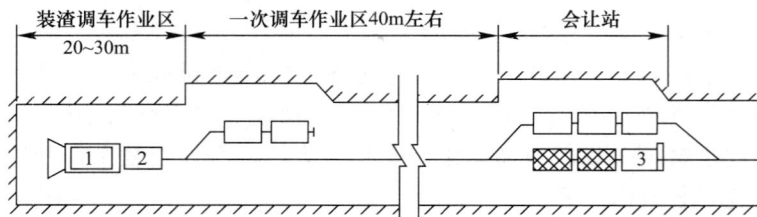

图 7-23　单线运输轨道布置

1—翻斗装渣机；2—斗车；3—牵引电瓶车

便，应在两线间合理布设渡线。渡线间距应根据工序安排及运输调车需要来确定，一般间距为 100～200m，甚至更长，并每隔 2～3 组渡线设置一组反向渡线，如图 7-24 所示。

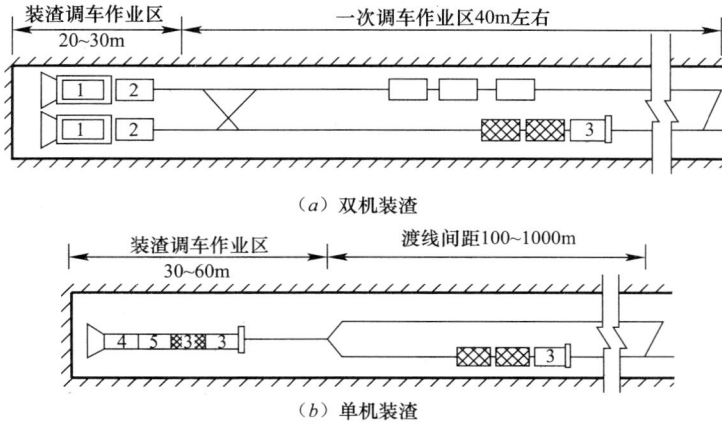

（a）双机装渣

（b）单机装渣

图 7-24　双线运输轨道布置

1—翻斗装渣机；2—斗车；3—牵引电瓶车；4—立爪装渣机；5—梭式矿车

当隧道施工采用平行导坑方案时，则平行导坑为施工出渣、进料运输提供了有利条件。通常采取在平行导坑中设单车道加错车道，正洞为单车道加局部双车道，两者共同构成了一个完整的双股道运输体系。利用平行导坑组成的运输系统具有运输能力大、相互干扰少等特点，适用于施工速度要求快的隧道。

（4）列车运行图

编制列车运行图，是为了统一指挥调度列车运行，加速车辆周转，充分发挥运输能力的有效作用，减少干扰，消除局部积压车辆、堵塞轨道等不良现象，确保隧道各工序都能正常施工。

列车运行图是根据隧道施工方法，轨道布置及机车车辆配备情况，各施工工序在隧道中所处的位置和进度安排，以及装渣、调车、编组、运行、错车、卸渣、列车解体等所需要的时间，综合考虑确定列车数量后编制而成的。

图 7-25 列车运行图横坐标表示时间，纵坐标表示距离，列车的运行用斜线表示，装渣、卸渣、编组、解体、调车等用水平线表示。该图显示一个隧道的出渣列车运行图，共有三组列车，洞内设编组站一个，洞外设会让站一个。以第一组列车为例，重车运行 20min，卸渣 10min，空车返回到会让站 5min，在会让站停车待避 5min，再运行 10min 到编组站，在编组站停车待避 5min，再行车 5min 到终点，空车解体、装渣、重车编组 15min，全列车往返循环一次共 75min。

在实际的隧道施工中，运行图中所需要的时间应实测确定，随着隧道施工的不断向前推进和卸渣线的不断向前延伸，运输距离愈来愈长，因此运行图也要定期修正。

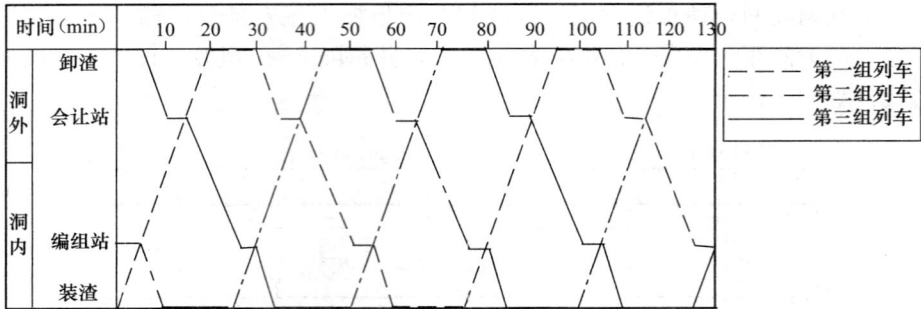

图 7-25　列车运行图

2. 无轨运输

无轨运输主要是指汽车运输。随着大型装载机械及重载自卸汽车的研制和生产，近年来无轨运输在隧道掘进中得到了愈来愈广泛的应用。无轨运输不需要铺设复杂的运输轨道，具有运输速度快、管理工作简单、配套设备少等特点。但由于内燃机排放大量废气，对洞内空气污染较为严重，尤其长期在长大隧道中使用，需要有强大的通风设施。

自卸汽车又称翻斗车。在隧道施工中，应选用车身较短、车斗容量大、转弯半径小、车体坚固、轮胎耐磨、配有废气净化装置、并能双向驾驶的自卸汽车，以增加运行中的灵活性，避免洞内回车和减轻对洞内空气的污染。

由于无轨运输采用的装渣、运渣设备都是自配动力，属自行式，其调车作业主要是解决回车、错车和装渣场地问题。根据不同的隧道开挖断面和洞内运输距离，常用的调车方式有：

（1）有条件构成循环通路时，最好制定单向行驶的循环方案，以减少回车、错车需用场地及待避时间；

（2）当开挖断面较小，只能设置单车通道而装渣点距洞口又较近时，可考虑汽车倒行进洞至装渣点装渣，正向开行出洞，不设置错车、回车场地，如果洞内运行距离较长时，可在适当位置将导洞向侧壁加宽构成错车、回车场地，以加快调车作业；

（3）当隧道开挖断面较大，足够并行两辆汽车时，应布置成双车通道，在装渣点附近回车，空车、重车各行其道，可以提高出渣速度；

（4）在采用装渣机装渣、汽车运输的情况下，要充分利用双方都有机动能力的特点，可以采取双方同时机动或一方机动，另一方固定的方式进行装渣。

7.4　初期支护

7.4.1　初期支护的基本概念

隧道是围岩与支护结构的综合体。隧道开挖破坏了地层的初始应力平衡，产生围岩应力释放和洞室变形，过量变形将导致围岩松动甚至坍塌。在开挖后的洞室周边，施作钢、混凝土等支撑物，向洞室周边提供抗力、控制围岩变形，这种开挖后隧道内的支撑体系，称为隧道支护。为控制围岩应力适量释放和变形，增加结构安全度和方便施工，隧道开挖后立即施作刚度较小并作为永久承载结构一部分的结构层，称为初期支护。

初期支护是一个总称，它有不同组合形式，包括喷射混凝土、锚杆、钢架、钢筋网等及它们的组合。支护参数（喷层厚度、锚杆长度、钢筋网直径、钢拱架间距等）和形式的选择比较灵活，应根据工程所处的工程地质和水文地质条件等因素合理选择。初期支护的主要方式是喷射混凝土和锚杆支护。

7.4.2 喷射混凝土

喷射混凝土是将掺有速凝材料的混凝土，用喷射机械通过一定的压力喷射到隧道开挖后的壁面上，从而快速形成具有一定强度的薄层结构。喷射混凝土具有与围岩密贴并能和围岩共同迅速产生承载能力、形成支护结构、共同变形等特性，能很快抑制地层变位。

1. 喷射混凝土的作用

（1）支撑围岩：由于喷层能与围岩密贴和粘贴，并对围岩表面施加抗力和剪力，从而使围岩处于三向受力的有力状态，防止围岩强度恶化；此外，喷层本身的抗冲切能力可阻止不稳定块体的滑塌（图7-26）。

（2）"卸载"作用：由于喷层属柔性，能控制围岩在不出现有害变形的前提下，产生一定程度的变形，从而使围岩"卸载"，同时喷层中的弯曲应力较小，有利于混凝土承载力的发挥（图7-27）。

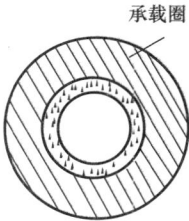

图 7-26　支撑作用　　　　　图 7-27　抗弯作用

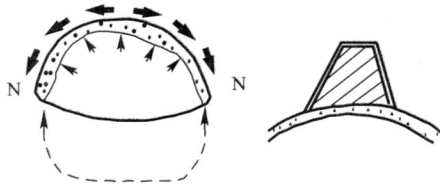

（3）填平补强围岩：喷射混凝土可射入围岩张开的裂隙，填充表面凹穴，使裂隙分割的岩层面粘连在一起，保护岩块间的咬和、镶嵌作用，提高围岩的粘结力、摩阻力，有利于防止围岩松动，并避免或缓和围岩应力集中（图7-28）。

（4）覆盖围岩表面：喷层直接粘贴岩面，形成风化和止水的保护层，并阻止裂隙中充填物流失（图7-29）。

（5）阻止围岩松动：喷层能紧跟掘进进程并及时进行支护，早期强度较高，因而能及时向围岩提供抗力，阻止围岩松动（图7-30）。

（6）分配外力：通过喷层把外力传给锚杆、钢拱架等，使支护结构受力均匀（图7-31）。

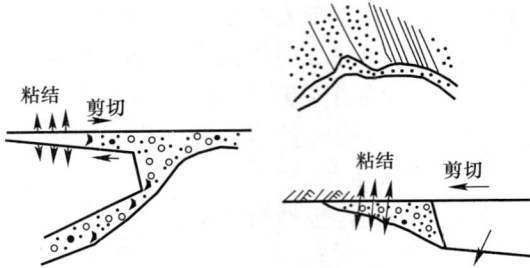

图 7-28　镶嵌作用

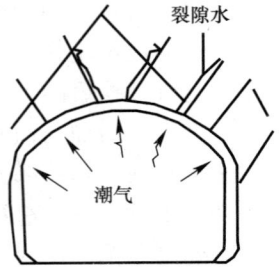

图 7-29　封闭作用

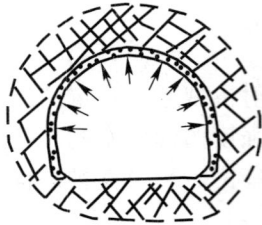

图 7-30　加固作用

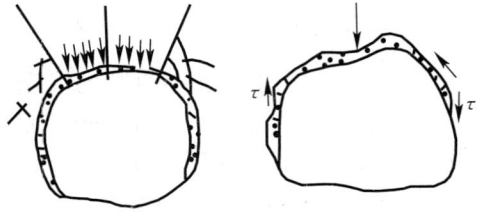

图 7-31　分载传递作用

2. 喷射工艺种类

喷射混凝土的工艺有干喷、潮喷、湿喷和混合喷四种。主要区别是各工艺的投料程序不同，尤其是加水和速凝剂的时机不同。

（1）干喷和潮喷

干喷是将骨料、水泥和速凝剂按一定的比例干拌均匀，然后装入喷射机，用压缩空气使干集料在软管内呈悬浮状态送到喷枪，再在喷嘴处与高压水混合，以较高速度喷射到岩面上。

干喷的缺点是产生的粉尘量大，回弹量大，加水是由喷嘴处的阀门控制的，水灰比的控制程度与喷射手操作的熟练程度有关。但使用的机械较简单，机械清洗和故障处理容易。

潮喷是将骨料预加少量水，使之呈潮湿状，再加水泥拌和，从而降低上料、拌和和喷射时的粉尘。但大量的水仍是在喷头处加入和喷出的，其喷射工艺流程和使用机械同干喷工艺，见图 7-32。目前施工现场较多使用的是潮喷工艺。

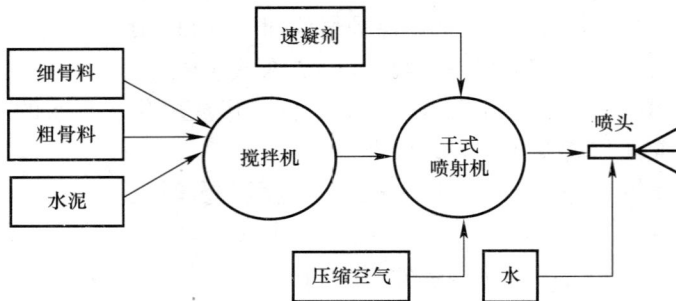

图 7-32　干喷、潮喷工艺流程

（2）湿喷

湿喷是将骨料、水泥和水按设计比例拌和均匀，用湿式喷射机压送到喷头处，再在喷头上添加速凝剂后喷出，其工艺流程见图 7-33。

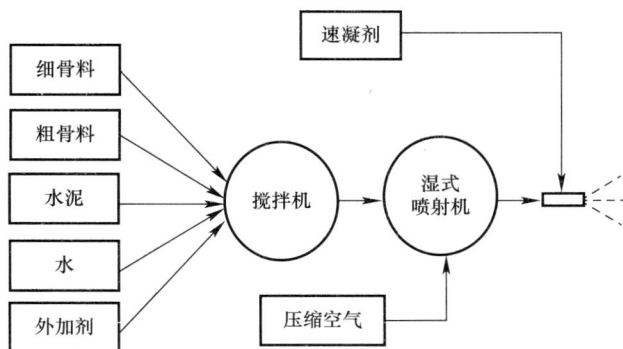

图 7-33　湿喷工艺流程

湿喷混凝土质量容易控制，喷射过程中的粉尘和回弹量很少，是应当发展应用的喷射工艺。但其对喷射机械要求较高，机械清洗和故障处理也较麻烦。对于喷层较厚的软岩和渗水隧道，则不宜使用湿喷。

（3）混合喷射

混合喷射又称水泥裹砂造壳喷射法，是将一部分砂加第一次水拌湿，再投入全部水泥强制搅拌造壳；然后加第二次水和减水剂拌和成 SEC 砂浆；将另一部分砂和石、速凝剂强制搅拌均匀。然后分别用砂浆泵和干式喷射机压送到混合管混合后喷出。其工艺流程见图 7-34。

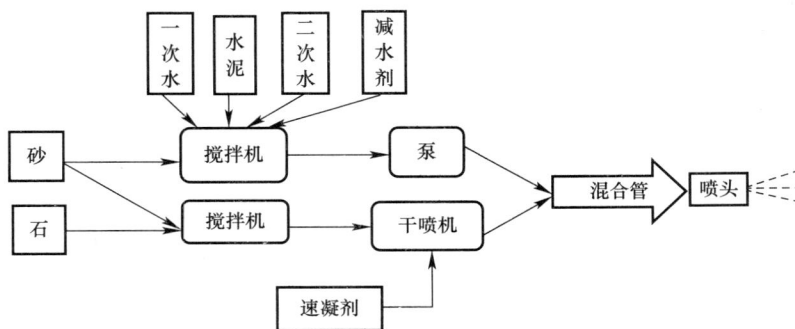

图 7-34　混合喷射工艺流程

混合喷射是分次投料搅拌工艺与喷射工艺的结合，关键是水泥裹砂（或砂、石）造壳技术。混合喷射工艺使用的主要机械设备与干喷工艺基本相同，但混凝土的质量较干喷混凝土质量好，且粉尘和回弹率有大幅度降低。但使用机械数量较多，工艺较复杂，机械清洗和故障处理很麻烦。因此混合喷射工艺一般只用在喷射混凝土量大和大断面隧道工程中。

另外，由于喷射工艺的不同，喷射混凝土强度不同，干喷和潮喷混凝土强度较低，一般只能达到 C20，而混合喷射和湿喷则可达到 C30～C35。

3. 素喷混凝土施工

（1）喷前检查及准备

① 喷前应对开挖断面尺寸进行检查，清除松动岩块和墙角岩渣、堆积物，欠挖超标严重的应予处理。

② 根据石质情况，用高压风或水清洗受喷面。

③ 受喷岩面如有渗漏水，应予以妥善处理。对于大股涌水，应采用注浆堵水后再喷射混凝土，一般情况下，可顺涌水出漏点打孔，压注速凝浆液（水泥—水玻璃浆液）进行封堵；对于小股涌水或裂隙渗漏水，视具体情况，宜进行岩面注浆（布孔宜密，钻孔宜浅），或采用小导管沿隧道周边环形注浆进行封堵；对于集中出水点，可顺水路（节理、裂隙）设排水半管或线性排水板，将水引到隧底水沟或纵向排水管。无集中水时，应根据岩面潮湿程度，适当调整水灰比。

④ 埋设喷层厚度检查标志，一般采用埋设钢筋头作标志，亦可在喷射时插入长度比设计厚度大 5cm 的铁丝，每 1~2m 设一根，以作为施工控制使用。

⑤ 检查调试好各机械设备的工作状态。

（2）喷射作业

① 喷射时应分段、分片、分块依次进行，喷射顺序应自上而下，分段长度不宜大于 6m（图 7-35a），以减少混凝土因重力作用而引起的滑动或脱落现象发生。分段施工时，完成一段混凝土喷射应预留斜面，斜面宽度为 200~300mm，斜面上需用压力水冲洗润湿后再行喷射；分片喷射要自下而上进行并先喷钢架与壁面间混凝土，再喷两钢架之间混凝土，边墙喷混凝土应从墙角开始向上喷射，使回弹不致裹入最后喷层；分层喷射时，后一层喷射应在前一层混凝土终凝后进行，若终凝 1h 后再进行喷射，则应先用风、水清洗喷层表面。混凝土的一次喷射厚度以喷混凝土不滑移、不坠落为准，既不能太厚而影响喷混凝土的粘结力和凝聚力，也不能太薄而增大了回弹率，一般规定按表 7-8 执行。

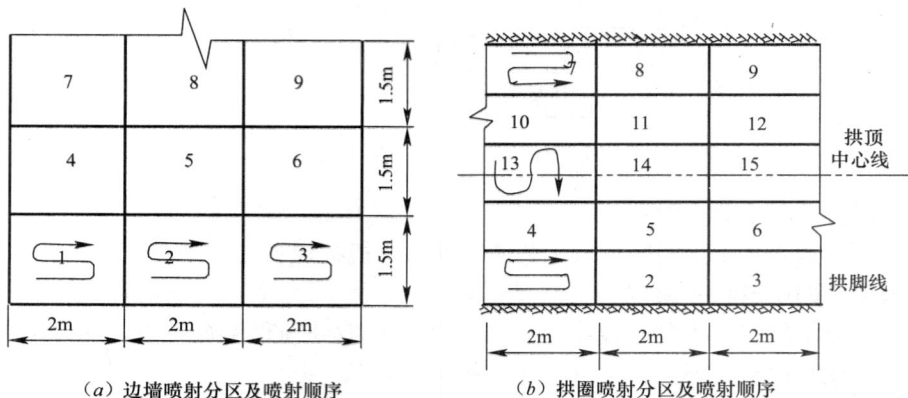

（a）边墙喷射分区及喷射顺序　　　（b）拱圈喷射分区及喷射顺序

图 7-35　喷射分区及喷射顺序

一次喷射厚度（cm）		表 7-8
部位	掺速凝剂	不掺速凝剂
边墙	7～10	5～7
拱部	5～7	3～5

② 喷射时可以采用 S 形往返移动前进，也可以采用螺旋形移动前进（图 7-35b）。

③ 喷射时喷嘴要垂直于受喷面，倾斜角不大于 10°，距离 0.8～1.2m。

④ 对于岩面凹陷处应先喷多喷，凸出处应后喷少喷。

⑤ 喷射速度要适当，以利于混凝土的压实。风压过大，则喷射速度快，回弹量增加；风压过小，则喷射速度慢，压实力小，影响喷射混凝土强度。

⑥ 喷射混凝土终凝 2h 后，应进行养护。石质隧道采用喷雾养护，黄土隧道采用养护液养护，养护时间一般不少于 14d。若气温低于 5℃，不得洒水养护。

⑦ 冬季施工时洞口喷射混凝土的作业场合应有防冻保暖措施；作业区的气温和混凝土进入喷射机的温度均不应低于 5℃；不得在结冰的层面上进行喷射作业；混凝土强度未达到 6MPa 前，不得受冻。

⑧ 回弹物料的利用。实测表明，采用干法喷射混凝土时，一般边墙的回弹率为 10%～20%，拱部为 20%～35%，回弹量相当大。除应设法减少回弹外，尚应将回弹物料回收利用。及时回收的洁净而尚未凝结的回弹物，可以按一定比例掺入混合料中重新搅拌后喷射，但掺量不宜大于 15%，且不宜用于喷射拱部；回弹物的另一处理途径是掺进普通混凝土中，但掺量也应加以控制。

4. 钢纤维喷射混凝土

围岩内应力大的和内应力变化大的地段，变形量大，素喷混凝土容易开裂、掉块，掺入一定量的钢纤维或聚合物纤维，可以改善喷射混凝土的抗拉、抗压及抗剪性能，增加喷层的柔性和抗裂性，称为钢纤维喷射混凝土。

钢纤维喷射混凝土的一个主要特点是具有良好的韧性，可使与围岩紧密贴合的喷层不但具有一定的柔性，而且在与围岩共同变形过程中持续有效地提供支护抗力，从而有效地适应和控制围岩的变形。

（1）原材料要求

① 钢纤维内不得含有明显的锈蚀、油脂及其他妨碍钢纤维与水泥粘结的杂质；因加工不好造成的黏连片、铁屑及杂质不应超过钢纤维质量的 1%；钢纤维内不得含有妨碍水泥硬化的化学成分。

② 钢纤维宜用普通碳素钢制成，抗拉强度不得小于 600MPa，应能满足一次弯折 90° 不断裂的要求。钢纤维断面直径（或等效直径）应为 0.3～0.8mm，长度应为 20～35mm，并不得大于输料软管以及喷嘴内径的 70%，长径比为 30～80，长度偏差不应超过长度公称值的 ±5%。

③ 钢纤维掺量宜根据弯曲韧度指标确定，并应考虑喷射时钢纤维混凝土各部分回弹率不同的影响，以喷射到岩面上的钢纤维混凝土中钢纤维的实际

173

含量为依据。钢纤维喷射混凝土的钢纤维实际含量不宜大于 78.5kg/m³（体积率 1.0％）。最小含量可依据钢纤维的长径比参照表 7-9 选用。

钢纤维混凝土中钢纤维的最小实际含量要求　　　　　　表 7-9

钢纤维的长径比	40	45	50	55	60	65	70	75	80
最小实际含量（kg/m³）	65	50	40	35	30	25	20	20	20
最小实际体积率	0.83	0.64	0.51	0.45	0.38	0.32	0.25	0.25	0.25

④ 钢纤维喷射混凝土的强度等级不应低于 C25，并应满足结构设计对抗压强度、抗拉强度、抗折强度的要求。

⑤ 钢纤维喷射混凝土的原材料中宜加入矿渣粉或粉煤灰等活性掺合料。钢纤维喷射混凝土宜采用无碱速凝剂。

（2）配合比设计

钢纤维喷射混凝土的配合比设计应遵循下列原则：根据钢纤维喷射混凝土抗压强度要求确定水胶比；根据弯曲韧性比和弯拉强度要求确定钢纤维掺量；根据和易性和输料性能确定水、水泥及外加剂用量；根据骨料粒径和级配、砂的细度及和易性确定砂率。

（3）施工要点

① 钢纤维喷射混凝土的搅拌工艺应确保钢纤维在拌合物中分散均匀，不结团，宜优先采用将钢纤维、水泥、粗骨料先干拌后加水湿拌的方法，且干拌时间不得小于 1.5min，湿拌时间不宜小于 3min；也可采用先投放水泥、粗（细）骨料和水，在拌合过程中分散加入钢纤维的方法，必要时采用钢纤维播料机将其均匀地分散到混合料中，不得结团。

② 选用经过实用检验的喷射机械，注意防止钢纤维结团堵管。一般可采用水溶性粘结剂将钢纤维粘结成片状，在搅拌过程中可以较为容易分离成单一纤维，避免结团堵管现象发生。

③ 钢纤维喷射混凝土施作同普通喷射混凝土，但输料管的磨耗大，一般要高于普通喷射混凝土 30％～40％，尤其是拐弯处。可每班将胶管翻转 1～2 次，以延长胶管寿命。

④ 风压要比普通喷射混凝土高 0.02～0.05MPa；当输送距离不大于 40m 时，风压一般可为 0.05～0.18MPa。

⑤ 在钢纤维喷射混凝土的表面宜再喷射一层厚度为 10mm 的水泥砂浆，其强度等级不应低于钢纤维喷射混凝土。

5. 合成纤维喷射混凝土

合成纤维喷射混凝土中的纤维有聚丙烯纤维、聚乙烯纤维、尼龙纤维、玻璃纤维、碳纤维等，其品种、规格较多，但施工中主要使用的合成纤维为聚丙烯纤维。

合成纤维喷射混凝土应符合下列要求：合成纤维应具有良好的耐酸碱性和化学稳定性，并经改性处理，具有良好的分散性，不结团；合成纤维抗拉强度应符合设计要求；合成纤维掺量应通过试验确定，在无特殊要求情况下，常用掺量为 0.8～1.2kg/m³；搅拌时间宜为 4～5min，搅拌完成后取样，如纤维已均匀分散成单丝，则混凝土可投入使用，若仍有成束纤维，则延长 30s 搅拌时间才可使用；喷射合成纤维混凝土的水胶比为 0.35～0.45。

6. 钢筋网喷射混凝土

为了提高喷射混凝土的整体性，防止收缩开裂，使混凝土受力均匀，并提供一定的抗剪强度，利于抵抗岩石塌落和承受冲击荷载，有时在喷射混凝土中配置钢筋网。目前，我国在各类隧道工程中应用钢筋网喷射混凝土支护的比较多，主要用于软弱破碎围岩，而更多的是与锚杆或者钢拱架构成联合支护。

（1）构造组成

钢筋网通常作环向和纵向布置。环向筋一般为受力筋，由设计确定，直径 $\phi12$ 左右；纵向筋一般为构造筋，直径 $\phi6$～$\phi10$；网格尺寸一般为 20cm×20cm，20cm×25cm，25cm×25cm，25cm×30cm 或 30cm×30cm，围岩松散且破碎严重的，或土质和砂土质隧道，可采用细一些钢丝，直径一般小于 $\phi6$；网格尺寸亦应小一些，一般为 10cm×10cm，10cm×15cm，15cm×15cm，15cm×20cm 或 20cm×20cm。

（2）施工要点

① 钢筋网应根据被支护围岩面上的实际起伏形状铺设，且应在喷射一层混凝土后再行铺设。钢筋与岩面或与初喷混凝土面的间隙应不小于 3～5cm，钢筋网保护层厚度不小于 3cm，有水部位不小于 4cm。

② 为便于挂网安装，常将钢筋网先加工成网片，长宽可为 100～200cm。

③ 钢筋网应与锚杆或锚钉头连结牢固，并应尽可能多点连接，以减少喷射混凝土时使钢筋发生"弦振"。锚钉的锚固深度不得小于 20cm。

④ 开始喷射时，应缩短喷头至受喷面之间的距离，并适当调整喷射角度，这样可提高喷射料流的冲击力，迫使混凝土挤入钢筋背后，保证钢筋能被混凝土完全包裹，并保证喷层的密实性。

7.4.3 锚杆

1. 锚杆的支护效应

锚杆（索）是用金属或其他高抗拉性能的材料制作的一种杆状构件。使用某些机械装置和粘结介质，通过一定的施工操作，将其安设在地下工程的围岩或其他工程结构体中。锚杆（索）支护作为一种支护手段，因具有技术、经济方面的优越性和能适应不同地质条件的特性，在地下工程领域得到广泛应用。

锚杆的支护效应一般认为有如下几种：

（1）支承围岩：锚杆能限制约束围岩变形，并向围岩施加压力，从而使处于二轴应力状态的洞室内表面附近的围岩保持三轴应力状态，因而能制止围岩强度的恶化。如图 7-36 所示。

（2）加固围岩：由于系统锚杆的加固作用，使围岩中，尤其是松动区中的节理裂隙、破裂面得以联结，因而增大了锚固区围岩的强度（即黏聚力、内摩擦角值）；锚杆对加固节理发育的岩体和围岩松动区是十分有效的，有助于裂隙岩体和松动区形成整体，成为"加固带"（图 7-37）。

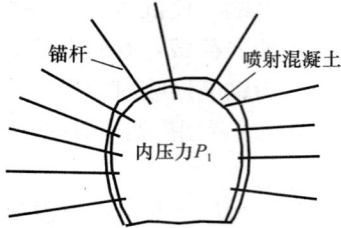

图 7-36　约束围岩变形　　　　　图 7-37　围岩"加固带"

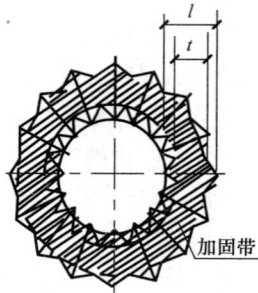

（3）提高层间摩阻力，形成"组合梁"

对于水平或缓倾斜的层状围岩，用锚杆群能把数层岩层连在一起，增大层间摩阻力，从结构力学观点来看就是形成"组合梁"（图 7-38）。

（4）"悬吊"作用

"悬吊"作用是指为防止个别危岩的掉落或滑落，用锚杆将其稳定围岩联结起来，这种作用主要表现在加固局部失稳的岩体（图 7-39）。

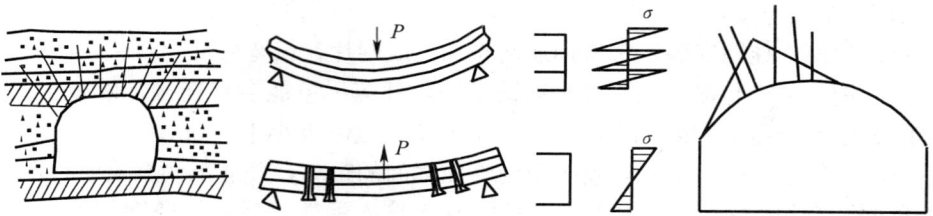

图 7-38　锚杆作用原理　　　　　图 7-39　锚杆的悬吊作用

2. 锚杆的种类

锚杆的种类很多，若按其与被支护体的锚固形式来分，大致可分为以下几种：

（1）端头锚固式锚杆

端头锚固式锚杆的种类如图 7-40 所示。

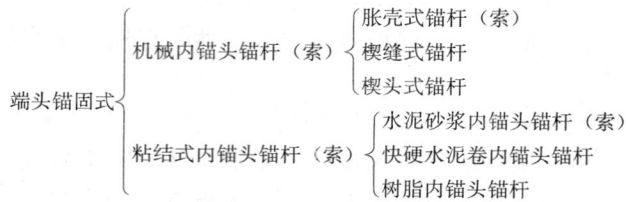

图 7-40　端头锚固式锚杆

端头锚固式锚杆利用内、外锚头的锚固来限制围岩变形松动，特点是能迅速锚固，以便安设垫板、螺母后能及时提供支护力；安装容易，工艺简单，安装后即可以起到支护作用，并能对围岩施加预应力。但杆体易腐蚀，锚头易松动，影响长期锚固力，一般用于硬岩地下工程中的临时加固。隧道工程中，常用做局部锚杆。

（2）全长粘结式锚杆

全长粘结式锚杆按粘结材料分为水泥浆全粘结式锚杆、水泥砂浆全粘结式锚杆（砂浆锚杆）、树脂全粘结式锚杆。全长粘结式锚杆按杆体材料分为钢筋锚杆和中空锚杆。钢筋锚杆一般采用早强药包锚固，中空锚杆杆体就是注浆管，压注浆后不仅能锚固杆体，注浆压力较大时部分浆液会渗入锚孔的裂隙中，起到加固围岩的作用。

全长粘结式锚杆采用水泥砂浆（或树脂）作为填充粘结料，不仅有助于锚杆的抗剪和抗拉以及防腐蚀作用，而且具有较强的长期锚固能力，有利于约束围岩位移。安装简便，在无特殊要求的各类地下工程中，可大量用于初期支护和永久支护。隧道工程中，常用做系统锚杆和超前锚杆。

（3）摩擦式锚杆

摩擦式锚杆常用的有楔缝式、缝管式、楔管式和水胀式几种，它们的共同特点是能迅速提供支护力，但杆体没有保护层，不能作为永久结构，适用于临时支护。

① 楔缝式锚杆：杆体由端头切缝的圆钢和铁楔组成。杆体插入锚孔后，冲击杆体，使铁楔胀开切缝，形成锚固力。

② 缝管式锚杆：用钢板卷压制而成，与挡环、弹性垫板为一体。锚孔略小于杆体直径。将杆体强行推入锚孔后，杆体受挤压，对孔壁产生弹性抗力，形成轴向力使孔口的弹性垫板压紧岩面，立即产生锚固力。

③ 楔管式锚杆：为前细后粗的异径管，头部有定位销、上楔、下楔。先钻小孔，再部分扩孔，使锚孔与锚杆体外形相吻合，将杆体推入锚孔后，在杆体中插入工具钎，用凿岩机撞击钎尾，使上下楔咬合楔紧。它集中了楔缝式和缝管式锚杆的优点，也能立即产生支护力。

④ 水胀式锚杆：由薄壁钢管加工成的异型空腔杆件、端套、挡卷、注液嘴和托盘等配套组成。在高压水的作用下，锚杆管壁随锚孔形状膨胀，产生对围岩的挤压；而杆体在轴向收缩，使托盘对岩面形成挤压、托锚作用。它特别适用于自稳能力差、初期变形大的软弱围岩。

摩擦式锚杆是用一种沿纵向开缝（或预变形）的钢管，装入比钢管直径小的钻孔，对孔壁施加摩擦力，从而约束孔周岩体变形。安装容易，安装后立即起作用，能及时控制围岩变形，又能与孔周变形相协调。但其管壁易锈蚀，故一般不适于作永久支护。隧道工程中，常由于端头机械锚固容易失效，或全长粘结不便施工（不能生效），而采用全长摩擦式锚杆。

（4）混合式锚固锚杆

混合式锚固锚杆又分为先张拉后灌浆预应力锚杆（索）和先灌浆后张拉预应力锚杆（索），采用精轧螺纹钢为杆体，强度高，可用连接套接长。锚固砂浆终凝后，加垫板、螺母，用扭力扳手施加预应力。用于大吨位预应力锚固时，杆体分为锚固段和张拉段，中间用止浆塞分开，锚固段浆体达到强度后，用专用千斤顶施加预应力。

混合式锚固锚杆是端头锚固方式与全长粘结锚固方式的结合使用，它既可以施加预应力，又具有全长粘结锚杆的优点。但安装施工较复杂，一般用于大体积、大范围工程结构的加固，如高边坡、大坝、大型地下洞室等。

（5）自进式锚杆

属于全长粘结型锚杆的一种，它将钻孔、锚固、注浆加固集于一体。自进式锚杆由厚壁中空钢管杆体配钻头、连接套筒、垫板、螺母组成。杆体外表全长具有标准螺纹，可以任意切割和用连接套筒接长。它适用于易坍孔的破碎岩层，锚固深度大，锚固力强。

3. 常用锚杆施工

隧道工程中，对锚杆钻孔要求如下：钻孔机具应根据锚杆类型、规格及围岩情况选择；钻孔前应根据设计要求和围岩情况定出孔位，做出标记；锚杆孔距的允许偏差为±150mm，预应力锚杆孔距的允许偏差为±200mm；预应力锚杆的钻孔轴线与设计轴线的偏差不应大于3%，其他锚杆的钻孔轴线应符合设计要求；水泥砂浆锚杆孔深允许偏差宜为±50mm；树脂锚杆和快硬水泥卷锚杆的孔深不应小于杆体有效长度，且不应超过杆体有效长度30mm；摩擦式锚杆孔深应比杆体长10～50mm；水泥砂浆锚杆孔径应大于杆体直径15mm；树脂锚杆和快硬水泥卷锚杆孔径宜为42～50mm，小直径锚杆孔径宜为28～32mm；水胀式锚杆孔径宜为42～45mm。其他锚杆的孔径应符合设计要求；钻杆应保持直线，宜与其所在部位的围岩主要结构面垂直；有水地段应先引出孔内的水或在附近另行钻孔引水；对成孔困难的地段应采用自进式锚杆。

水泥砂浆锚杆是最常用的锚杆支护形式，其杆体宜采用 HRB335、HRB400 带肋钢筋，锚杆体材质的断裂伸长率一般不得小于16%，允许抗拉力与极限抗拉力要符合设计要求。锚杆杆体使用前要除锈、除油，并保持平直。

锚杆使用的水泥砂浆宜采用中细砂，使用前过筛，粒径不大于 2.5mm。水泥砂浆强度不宜低于 M20，砂胶比宜为 1∶2～1∶1（质量比），水胶比一般为 0.38～0.45。

水泥砂浆锚杆作业程序是：先注浆，后放锚杆。具体操作步骤是：先将水注入泵内，并倒入少量砂浆，初压稀浆液湿润管路，然后再将已调好的砂浆倒入泵内。将注浆管插至锚杆眼底（距孔底 5～10cm），慢慢打开阀门注浆，在气压推动下，砂浆不断压入眼底，注浆管随水泥砂浆的灌入缓慢均匀地拔出，随即迅速将杆体插入，然后用木楔堵塞眼口，防止砂浆流失。杆体插入长度不得短于设计长度的95%。

注浆开始或中途暂停超过 30min 时，应用水润滑注浆管路；注浆孔口压力不得大于 0.4MPa。锚杆孔中必须注满砂浆，发现不满需拔出锚杆重新注浆。注浆管不准对向人员放置，以防止高压喷出物伤人。

砂浆应随拌随拌，在初凝前全部用完。使用掺速凝剂砂浆时，一次拌制砂浆数量不应多于 3 个孔，以免时间过长，砂浆在泵、管中凝结。锚注完成后，应及时清洗、整理注浆用具，除掉砂浆凝聚物，为下次使用创造好条件。锚杆安装后，不得随意敲击。在水泥浆体的强度达到 10MPa 后，安装托板和紧固螺帽。

4. 锚杆的布置

锚杆的布置分为局部布置和系统布置。

（1）局部布置

主要用在裂隙围岩。重点加固不稳定块体，隧道拱顶受拉破坏区为重点加固区域。锚杆局部布置的原则为：拱腰以上部位锚杆方向应有利于锚杆的受拉；拱腰以下及边墙部位锚杆宜逆向不稳定岩块滑动方向。

局部加固的锚杆，必须保证不稳定块体与稳定岩体的有效联结，为此，可由现场测定或采用极射赤平投影和实体比例投影作图法确定不稳定块体的形状、重量和出露位置，据此确定锚杆间距和锚入稳定岩体的长度。

（2）系统布置

在破碎和软弱围岩中，一般采用系统布置的锚杆，对围岩起到整个加固作用。对于局部很破碎、软弱围岩部位或可能出现过大变形的部位，应加设长锚杆，如图 7-41（a）所示。

杆件系统布置的原则：

① 在隧道横断面上，锚杆宜垂直隧道周边轮廓布置，对水平成层岩层，应尽可能与层面垂直布置，或使其与层面呈斜交布置，如图 7-41（b）所示；

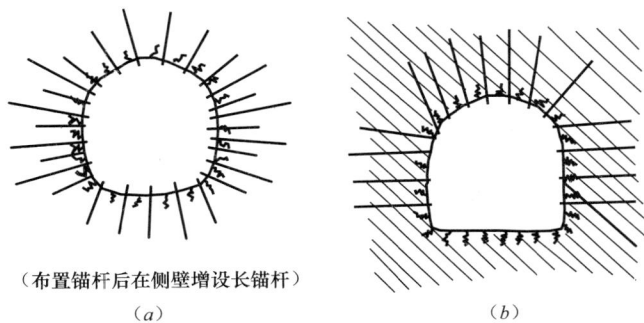

（布置锚杆后在侧壁增设长锚杆）

（a）　　　　　　　　　　　　　（b）

图 7-41　系统锚杆的布置方式

② 在岩面上锚杆宜成菱形排列，纵、横间距为 0.6～1.5m，其密度约为 0.6～3.6 根/m^2；

③ 为了使系统布置的锚杆形成连续均匀的压缩带，其间距不宜大于锚杆长度的 1/2，在 Ⅳ、Ⅴ 级围岩中，锚杆间距宜为 0.5～1.2m，但当锚杆长度超过 2.5m 时，若仍按间距不大于 1/2 锚杆长度的规定，则锚杆间的岩块可能因咬合和联锁不良而导致掉块坠落，为此，其间距不宜大于 1.25m。

7.4.4　钢架

1. 钢架的作用及分类

无论是采用喷射混凝土、锚杆或是在喷混凝土中加入钢筋网、钢纤维，主要是利用其柔韧性，而对其整体刚度并未过多要求，这对支护破碎程度较低的围岩是可行的。但当围岩软弱破碎严重、其自稳性差时，就要求早期支护具有较大的刚度，以阻止围岩的过度变形和承担部分松弛荷载。钢拱架就具有这样的力学性能，钢架通常与锚杆、钢筋网、喷射混凝土等共同组成受力体系，起到支撑围岩稳定、限制围岩变形的作用。

钢架一般选用钢筋、型钢、钢轨等材料，按设计要求预先作成支撑构件，使用时焊接或栓接成整体。钢架一般可分为型钢钢架和格栅钢架两种，常见结构如图7-42所示。

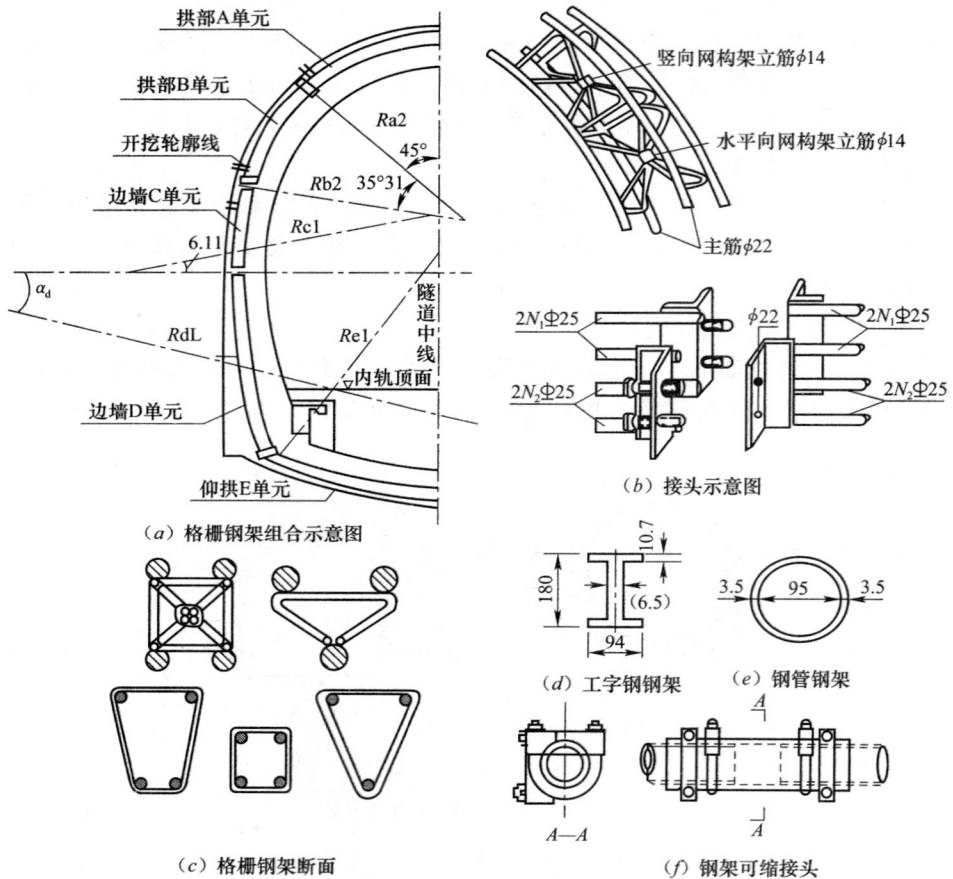

图 7-42　钢拱架构造（单位：mm）

（1）型钢钢架

型钢钢架通常由工字形钢、U形钢、H形钢、槽钢、钢轨等材料加工而成。型钢钢架的刚度和强度大，在软弱破碎围岩施工中或处理坍方时使用较多，但与混凝土粘结不好，其与围岩间的空隙难于用喷混凝土紧密充填，易致钢架附近的喷混凝土出现裂缝。

（2）格栅钢架

格栅钢架一般由普通钢筋经冷弯成形后，按隧道轮廓进行设计、焊接而成。格栅钢架的断面形式有三角形、矩形、四边形，如图 7-42（c）所示。

格栅钢架与型钢钢架相比具有以下特点：

① 格栅钢架的刚度适中，容许围岩适度变形，又能及时提供支护阻力，限制围岩过大的变形，防止坍塌。格栅钢架的刚度在施工过程中是变化的，在安装初期，没有喷射混凝土前，基本上是不能承载的，钢架是柔性的；当喷射一定厚度的混凝土后，格栅钢架与喷混凝土一起承受荷载，并提供一定的支护阻力；当喷混凝土达到厚度要求时，刚性增大，提供的支护阻力随之增大。因此格栅钢架提供的支护阻力是随施工过程逐渐增加的。

② 节约成本。格栅钢架由普通钢筋加工而成，材料来源广泛，加工工艺简单，不会因切割、弯曲、焊接加工等工艺流程使成品价格增加。更为重要的是，使用格栅钢架比使用型钢钢架节约钢材，一般可节约 15%～20%，从而降低工程造价。

③ 质量小、便于施工安装。格栅钢架可分成若干单元段，每段质量小，架设安装时，工人劳动强度不大，搬运轻便，便于施工现场应用。

④ 使用灵活，可随时调整单元设计尺寸。隧道工程中地质情况复杂多变，由于格栅钢架制作容易，因此，可随时调整结构形式和断面尺寸等参数，以适应复杂多变的现场情况。

⑤ 能很好地随喷混凝土一起与围岩密贴，支护效果好。格栅钢架能被喷混凝土紧密包裹而成为一体，形成钢筋混凝土结构。喷混凝土能充分填充格栅与围岩间的空隙。

⑥ 便于与其他支护手段配合使用。格栅能较容易地与锚杆、钢筋网、超前小导管等支护手段配合使用，提供支护效果。

2. 钢架施工

（1）钢架加工

① 型钢钢架

结合隧道开挖方法，采用型钢弯制机，按照隧道断面曲率分节进行钢架弯制。弯制完成后，先在加工场地进行试拼。各节钢架的拼装，要求尺寸准确，弧形圆顺，沿隧道周边轮廓误差不大于 3cm；型钢钢架平放时，平面翘曲小于 2cm。

② 格栅钢架

格栅钢架一般在现场设计的工作台上加工。工作台一般用钢板制成，其上根据不同断面的钢架主筋轮廓放样成钢筋弯曲模型。钢架在胎膜内焊接，控制变形。

按设计要求，加工好各单元格栅钢架后，组织试拼，检查钢架尺寸及轮廓是否合格。加工允许误差为：沿隧道周边轮廓误差不大于 3cm，平面翘曲应小于 2cm，接头连接要求同类之间可以互换。

（2）钢架安装

钢架安装在掌子面初喷混凝土完成后立即进行。

根据测设的位置，各节钢架在掌子面用螺栓连接，连接板应密贴。为保证各节钢架在全环封闭之前置于稳固的地基上，安装前应清除各节钢架底角下的虚渣及杂物。同时每侧应打设锁脚锚杆（锚管），锚杆长度不小于 3.5m，每侧数量为 2～3 组（每组 2 根）。底部开挖完成后，底部初期支护及时跟进，将钢架全环封闭。

为保证钢架位置安设准确，隧道开挖时，需在钢架的各连接处预留连接板凹槽。初喷混凝土时，在凹槽处打入木楔，为架设钢架留出连接板（和槽钢）位置。钢架按设计位置安设，在安设过程中当钢架和初喷层之间有较大间隙时，应每隔 2m 用混凝土预制块或钢楔楔紧，钢架背后用喷射混凝土填充密实。钢架纵向连接采用钢管（钢筋），环向间距 1m。

钢架落底接长在单边交错进行，每次单边接长钢架 1～2 排。在软弱地层时可同时落底接长和仰拱相连，并及时喷射混凝土。加长钢架和上部钢架通过垫板用螺栓牢固、准确连接。

架立钢架后，应尽快进行喷混凝土作业，以使钢架与喷混凝土共同受力。

（3）施工要点

① 钢架应按设计位置安设，钢架应尽量密贴围岩并与锚杆焊接牢固，钢架之间必须用钢筋纵向连接，并要保证焊接质量。

② 钢拱架的拱脚采用纵向托梁和锁脚锚管等措施加强支撑。

③ 钢架应尽可能多地与锚杆露头及钢筋网焊接，以增强其联合支护的效应。

④ 喷射混凝土时，要将钢架与岩面之间的间隙喷射饱满，达到密实。

⑤ 型钢钢架应采用冷弯成型。钢架加工的焊接不得有假焊，焊缝表面不得有裂纹、焊瘤等缺陷。

⑥ 钢架应在初喷混凝土后及时架设，各节钢架间以螺栓连接，连接板必须密贴。

⑦ 钢架安装前应清除底脚下的虚渣及杂物，钢架底脚应置于牢固的基础上。钢架间距及横向位置和高程的允许偏差为 ±5cm，垂直度为 ±2cm。

⑧ 接头是钢架的薄弱部位，在施工中应尽量减少接头个数。在膨胀性或地应力大的地层中，钢架接头可采用能滑移的可缩式钢架。可缩接头处应预留 20cm 左右宽的部位暂不喷射混凝土，待可缩接头合龙或围岩变形基本稳定后，再将预留部位喷满混凝土。

7.5　监控量测与数据分析

7.5.1　监控量测设计

现场监控量测是判断围岩和隧道的稳定状态、保证施工安全、指导施工顺序调整、进行施工管理、提供设计信息的重要手段。

1. 监控量测的主要任务

（1）保证隧道和围岩稳定，确保施工安全。掌握围岩和支护的动态，按照动态管理量测断面的信息，正确而经济地施工。

（2）经过分析处理与必要的计算和判断量测数据，预测和确定隧道最终稳定时间、指导确定施工工序和施作二次衬砌的时间。

（3）信息反馈修正设计。根据隧道开挖后围岩稳定性的信息，进行综合分析，检验和修正施工前的预设计。

（4）积累资料。已有工程的量测结果可应用到其他类似的工程中，作为设计和施工工作类比的依据。

2. 监控量测的质量要求

（1）能快速埋设测点：地下工程在开挖工序中，四周 2 倍洞径范围内受开挖影响最大。而测点一般是开挖后埋设的，为尽早获得围岩开挖初始阶段的变形动态，测点应紧靠工作面尽快埋设，尽早量测，一般应安设在距掌子面 2m 范围内，在开挖 24h 后，下次爆破前测取初读数。

（2）每次量测的时间尽可能短，量测数据准确可靠、直观，不必复杂计算即可直接应用。

（3）量测元件有良好的防震、防冲击波的能力，在埋设后能长期有效工作。

（4）量测元件有足够精度。

3. 监控量测项目

监控量测的项目应根据地下工程的地质条件、围岩类别、围岩应力分布情况、坑道跨度、埋深、工程性质、开挖方法、支护类型等因素而定。

以监控地下结构物稳定性为目的的项目包括：地质和支护状况观察、周边收敛量测、拱顶下沉量测、地表及地中下沉量测、围岩内部位移量测、围岩松弛范围量测、衬砌内的应力和应变量测、喷层表面应力量测、接触应力量测和锚杆轴力量测。

以监控工程质量为目的的项目包括：锚杆拉拔力量测、喷射混凝土与岩石粘结力试验、喷射混凝土强度质量的控制和单轴极限抗压强度的验收、喷射混凝土厚度检查、喷射混凝土粉尘测定、初期支护外观与隧道断面尺寸的检验、二次衬砌混凝土抗压强度的检查和二次衬砌厚度的检查。

以上监测项目，一般分为必测项目 A 和选测项目 B 两大类。

（1）必测项目

必测项目是必须进行的常规量测项目，是为了在设计、施工中确保围岩稳定，并通过判断围岩的稳定性和支护结构的工作状态来指导设计、施工的经常性量测。这类量测通常测试方法简单、费用低、可靠性高，但对监视围岩稳定、指导设计施工却有巨大的作用。具体量测项目及常用量测仪器如表 7-10 所示。

必测项目   表 7-10

序号	监控量测项目	常用量测仪器	备注
1	洞内外观察	现场观察、数码相机、罗盘仪	
2	拱顶下沉、拱脚下沉	精密水准仪、钢挂尺或全站仪	

续表

序号	监控量测项目	常用量测仪器	备注
3	净空变化	收敛计、全站仪	
4	地表沉降	精密水准仪、钢挂尺或全站仪	隧道浅埋段

（2）选测项目

选测项目不是每座隧道都必须开展的工作，是对一些有特殊意义和具有代表性的区段进行的补充测试，以求更深入地了解围岩的松动范围、稳定状态、喷锚支护的效果以及对周围环境的影响状况，为未开挖区段的设计与施工积累现场资料。这类量测项目测试较为麻烦，量测项目较多，费用较高，因此，除了有特殊量测任务的地段外，一般根据需要选择部分进行量测。具体量测项目及常用量测仪器如表 7-11 所示。

选测项目　　　　　　　　　　　　　　表 7-11

序号	监控量测项目	常用量测仪器	序号	监控量测项目	常用量测仪器
1	围岩压力	压力盒	7	围岩内部位移	多点位移计
2	钢架内力	钢筋计、应变计	8	隧底隆起	水准仪、铟钢尺或全站仪
3	喷混凝土内力	混凝土应变计	9	爆破振动	振动传感器、记录仪
4	二次衬砌内力	混凝土应变计、钢筋计	10	孔隙水压力	水压计
5	初期支护与二次衬砌间接触压力	压力盒	11	水量	三角堰、流量计
6	锚杆轴力	钢筋计	12	纵向位移	多点位移计、全站仪

从理论上讲，凡是能够反映围岩与支护结构力学形态变化的物理量都可以作为被测物理量。但是，被测的物理量应尽可能反映围岩与支护力学形态变化，同时在技术、经济上又简单、可行。围岩变形是围岩力学形态变化最直观的表现，围岩的坍塌和支护系统的破坏都是变形发展到一定程度的必然结果。变形量测具有量测结果直观、测试数据可靠、量测仪表长期稳定性好、抗外界干扰性强，同时测试费用低廉的特点。因此，在选用测试项目时应将位移量测作为首选量测项目。

4. 监控量测计划的制订

监控量测计划是现场量测的蓝图和依据，必须在初步调查的基础上，依据隧道所处的地质和地形条件、支护类型和参数、施工方法、工期和其他有关条件而编制。量测计划一般应包括下列内容：

（1）监控量测的项目、方法及量测断面的选定，断面内测点数量和位置、量测频率、量测仪器和元件的选定及其精度、测点埋设时间等。

（2）量测数据记录表格式、表达量测结果的格式，量测数据精度确认的方法。

（3）量测数据处理的方法，并进行试算；量测数据大致范围，作为判断异常的依据；从初期量测值预测最终位移值的方法，综合判断隧道最终稳定的标准。

（4）异常情况的对策，对围岩和支护结构力学动态进行评价的反馈方法和信息反馈修正设计的内容。

（5）传感器的埋设设计，包括埋设方法、步骤、各部分尺寸及回填浆液配比、工艺选定与工程施工进度的衔接等。

（6）固定测试元件的结构设计和测试元件附件的设计：一般应保证测点的空间或平面位移准确，使测到的力和变形方向明确，防震、安全可靠，包括钻孔内和钻孔口部分、引出线的布线方法、测量测试仪器时对环境的要求。

（7）量测断面布置图和文字说明。

（8）监控量测设计说明书。说明书的主要内容包括：目的和意义；监控量测的主要内容和使用的仪器设备；资料整理的内容和要求；人员、经费安排；安全措施等内容。

7.5.2　现场监控量测

现场监控量测是在隧道施工过程中，对围岩和支护系统的稳定状态进行监测，为初期支护和二次衬砌的参数调整提供依据，是隧道采用新奥法施工的一个必不可少的重要环节。新奥法基本理论是使用各种手段（开挖方法、支护形式、量测及地层处理等）控制围岩变形，最大限度地利用围岩自身的承载能力，使隧道施工更安全、更经济。而其安全性和经济性是通过现场监控量测围岩压力、支护的变形，并及时反馈到下一个阶段的设计和施工中来实现的。因此，快速、准确地进行现场监控量测和信息反馈，是应用新奥法施工的关键。

1. 洞内外观察

在隧道工程中，因为开挖前的地质勘探工作很难提供准确的地质资料，所以有必要在隧道每次开挖后进行细致的观察。通过观察，可获得与围岩稳定有关的直观信息，可以预测开挖前方的地质条件，根据喷层表面状态及锚杆的工作状态，分析支护结构的可靠度。

（1）洞内观察

洞内观察可分为工作面观察和已施工地段观察两部分。开挖工作面观察应在每次开挖后进行，通过目测了解工作面的工程地质和水文地质条件。目测内容包括：岩质种类和分布状态，截面围岩状态；岩性特性，如岩石的颜色、成分、结构、构造；地层年代归属及产状；节理性质、组数、间距、规模、节理裂隙的发育程度和方向性，断面状态特征，充填物的类型和产状等；断层的性质产状、破坏带宽、特征等；地下水类型、涌水量大小、涌水位置、涌水压力等；开挖工作面的稳定状态，顶板有无剥落现象等。

对已施工地段的观察每天至少进行一次，主要目测内容为：观察初期支护完成后的喷层表面有无裂缝；有无锚杆脱落和垫板陷入围岩内部的现象；

喷层混凝土是否产生裂缝和剥落，要特别注意喷层混凝土是否发生剪切破坏；有无锚杆和混凝土质量问题；钢架有无被压曲、压弯现象；是否存在底鼓现象。

观察中若发现围岩条件恶化时，应立即采取处理措施，观察后应及时绘制开挖工作面及两侧地质素描图，每个断面至少绘制一张，同时进行数码成像。对观察中发现的异常现象，要详细记录发生时间、距开挖工作面的距离以及附近测点的各项量测数据。

（2）洞外观察

洞外观察重点是洞口段和洞身浅埋段。主要观察地表开裂、地表变形、边坡及仰坡稳定状态、地表水渗透情况、地表建（构）筑物沉降情况等。

2. 位移监控量测

围岩位移有绝对位移与相对位移之分。绝对位移是指隧道围岩或隧道顶（底）板及侧墙某一部位的实际移动值，其测量方法是在距实测点较远的地方设置一基准点（该点坐标已知，且不能产生移动），然后定期用经纬仪、水准仪或全站仪自基准点向实测点进行量测，根据前后两次观测所得的高程及方位变化，即可确定隧道围岩的绝对位移量。绝对位移量测需要花费较长时间，并受现场施工条件限制，除非必须，否则一般不进行绝对位移的量测。同时，在一般情况下并不需要获得绝对位移，只需及时了解围岩相对位移的变化，即可满足要求。因此现场量测多为相对位移。

隧道围岩周边各点趋向隧道中心的变形称为收敛，所谓隧道收敛位移量测主要是对隧道壁面两点间水平距离的变形量（也就是相对位移）量测和拱顶下沉及地板隆起位移量的量测等。它是判断围岩动态的最主要量测项目，具有设备简单、操作方便等特点。

（1）断面及测点布置

监控量测断面应尽量靠近开挖工作面，因为围岩位移受空间和时间因素影响很大，尤其开挖初期阶段围岩变形速率大，若量测进行较晚，则不能量测到开挖初期阶段的位移。量测断面与开挖面距离太近会造成开挖爆破下的碎石砸坏测点的情况，因此，测点埋设必须牢固，而且要设置防爆保护装置。测点应在开挖后 12h 内埋设。

洞内拱顶下沉测点和洞内净空变化测点应布置在同一断面上，其监测断面间距主要与围岩级别有关，一般 Ⅴ～Ⅵ 级围岩断面间距为 5～10m；Ⅳ 级围岩断面间距 10～30m；Ⅲ 级围岩断面间距 30～50m；Ⅱ 级围岩视具体情况确定间距。软弱围岩和不良地质地段隧道的量测断面间距为：Ⅴ 级围岩不得大于 5m；Ⅳ 级围岩不得大于 10m。

净空变化测线布置主要与开挖方法有关：全断面法设一条水平测线、两条斜测线；台阶法、中隔壁法、双侧壁导坑法等分部开挖在每个分部设一条水平测线、两条斜测线。不同开挖方式下测线布置如图 7-43 所示。采用分部开挖法，在临时支护拆除后，应继续进行拱顶下沉和净空变化量测，测线按全断面开挖法布置。

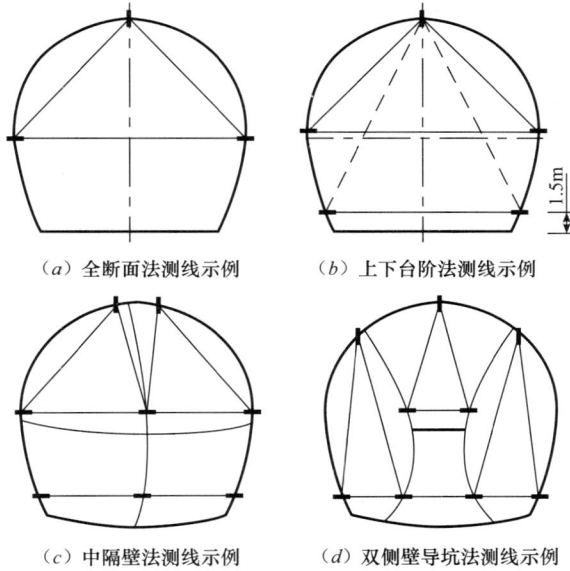

(a) 全断面法测线示例   (b) 上下台阶法测线示例

(c) 中隔壁法测线示例   (d) 双侧壁导坑法测线示例

图 7-43　拱顶下沉量测和净空变化量测的测线布置

拱顶下沉测点应设置在拱顶轴线附近，浅埋偏压段拱顶下沉测点应适当加密，并设置斜基线。净空变化量测以水平测线量测为主，必要时设置斜测线（如洞口附近、浅埋区段、偏压或膨胀性围岩区段、拱顶下沉位移量大的区段），斜测线的设置有助于了解垂直方向的位移变化率情况；当结合解析法进行综合判断时，最好也布置斜测线。

对于浅埋或超浅埋隧道，隧道横断面方向的地表下沉量测边界应在隧道开挖影响范围以外，并在开挖影响范围以外设置基准点。地表下沉量测的测点应布设在由设计确定的特别重要的施工地段，包括地表有建（构）筑物地段。对施工中地表发生塌陷并经过修补过的地段，以及预先探测到地下存在构筑物或空洞的施工地段，测点应尽量接近构筑物或空洞上方。地表沉降测点要与洞内观测点布置在同一里程断面处。

地表沉降观测点的纵向间距主要与隧道埋深和开挖宽度有关，测点纵向间距应满足表 7-12 的要求，测点布置如图 7-44 所示。地表沉降测点横向间距为 2~5m。在隧道中线附近测点应适当加密，隧道中线两侧量测范围不小于 $H_0 + B$，地表有控制性建（构）筑物时，量测范围应适当加宽，其测点布置如图 7-45 所示。

（2）测量频率及测试精度

位移量测点的初始读数在测点埋设后 12h 内，并在下一步循环开挖前读

沉降观测点纵向间距　　　　　　　　　　　表 7-12

埋深与开挖宽度	纵向测点间距（m）	埋深与开挖宽度	纵向测点间距（m）
$2B < H_0 \leqslant 2.5B$	20~50	$H_0 \leqslant B$	5~10
$B < H_0 \leqslant 2B$	10~20		

注：H_0 为隧道埋深；B 为隧道最大开挖宽度。

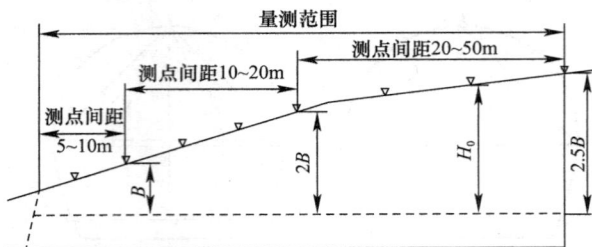

图 7-44　地表沉降纵向测点布置

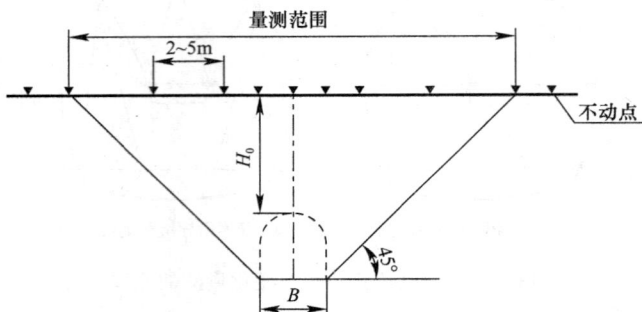

图 7-45　地表沉降横向测点布置

取。监测频率可根据测点距开挖面的距离及位移速度确定，如表 7-13 和表 7-14 所示。当由距开挖面的距离确定的检测频率和有位移速度确定的监测频率不同时，采用两者中较高的监测频率。当出现异常情况或不良地质时，应增大监测频率。在塑性流变岩体中，位移长期（开挖后 2 个月以上）不能收敛时，量测要持续到每月为 1mm 为止。

距开挖面的距离确定的监测频率　　　　　　　　表 7-13

监测断面距开挖面距离（m）	(0~1) B	(1~2) B	(2~5) B	>5B
监测频率	2 次/d	1 次/d	1 次/2d~3d	1 次/7d

注：B 为隧道最大开挖宽度。

位移速度确定的监测频率　　　　　　　　表 7-14

位移速度（mm/d）	≥5	1~5	0.5~1	0.2~0.5	<0.2
监测频率	2 次/d	1 次/d	1 次/2d~3d	1 次/3d	1 次/7d

位移监控量测的精度应满足表 7-15 的要求。

监控量测项目测试精度　　　　　　　　表 7-15

序号	监测项目	测试精度（mm）
1	拱顶、拱脚下沉	0.5~1
2	净空收敛	0.5~1
3	地表沉降	0.5~1

（3）量测方法及控制基准

① 量测方法

隧道周边位移监控量测根据量测方式的不同，可分为接触量测和非接触量测两类。其中，接触量测主要用收敛计进行量测，非接触量测主要采用全站仪量测。

用收敛计进行隧道净空收敛量测方法相对比较简单，即通过布设于洞室周边上的两固定点，每次测出两点的净长 L，求出两次量测的增量（或减量）ΔL，即为此处净空收敛值。读数时应读 3 次，然后取其平均值。

用全站仪进行隧道净空收敛量测方法有自由设站和固定设站两种。与传统的基础两侧的主要区别在于，非接触量测的测点采用一种膜片式回复反射器作为测点靶点，以取代价格昂贵的圆棱镜反射器。具有回复反射性能的膜片形如塑料胶片，其正面由均匀分布的微型棱镜和透明塑料薄膜构成，反面涂有压敏不干胶，它可以牢固的黏附在构件表面。这种反射片，大小可以任意裁剪，价格低廉。通过对比不同时刻测点的三维坐标，可得到该测点在此时段的位移（相对于某一初始时刻）。与传统接触式监控量测方法相比，此方法能够获取测点更全面的三维位移数据，有利于结合现行的数值计算方法进行监控量测信息的反馈，同时具有快速、省力、数据处理自动化程度高等特点。

拱顶下沉量测多采用精密水准仪和铟钢挂尺等。拱顶下沉测点的埋设，一般在隧道拱顶轴线处设一个带钩的测点（可用直径 6mm 钢筋弯成三角钩，用砂浆固定在围岩或混凝土表层。为了保证量测精度，常常在左右各增加一个测点，即埋设 3 个测点），吊挂钢卷尺，用精密水准仪量测隧道拱顶绝对下沉量。测点大小要适中，过小，量测时不宜找到；过大，爆破易被破坏。支护结构施工时，要注意保护测点，一旦发生测点被埋掉或损坏，要尽快重新设置，以保证连续量测。拱顶下沉量测示意如图 7-46 所示。

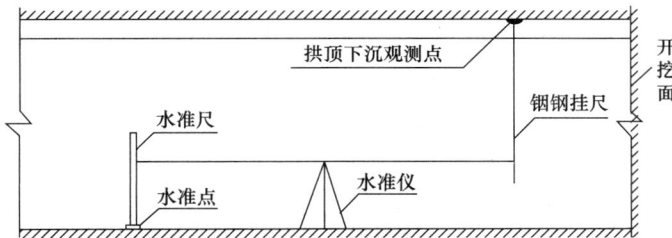

图 7-46　拱顶下沉量测示意

拱顶下沉量的确定比较简单，即通过测点在不同时刻的相对高程 h，求出两次量测的差值 Δh，即为该测点的下沉值。关键是必须找出不动点作为参考点（基准点）。通常采用以下两种方法：第一种是将不动点设置在洞外，每次监控量测从洞外引入，这种方法很繁琐，一般随着隧道的开挖，转站次数明显增加，所以相对量测误差会增大，现场一般不采用；第二种是在开挖面后方一定距离的拱顶处（有时可利用已经稳定的拱顶下沉观测点）设置为参考点，并假定其为不动点（实际上仍在下沉，但沉降值与开挖面测点的下沉量相比很小，可以忽略不计），这种方法测得的下沉量对判断围岩及初期支护的稳定性，精度是满足的，也是有效的。该方法相对简单，因此被广泛采用。但一般在量测一段时间后需要用第一种方法进行必要的校核。读数时应读两次，然后取平均值。

拱顶下沉量测也可以用全站仪进行非接触量测，其具体量测方法和洞周收敛量测方法类似。

地表下沉量测一般用精密水准仪和铟钢尺进行量测，其量测方法和拱顶下沉量测方法相似，即通过测点不同时刻相对高程 h，求出两次量测的差值 Δh，即为该测点的下沉量。需要注意的是，参考点（基准点）必须设置在工程施工影响范围以外，以确保参考点（基准点）不下沉。一般在距离开挖面前方 $H+h$ 处（H 为隧道埋深，h 为隧道开挖高度）就应对相应的测点进行超前监控量测，然后随工程的进展按一定频率进行监控量测。在读数时各项限差要严格控制，每个测点读数误差不超过 0.3mm。对不在水准路线上的观测点，一个测站不超过 3 个，超过时应重读后视点读数，以作校对。首次观测时，应对测点进行连续两次观测，两次高程之差应小于 ± 1.0mm，取两次平均值作为初始值。

当所测地层表面立尺比较困难时，可以在预埋的测点表面粘贴膜片式反射器作为测点靶标，用全站仪进行非接触量测。

② 控制标准

用监控量测结果来判定围岩和支护系统的工作状况和稳定状态需要确定一个"控制标准"，即判断围岩稳定与否的界限。监控量测控制标准根据地质条件、施工方法、隧道施工安全性、隧道结构的长期稳定性，以及周围建（构）筑物特点和重要性等因素制定。由于结构位移的发生和发展是该结构力学体系的综合反映，而隧道支护体系内表面的位移比较容易测得，因而利用位移的变化来判别隧道稳定性是普遍采用的方法。当施工过程中发现量测位移超过某一限值或预计最终位移将超过某一限值时，意味着围岩或支护系统的不稳定。这一"限值"的确定并不容易，国外和我国早期有"允许最大位移"和"允许净空收敛法"等规定。近年我国又提出"极限相对位移"的概念，广义的极限位移是指支护系统在应发挥的某种功能的"极限状态"下量测点的位移。初期支护的极限位移是指支护系统出现破坏时的位移，它通过计算模拟、工程类比等方法综合分析确定，为适应不同断面条件，还采用了"相对位移"的概念。隧道初期支护极限相对位移可参照表 7-16 和表 7-17。

跨度 $B \leqslant 7$m 隧道初期支护极限相对位移　　　　　　　　表 7-16

围岩级别	隧道埋深 h(m)		
	$h \leqslant 50$	$50 < h \leqslant 300$	$300 < h \leqslant 500$
	拱脚水平相对净空变化		
Ⅱ	—	—	0.20～0.60

围岩级别	隧道埋深 h(m)		
	$h\leqslant50$	$50<h\leqslant300$	$300<h\leqslant500$
拱脚水平相对净空变化			
Ⅲ	0.10～0.50	0.40～0.70	0.60～1.50
Ⅳ	0.20～0.70	0.50～2.60	2.40～3.50
Ⅳ	0.30～1.00	0.80～3.50	3.00～5.00
拱顶相对下沉			
Ⅱ	—	0.01～0.05	0.04～0.08
Ⅲ	0.01～0.04	0.03～0.11	0.10～0.25
Ⅳ	0.03～0.07	0.06～0.15	0.10～0.60
Ⅳ	0.06～0.12	0.10～0.60	0.50～1.20

注：1. 本表适用于复合式衬砌的初期支护，硬质围岩隧道取表中较小值，软质围岩隧道取表中较大值。表中数值可在施工中通过实测资料积累作适当修正。
2. 拱脚水平相对净空变化指两拱脚测点间净空水平变化值与其距离之比。拱顶相对下沉指拱顶下沉值减去隧道下沉值后与原拱顶至隧底高度之比。
3. 墙腰水平相对净空变化极限值可按拱脚水平净空变化极限值乘以 1.2～1.3 后采用。

跨度 7m＜$B\leqslant$12m 隧道初期支护极限相对位移 表 7-17

围岩级别	隧道埋深 h(m)		
	$h\leqslant50$	$50<h\leqslant300$	$300<h\leqslant500$
拱脚水平相对净空变化			
Ⅱ	—	0.01～0.03	0.01～0.08
Ⅲ	0.03～0.10	0.08～0.40	0.30～0.60
Ⅳ	0.10～0.30	0.20～0.80	0.70～1.20
Ⅳ	0.20～0.50	0.40～2.00	1.80～3.00
拱顶相对下沉			
Ⅱ	—	0.03～0.06	0.05～0.12
Ⅲ	0.03～0.06	0.04～0.15	0.12～0.30
Ⅳ	0.06～0.10	0.086～0.40	0.30～0.80
Ⅳ	0.08～0.16	0.14～1.10	0.80～1.40

注：1. 本表适用于复合式衬砌的初期支护，硬质围岩隧道取表中较小值，软质围岩隧道取表中较大值。表中数值可在施工中通过实测资料积累作适当修正。
2. 拱脚水平相对净空变化指两拱脚测点间净空水平变化值与其距离之比。拱顶相对下沉指拱顶下沉值减去隧道下沉值后与原拱顶至隧底高度之比。
3. 墙腰水平相对净空变化极限值可按拱脚水平净空变化极限值乘以 1.1～1.2 后采用。

位移控制标准还要根据测点距开挖面的距离确定。有关研究表明，在距工作面 1B 和 2B 处的位移值分别约占规定的极限位移量的 65% 和 90%，距开挖面较远时，围岩和初期支护变形基本稳定，即极限位移量的 100%。

地表沉降控制基准应根据隧道施工安全性和隧道周围建（构）筑物的安全要求分别确定，取两者的最小值。

7.5.3 监测数据的处理分析与反馈

在现场的监控量测过程中，要尽量保证数据的准确性，观测后应在现场及时计算、校核，如果有异常现象，必须重新进行观测、校核，直至取得可靠数据。监控量测数据取得后，应及时进行分析处理。首先，应对监控量测数据进行校核，排除仪器、读数等操作过程中的误差，剔除和识别各种粗大、偶然和系统误差，避免漏测和错测，保证监控量测数据的可靠性和完整性；其次，要对监控量测数据进行整理，包括各种物理量计算、图表制作等；最后，进行数据分析，通常采用比较法、作图法和数值计算法等，分析各个监控量测物理量值大小、变化规律、发展趋势。

施工过程中监控量测数据的分析分为实时分析和阶段分析。

实时分析：每天根据监控量测数据及时进行分析，主要分析施工对结构和周边环境的影响，发现安全隐患应及时分析原因，采取措施，并提交异常报告。

阶段分析：经过一段时间后，根据大量的监控量测数据及相关资料等进行综合分析，总结施工对周围地层影响一般规律，指导下一阶段施工。阶段分析一般采用周报、月报形式，或根据工程施工需要不定期进行，最终提出指导施工和优化设计的建议。

根据监控量测数据绘制时间—位移散点图和距离—位移散点图，如图 7-47 所示。然后根据散点图的数据分布状况，选择合适的函数进行回归分析，对最大值（最终值）进行预测，并与控制标准值进行比较，结合施工工况综合分析围岩与支护结构的工作状态。如果位移曲线正常，说明围岩处于稳定状态，支护系统是有效可靠的，如果位移出现反常的急骤增长现象（出现了反弯点），表明围岩和支护已呈不稳定状态，应立即采取相应的工程措施。

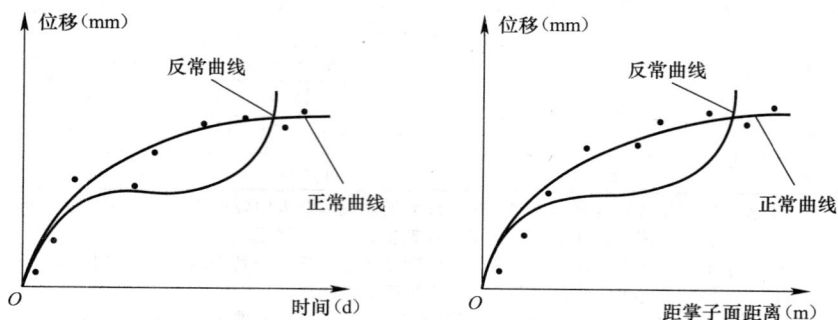

图 7-47　时间—位移曲线和距离—位移曲线

进行数据处理或回归分析可选用对数函数、指数函数和双曲函数三种非线性函数中精度最高者进行，观测数据不宜少于 25 个。回归结果表明：对数函数用于初期变形可取得较高的回归精度；基本稳定后因对数函数为发散型函数，与实测值有较大偏差，而此时采用指数函数可获得较满意的结果；而双曲函数则可预计最终位移值。

工程安全性评价根据设计位移基准分为三个等级，工程安全性评价流程如图 7-48 所示，工程安全性评价及工程对策如表 7-18 所示。

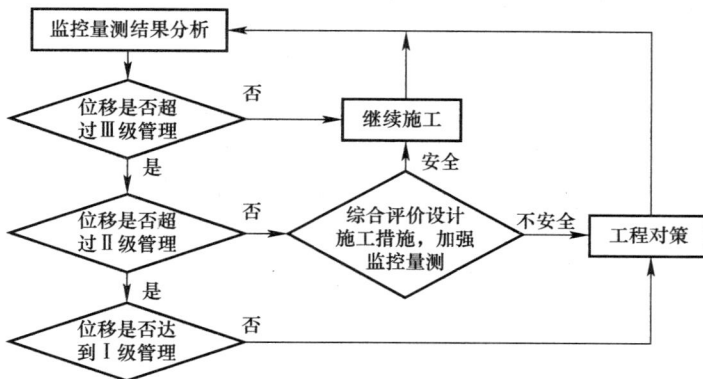

图 7-48　工程安全性评价流程

工程安全性评价及工程对策　　　　　　　　　　　　　　　　表 7-18

管理等级	距开挖面 1B	距开挖面 2B	工程对策
Ⅲ	$U<\frac{1}{3}U_{1B}$	$U<\frac{1}{3}U_{2B}$	量测小组负责人向现场技术负责人汇报，并通知现场继续施工。监控量测数据分析完成后应反馈有关各方
Ⅱ	$\frac{1}{3}U_{1B}\leqslant$ $U\leqslant\frac{2}{3}U_{1B}$	$\frac{1}{3}U_{2B}\leqslant$ $U\leqslant\frac{2}{3}U_{2B}$	量测小组负责人向现场技术负责人汇报，现场技术负责人对分析结果进行复核，并将复核结果立即反馈有关各方，监理单位应立即召集有关各方进行综合评价，提出处理意见。现场在上报分析结果的同时，应加密监控量测频率，必要时采取适当的工程措施
Ⅰ	$U>\frac{2}{3}U_{1B}$	$U>\frac{2}{3}U_{2B}$	量测小组负责人向现场技术负责人汇报，确认后采取应急措施（包括暂停掘进、实施应急支护、撤离工作面作业人员和设备等），加强现场观测，防止发生危险，同时立即将信息反馈到有关各方。建设单位应立即召集各方综合评价，制定处理方案

注：B 为隧道最大开挖宽度；U 为实测位移值；U_{1B}，U_{2B} 为位移基准值。

7.6　结构防排水施工

铁路隧道要求二次衬砌表面无湿渍，不允许渗水，保证衬砌混凝土质量，重视施工缝、变形缝防水是构建防水系统的关键，"以衬砌自防水为主体，以接缝防水为重点"是隧道防水的基本原则。衬砌结构防水是铁路隧道防水系统的主体，其由喷混凝土防水、模筑衬砌混凝土防水、施工缝（变形缝）防水和防水层等组合而成，其设置应符合下列规定：

（1）隧道设二次衬砌。防水等级二级及以上的隧道优先选择复合式衬砌，对于防潮要求高的工程，经过经济、技术比较后，可采用离壁式衬砌。采用的防水混凝土抗渗等级应根据防水等级、衬砌后渗水压力、结构厚度等因素综合确定。

（2）隧道应重视喷射混凝土的防渗性能，可通过掺加纤维来提高喷射混凝土的防裂性能。锚喷支护作为复合式衬砌的初期支护时，不得露泥砂，有明显漏水点时，可采用集中引排水或注浆堵水。锚喷支护单独作为衬砌结构时，可用于防水等级为三、四级的工程，喷混凝土厚度不宜小于 8cm。

193

（3）施工缝、变形缝防水处理宜采用两种及以上措施，并优先选用中埋式止水带。

（4）隧道防水层包括塑料防水板、喷膜防水层、防水涂料等。防水等级二级以上的隧道应设置防水层，并优先选择塑料防水板作为防水层。对结构腐蚀较强地段或水压过高地段，必要时可选择两层防水层。

（5）地下水发育的隧道宜采用分区隔离防排水技术，区段长度应根据洞内渗漏水量的大小确定：富水地段可按模筑混凝土衬砌一次施作段长度进行分区，采用带注浆管的背贴式止水带与防水板密封焊接，背贴式止水带设于施工缝位置。

7.6.1　隧道防排水施工流程

隧道防排水施工流程如图 7-49 所示。

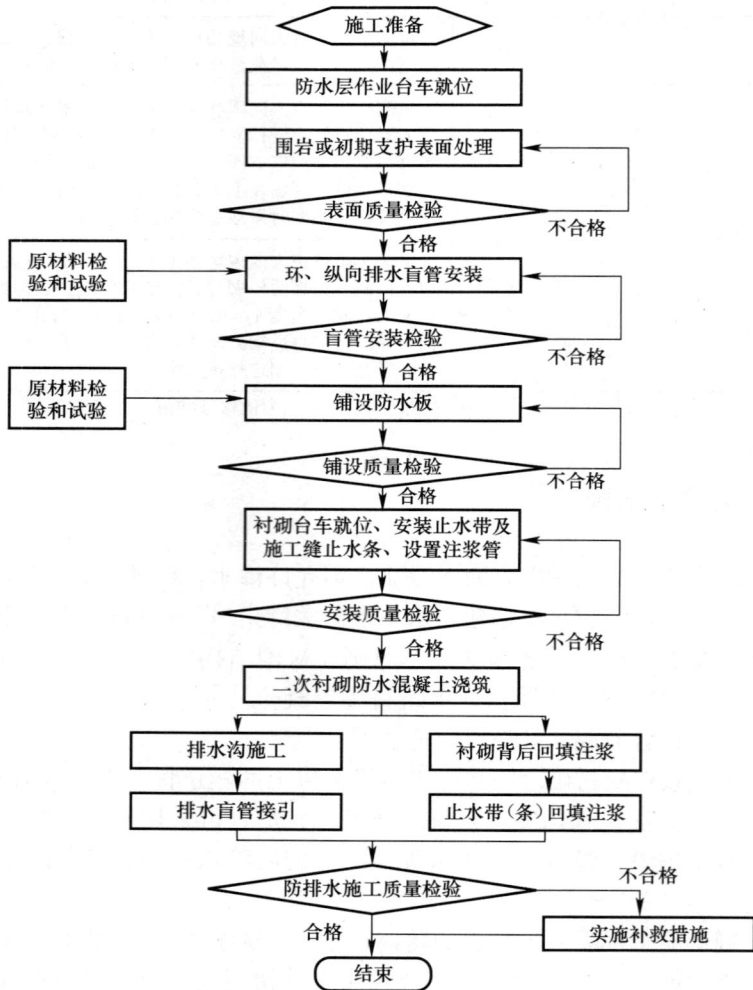

图 7-49　隧道结构防排水的施工工艺流程

7.6.2 结构防水板施工

围岩如有淋水，应先采用注浆措施将大的淋水或集中出水点封堵，然后在围岩表面设排水管或排水竖向盲沟将局部渗水引排。初期支护如有淋水，在初期支护与二次衬砌之间设置竖向排水，竖向排水在拱脚处用硬聚氯乙烯排水管穿过二次衬砌排入侧沟中。在初期支护与二次衬砌之间铺设土工布、防水板，变形缝、施工缝采用中埋式止水带或其他止水措施。

1. 基面处理

（1）喷射混凝土基面的表面应平整，两突出体的高度与间距之比，拱部不大于 1/8，其他部位不大于 1/6，否则应进行基面处理。

（2）拱墙部分自拱顶向两侧将基面外漏的钢筋头、铁丝、锚杆、排水管等尖锐物切除锤平，并用砂浆抹成圆曲面。

（3）欠挖超过 5cm 的部分需作处理。

（4）仰拱部分用风镐修凿，清除回填渣土和喷射混凝土回填料。

（5）隧道断面变化或突然转弯时，阴角应抹成半径大于 10cm 的圆弧，阳角应抹成半径大于 5cm 的圆弧。

（6）检查各种预埋件是否完好。

（7）喷射混凝土强度要求达到设计强度。

2. 缓冲层的铺设

常用缓冲材料有土工布和聚乙烯泡沫塑料，铺设过程如下：

（1）将垫衬横向中线同隧道中线对齐。

（2）由拱顶向两侧边墙铺设。

（3）采用与防水板同材质的 $\phi80mm$ 专用塑料垫圈压在垫衬上，使用射钉或膨胀螺栓锚固，如图 7-50 所示。

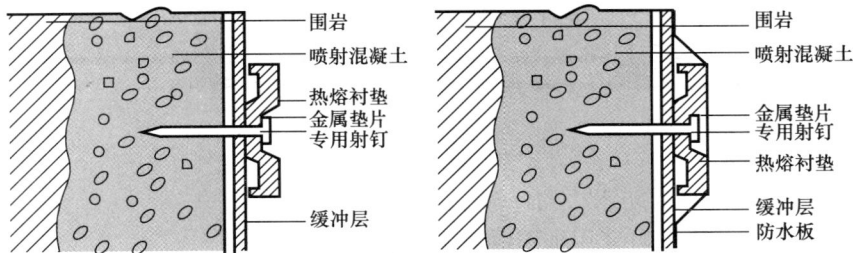

图 7-50　无钉铺设防水板示意

（4）垫衬缝搭接宽度不小于 5cm。

（5）锚固点应垂直基面并不得超出垫圈平面，锚固点呈梅花形布置，并左右上下成行固定。锚固点间距，拱部为 0.5～0.8m，边墙为 0.8～1.0m，隧底为 1.0～1.5m，凹凸处应增加锚固点。

3. 防水板铺设

防水板铺设采用无钉（暗钉）铺设法，无钉铺设法是先在喷混凝土基面上用明钉铺设法固定缓冲层，然后将防水板热焊或黏合在缓冲层垫圈上，使防水板无穿透钉孔，如图 7-50 所示。防水板铺设要点如下：

（1）防水板需环向铺设，相邻两幅接缝错开，结构转角处错开不小于规定值。

（2）防水板长短边的搭接均以搭接线为准。防水板搭接处采用双焊缝焊接，焊接宽度不小于 15mm，且均匀连续，不得有假焊、漏焊、焊焦、焊穿等现象。

（3）防水板采用环向铺设法，从拱部向两侧边墙铺设，下部防水板应压住上部防水板，铺设时根据基面平整度的不同，留出足够的富余，防止浇筑混凝土衬砌时因防水板绷得太紧而拉坏防水板或使衬砌背后形成积水空隙。

（4）在检查焊接质量和修补质量时，严禁在加热情况下进行，更不能用手撕。

（5）防水板铺设可采用自制台车进行，有条件时也可采用防水板自动铺设机铺设。

4. 防水板搭接

防水板通常采用自动爬行热合机双焊缝焊接。防水板焊接在热熔垫片表面，如图 7-51 所示。焊接前将防水板铺设平整、舒展，并将焊接部位的灰尘、油污、水滴擦拭干净，焊缝接头处不得有气泡、褶皱及空隙，而且接头处要牢固，强度不得小于同一种材料；防水板焊接时，要严格掌握焊接速度或焊接时间，防止过焊或焊穿防水材料；防水板之间搭接宽度不应小于 150mm，双焊缝的每条缝宽 15mm，两条焊缝间留 15mm 宽的空腔作充气检查用。焊缝处不允许有漏焊、假焊，凡烤焦、焊穿处必须用同种材料片焊接覆盖。防水板搭接要求成鱼鳞状，以利排水。

图 7-51　防水板搭接示意

5. 混凝土施工时防水板的保护

（1）底板防水层可使用细石混凝土保护。

（2）衬砌结构钢筋绑扎时不得划伤或戳穿防水板，钢筋头采用塑料帽保护。焊接钢筋时，用非燃物（如石棉板）隔离。

（3）浇筑混凝土时，振动棒不得接触防水层。

7.6.3　止水带及止水条

施工缝及变形缝是隧道防排水的薄弱环节，也是隧道工程防水的重点。施工缝通常采用背贴式止水带、遇水膨胀止水条、中埋式止水带的单一或复合防水方式，必要时施工缝还应设置带注浆孔的遇水膨胀止水条并预埋注浆管。变形缝防水通常采用中埋式止水带与背贴式止水带、防水密封材料、遇水膨胀橡胶止水条等组合的形式。特殊情况下，变形缝防水还可设置带接水盒的构造形式。几种变形缝防水构造形式的设置如图 7-52～图 7-55 所示。

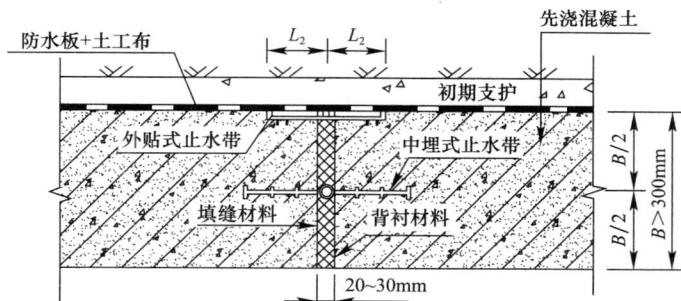

图 7-52　中埋式和背贴式止水带复合防水构造形式

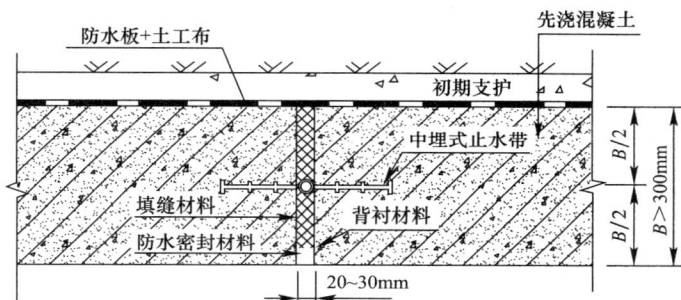

图 7-53　中埋式止水带和防水密封材料复合防水构造形式

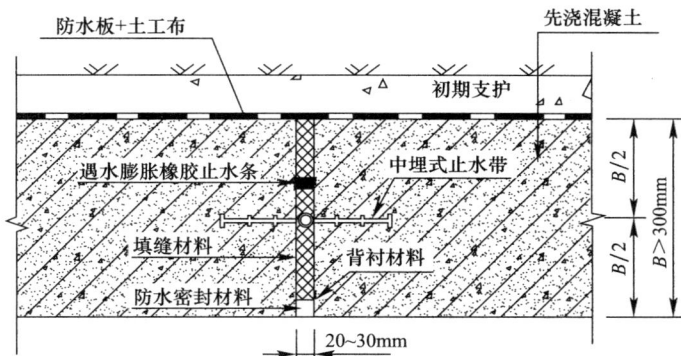

图 7-54　中埋式止水带和防水密封材料、遇水膨胀橡胶止水条复合防水构造形式

1. 止水带

铁路隧道工程一般选用橡胶止水带或塑料止水带。对水压力大、变形大的施工缝、变形缝要选用钢边止水带。

（1）背贴式止水带的施工

背贴式橡胶止水带设置在衬砌结构施工缝、变形缝的外侧，施工时按设计要求先在需要安装止水带的位置放出安装线。

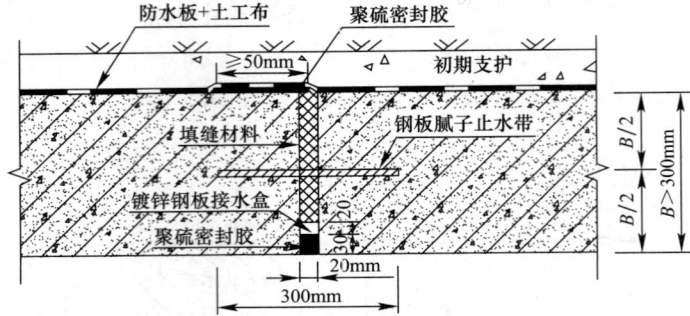

图 7-55 带接水盒防水构造形式

施工缝处设计有防水板的，如止水带材质与防水板相同，则采用热焊机将止水带固定在防水板上；如设计为橡胶止水带时，则采用粘接法将其与防水板粘接。

（2）中埋式橡胶止水带施工

中埋式橡胶止水带施工时，先将 $\phi 10mm$ 钢筋卡由待模筑混凝土的一侧向另一侧穿入，卡紧止水带一半，另一半止水带平铺在挡头板内，待模筑混凝土凝固后弯曲 $\phi 10mm$ 钢筋卡套上止水带，模筑下一循环混凝土，如图 7-56 所示。

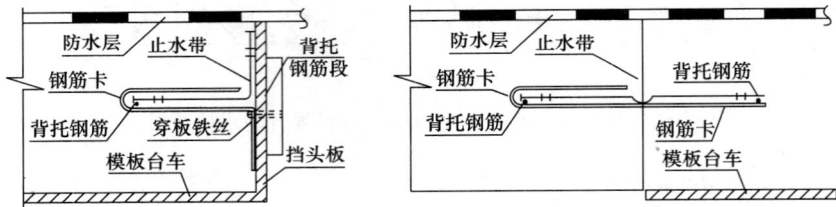

图 7-56 中埋式止水带施工方法示意

① 止水带安装的横向位置。用钢卷尺量测内模到止水带的距离，与设计位置相比，允许误差为 ±5cm。

② 止水带安装的纵向位置。通常止水带以施工缝或伸缩缝为中心两边对称，用钢卷尺检查，要求止水带偏离中心的允许误差为 ±3cm。

③ 用角尺检查止水带与衬砌端头板是否正交，不正交时会减短止水带的有效长度。

④ 检查接头处上下止水带的压茬方向，此方向应以排水畅通、将水外引为正确方向，即接头部位下部止水带压住上部止水带。

⑤ 用手轻撕接头检查接头强度，观察接头强度和表面打毛情况。接头外观应平整、光洁，抗拉强度不低于母材，不合格时应重新焊接。

2. 止水条

止水条一般选用制品型遇水膨胀橡胶止水条，选用的遇水膨胀橡胶止水条应具有膨胀性能，其 7d 的膨胀率不大于最终膨胀率的 60%，止水条表面没有开裂、缺胶等缺陷，无受潮提前膨胀现象。

遇水膨胀橡胶止水条应牢固地安装在缝表面或预留槽内，先将预留槽清洗干净，然后涂一层胶粘剂，将止水条嵌入槽内，如图 7-57 所示。止水条连接应采用搭接，搭接长度大于 50mm，搭接头要用水泥钉钉牢，如图 7-58 所示。带注浆孔遇水膨胀止水条搭接时，连接管应按图 7-59 所示安装，备用注浆管应引入衬砌内侧。

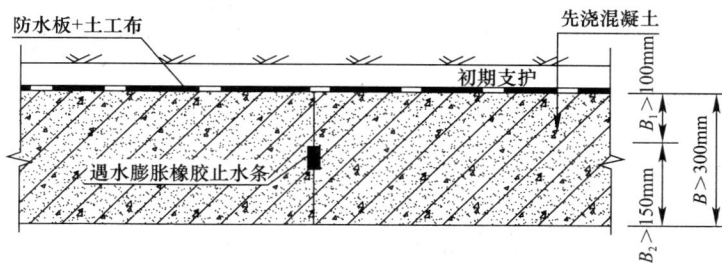

图 7-57　施工缝止水条设置

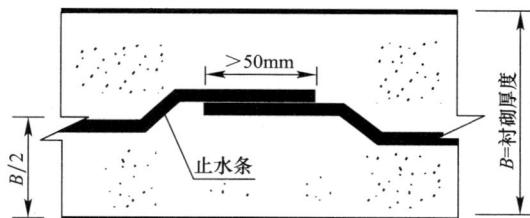

图 7-58　止水条搭接示意

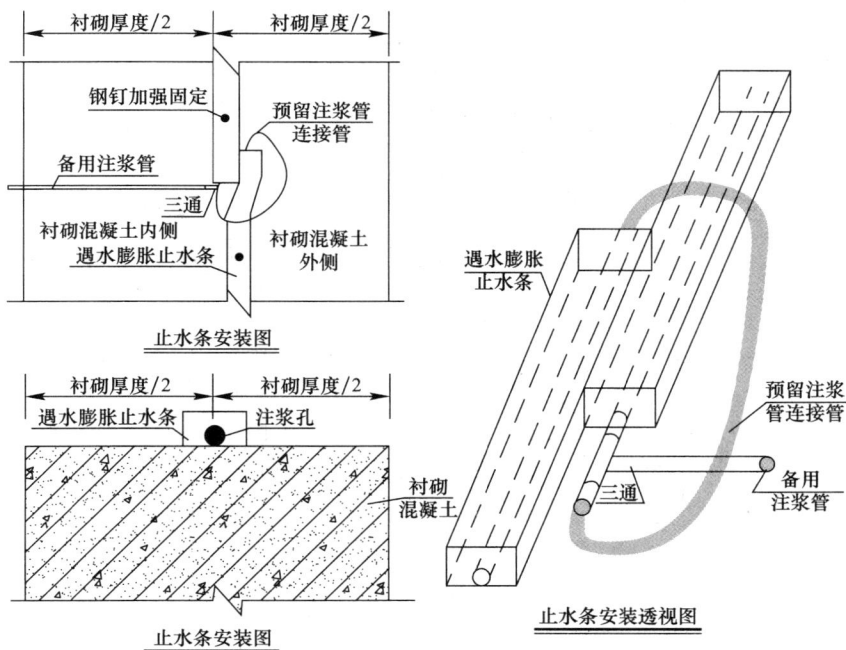

图 7-59　带注浆孔遇水膨胀止水条连接管安装示意

7.6　结构防排水施工

止水条应沿施工缝回路形成闭合回路，不得有断点。止水条安装位置、接头连接应符合设计要求，与槽底密贴，没有空隙。

7.7　二次衬砌

在永久性的隧道及地下工程中常用的衬砌形式有以下三种：整体式衬砌、复合式衬砌及锚喷衬砌。本节中的二次衬砌施工主要为复合式二次衬砌。

7.7.1　二次衬砌施工方法

按照现代支护理论和新奥法施工原则，二次衬砌是在围岩与支护基本稳定后施作的，此时隧道已成型。在稳定性很差的围岩中，初期支护受力很大，也要尽快施作二次衬砌，使其与初期支护共同形成强大的支护体系，以制止围岩的进一步恶化。为保证衬砌质量，衬砌施工按先仰拱、后墙拱，即由下到上的顺序连续灌筑。在隧道纵向，则需分段进行，分段长度一般为9～12m。

7.7.2　模板类型

常用的模板设备有：整体移动式模板台车、穿越式（分体移动）模板台车、拼装式拱架模板等。

1. 整体移动式模板台车

整体移动式模板台车主要由大块曲模板、机械或液压脱模、背附式振捣设备集装成整体，并在轨道上走行。有的还设有自行设备，从而缩短立模时间，墙拱连续灌筑，加快衬砌施工速度（图7-60）。

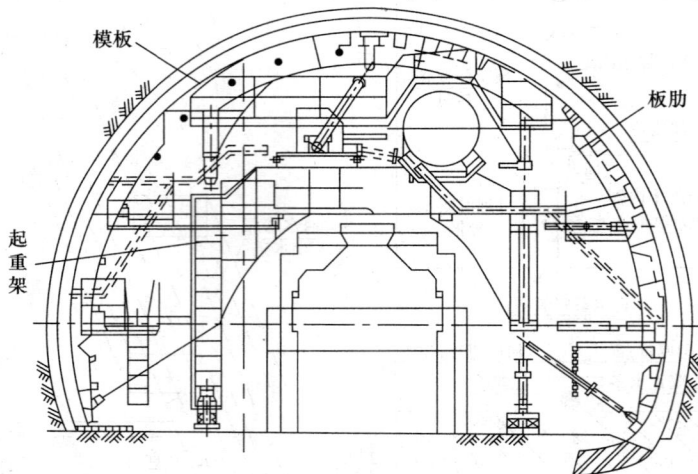

图 7-60　整体移动式模板台车

模板台车的长度即一次模筑段长度，应根据施工进度要求、混凝土生产能力和灌筑技术要求以及曲线隧道的曲线半径等条件来确定。

整体移动式模板台车的生产能力大，可配合混凝土输送泵联合作业，是较先进的模板设备，但其尺寸大小比较固定，可调范围较小，影响其适用性，且一次性设备投资较大。我国有些施工单位自制较为简单的模板台车，效果也很好。

2. 穿越式（分体移动）模板台车

这种台车是将走行机构与整体模板分离，因此一套走行机构可以解决几套模板的移动问题，既提高了走行机构的利用率，又可以多段衬砌同时施作。

3. 拼装式拱架模板

拼装式拱架模板的拱架可采用型钢制作或现场用钢筋加工成桁架式拱架。为便于安装和运输，常将整榀拱架分解为 2～4 节，进行现场组装，其组装连接方式有夹板连接和端板连接两种形式。为减少安装和拆卸工作量，可以做成简易移动式拱架，即将几榀拱架连成整体，并安设简易滑移轨道。

拼装式模板多采用制定型组合钢模板，其厚度均为 5.5cm，宽度有 10cm、15cm、20cm、25cm、30cm，长度有 90cm、120cm、150cm 等。局部异形及挡头板可采用木板加工。

拼装式拱架模板的一次模筑长度，应与围岩地质条件、施工进度要求、混凝土生产能力以及开挖后围岩的动态等情况相适应。一般分段长度为 2～9m，松软地段最长不超过 6m。拱架间距应视未凝混凝土荷载大小及隧道断面大小而定，一般可采用 90cm、120cm 及 150cm。

拼装式拱架模板的灵活性大，适应性强，尤其适用于曲线地段。因其安装架设较费时费力，故生产能力较模板台车低。在中小型隧道及分部开挖时，使用较多。传统的施工方法中，因受开挖方法及支护条件的限制，其衬砌施作多采用拼装式拱架模板。

7.7.3　衬砌施工准备工作

在灌筑衬砌混凝土之前，要进行隧道中线和水平测量，检查开挖断面，放线定位，混凝土制备和运输等准备工作。

这些准备工作，除应按模筑混凝土工程的一般要求进行外，还应注意以下各点。

1. 断面检查

根据隧道中线和水平测量，检查开挖断面是否符合设计要求，欠挖部分按规范要求进行修凿，并做好断面检查记录。

墙脚地基应挖至设计标高，并在灌筑前清除虚渣，排除积水，找平支承面。

2. 放线定位

根据隧道中线和标高及断面设计尺寸，测量确定衬砌立模位置，并放线定位。

采用整体移动式模板台车时，实际是确定轨道的铺设位置。轨道铺设应稳固，其位移和沉降量均应符合施工误差要求。轨道铺设和台车就位后，都应进行位置、尺寸检查。放线定位时，为了保证衬砌不侵入建筑限界，须预留误差量和预留沉落量，并注意曲线加宽。

预留误差量是考虑到放线测量误差和拱架模板就位误差，为保证衬砌净空尺寸，一般将衬砌内轮廓尺寸扩大 5cm。

预留沉落量是考虑到未凝混凝土的荷载作用会使拱架模板变形和下沉；后期围岩压力作用和衬砌自重作用（尤其是先拱后墙法施工时的拱部衬砌）会使衬砌变形和下沉，故须预留沉落量。这部分预留沉落量根据实测数据确定或参照经验确定。

预留误差量和预留沉落量应在拱架模板定位放线时一并考虑确定，并按此架设拱架模板和确定模板架的加工尺寸。

3. 拱架模板整备

使用拼装式拱架模板时，立模前应在洞外样台上将拱架和模板进行试拼，检查其尺寸、形状，不符合要求的应予修整。配齐配件，模板表面要涂抹防锈剂。洞内重复使用时亦应注意检查修整。拱架模板尺寸应按计算的施工尺寸放样到放样台上，并注意曲线加宽后的衬砌及模板尺寸。

使用整体移动式模板台车时，在洞外组装并调试好各机构的工作状态，检查好各部尺寸，保证进洞后投入正常使用。每次脱模后应予检修。

4. 立模

根据放线位置，架设安装拱架模板或模板台车就位。安装和就位后，应做好各项检查，包括：位置、尺寸、方向、标高、坡度、稳定性等；并注意处理好以下几个问题。

（1）每排拱架应架设在垂直于隧道中线的竖直平面内，不得倾斜；对于曲线隧道，因曲线外弧长、内弧短，则应分段调整拱架方向和模板长度。

（2）拱架应立于稳固的地基上。拱架下端一般应焊接端头板，以增大支承面，减少下沉；当地基较软弱时，应先用碎石垫平，再用短枕木支垫，此垫木不得伸入衬砌混凝土中。

当采用整体移动式模板台车时，其走行轨道应铺设稳定，轨枕间距要适当，道床要振捣密实，必要时可先施作隧道底板，防止过量下沉。

（3）拱架的架设要牢固稳定，保证其不产生过量位移。拱架立好后还应对其稳定性进行检查。固定的方法：横向有过河撑（断面较小时采用）、斜撑（断面较大时采用）、锚杆（锚固于围岩，穿过衬砌、模板、墙架、带木，用螺栓垫板固定拉住墙架）；纵向有带木、拱架间撑木、拉杆及斜撑；拱架与围岩之间的顶撑等。其中锚杆应先行安设，并做抗拔力的施工检算。

拱架模板的架设和加强，均应考虑其腹部的通行空间，以保证洞内运输的畅通。

（4）挡头模板应安装稳固，挡头板常用木板加工，现场拼铺，以便于与岩壁之间的缝隙嵌堵严密，也可以采用气囊式堵头。

（5）设有各种防水卷材、止水带时，应先行安装好，并注意挡头板不得损伤防水材料，以免影响防水效果。

5. 混凝土制备与运输

由于洞内空间狭小，混凝土多在洞外拌制好后，用运输工具运送到工作面再灌筑。其实际待用时间中主要是运输时间，尤其是长大隧道和运距较运时。因此运输工具的选择应注意装卸方便，运输快速，保证拌好的混凝土在运输过程中不发生漏浆、离析泌水，坍落度损失和初凝等现象。

可结合工程情况，选用各种斗车、罐式混凝土运输车、或输送泵等机械。

7.7.4 混凝土的灌筑、养护与拆模

在做好上述准备工作后，即可进行混凝土灌筑。隧道衬砌混凝土的灌筑应注意以下几点：

（1）保证捣固密实，使衬砌具有良好的抗渗防水性能，尤其应处理好施工缝。

（2）整体模筑时，应注意对称灌筑，两侧同时或交替进行，以防止未凝混凝土对拱架模板产生偏压而使衬砌尺寸不合要求。

（3）若因故不能连续灌筑，则应按规定进行接茬处理。衬砌接茬应为半径方向。

（4）边墙基底以上1m范围内的超挖，宜用同级混凝土同时灌筑。其余部分的超、欠挖应按设计要求及有关规定处理。

（5）衬砌的分段施工缝应与设计沉降缝、伸缩缝及设备洞位置统一考虑，确定合理位置。

（6）封口方法。当衬砌混凝土灌筑到拱部时，需改为沿隧道纵向进行灌筑，边灌筑边铺封口模板，并进行人工捣固，最后堵头，这种封口称为"活封口"。当两段衬砌相接时，纵向活封口受到限制，此时只能在拱顶中央留出一个50cm×50cm的缺口，待后进行"死封口"（图7-61）。采用整体式模板台车配以混凝土输送泵时，可以简化封口。

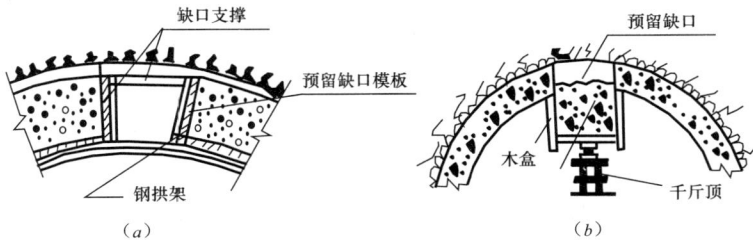

图 7-61 拱部衬砌封口（死封口）

（7）多数情况下隧道施工过程中，洞内的湿度能够满足混凝土的养护条件。但在干燥无水的地下条件时，则应注意进行洒水养护。

采用普通硅酸盐水泥拌制的混凝土，其养护时间一般不少于7d；掺有外加剂或有抗渗要求的混凝土，一般不少于14d。养护用水的温度应与环境温度基本相同。

（8）二次衬砌的拆模时间，应根据混凝土强度增长情况来确定。一般应

在混凝土达到施工规范要求强度时，方可拆模。有承载要求时，应根据具体受力条件来确定。

7.7.5　压浆、仰拱和底板

1. 压浆

在灌筑衬砌混凝土时，虽然要求将超挖部分回填，但由于操作方法方面的原因，其中有些部位并不可能回填得很密实，这种情况在拱顶背后一定范围内较为明显。因此，要求在衬砌混凝土达到设计强度后，向这些部位进行压浆处理，以使衬砌与围岩密贴（全面紧密接触），达到限制围岩后期变形，改善衬砌受力工作状态的目的。压浆浆液材料多采用单液水泥浆。

2. 仰拱和底板

若设计无仰拱，则铺底通常是在拱墙修筑好后进行，以避免与拱墙衬砌和开挖作业的相互干扰。若设计有仰拱，说明侧压和底压较大，则应及时修筑仰拱使衬砌环向封闭，避免边墙挤入造成开裂甚至失稳。但仰拱和底板施工占用洞内运输道路，对前方开挖和衬砌作业的出渣、进料造成干扰。因此，应对仰拱和底板的施作时间、分块施工顺序和与运输的干扰问题进行合理安排。

为施工方便，仰拱和底板可以合并灌筑，但应保证仰拱混凝土强度符合设计要求。

待仰拱和底板纵向贯通，且混凝土达到一定强度后，方能允许车辆通行。其端头可以采用石渣土填成顺坡通过。灌筑仰拱和底板时，必须把隧道底部的虚渣、杂物及淤泥清除干净，排除积水。超挖部分应用同级混凝土或片石混凝土灌筑密实。

7.8　辅助坑道

当隧道较长时，可选择设置适当的辅助坑道，如横洞、斜井、竖井、平行导坑等，用以增加施工工作面，加快施工速度，改善施工条件（通风、排水）。

设置辅助坑道可能使隧道工程造价提高，辅助坑道选择适当与否，会影响其作用的发挥。因此，在选择辅助坑道时应根据是否利用其作为永久通风通道、工期要求、施工组织、地形条件、地质及水文地质情况、弃渣场地、施工机具、经济性等各个方面综合考虑，其断面尺寸由地质及施工需要、机具情况而定，一般不宜过大。在无特殊要求时，辅助坑道的支护一般只要求能够保证施工期间的稳定和安全即可。

7.8.1　横洞

横洞是在隧道侧面修筑的与之相交的坑道。当隧道傍山沿河、侧向距离地面较近时，就可以考虑设置横洞。

横洞布置见图 7-62。为便于车辆运输，相交处可用半径不小于 7 倍轴距的圆曲线相连。运输方式可采用无轨运输或有轨运输。但应注意，横洞纵坡因考虑到便于排水及重车下坡运输方便，有轨运输时应向外设不小于 3‰ 的下坡，无轨运输时可视车辆情况而定。

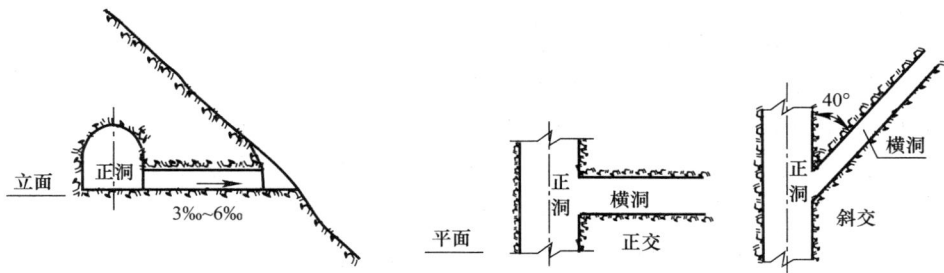

图 7-62　横洞布置示意图

一般情况下，横洞不长，故较经济，因此在地形条件允许时，宜优先考虑采用横洞来增辟工作面。

选择横洞与隧道的交角一般不小于 60°，地形限制时不宜小于 40°，交角太小则锐角段围岩较易坍塌，斜交时最好朝向主攻方向。横洞与隧道的连接形式有双联式或单联式（表 7-19），相交处用半径不小于 12m 的曲线连接。

横洞与隧道的连接形式　　　　　　　　　　表 7-19

联接形式		图式	说明	联接形式		图式	说明
单联式	正交		横洞与隧道的平面交角为 40°～60°；R 不小于 7 倍机车车辆轴距	双联式	正交		R 不小于机车车辆轴距；L 为 15～25m
	斜交				斜交		

在考虑把横洞作为运营时的通风口的情况下，横洞断面大小应按通风要求及施工需要一并考虑。并宜修筑（至少在两端适当长度范围内）永久衬砌。

有时在隧道洞口处桥隧相连，影响施工；或地质条件差，地形条件不利；路堑开挖量大尚未完工而需进洞等情况下，在洞口近处又有条件设置横洞，则可利用横洞进入正洞以避免施工干扰和加快提前进洞速度。

7.8.2　平行导坑

平行导坑是与隧道平行修筑的坑道。对于长大越岭隧道，由于地形限制，或因机具设备条件、运输道路等条件的限制，无法选用横洞、竖井、斜井等辅助坑道时，为加快施工速度，及超前地质勘察，可采用平行导坑方案。但由于多开挖一个导坑使工程造价提高，因此在 3000m 以上的隧道，无其他辅助导坑可设时才考虑平行导坑方案。大断面开挖的隧道，采用大型机具施工，干扰小，施工条件好（如通风、排水、运输等），因此一般不需采用平行导坑。

1. 平行导坑在隧道施工中的作用

平行导坑超前掘进，可进行地质勘察，充分掌握前方地质状况；平行导坑通过横通道与正洞联络，可以增加正洞工作面，加快施工速度，且构成巷道式通风系统、排水降水系统、进料出渣运输系统，可以将洞内作业分区段进行，减少相互干扰；此外还可以构成洞内测量导线网，提高测量精度。

2. 平行导坑设计及施工要点

（1）平行导坑的平面布置。一般设于地下水流向隧道的一侧，以利用平行导坑排水，使正洞干燥，但同时也应结合地质情况及弃渣场地等条件综合确定。平行导坑与正洞之间的最小净距离，应视地质条件、施工方法、导坑跨度等因素确定，并考虑由于导洞开挖而形成的两个"自然拱"不相接触为好，否则容易造成塌方。一般平行导坑距正洞约为 20m，平行导坑底面标高应低于隧道底面标高 0.2~0.6m，以有利于正洞的排水和运输。纵坡原则上与隧道纵坡一致，或出洞 3‰ 的下坡。

（2）初进洞时可在适当长度（500m 左右）不设横通道，以后，每隔 120~180m 设一个横通道，以便于运输。为方便运输调车作业，每隔 3~4 个横通道设置一个反向横通道。

从维持围岩稳定和运输顺畅考虑，横道与隧道中线的平面交角一般以 40°~45° 为宜，夹角过小则夹角中围岩易坍，并且增加了横通道的长度；夹角过大则运输线路的运行条件差。横通道坡度则由正洞与平行导坑的高差而定。

（3）平行导坑衬砌与否，视地质情况而定，一般可不修筑。当考虑作为永久通风道或泄水洞时应作衬砌。

（4）为更好地发挥平行导坑的增辟工作面的作用，以及利用平行导坑超前预测正洞经过地带的地质情况，平行导坑应超前正洞导坑两个横通道以上间距，不过，也不宜过大，以减少平行导坑施工通风等困难。

（5）平行导坑与正洞的各项作业应分区分段进行，以减少干扰。分区分段长度应结合横通道及运输组织来选择。

有轨运输时，在平行导坑中一般都采用单道运输，为满足运输调车的需要，可每隔 2~3 个横通道铺设一个双道的会车站，其有效长度一般为 50~60m。

7.8.3　斜井

斜井是在隧道侧面上方开挖的与之相连的倾斜坑道。当隧道洞身一侧有较开阔的山谷且覆盖不太厚时，可考虑设置斜井。

斜井设计施工应注意以下事项：

（1）当隧道埋深不大，地质条件较好，隧道侧面有沟谷等低洼地形时，可采用斜井作为辅助坑道。斜井的平、剖面如图 7-63 所示。

（2）斜井长度一般不超过 200m，以降低工程造价及保证运输效能，因此，在选用较长斜井方案时，应作经济比较。

（3）斜井井口位置不应设在洪水淹没处。洞口场地最小宽度一般不应小于 20m，以利井口场地布置及卸料出渣，井身避免穿越含水量大及不良地质区段。设置位置应能使增辟工作面充分发挥作用。斜井仰角 α 的大小，主要考虑斜井长度及施工方便，一般以不大于 25° 为宜，且井身不宜设变坡。斜井与隧道中线的夹角不宜小于 40°，并在与隧道连接处宜用 15～25m 的水

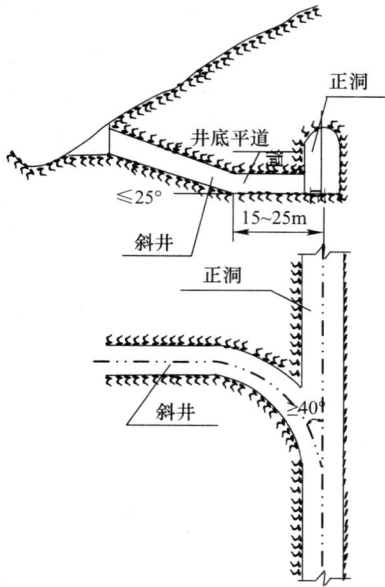

图 7-63 斜井布置示意图

平道相连，以便于运输作业和保证运输安全。井口场地通常设有向洞外的不小于 3‰ 的下坡，以防车辆溜向洞内造成事故，且有利于排水。

（4）斜井与隧道正洞的平面联接形式有单联式、斜双联式和正交双联式三种。采用单联式时，斜井与正洞中线的平面交角不宜小于 40°，此联接方式施工比较简单，多在用皮带运输机或梭式矿车出渣时采用。图 7-64 为斜交双联式，特点是在对着斜井的井底车站前方，有一段安全岔线。一旦斜井中发生溜车事故时，不会影响正洞施工的安全，其技术数据为：斜井井底变坡点与正洞中线的距离应不小于 25～30m；车站长度不小于 8～12m；安全岔线长度不小于 8～10m；联接曲线半径为 7～10 倍的车辆轴距；双通道与正洞平面交角为 30°～35°。正交双联式的特点及基本数据与斜交双联式相同，不同的是安全岔线设于两通道中间的岩体之中，开挖爆破时容易引起坍塌，故必须加强支护。

（5）提升机械一般用卷扬机牵引斗车，坡度很小时亦可采用皮带输送或无轨运输，斜井内的轨道数视出渣量而定。坑道大小在单线行车道时，一般底宽为 2.6m；三轨双线行车道时，底宽为 3.4m；双线行车道时，底宽为 4.1m（以上均包括单侧设宽 70cm 的人行道），高度通常不小于 2.6m。其中，以单线或三轨双线较为常用，并在斜井中部设有 20～30m 的四轨双线作错车道，这样可减少断面及节约运输器材。在斜井需作为通风道时，其断面大小应满足通风要求。

（6）井口段应修筑衬砌，其他部分视地质条件及是否作为永久通风道等条件决定是否修筑永久衬砌。

（7）施工期间应做好井口防排水工程，严防洪水淹没。卷扬机牵引斗车需防止钢丝绳中断或脱钩等事故。为此应严格控制牵引速度，斜井长小于

208

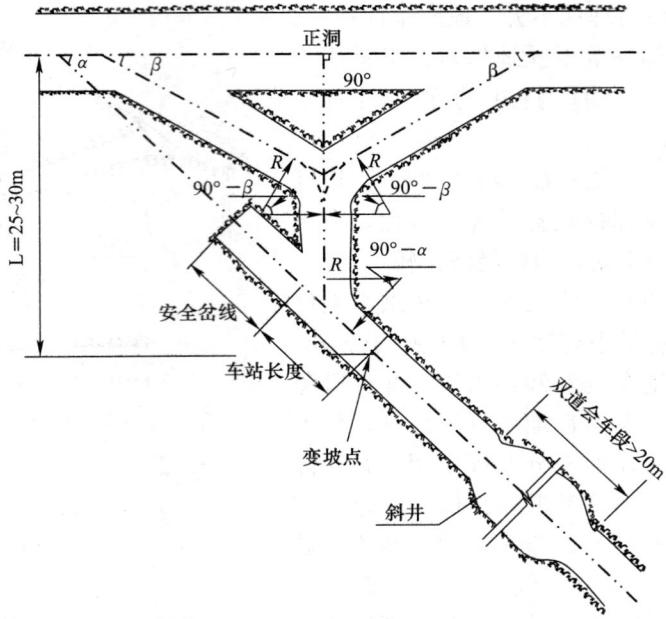

图 7-64　斜交双联式示意图

200m 时，车速不大于 3.5m/s；斜井长超过 200m 时，可适当提高车速。井口应设置安全闸（图 7-65），在斗车出洞后及时安好安全闸以防溜车，为防止斗车在坡道上因脱钩或钢丝绳断裂而下滑，可在斗车上或坡道上设置止溜沟，以阻止斗车继续下滑。也可以在斜井坡道终点或坡道中间适当位置设置安全缆绳（图 7-65），由专人负责看守，在斗车经过后，即在坑道的两侧之间揽以钢丝绳，万一斗车脱钩，也不致冲入井底车场而发生严重事故。此外，在井底调车场及井身每隔 30～50m 宜设避险洞以保证作业人员安全。

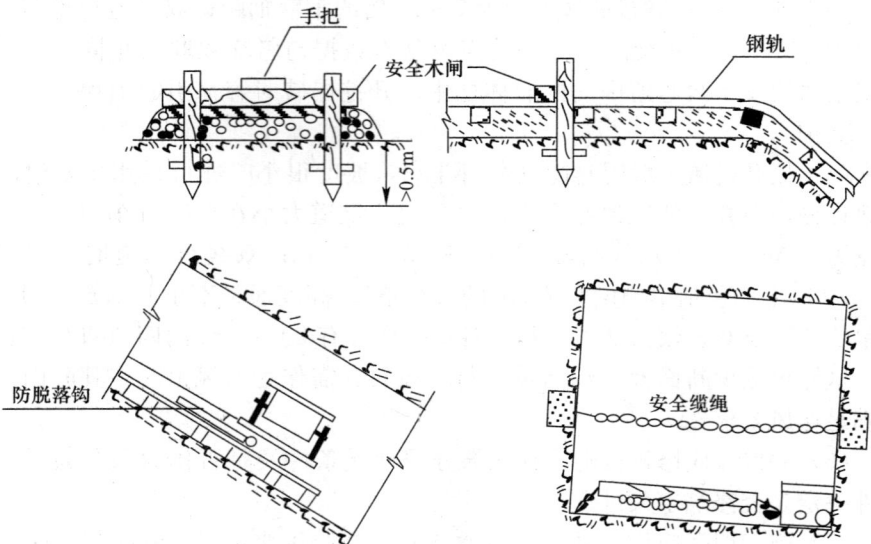

图 7-65　斜井安全设施

（8）为保证施工安全，还应注意井底车场需加支撑，或修筑衬砌。为提高运输效率，可在井底调车场加设储渣仓，并尽量不在斜井口处进行摘挂作业。

7.8.4 竖井

竖井是在隧道上方开挖的与隧道相连的竖向坑道。

覆盖层较薄的长隧道、或在中间适当位置覆盖层不厚、具备提升设备、施工中又需增加工作面时，则可用竖井增加工作面的方案。竖井深度一般不超过150m。

竖井的位置可设在隧道一侧，与隧道的距离一般情况下为15~25m之间（图7-66），或设置在正上方。竖井设置在隧道一侧时，施工安全、干扰少，但通风效果差；竖井设在隧道正上方时，通风效果好，不需另设水平通道，但施工干扰大，施工中不太安全。圆形断面的断面利用率低，但施工较方便，且受力条件好，故常用于压力较大的围岩中修筑临时性竖井和简易竖井。

竖井的位置、断面形状，应根据施工要求、通风、是否作为永久通风道、造价等因素综合考虑确定。

当隧道设两个以上竖井时，应作经济性分析，以保证工程造价不致过高。

竖井断面尺寸根据提升能力、机具设备、通风排水等铺设的管道、安全梯等设备的布置以及安全间隙等因素确定，多采用圆形断面，直径约为4~6m。竖井构造包括井口圈、井筒、壁座、井筒与隧道间的联接段、井下集水坑等部分（图7-67）。

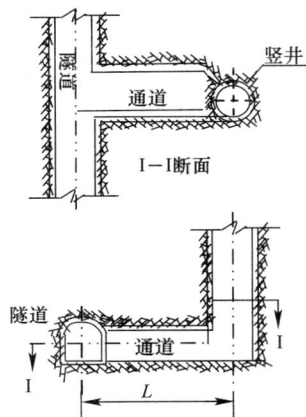

图 7-66 竖井布置示意图

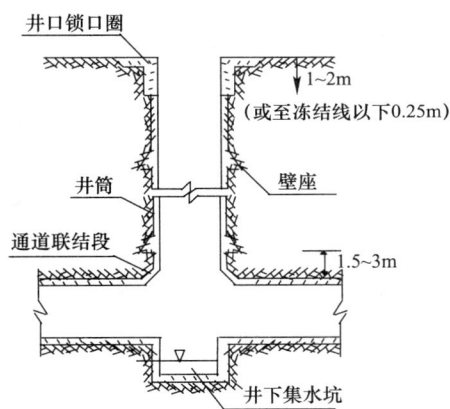

图 7-67 竖井主体结构

井口段常处于松软土壤中，从地面往下1~2m（严寒地区至冻结线以下0.25m）应设置钢筋混凝土锁口圈，以承受土压和经土壤传来的对井口建筑物、机具设备所产生的荷重，并承受施工时挂钩所悬吊的荷重。围岩较破碎时需修筑永久衬砌，开挖面与衬砌之间的距离不宜超过30m，衬砌厚度由设计计算确定，并不小于20cm。壁座是为防止井壁下滑而设置的，视地质情况及衬砌结构确定壁座位间距，一般为30~40m。

施工中，在井口、井底需有必要的安全措施，以防施工时发生事故。井口要注意防洪，加强排水防洪设施。井口与井底间应设置联系用的通信信号设备。

根据地质及水文条件，竖井可采用人工开挖或下沉沉井的方法进行施工。此外，在有条件和必要时，可设置投料孔（即一种小断面简易竖井），用于向洞内投放砂、石材料甚至混凝土等。此外投料孔常用钻井的方法施作，并与斜井或竖井配合使用，以减少进料对斜井或竖井运输的要求，从而提高斜井的生产能力。

小结及学习指导

本章内容包括隧道施工辅助方法的类型、特点及作用机理，隧道爆破施工，装渣运输方式，喷射混凝土的作用及施工工艺，锚杆的支护效应、种类及施工，监控量测项目及现场监控量测技术，结构防排水施工，辅助坑道种类及布置原则。

通过本章的学习，要求掌握隧道施工辅助措施的类型、特点及作用机理，能对隧道施工进行钻爆设计，掌握喷射混凝土的施工工艺，熟悉锚杆的种类及施工工艺，能进行监控量测设计和数据分析，熟悉辅助坑道的布置原则。

思考题与习题

7-1　简述隧道施工辅助方法的类型、特点及作用机理。

7-2　简述隧道爆破炮眼的种类和作用。在隧道爆破施工中，采用光面爆破与预裂爆破技术的作用是什么？

7-3　如何确定隧道爆破的各个设计参数？

7-4　隧道洞内运输方式有哪些？各自有何特点？

7-5　简述喷混凝土施工方法及其工艺流程、锚杆的种类及布置。

7-6　监控量测的目的、内容及方法是什么？

7-7　简述施工辅助坑道的种类及作用。

第8章

隧道其他施工方法

本章知识点

知识点：隧道掘进机施工法，盾构法，明（盖）挖法，及沉管法
       概要。

重　点：掘进机的类型、破岩机理、掘进循环过程，明挖法中保
       持基坑稳定的措施，地下连续墙的施工过程，盾构机的
       组成部分及其作用，土压平衡盾构维持开挖面稳定的原
       理，沉管法的施工流程。

难　点：掘进机的破岩机理、掘进循环过程，各种类型盾构机的
       工作原理。

8.1　隧道掘进机（TBM）施工

8.1.1　隧道掘进机施工法概述

隧道掘进机（Tunnel Boring Machine，简称 TBM）施工法是用隧道掘进
机切削破岩，开凿岩石隧道的施工方法。隧道掘进机是一种机械化的隧道掘
进设备。不同的地质条件需要不同的掘进方式，也就产生了不同类型的隧道
掘进机，有些适用于软弱不稳定地层，称为（机械化）盾构；有些适用于坚
硬岩石地层，习惯上所说的隧道掘进机就是指这类岩石掘进机。由于在长大
隧道中，地层性质往往都不是单一的，经常会遇到复杂多变的地质条件，因
此需要有既能适应软岩又能适应硬岩的掘进机，通过将岩石掘进机与盾构相
结合就成了实用性较强的混合式掘进机，称为护盾式掘进机。

掘进机广泛采用电子、信息、遥测、遥控等高新技术对全部作业进行指
导和监控，使掘进过程始终处于最佳状态，可一次性完成隧道全断面掘进、
初期支护、石渣运输、仰拱块铺设、注浆、风、水、电管路和运输线路的延
伸等，就像一列移动的火车，实现了隧道的工厂化施工，因此有"移动式掘
进工厂"之称。从总体上来看，掘进机技术体现了计算机、新材料、自动化、
信息化、系统科学、管理科学等高新技术的综合和密集使用，是当今世界上
最先进的隧道施工机械。

掘进机施工具有掘进速度快、机械化程度高、显著改善施工环境、劳动

条件好、节省劳动力、围岩扰动小、对环境影响小等优点。而其最大的优点是快速，施工速度可达到常规钻爆法的 3～10 倍。

掘进机的缺点有：主机重量大，运输不方便，安装工作量大，需要现场有良好的运输、装卸条件以及大型的起重设备，特别是地质条件的适应性不如常规的钻爆法。此外，购买掘进机的一次性费用高，还要购买配件、技术协助、运费等。因此，短隧道使用掘进机是不经济的，要求隧道有一定的长度，一般使用掘进机的隧道经济长度为 3～10km；其次，掘进机必须一机一洞，即一个隧道施工完后下一个工程的横断面必须与前者相同，否则即使设备完好也难物尽其用。

虽然钻爆法仍是当前山岭隧道施工中普遍采用的方法，而且掘进机也很难取代钻爆法，但用掘进机施工的隧道数量在不断上升。据不完全统计，世界上采用掘进机施工的隧道已有 1000 余座（直径在 1.8～11.87m），总长度在 4000km 左右。特别是在欧美国家，由于劳动力昂贵，掘进机施工已成为施工方案比选时所必须考虑的一种方案。

8.1.2　掘进机类型

山岭隧道掘进机分为全断面和悬臂式两大类，全断面掘进机又分开敞式和护盾式两类，护盾型又分单护盾和双护盾。目前使用的掘进机主要是全断面掘进机，悬臂式尚处在发展的初期阶段。开敞式和护盾式掘进机的区别在于开敞式掘进机在开挖中依靠撑在岩壁上的水平支撑提供设备推力和扭矩的支撑反力，开挖后的围岩暴露于机械四周，一般而言，开敞式掘进机适合于硬岩隧道的开挖；而护盾掘进机则可在掘进中利用尾部已安装的衬砌管片作为推进的支撑，围岩由于有护盾防护，在护盾长度的范围内，不暴露，因此护盾掘进机更适用于软岩。

单护盾掘进机适用于软岩地层以及自稳时间相对较短、地质条件较差的地层（图 8-1）。单护盾掘进机在掘进和安装衬砌管片时是依照顺序进行的，即不能同时作业。掘进中，它依靠后部的推进千斤顶顶推已安装好的衬砌管

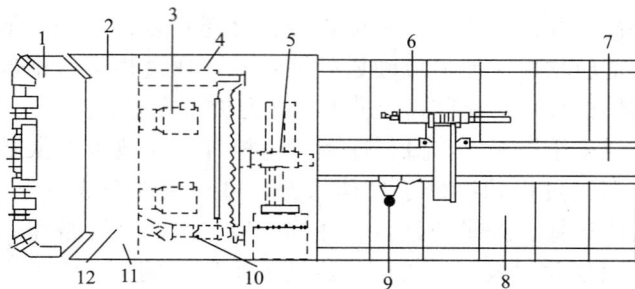

图 8-1　单护盾掘进机示意图

1—刀盘；2—护盾；3—驱动组件；4—推进千斤顶；5—管片安装器；6—超前钻机；7—出渣输送机；8—拼装好的管片；9—提升机；10—铰接千斤顶；11—主轴承、大齿圈；12—刀盘支撑

片（图 8-2）得以向前掘进，掘进停止后，利用管片安装机将分成若干的一环管片安装到隧道上。

双护盾掘进机（图 8-3）在软岩及硬岩中都可以使用，其在自稳条件不良的地层中施工时，优越性更突出。它与单护盾掘进机的区别在于增加了一个护盾。在硬岩中施工时利用水平撑靴，支撑到洞壁，传递反力，所以它既可利用尾部的推力千斤顶顶推尾部安装好的衬砌管片推进，也可以在利用水平支撑进行开挖时，同时安装衬砌管片，因此双护盾掘进机使开挖和安装衬砌管片的停机换步时间大大缩短。

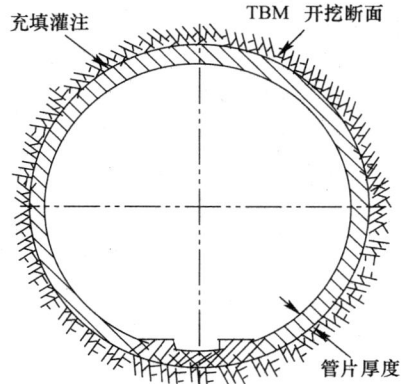

图 8-2　全周预制钢筋混凝土
管片衬砌示意图

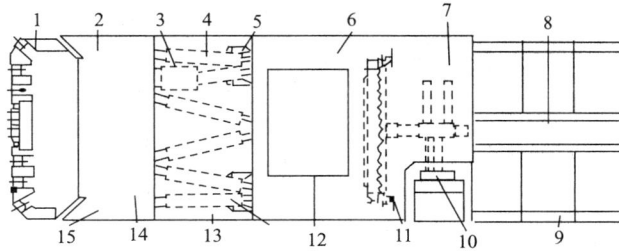

图 8-3　双护盾掘进机示意图

1—刀盘；2—前护盾；3—驱动组件；4—推进油缸；5—铰接油缸；6—撑靴护盾；7—尾护盾；
8—出渣输送机；9—拼装好的管片；10—管片安装机；11—辅助推进靴；12—撑靴；13—伸缩
护盾；14—主轴承、大齿圈；15—刀盘支撑

8.1.3　开敞式掘进机基本构造

1. 主机

（1）基本构造

目前世界上生产的开敞式掘进机基本有两种形式——单支撑和双支撑。

单水平支撑掘进机如图 8-4 所示。它的主梁和大刀盘支架是掘进机的构架，为所有的其他构件提供安装支点。大刀盘支架的前部安装主轴承和大内齿圈，它的四周安装了刀盘护盾，利用可调式顶盾、侧盾和下支撑保持与开挖洞面的浮动支承，从而保证了大刀盘的稳定。主梁上安装推力千斤顶和支撑系统。由于采用了一对水平支撑，因此它在掘进过程中，方向的调整是随时进行的，掘进的轨迹是曲线。单支撑式掘进机主轴承多为三轴承组合，驱动装置直接安装在刀盘的后部，故机头较重，刀盘护盾较长。

双水平支撑掘进机如图 8-5 所示。在主机架中间有两对水平支撑，它可以沿着镶着铜滑板的主机架前后移动。主机架的前端与大刀盘、轴承、大内齿圈相连接，后端与后下支撑连接，推进千斤顶借助水平支撑推动主机架及大

刀盘向前，布置在水平支撑后部的驱动装置通过传动轴将扭矩传到大刀盘。在掘进中由两对水平支撑撑紧洞壁，因此掘进方向一经定位，只能沿着直线掘进，只有在重新定位时，才能调整方向，所以掘进机轴线是折线。

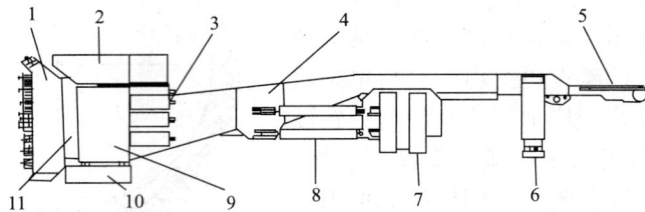

图 8-4　单水平支撑掘进机示意图

1—刀盘；2—拱顶护盾；3—驱动组件；4—主梁；5—出渣输送机；6—后下支撑；7—撑靴；
8—推进千斤顶；9—侧护盾；10—下支撑；11—刀盘支撑

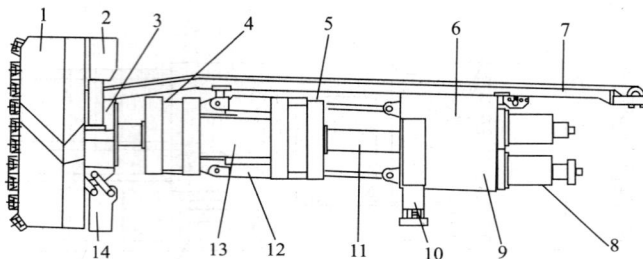

图 8-5　双水平支撑掘进机示意图

1—刀盘；2—顶护盾；3—轴承外壳；4、5—水平支撑（前、后）；6—齿轮箱；7—出渣输送机；
8—驱动电机；9—星形变速箱；10—后下支撑；11—扭矩筒；12—推进千斤顶；13—主机架；
14—仰拱刮板（前下支撑）

开敞式掘进机结合工程实践取得了丰富的经验，仍在不断改进和发展。例如，双水平支撑，有的改为 X 形支撑，也有将大刀盘三轴组合形成前后两组轴承的简支型。

（2）刀盘

刀盘是钢结构焊接件，其前端是加强了的双层壁，通过溜渣槽与后隔板相连接，刀盘后隔板是用螺栓与刀盘轴承联接。刀盘装有若干个盘形滚刀用于挤压切削岩石，同时在前端还装有径向带齿的石渣铲斗用于软岩开挖。刀座是大刀盘的一部分，做成凹形，使盘形刀刃圈凸出刀盘，这样可以防止破碎围岩中大块岩石阻塞刀盘。大刀盘具有足够的强度和刚度，从而使施加在大刀盘上的推力平均分配到全部盘形滚刀上，使它们达到同时压挤入岩石至同一深度，并使掘进机处于高效率运转状态。否则不仅不能完成良好的切削，也会由于个别盘形刀受到超载的推力而过早损坏，使刀具费用急剧增加。刀盘上盘形刀的平面布置，是根据使用盘形刀的类型和合理刀间距来考虑的，一般而言，在硬岩中刀间距大约是贯入度（即大盘每转动一圈，盘形刀切入岩石的深度）的 10～20 倍即 65～90mm，如图 8-6 所示。开挖下来的石渣利用刀盘圆周上的若干铲斗和刮渣器以及刀盘正面上径向渣口，经刀盘内部的导引板将石渣通过漏斗传送到主机胶带输送机上。

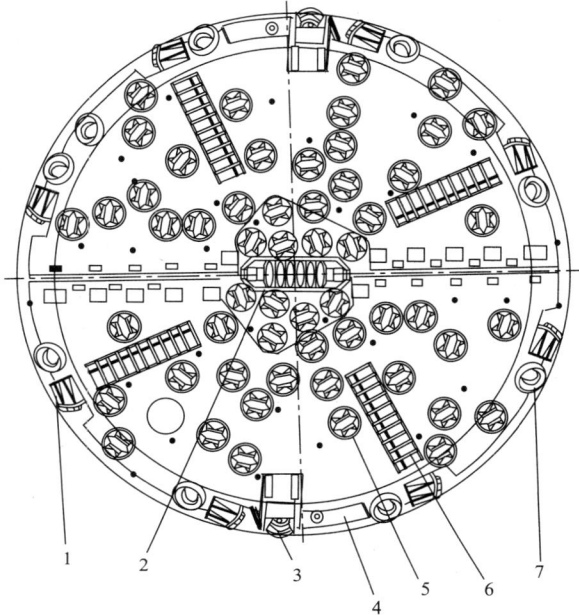

图 8-6　大刀盘示意图

1—铲斗；2—中心刀；3—扩孔边刀；4—扩孔刮渣器；5—面刀；6—铲齿；7—边刀

（3）支撑和推进系统

支撑系统是掘进机的固定部分。当掘进时，它支撑着掘进机的重量并将开挖推力和扭矩传递给岩壁形成反力。不同结构形式的掘进机，支撑系统对掘进方向的控制不同。双水平支撑的开敞式掘进机在换步时利用后下支撑来调整机器的方位，一经确定，刀盘只能按预定方向掘进（图 8-7）。

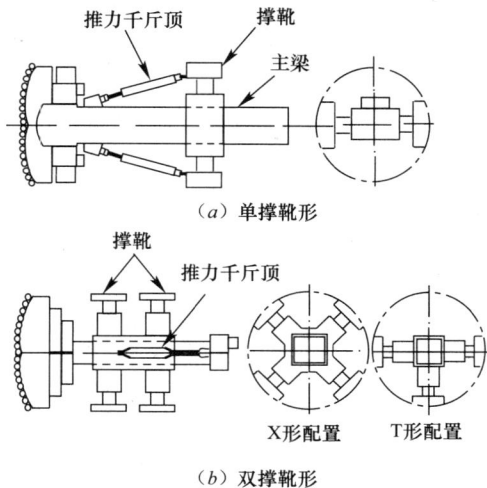

（a）单撑靴形

（b）双撑靴形

图 8-7　敞开型 TBM 的撑靴形式

一般掘进机能提供的支撑反力应是大刀盘额定推力的 3 倍左右，足够大的支撑反力能保证在强大推力下掘进时，刀盘有足够的稳定和正确的导向，并有利于刀具减少磨耗。开挖刀盘推进力是按照每把盘形刀所能承受的推力和盘形刀数量来决定的。支撑靴借助球形铰自动均匀地支撑在洞壁上，避免引起集中荷载对洞壁的破坏。

（4）刀盘驱动系统

刀盘驱动方式有两大类：电动和液压。电动又分单速电机、双速电机和调频电机。

掘进机贯入度指标是反映掘进能力的重要指标，在很大程度上取决于刀盘的转速和推力。采用无级调速确定刀盘的转速就可以根据岩石的变化而产生最大的适应性，有效地控制刀盘负荷和振动，提高瞬时贯入度，减少刀具的磨耗。无级调速可以通过液压传动和变频调速两种方式达到。利用标准工业电机可采用变频技术，它具有较高的惯性，当 0～50Hz 时可以达到全扭矩，启动扭矩瞬时可以达到额定扭矩的 170%，启动电流小、效率高，但它要求工作环境严格。液压驱动方式技术相对成熟，启动扭矩大，但效率低（70% 左右），维修相对比电机复杂。双速电机通过变换极对数达到两挡变速，它体积较大、启动电流大，但结构简单、可靠性高。

大刀盘的转速目前控制于其边刀线速度不超过 2.5m/s，这主要是受盘形刀材料及岩石破碎速度影响而决定的。例如西安至安康铁路秦岭隧道的修建使用德国维尔特公司生产的 TB850/1000E 开敞式掘进机，大刀盘直径为 8.8m，其转速为 5.4rad/min（低速为 2.7rad/min）。

2. 后配套设备

掘进机主机与后部配套设备，组成了一个完整的掘进机设备。后配套设备主要是为主机提供供给的设备和石渣运输系统。后配套设备包括液压传动站（它为主机液压系统提供动力源）、变电设备、开关柜、主驾驶室、通信系统、备用发电机、空压机、通风系统、喷射混凝土设备、围岩加固堵水注浆设备以及供水系统。运渣系统则是后配套设备上的胶带输送机将主机输送机运来的石渣卸入矿车，再用内燃机车牵引运到洞外。

通常后配套设备是安装在一轨道平台车上，小断面掘进机受开挖隧道空间的限制，可采用单线运渣轨道。而较大断面的掘进机，可能采用双线运渣轨道。由于开挖的隧道是圆形，所以铺设轨道时，一般先将预制的仰拱块安装在隧道底部。仰拱块上预留排水槽，钢拱架沟槽及预埋轨道螺栓扣件。因此轨道的铺设延伸，不仅能保证轨道的铺设精度，同时也提高了出渣列车的运行稳定和速度。运渣列车先由铺设于隧道的轨道，再通过后配套设备尾部的爬轨斜坡道，进入平台车上的轨道系统（图 8-8）。

在后配套平台车上安放通风管、接力风机，供应新鲜空气的主风机放在洞外。通过风管与后配套上的接力风机连接。在掘进机施工中，隧道通风考虑的主要因素是施工人员的需要、设备运输中产生的热量、岩石破碎以及喷射混凝土中产生的粉尘、内燃机设备产生的废气等。

在后配套平台车上安放供、排水设备。供水设备用来对盘形刀进行冷却、刀盘内腔室的水雾除尘、液压系统对油的冷却、驱动电机的水冷以及必要的空气冷却等。为了提高供水压力，往往在水箱上设置增压水泵，一般用水量可按每开挖 $1m^3$ 岩石需要 $0.5m^3$ 左右估算。隧道开挖中排水至关重要，必须采取强制排水措施防止积水对主机的漫浸，尤其在安放仰拱块时（图 8-8）更需要将水排净。顺坡开挖时，应充分利用仰拱块上的排水沟排水；反坡开挖时，应设多处积水槽，利用多处水泵站排水至洞外。

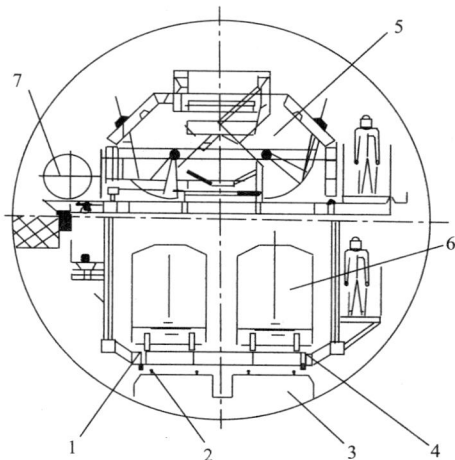

图 8-8 仰拱块及轨道示意图

1—车辆车轮及平台车上轨道；2—仰拱块上轨道及平台车车轮；3—仰拱预制块；4—后配套平台车；5—石渣分配系统；6—矿车；7—通风管道

8.1.4 掘进

1. 破岩机理

掘进机切削破碎岩石的机理是它在掘进时盘形刀沿岩石开挖面滚动，同时通过大刀盘均匀地在每个盘形刀上对岩面施加压力，形成滚动挤压切削而实现破岩。刀盘每转动一圈，将贯入一定深度，在盘形刀刀刃与岩石接触处，岩石被挤压成粉末，从这个区域开始，裂缝向相邻切割槽扩展，进而形成片状石渣。图 8-9 显示了掘进机切削岩石机理。

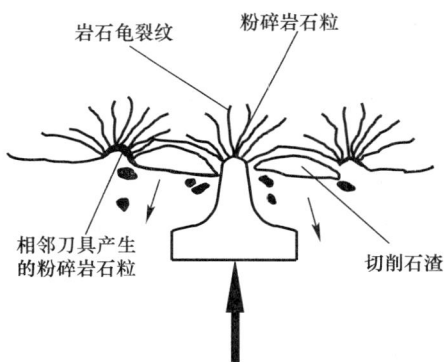

图 8-9 掘进机切削岩石机理示意图

不同岩石需要不同的盘形刀压入岩石的最低压强值，才能达到较理想的贯入深度。而贯入深度，在坚硬和裂隙很少的岩石中，一般为 2.5~3.5mm/转，在中等坚硬和裂隙较多岩石中，一般为 5~9mm/转。如果刀间距太大，一把盘形刀产生的压力达不到与相临盘形刀的影响范围相接，必定开挖不出片状石渣，从而使开挖效率降低；反之如果刀间距太小，则会使石渣块太小，从而浪费了设备的功率。

单个盘形刀的使用寿命，与轴承使用寿命、刀圈材质和加工质量以及它在刀盘上的位置有关。目前刀圈的形状已趋于常断面型，它的优点是刀圈尖端宽度在磨损后仍保持不变，因此确保了即使其承受的荷载有变化，也将具有良好的贯入速度，从而提高了切割速度并降低刀具的消耗。

掘进机施工不仅要注意岩石的抗压强度，还应注意岩石的磨蚀性以及岩体的裂隙程度，当岩体节理裂隙面间距越大时，切割也就越困难。

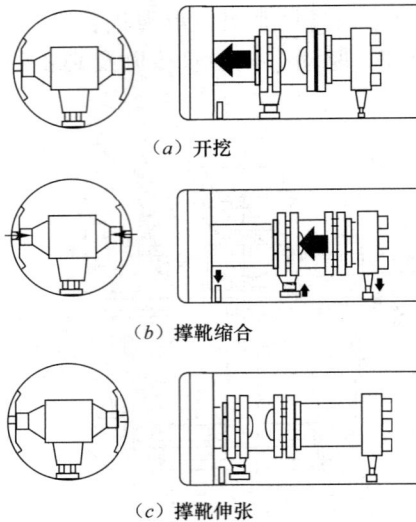

（a）开挖

（b）撑靴缩合

（c）撑靴伸张

图 8-10　开敞式掘进机掘进循环
示意图（双下支撑）

2. 开敞式掘进机的掘进作业循环过程

图 8-10 是开敞式掘进机掘进作业循环过程的示意图，从图中看出：

① 掘进循环开始时，水平支撑已移动到主机架的前端，将撑靴撑紧在洞壁上。仰拱刮板与仰拱处的岩面轻微接触，收回后下支撑，此时大刀盘可以转动，推进千斤顶将转动的大刀盘向前推进一个行程，此即是掘进状态（图 8-10a）。

② 在向前推进到达推进千斤顶行程终点处，结束开挖，大刀盘停止转动，放下后下支撑，同时仰拱刮板支撑大刀盘，此时整个机器的重量全部由前、后支撑支承（图 8-10b）。

③ 收回两对水平支撑靴，移动水平支撑到主机架的前端。掘进机掘进方向的调整可以通过后下支撑进行水平、垂直的调整，达到调整目标（图 8-10c）。

④ 当水平支撑移到前端限位后，又重新撑紧在洞壁上。此时收回后下支撑，仰拱刮板与仰拱又转换成浮动接触状态。此时掘进机即处于准备进行下一个掘进循环。

3. 施工管理

采用掘进机开挖隧道，实现了隧道施工的工厂化，这是一个大的管理系统工程。提高施工现场管理和设备管理水平，是提高掘进机施工效率和效益的基础。

从工程实例可知，使用同一型号的掘进机，在相同地质条件下，由于管理的原因而造成不同的纯掘进时间。例如材料供应不及时，就有可能造成仰拱块不能及时铺设，延误轨道的延伸，进而影响到掘进机下一个循环的进行。

把整个有效的作业时间作为掘进时间是不可能的，因为停机不掘进时间包括更换支撑时间、检查和更换刀具时间、维修保养时间、对围岩进行支护时间，作业造成的停机以及供料、出渣原因造成的停机和工地组织造成的停机等都在每日工作时间内。据统计，在一般地质条件下，掘进机净掘进时间在整个作业时间的 50% 左右是较为理想的。

提高设备完好率是保证提高净掘进时间的基础。只有坚持做好预防性维修才能保证掘进机利用率。

加强掘进机的管理，必须注意对刀具的管理，这是因为刀具消耗占据隧道开挖成本的很大部分。如果不适当地提高了推力，虽可提高净开挖速度，但刀具费用会急剧增大。故选择合理的掘进系数可以节省刀具费用的支出。如果只换上一把新刀，而它周围的刀具磨损已超过限度，则新刀就会承担更多刀盘传给它的推力，使其磨损加快。

配件供应是一大问题。为此必须弄清掘进机的易损件和故障较多配件的名称和更换周期，确定一个合理的配件储备量，避免临时急用时无配件或造成配件仓库积压。

工作人员与钻爆法相比有大量减少，一般每作业班只配 13～16 人左右。工作人员必须明确岗位及岗位工作内容和职责，按标准化作业规程进行施工操作。

对地质施工描述应加强，按地质变化随机应变。特别要作好不同围岩情况下的初期支护或临时支护，不允许冒险作业。可用超前钻机、地震波反射法及地质雷达法等物探方法，对洞内掌子面前方大约 30～50m 范围内的地质条件作出预报，以提前安排作业措施。

对隧道的控制测量和施工测量要提高精度等级要求；对电力供应的要求要比钻爆法高得多，因此必须建立专门的电力供应机构，确保供电质量。

掘进机施工的准备工作，特别是洞口平纵面条件、作业场地条件、大型临时工程等，都比钻爆法复杂，而这些准备工作有任何一个环节不完成，就不能正式进行开挖作业，因此必须统筹安排、精心设计、严格施工，在正式开挖前全部做到位。

8.1.5 掘进机施工配套的支护形式

用掘进机施工的隧道，其衬砌结构一般是由临时或初期支护和二次衬砌组成。初期或临时支护是隧道开挖中保证掘进期间围岩的稳定和掘进机顺利掘进所不可缺少的。

采用掘进机施工，由于开挖工作面被掘进机主体充塞，对围岩很难进行直接观察和判断，并造成进行支护的位置相对开挖面滞后一段距离。因此不同形式的掘进机，也要求采用不同的支护形式。一般在充分进行地质勘探后，在隧道设计时，就应确定基本支护形式。

1. 管片式衬砌

使用护盾掘进机时，一般采用圆形全周管片式衬砌。其优点是：适合软弱围岩，特别是当围岩允许承载力很低，撑靴不能支撑岩面时，可利用尾部推进千斤顶，顶推已安装的管片获得推进反力；当撑靴可以支撑岩面时，双护盾掘进机可以使掘进和换步同时进行，提高循环速度；利用管片安装机安装管片时速度快、支护效果好，安全性强，但是其造价高。为了防水的需要，每块之间要安装止水条，并需在管片外圆和洞壁间隙内压入豆石和注浆。

为了预制管片，需要在工地建设混凝土预制品工厂。

2. 模筑混凝土衬砌

使用开敞式掘进机，一般是随开挖先施作临时支护，然后进行二次模筑混凝土永久性衬砌。为了保证掘进机的高速度掘进，不可能使开挖作业与模筑混凝土衬砌作业同时进行。此外，在机械上部进行衬砌作业，会给掘进机设备带来严重的混凝土污染，因此只在刀盘后部进行必要的临时支护如锚杆、喷射混凝土、钢拱架等。

二次混凝土衬砌，根据地质条件也有用喷射混凝土作为永久衬砌的，多数隧道往往采取二次模筑混凝土衬砌，使用穿行式模板台车，进行永久衬砌的灌注。值得注意的是掘进机完成掘进任务后，不可能从原路退出，只有在完成开挖位置进行扩大洞室，在隧道内进行拆卸掘进机部分机件（如大刀盘的解体），才有可能退出。如果用一台掘进机从进口一直掘进到出口时，则不会发生在洞内拆卸问题。

8.1.6　不良地质地段施工

一般而言，掘进机特别是开敞式掘进机施工，最好用于地质条件较好的隧道。如果地质条件太差，需要过多的辅助作业来保证掘进机施工，就不能发挥掘进机速度快、效率高的优势。同时，辅助作业的施作也受掘进机的充塞影响而困难，造成费用过高、工期延长，因而也就没有必要使用掘进机施工了。

任何一座隧道，难免会出现一些局部地质较差地段，因此掘进机必须具备通过不良地质的能力。为了满足不良地质的要求，掘进机可以安装一些辅助设备进行特殊功能作业。

加装的地质超前钻机安装在主机顶部，大刀盘后部的平台上，它在主机停机时进行掌子面前 30m 的超前钻孔，以对围岩进行预先加固，使掘进机具备自我加固前方不良地质地段的能力和自我通过能力。

紧靠刀盘的后部安装有钢拱架安装器，利用工字钢拱环形成支护结构，这种方法的优点是材料便宜，加工容易，安装速度快、支护效果及时。钢拱环的间距要与掘进机的行程距离一致或成倍数关系，在预制仰拱块上要留有安放拱环的沟槽。

掘进机前后设有锚杆钻机，以满足对围岩进行锚杆支护作业的需要。拱顶部分的锚杆作业是非常必要的，在掘进的同时，锚杆作业应能同时进行。

在掘进机施工中也会发生一些较大的意外事故。如开挖面大规模坍方造成机件被埋，洞壁围岩变形卡住机体，突发的大量涌水淹没机体和工作面挤出迫使机体后移等。造成这些事故的主要原因是事先地质勘察不明，施工地质预报不及时。因停工处理的时间和费用都很大，要引起特别注意并避免发生。处理方法主要是将掘进机后退，人工到掌子面用不同的方法进行加固处理，以便让掘进机步进通过。避免事故的最根本途径仍然是做好地质勘察和施工地质超前预报工作。

8.2　盾构法施工

盾构施工法是"使用盾构机在地下掘进，在护盾的保护下，在机内安全的进行开挖和衬砌作业，从而构筑成隧道的施工方法"。按照这个定义，盾构施工法是由稳定开挖面、盾构机挖掘和衬砌三大部分组成。

盾构法施工的概貌如图 8-11 所示。在隧道的一端建造竖井或基坑，将盾构安装就位，盾构从竖井或基坑的墙壁开孔出发，在地层中沿着设计轴线，向另一竖井或基坑的孔壁推进。盾构机是这种施工方法中主要的施工机具，是一个既能支承地层压力又能在地层中推进的装置，在支承环内安装顶进所需的千斤顶，盾构推进中所受到的地层阻力，通过千斤顶传至盾构尾部已经拼装好的衬砌管片上，在盾尾内拼装预制的管片衬砌。

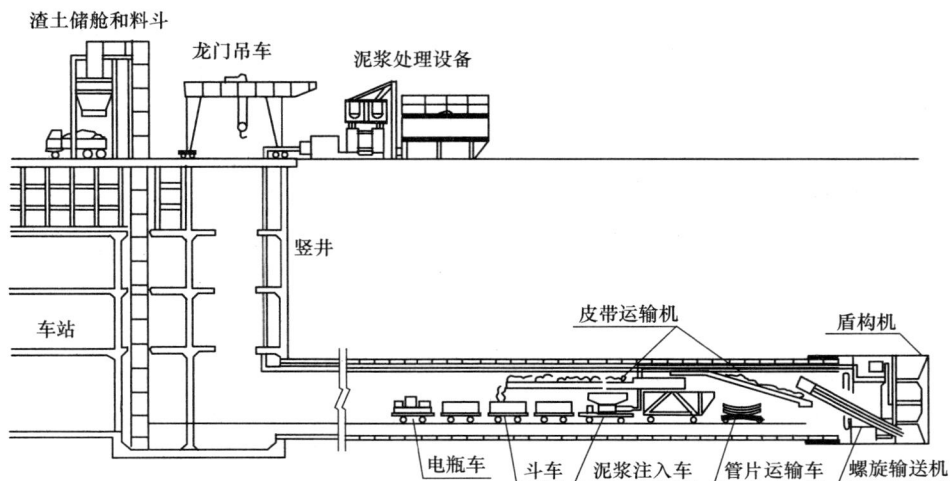

图 8-11　盾构法施工概貌图

盾构法施工的优点有：除竖井施工外，施工作业均在地下进行，噪声、振动引起的公害小，既不影响地面交通，又能减少对附近居民的噪声和振动影响；盾构推进、出土、拼装衬砌等主要工序循环进行，易于施工管理，施工人员较少、劳动强度低，施工安全性高，施工速度快；不必进行施工降水，对水文环境影响小。不足之处有：当隧道曲线半径过小时，施工较为困难；如隧道覆土太浅，开挖面稳定比较困难，所以要确保一定厚度的覆土；盾构法施工所用的拼装式衬砌，对达到整体结构防水性的技术要求较高；盾构机价格较高，工程初期投资较高。

近年来盾构机械设备和盾构法施工工艺的不断发展，盾构法适应各种困难条件的能力大为提高。各种断面形式和具有特殊功能的盾构机械（急转变盾构、扩大盾构法、地下对接盾构等）的相继出现，使其应用范围不断扩大。

8.2.1　盾构机的主要类型与结构

根据开挖面与作业室之间的隔墙构造，可将盾构机分为：全面开放型、部分开放型和密封型。密闭型盾构机主要是在刀盘的后面设置一个密封舱，用来存储渣土和平衡刀盘前方的水土压力。密闭型盾构机主要类型包括土压平衡式盾构、泥水加压式盾构、气压式盾构。因气压式盾构现在基本不用，下面重点介绍前两者。

盾构机从纵向上看可分为切口环、支承环和盾尾三部分。切口环是盾构的前导部分，在环内部和前方可以设置各种类型的开挖和支撑地层的装置，如刀盘、密封舱等；支承环是盾构的主要支撑结构，沿其内部周边均匀地装有推动盾构前进的千斤顶，以及开挖机械的驱动装置和排土装置；盾尾主要是进行衬砌作业的场所，其内部设置衬砌拼装机，尾部有盾尾密封刷、同步压浆管和盾尾密封刷油膏注入管等。切口环和支承环都是用厚钢板焊成的或铸造的肋形结构，而盾尾则是用厚钢板焊成的光壁筒形结构，如图 8-12 所示。

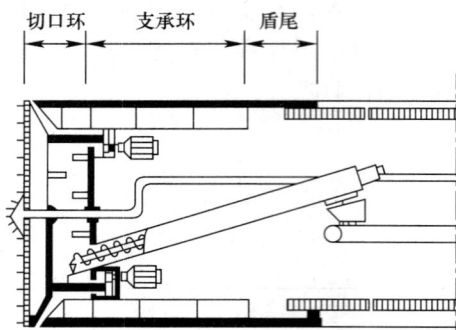

图 8-12　盾构主要结构构造

1. 土压平衡式盾构

土压平衡式盾构的前端有一个全断面切削刀盘，切削刀盘后面有一个贮留切削土体的密封舱，在密封舱中心线下部装有长筒形的螺旋输送机，输送机一头设有出入口，如图 8-13 所示。所谓土压平衡就是密封舱中切削下来的土体和泥水充满密封舱，并可具有适当压力与开挖面土压平衡，以减少对开挖面前方土体的扰动，控制地表沉降。土压平衡式盾构主要适用于黏性土或有一定黏性的粉砂土。现已经有加水或加泥水的新型土压平衡盾构，可适用于多种土层。

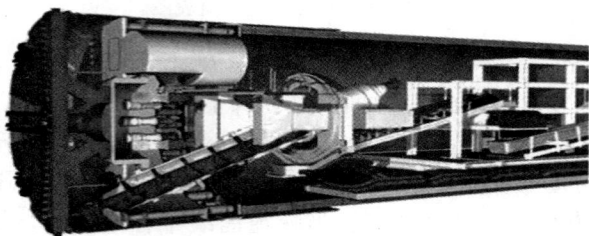

图 8-13　土压平衡式盾构内部构造图

（1）切削刀盘

用于切削土体，同时将切削下来的土体搅拌混合，以改善切削土体的流动性。因此，在刀盘的正面装有切削刀具，一般刀具有齿形刀和滚刀，其中齿形刀适用于软弱地层，滚刀适用于坚硬地层；刀盘背面装有搅拌翼片；为了在曲线上施工，刀盘周边还装有齿形刀的超挖刀。根据围岩条件，切削刀盘可以是花板型、辐条型和砾石破碎型，如图 8-14 所示。对于刀盘来讲，有一个重要的指标就是刀盘的开口率，刀盘开口率是指刀盘面板开口部分的总面积占盾构开挖面积的比率，一般控制在 20%～65%。对于比较稳定的地层，刀盘开口率可以选大一些，而对于稳定性较差的地层，刀盘开口率一般较小。

（2）密封舱

用于存贮被刀盘切削下来的土体，并加以搅拌使其成为不透水的具有适当流动性的塑流体，使其能及时充满密封舱和螺旋输送机的全部空间，对开挖面实行密封，以维持开挖面的稳定性，同时，也便于将其排出。

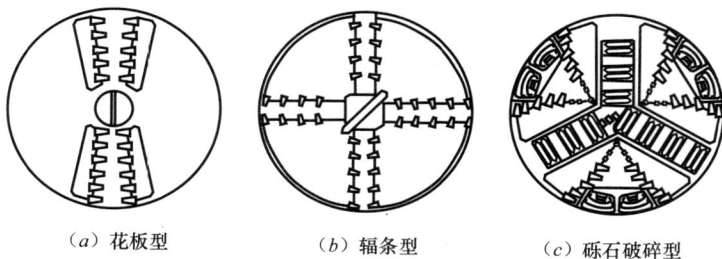

（a）花板型   （b）辐条型   （c）砾石破碎型

图 8-14 切削刀盘形式

密封舱的另一个主要作用就是平衡盾构机前方的水土压力，维持开挖面稳定。土压平衡式盾构维持开挖面稳定的原理是依靠密封舱内塑流状土体作用在开挖面上的压力（P）（它包括泥土自重产生的土压力与盾构推进过程中盾构千斤顶的推力）和盾构前方地层的静止土压力与地下水压力（F）相平衡，如图 8-15 所示，由图可看出：螺旋输送机排土量大时，密封舱内土压力 P 就减小，当 $F>P_{min}$ 时，开挖面可能坍方而引起地面沉降；相反，排土量小时，P 值就加大，一旦 $F<P_{max}$，地面将会隆起。因此，要控制土压平衡式盾构在推进过程中开挖面的稳定，可以用两种方法来实现，其一是控制螺旋输送机排土量（调节其转速），但研究表明，对于黏性土来说，开挖面若不破坏时的排土量波动值必须控制在理论掘进体积的 2.8% 左右，这就需要量测精度在 1% 以内的切削土体积的检测系统；其二是用调节盾构千斤顶的推进速度和螺旋输送机转速，直接控制密封舱内的土压力 P。一般情况下，不使开挖面产生影响的渣土压力 P 的波动范围如下：

主动土压力＋地下水压力<P<被动土压力＋地下水压力

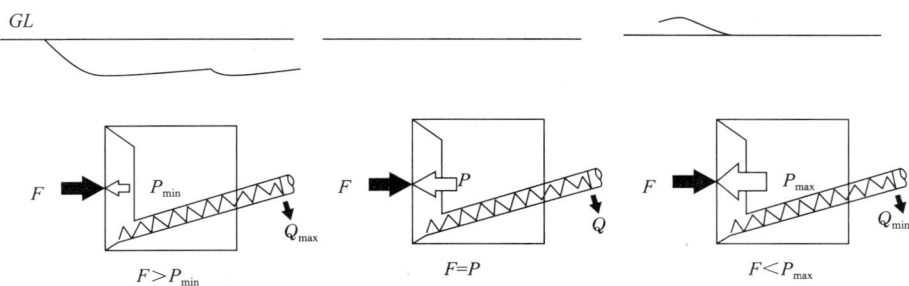

图 8-15 土压平衡式盾构维持开挖面稳定示意图

若刀盘面板开口率为 x，刀盘上和密封舱内的渣土压力分别为 P_1 和 P_2，则两个压力的波动范围应该为：

主动土压力＋地下水压力<$P_1(1-x)+P_2x$<被动土压力＋地下水压力

（3）螺旋输送机

用来将密封舱内的塑流状土体排出盾构外，并在排土过程中，利用螺旋叶片与土体间的摩擦和土体阻塞所产生的压力损失，使螺旋输送机排土口的泥土压力降至仓外空气压力，使其不发生喷漏现象。

（4）塑流化材料注入器

用来向密封舱、刀盘和螺旋输送机内注入添加剂。因为当土体中的含砂量超过一定限度时，由于其内摩擦角大、流动性差，单靠刀盘的旋转搅动很难使这种土体达到足够的塑流性，一旦在密封舱内贮留，极易产生压密固结，无法对开挖面实行有效地密封和排土。此时，就需要向切削土体内注入一种促使其塑流化的添加剂，经刀盘混合和搅拌后能使固结土成为流动性好、不透水的塑流体。

（5）土压传感器：用于测量密封舱和螺旋输送机内的土压力，前者是判定开挖面是否稳定的依据，后者用来判断螺旋输送机的排土状态，如喷涌、固结、阻塞等。

（6）主推进系统

盾构机主要依靠安装在支承环内的千斤顶的推力来实现盾构机的前进，在盾构机的支承环内环向布置了多个千斤顶，千斤顶的前端固定在支承环内的驱动隔板上，后端支承在管片环上。对于中小直径盾构机，每个千斤顶推力一般为 $600\sim1500$kN，对于大直径盾构机，每个千斤顶的推力可达 $2000\sim4000$kN，而盾构机的总推力为所有千斤顶推力之和。

（7）同步注浆系统和盾尾密封系统

盾构管片衬砌的拼装是在盾尾的钢筒内完成的，所以管片背后与土体之间存在一个间隙，为了防止地层变形，管片背后的间隙必须加以填充，一般都是盾构机推进的同时采用管片背后注浆的方式进行填充，称为同步注浆。同步注浆的作用为：同步填充盾构机向前推进过程中管片脱出盾尾所产生的间隙；改善管片结构防水和抗渗性能；促进隧道管片结构及早稳定；限制隧道结构蛇行。

为了防止同步注浆过程中浆液倒流，在盾尾处设置盾尾密封刷和油膏注入管等，如图 8-16 所示。

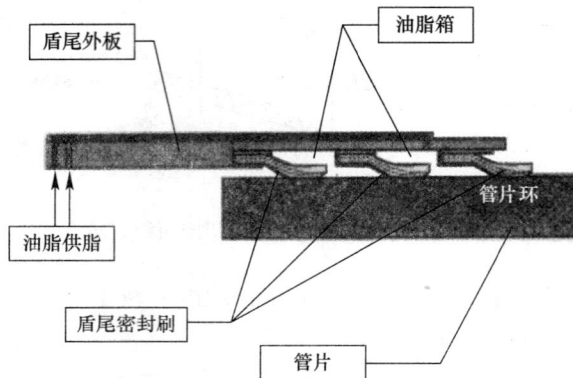

图 8-16　盾尾密封系统

2. 泥水加压式盾构

泥水加压式盾构的密封舱为泥水室，在开挖面和泥水室中充满加压的泥浆，通过加压作用和压力保持机构，保证开挖面土体的稳定（图 8-17）。在施工竖井附近的地面上设置泥水制备池，制备的泥浆通过压力泵输送到泥水室中。而盾构推进时开挖下来的土渣也进入泥水室，由搅拌装置进行搅拌，搅拌后的高浓度泥水用流体输送法送出地面，把送出的泥水进行水土分离，然后再把分离后的泥水送入泥水室，不断循环。泥水加压式盾构在其内部不能直接观察到开挖面，因此要求盾构从推进、排泥到泥水处理全程按控制系统作业。通过对泥水压力、泥水流量和泥水浓度等的测定，计算开挖量，全部作业过程均由中央控制台综合管理。泥水加压式盾构对地层扰动最小、地面沉降也最小，但费用比较高。

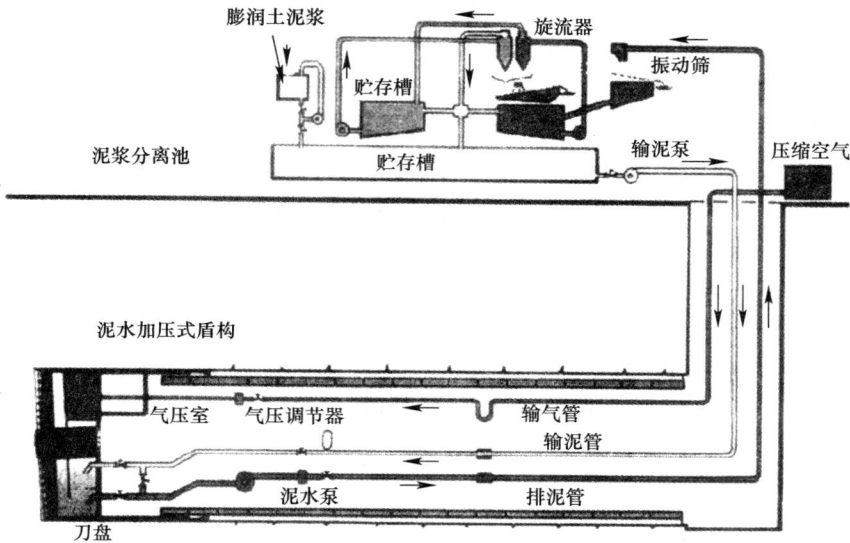

图 8-17　泥水加压式盾构示意图

　　泥水加压式盾构中的泥水的作用为：泥水压力和开挖面水土压力的平衡；泥水作用到地层后，形成一层不透水的泥膜，使泥水产生有效的压力；加压泥水可渗透到地层的某一区域，使得该区域内的开挖面稳定。

　　泥水加压式盾构最初是在冲击黏土和洪积砂土交错出现的特殊地层中使用，由于泥水对开挖面的作用明显，因此逐渐应用到软弱的淤泥质土层、松动的砂土层、砂砾层、卵石砂砾层、砂砾和坚硬土的互层地质中。由于在松动的卵石层和坚硬土层中采用泥水加压式盾构施工，会产生溢水现象，因此在泥水中应加入一些胶合剂来堵塞漏缝，但在非常松散的卵石层中开挖，也有可能失败。还有，在坚硬的土层中开挖，不仅土的微粒会使泥水质量降低，而且黏土还会粘附在刀盘和槽口上，给开挖带来困难，因此应予以注意。

8.2.2　盾构机机型的选择

　　根据不同的工程地质、水文地质条件和施工环境与工期的要求，合理地选择盾构机类型，对保证施工质量，保护地面与地下建（构）筑物安全和加快施工进度是至关重要的。因为只有在施工中才能发现所选用的盾构是否适用,一种不适用的盾构将对工期和造价产生严重影响,且更换的可能性小。

盾构选型的根据,按其重要性排列如下:工程地质与水文地质条件,包括隧道沿线地层围岩分级、各级围岩的工程特性、不良地质现象和地层中含沼气状况,地下水位、围岩的渗透系数以及地层在动水压力作用下的流动性;地面环境、地面和地下建(构)筑物对地面沉降的敏感度;隧道尺寸,包括长度、直径、永久衬砌的厚度;工期;造价;经验,包括承包商的经验、有无同类工程的经验。

盾构机选型的主要步骤为:在对工程地质、水文地质、周围环境、工期要求和经济性等充分研究的基础上对开放型和密封型盾构进行比选;在确定选用密闭型盾构后,根据地层的颗粒级配、地下水压、环保辅助施工方法和施工环境安全等因素对土压平衡式盾构和泥水加压式盾构进行比选;根据详细的地质勘探资料,对盾构机各主要功能部件进行选择和设计,并根据地质条件等确定盾构机的主要技术参数,盾构机的主要技术参数在选型时要详细计算,包括刀盘直径、刀盘开口率、刀盘转速、刀盘扭矩、刀盘驱动功率、推力、掘进速度、螺旋输送机功率、直径、长度等;根据地质条件选择与盾构机掘进速度相匹配的后配套施工设备。

8.2.3 盾构法施工技术

盾构法施工的内容包括盾构的始发和到达、盾构的掘进、衬砌、压浆和防水等。

1. 盾构的始发和到达

(1) 修建盾构始发井和到达井

盾构法施工的隧道,在盾构掘进前必须先修建始发井,盾构机各个组成部分先在始发井内拼装,拼装好后的盾构机也是从此开始掘进的,故在始发井内尚需设置临时支撑结构,为盾构机的推进提供必要的反力。在盾构出洞前,必须先修建到达井,以便在其中拆卸盾构、附属设备和后续车架,以及出渣和运料等。当盾构需要调头时,需要设置调头的地下空间。

盾构始发(到达)井的平面形状多数为矩形,平面净空尺寸要根据盾构直径、长度、需要同时拼装的盾构数目及运营时的功能而定,一般在盾构外侧留 0.75~0.80m 的空间,容许一个拼装工人工作即可。

在盾构始发(到达)竖井的端墙上应预留出盾构通过的开口,又称为封门。这些封门最初起挡土和防止渗漏的作用,一旦盾构安装调试结束,盾构刀盘抵住端墙,要求封门能够尽快拆除或打开,使得盾构机可以掘进。根据始发·(到达)竖井周围的地质条件,可采用不同的封门制作方案。一般情况下,封门有现浇钢筋混凝土封门、钢板桩封门和预埋 H 型钢封门。

(2) 盾构拼装

盾构在拼装前,先在拼装室底部铺设50cm厚的混凝土垫层,其表面与盾构外表面相适应,在垫层内埋设钢轨,轨顶伸出垫层约5cm,可作为盾构推进时的导向轨,并能防止盾构旋转。若拼装室将来要作他用,则垫层将被凿除、费工费时，此时应改用由型钢拼装的盾构支撑平台，其上亦需要有导向和防止旋转的装置。

由于起重设备和运输条件限制，通常将盾构机拆成切口环、支承环、盾尾三节运到工地，然后用起重机将其逐一放入井下的垫层或支承平台上。切口环与支承环用螺栓连接成整体，并在螺栓连接面外圈加薄层电焊，以保持其密封性；盾尾与支承环之间则采用对接焊连接。

在拼装好的盾构后面，尚需设置由型钢拼成的、刚度很大的反力支架和传力管片。根据推出盾构需要开动的千斤顶数目和总推力进行反力支架的设计和传力管片的排列。一般来说，这种传力管片都不封闭成环，故两侧都要将其支撑住。

（3）洞口地层加固

当盾构工作井周围地层为自稳能力差、透水性强的松散砂土或饱和含水黏土时，如不对其进行加固处理，则在凿除封门后，必将会有大量土体和地下水向工作井内坍陷，导致洞周大面积地表下沉，危及地下管线和附近建筑物。目前，常用的加固方法有：注浆、旋喷、深层搅拌、井点降水、冻结法等，可根据土体种类（黏性土、砂性土、砂砾土、腐殖土）、渗透系数和标贯值、加固深度和范围、加固的主要目的（防水或提高强度）、工程规模和工期、环境要求等条件进行选择。加固后的土体应有一定的自立性、防水性和强度，一般以单轴无侧限抗压强度为 $0.3\sim1.0$ MPa 为宜，太高则刀盘切土困难，易引发机器故障。

2. 盾构掘进

（1）维持开挖面稳定

土压平衡式盾构通过开挖面管理（刀盘和密封舱内的渣土压力）、添加剂注入管理、切削土量管理和盾构机管理，使开挖面土压稳定在设定值。目前，挖掘管理已经实行自动化控制，用智能化系统来频繁调整开挖速度以控制密封舱压力。

（2）盾构掘进中姿态的控制

就是通过一套测量系统随时掌握正在掘进中的盾构的位置和姿态，并通过计算机将盾构的位置和姿态与隧道设计轴线相比较，找出偏差数值和原因，下达调整盾构姿态应启动的千斤顶的模式，从最佳角度、位置移动盾构，使其蛇行前进的曲线与隧道轴线尽可能接近。利用智能化测量系统，可随时掌握正在掘进中的盾构机的位置和姿态（俯仰、旋转、偏移、超挖、蛇行等）。

（3）盾构施工中的注浆

通过浆液体、注浆压力、注浆开始时间与注浆量的优化选择，达到及时填满衬砌与周围地层之间的环向间隙、防止地层移动、增加行车的稳定性和结构的抗震性之目的。

3. 盾构机出洞

盾构出洞的顺序可由图 8-18 的流程图表示。

```
┌──────────────────┐        ┌──────────────────┐
│   设置盾构支承平台  │        │    洞口土体加固    │
└──────────────────┘        └──────────────────┘
          │                           │
          ▼                           ▼
┌──────────────────┐        ┌──────────────────┐
│    拼装盾构机      │        │    加固土体检测    │
└──────────────────┘        └──────────────────┘
          │                           │
          ▼                           │
┌──────────────────┐                 │
│ 安装洞口密封止水装置、反力 │         │
│   支架和附属设备    │              │
└──────────────────┘                 │
          │                           │
          ▼                           │
┌──────────────────┐                 │
│ 安装临时传力管片调试盾构机 │         │
└──────────────────┘                 │
          │                           │
          ▼◄──────────────────────────┘
┌──────────────────────────┐
│ 拆除封门，盾构机抵住土体，    │
│ 向开挖面注入水或泥浆，掘进    │
│   （同时安装临时传力管片）    │
└──────────────────────────┘
          │
          ▼
┌──────────────────────────┐
│  盾尾通过洞口密封止水        │
│  装置垫圈压板补强，注浆       │
└──────────────────────────┘
```

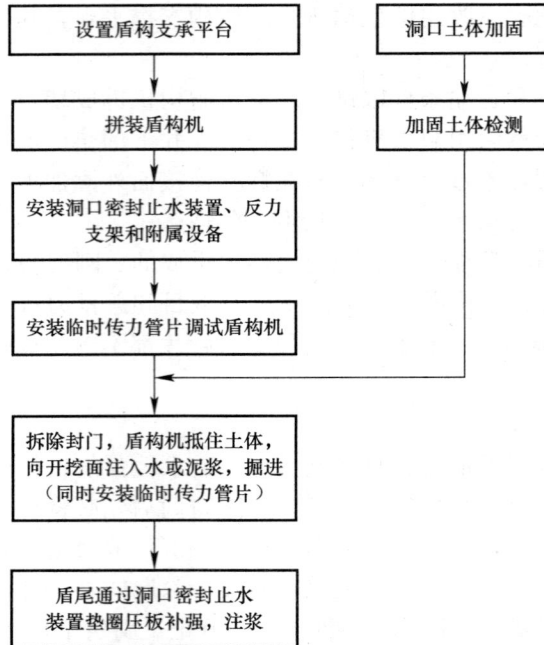

图 8-18　盾构拼装出洞顺序流程框图

8.2.4　盾构管片衬砌

盾构法修建的隧道衬砌有预制装配式衬砌、预制装配式衬砌和模筑钢筋混凝土整体式衬砌相结合的双层衬砌，以及挤压混凝土整体式衬砌。挤压混凝土整体式衬砌目前已不太常用。

1. 预制装配式衬砌

（1）管片材质

预制装配式衬砌是指用工厂预制的构件（称为管片），在盾尾拼装而成。管片种类按材料可分为钢筋混凝土、钢、铸铁以及由几种材料组合而成的复合管片。

钢筋混凝土管片的耐久性和耐压性比较好，管片刚度大，由其组成的衬砌防水性能有保证；其缺点是重量大，抗拉强度较低，在脱模、运输、拼装过程中，容易将其角部碰坏。钢管片的强度高，具有良好的焊接性，便于加工和维修，重量轻也便于施工；但其刚度小、易变形，而且钢管片的抗锈性差，在不做二次衬砌时必须有抗腐、抗锈措施。铸铁管片强度高，防水和防锈蚀性能好，易加工，刚度亦较大。钢和铸铁管片价格较贵，现在除了在需要开口的衬砌环或预计将承受特殊荷载的地段采用外，一般都应采用钢筋混凝土管片。

（2）管片分类

按管片螺栓手孔成型大小，可将管片分为箱形和平板形两类。箱形管片是指因手孔较大而呈肋板形结构，如图 8-19 所示。手孔较大不仅方便了接头螺栓的穿入和拧紧，而且也节省了材料，使单块管片重量减轻，便于运输和拼装。但因截面削弱较多，在盾构千斤顶推力作用下容易开裂，故只有金属管片才采用箱形结构。当然，直径和厚度较大的钢筋混凝土管片也有采用箱形结构的。纵向加劲肋是传递千斤顶推力的关键部位，一般沿衬砌环向等距离布置，加劲肋的数量应大于盾构千斤顶的台数，其形状应根据管片拼装和是否需要灌注二次衬砌而定。

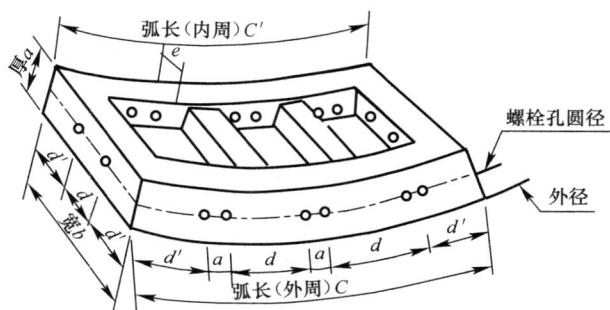

图 8-19 箱形管片

平板形管片是指因螺栓手孔较小或无手孔而呈曲板型结构的管片，如图 8-20 所示。由于管片截面削弱较少或无削弱，故对千斤顶推力具有较大的抵抗力，对通风的阻力也较小。无手孔的管片也称为砌块。现代的钢筋混凝土管片多采用平板型结构。

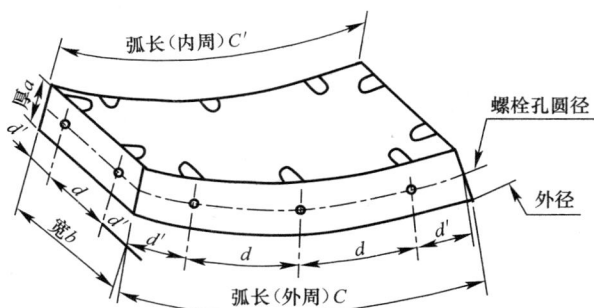

图 8-20 平板形管片

箱形管片的纵向接缝（径向接缝）和横向接缝（环向接缝）一般都是平面状的。为了减少管片在盾构千斤顶推力和横向荷载作用下的损伤，钢筋混凝土管片间的接触面通常比相应的接缝轮廓较小些。

平板形管片的接缝除了可采用平面状外，为提高装配式衬砌纵向刚度和拼装精度，也有采用榫槽式接缝的，如图 8-21 所示。当管片间的凸出和凹进部分相互吻合衔接时靠榫槽即可将管片相互卡住。当衬砌中内力较大时，管片的径向接缝还可以做成圆柱状的，使接缝处不产生或少产生弯矩，如图 8-22 所示。

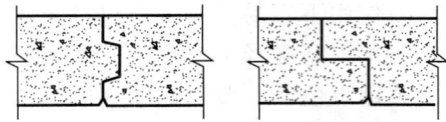

图 8-21　榫槽式接缝　　　　　　　图 8-22　圆柱式接缝

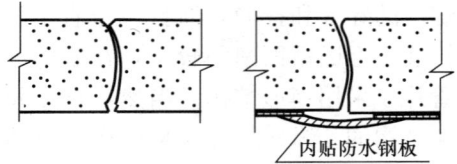

（3）连接方式

衬砌环内管片之间以及各衬砌环之间的连接方式，可分为柔性连接和刚性连接。前者允许相邻管片间产生微小的转动和压缩，使衬砌环能按内力分布状态产生相应的变形，以改善衬砌的受力状态；后者则通过增加连接螺栓的排数，力图在构造上使接缝处的刚度与管片本身相同。实践证明，刚性连接不仅拼装麻烦、造价高，而且会在衬砌环中产生较大的次应力，带来不良后果，因此，目前较为通用的是柔性连接，常用的有以下几种形式：

① 单排螺栓连接：按螺栓形状又可分为直螺栓连接、弯螺栓连接和斜螺栓连接三种，如图 8-23 所示。直螺栓连接是最常见的连接方式，单排直螺栓一般设在 $h/3$ 处，h 为管片厚度，且螺栓直径亦不应过小。

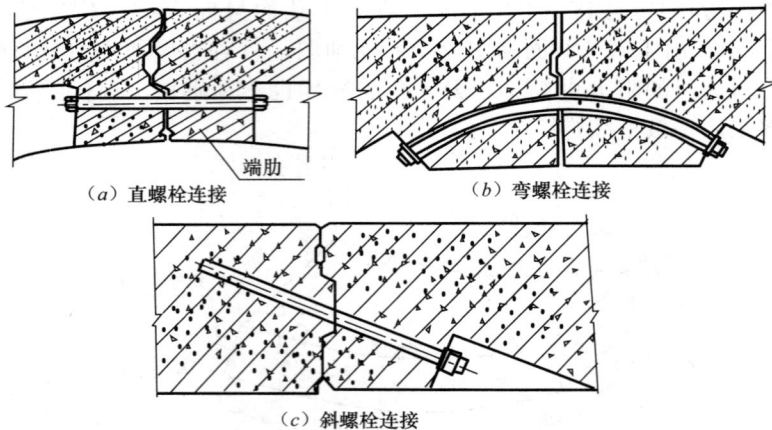

（a）直螺栓连接　　　　　　　　　（b）弯螺栓连接

（c）斜螺栓连接

图 8-23　管片柔性连接形式

② 销钉连接。销钉连接可用于纵向接缝，亦可用于横向接缝。所用的销钉可在管片预制时埋入，亦可在拼装时安装。用销钉连接的管片形状简单，截面无削弱，建成的隧道内壁光滑平整。与螺栓连接相比既省力、省时，价格又低廉，连接效果也相当好。销钉是埋在衬砌内的，不能回收，故通常都是用塑料制成。

③ 无连接件。在稳定的不透水地层中，圆形衬砌的径向接缝也可不用任何连接件连接。因管片沿隧道径向呈一楔形体，外缘宽内缘窄，在外部压力作用下，管片将相互挤紧，而形成一个稳定的结构。

2. 双层衬砌

为防止隧道渗水和衬砌腐蚀，修正隧道施工误差，减少噪声和振动以及作为内部装饰，可以在装配式衬砌内部再做一层整体式混凝土或钢筋混凝土内衬。根据需要还可以在装配式衬砌与内层之间敷设防水隔离层。

3. 盾构隧道横截面内轮廓和结构尺寸拟定

（1）横截面内轮廓尺寸

采用盾构法修建地下铁道区间隧道时，无论是在直线上还是曲线，均使用同一台盾构施工，中途无法更换。因此，其横截面的内轮廓尺寸全线是相同的，故除了要根据建筑限界、施工误差、道床类型、预留变形等条件决定外，还要按线路的最小曲线半径进行验算，保证列车在最困难条件下也能安全通过。

（2）管片厚度

衬砌管片厚度取决于地层条件、覆盖层厚度、隧道外径的大小、管片材料、隧道用途、施工工艺等条件。为了充分发挥围岩自身的承载能力，现代的隧道工程中都采用柔性衬砌，其厚度相对较薄，一般取衬砌环外径的5％～6％。

（3）管片宽度

管片宽度的选择对施工、造价的影响较大。当宽度较小时，虽然搬运、组装、在曲线上施工方便，但接缝增多，加大了隧道防水的难度，增加管片制作成本，而且不利于控制隧道纵向不均匀沉降；管片宽度太大则施工不便，也会使盾尾长度增长而影响盾构的灵活性。因此，过去单线区间隧道管片的宽度控制在700～1000mm之间，但随着铰接盾构的出现，管片宽度有进一步提高的趋势，目前，控制在1000～1500mm之间。

（4）衬砌环的分块

衬砌环的组成，一般有两种方式。一种是由若干标准管片（A）、两块相邻管片（B）和一块封顶管片（K）组成。另一种是由若干块A型管片、一块B型管片和一块K型管片构成，如图8-24所示，相邻管片一端带坡面，封顶管片则两端或一端带坡面。从方便施工，提高衬砌环防水效果角度看，第一种方式较好。

封顶块的拼装形式有径向楔入和纵向插入两种。采用径向楔入时，封顶块的两个径向边必须呈内八字形或者至少是平行的，但受载后有向下滑动的趋势，受力不利；采用纵向插入时，封顶块不易向内滑动，受力较好，但在拼装封顶块时，需加长盾构千斤顶行程。封顶块的位置一般设在拱顶处，但也有设在45°、135°甚至180°（圆环底部）处的，视需要而定。

衬砌环的拼装形式有错缝和通缝两种，如图8-25所示。错缝拼装可使接缝分布均匀，减少接缝及整个衬砌环的变形，整体刚度大，是一种较为普遍采用的拼装形式，但当管片制作精度不够高时，管片在盾构推进过程中容易被顶裂，甚至顶碎；在某些场合，例如需要拆除管片修建旁通道处或某些特殊需要时，则衬砌环通常采用通缝拼装形式，以便于结构处理。

由上述可知，从制作成本、防水、拼装速度等方面考虑，衬砌环分块数越少越好，但从运输和拼装方便而言，又希望分块数多些；在设计时应结合隧道所处的围岩条件、荷载情况、构造特点、计算模型（如按多铰柔性圆环

231

232

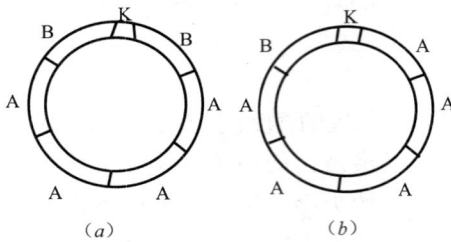

图 8-24 管片分块方法

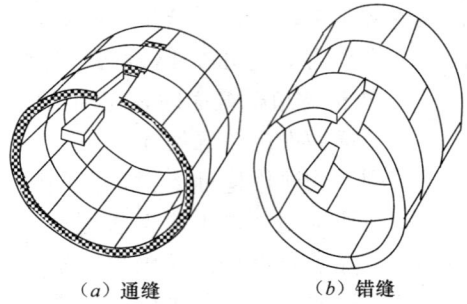

图 8-25 管片拼缝形式

考虑，分块数应多些；按弹性匀质圆环考虑，分块数宜少）、运输能力、制作拼装方便等因素综合考虑决定。通常直径 $D \leqslant 6$m 的地下铁道区间隧道，衬砌环以分 4～6 块为宜；$D > 6$m 时，可分为 6～8 块。上海、广州地铁都是 6 块。

（5）注浆孔的配置

为了均匀地向衬砌背后进行回填注浆，管片上还应设置一个以上的注浆孔，注浆孔直径一般由所用的注浆材料决定，通常其内径为 50～100mm 左右。如注浆孔兼起吊孔使用，则应根据作业安全性和是否便于施工确定其位置及孔径大小。在钢筋混凝土管片中一般都不另行设置起吊孔，而是注浆孔或螺栓孔兼作起吊孔使用。

8.3 明挖法施工概要

明挖法，又称明挖顺作法，主要用来修建埋深较浅的隧道工程，多用在城市地铁施工中。明挖法具有很多优点：施工作业面多、速度快、工期短、易保证工程质量、工程造价低等，因此可在地面交通和环境条件允许的前提下采用。明挖法具有施工期间对城市道路交通和周边环境有一定影响等缺点。

明挖法施工的一般程序是：从地表向下开挖基坑至设计标高，然后自下而上构筑放水设施和主体结构，最后回填恢复路面，如图 8-26 所示。

明挖法施工中的基坑可以分为放坡开挖基坑和有围护结构基坑两类。这种分类并不是绝对的，有些放坡开挖的基坑，由于受场地条件和其他因素的限制，不能完全放坡，在这种情况下，为了确保基坑的稳定，对坡面采取一定的防护措施，比如在坡面上打入短钢筋或设置土钉围护边坡。在选择基坑类型时，应根据隧道所处位置、隧道埋深、工程地质和水文地质条件，因地制宜地确定。

8.3.1 放坡开挖

放坡基坑是指不采用支撑形式，而采用放坡方法进行开挖的基坑工程。对于基坑深度较浅、施工场地空旷、周围建筑物和地下管线及其他市政设施距离基坑较远的情况，可以采用放坡开挖，因为这是最为经济合理的施工方法。

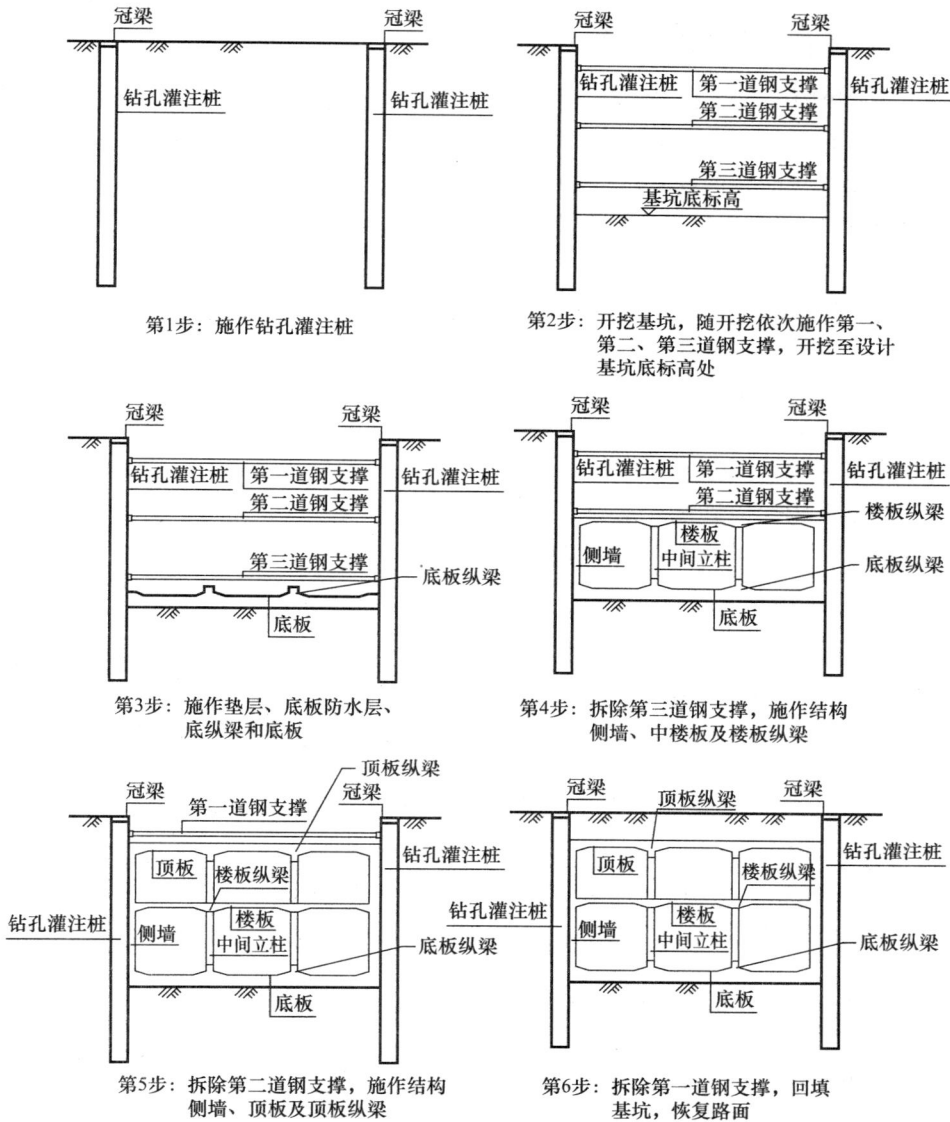

第1步：施作钻孔灌注桩

第2步：开挖基坑，随开挖依次施作第一、第二、第三道钢支撑，开挖至设计基坑底标高处

第3步：施作垫层、底板防水层、底纵梁和底板

第4步：拆除第三道钢支撑，施作结构侧墙、中楼板及楼板纵梁

第5步：拆除第二道钢支撑，施作结构侧墙、顶板及顶板纵梁

第6步：拆除第一道钢支撑，回填基坑，恢复路面

图 8-26　明挖法施工步骤

　　放坡开挖断面分为全放坡和半放坡两种，全放坡开挖断面是不设任何形式的支护结构，而用放坡方法保持土坡稳定，其优点是不必设置支护结构，缺点是土方开挖填量较大、费人力，而且占用场地大。半放坡开挖与全放坡开挖断面的区别主要是基坑底部可设置一定高度的直槽，这种方法可少挖一部分土体。

　　采用放坡进行基坑开挖，必须保证基坑开挖及主体结构施作过程中的基坑安全与稳定。基坑边坡坡度是直接影响基坑稳定的重要因素，还与土层的性质、边坡地面超载及施工等因素密切相关。

233

8.3.2　围护结构及地下连续墙

当基坑开挖深度比较大，基坑周围有建筑物或地下管线无法采用放坡开挖时，就要设置围护结构，一般认为基坑开挖深度超过 7m，就需要考虑设置围护结构。目前采用的基坑围护结构种类很多，其施工方法、工艺和所用的施工机械各不相同，因此应根据基坑深度、工程地质和水文地质条件、地面环境等因素进行合理选择。

基坑的主要围护结构有桩板式墙、钢板桩墙、钢管桩、灌注桩、地下连续墙、水泥搅拌桩挡墙等，这里仅介绍地下连续墙。

地下连续墙主要有预制钢筋混凝土连续墙和现浇钢筋混凝土连续墙两类，通常一般指后者。地下连续墙采用逐段施工方法，且周而复始地进行。每段的施工方法大致可分为 5 部分：

利用专用挖槽机械开挖地下连续墙槽段，在进行挖槽过程中，沟槽内始终充满泥浆，以保证槽壁的稳定，如图 8-27（a）所示。

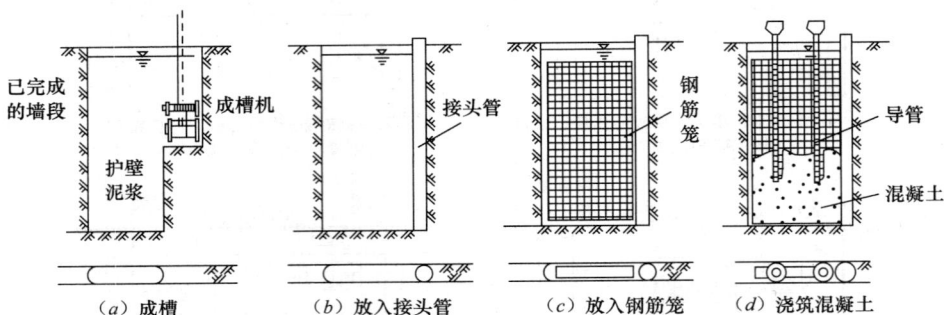

图 8-27　地下连续墙施工程序示意图

当槽段开挖完成后，在沟槽端部放入接头管（又称锁口管），如图 8-27（b）所示。

将事先加工好的钢筋笼插入槽段内，下沉到设计高度。当钢筋笼太长，一次吊沉有困难时，须将钢筋笼分段焊接，逐段下沉，如图 8-27（c）所示。

插入用于水下灌注混凝土的导管，进行混凝土灌注，如图 8-27（d）所示。

待混凝土初凝后，及时拔去接头管。这样，便形成一个单元的地下连续墙。

支护基坑的连续墙，按其受力特性，又可分为 4 种形式：仅用来挡土的临时围护结构；既是临时结构又作为永久结构的边墙，即所谓单层墙；作为永久结构边墙一部分的叠合墙；作为永久结构边墙的复合墙。由于地下连续墙的作用不同，所以与主体结构的连接方式也就不同，如图 8-28 所示。

8.3.3　围护结构的支撑体系

在基坑施工过程中，除了采用围护结构支挡土体外，还要采用支撑体系来保证基坑稳定。目前的内支撑系统按其材料可以分为钢管支撑、型钢支撑

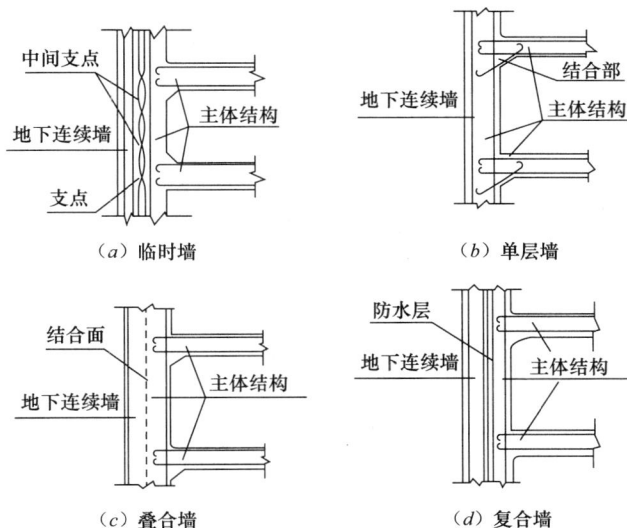

图 8-28 地下连续墙与主体结构连接方式

和钢筋混凝土支撑，根据工程情况，有时在同一个基坑中也可以采用钢和钢筋混凝土的组合支撑。钢结构支撑具有自重小、安装和拆除方便、可以重复使用、可以施加预应力等优点，但其整体刚度较小、墙体变形大、安装节点较多、安装偏离会产生弯矩。现浇钢筋混凝土结构支撑刚度大、变形小、布置灵活，适用于各种复杂平面形状的基坑，但自重大、支撑达到强度需要时间、拆除需要爆破、不能施加预应力。

内支撑体系的结构形式有如下两种。单跨压杆式支撑：当基坑平面形状为窄长条式，短边的长度不是很大时，采用这种形式具有受力明确，施工安装方便等优点，如图 8-29 所示；多跨压杆式支撑：当基坑平面尺寸较大，支撑杆件在基坑短边长度下的极限承载力尚不能满足围护系统的要求时，就需要在支撑杆件中部设置支点，就组成了多跨压杆式支撑系统，如图 8-30 所示。

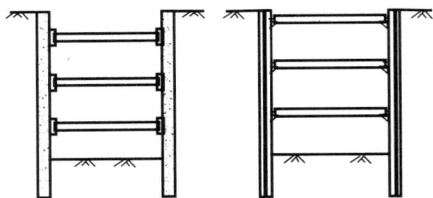

图 8-29 单跨压杆式支撑　　　　图 8-30 多跨压杆式支撑

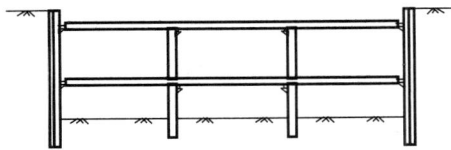

8.3.4 基坑土方开挖

基坑土方开挖应具备的条件：已拟订出可行的开挖施工实施方案；基坑内地下水水位已降至开挖面 0.5m 以下；弃（存）土地点已经落实；地下管线已经改移或做好加固处理；运输道路及行走线路已经确定并且取得了有关管理部门的同意和认可；现场拆迁工作已经完成，场地清洁干净，排除地面水并做好量测工作；施工机械、车辆已维修保养好。

　　基坑开挖一般采用推土机、挖掘机、铲运机和大型翻斗等机械设备。为满足机械车辆出入基坑的需要，应设置马道，其坡度一般为 1：7，设置位置要因地制宜，通常 300m 左右设置一条。

　　土方开挖分竖向分层开挖、纵向分区开挖两种，每层开挖深度一般为 4～6m，如图 8-31 所示。如果采用有围护结构的基坑，土方开挖尚需要与支撑、锚（钉）杆的施工相配合。为防止基底挠动和超挖，当机械挖至设计标高以上 10～20cm 时，应采取人工清底。

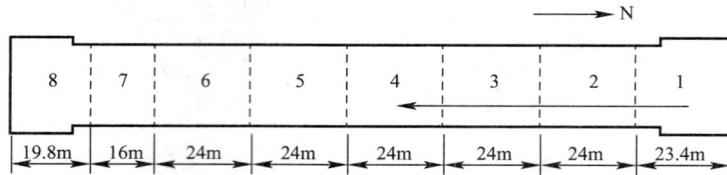

图 8-31　基坑土方纵向分区开挖

　　一般情况下，土方开挖与主体结构施工并行，在先挖的区域开挖到设计标高后，即可视作主体结构，如图 8-32 所示。

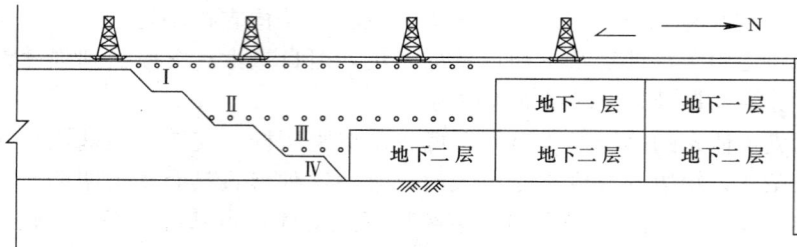

图 8-32　土方开挖与主体结构施作示意图

8.4　沉管法施工

　　沉管法全称为预制管段沉埋法，是 20 世纪初发展起来的一种水下隧道的施工法。先在隧址以外的预制场（船坞与干坞）制作沉放管段，管段两端用临时封墙密封，待混凝土达到设计强度后拖运到隧址位置，此时设计位置已预先进行了沟槽的浚挖，设置了临时支座，待管段定位就绪后，往管段里灌水压载，使之下沉。待沉放完毕后，进行管段水下连接，处理管段接头及基础，再覆土回填。最后抽出隧道内的水，完成内部装修。整个沉管隧道由水底沉管、岸边通风竖井及明洞和明堑组成，沉管隧道的主要施工工序如图 8-33 所示。

　　沉管隧道埋设于水下，其施工不受气候、河（海）水文、河（海）床地形、地质和航运等条件的制约和影响。但比在水下地层中暗挖通过长度要短，施工安全性也好些。在条件有利情况下，同其他类型水下隧道相比为较经济的施工方法。为便于施工，常把沉埋管段长度定位 90～120m。沉埋段要求土质必须具有一定的黏聚性，这样才能以合理边坡成槽，并能使边坡稳定足够长的时间，以便沉放管段和回填作业。如果必须的话，部分沟槽可挖至岩石中，但是在隧道完全处于岩石的地方，采用钻爆法或隧道掘进机法会更经济些。

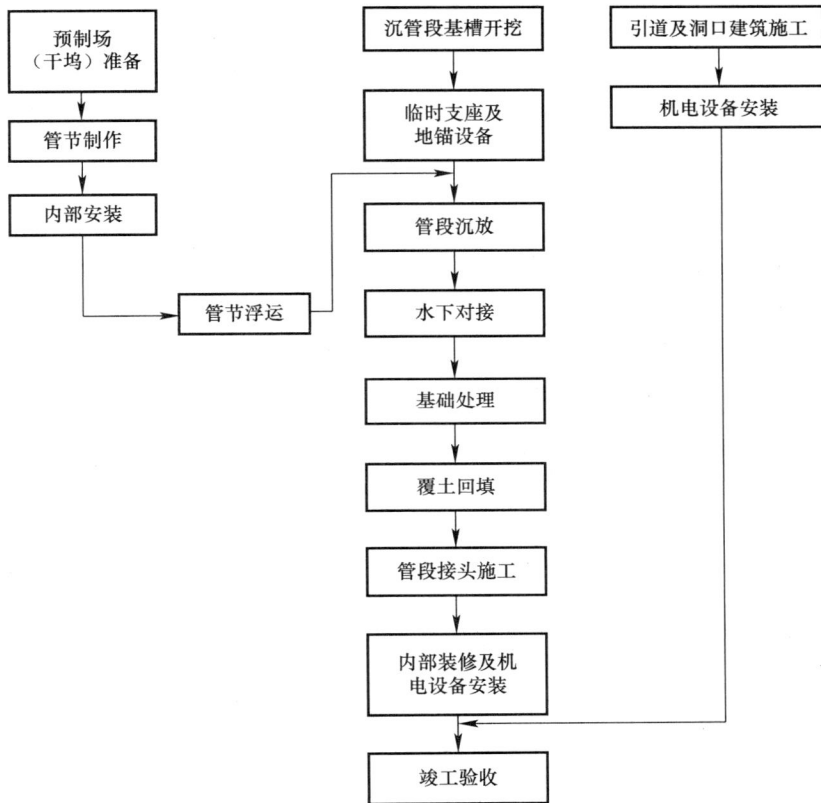

```
┌─────────────┐      ┌─────────────┐      ┌──────────────────┐
│  预制场      │      │ 沉管段基槽开挖│      │ 引道及洞口建筑施工 │
│（干坞）准备   │      └──────┬──────┘      └────────┬─────────┘
└──────┬──────┘             │                      │
       ↓              ┌──────┴──────┐      ┌────────┴─────────┐
┌─────────────┐      │  临时支座及   │      │   机电设备安装     │
│  管节制作     │      │  地锚设备    │      └────────┬─────────┘
└──────┬──────┘      └──────┬──────┘              │
       ↓                    │                      │
┌─────────────┐      ┌──────┴──────┐              │
│  内部安装     │──┐   │  管段沉放    │              │
└─────────────┘  │   └──────┬──────┘              │
                 │          │                      │
          ┌──────┴──────┐┌──┴──────────┐           │
          │  管节浮运    │→│  水下对接    │           │
          └─────────────┘└──────┬──────┘           │
                                │                   │
                         ┌──────┴──────┐            │
                         │  基础处理    │            │
                         └──────┬──────┘            │
                                │                   │
                         ┌──────┴──────┐            │
                         │  覆土回填    │            │
                         └──────┬──────┘            │
                                │                   │
                         ┌──────┴──────┐            │
                         │ 管段接头施工  │            │
                         └──────┬──────┘            │
                                │                   │
                         ┌──────┴──────┐            │
                         │  内部装修及机 │            │
                         │  电设备安装  │            │
                         └──────┬──────┘            │
                                │                   │
                         ┌──────┴───────────────────┴──┐
                         │         竣工验收              │
                         └──────────────────────────────┘
```

图 8-33　沉管隧道施工程序

沉管隧道的顶部最好在水底 1.5m 以下，以便能覆盖适当的回填保护层。如果由于受坡度与水底地形限制，达不到要求，可把隧道设计得高出水底一部分，把回填保护范围扩大到结构两边的 30.5m 处，并用护台封边。回填后必须用石块铺面和封边或用其他方法防止水流的冲刷。

沉放管段涉及海港占用，需要交通管制，应与海事部门联系，防止船只穿过工作区而引起与水下拦索及航向浮标相撞。沉放管段时有时会遇到台风、洪水等，此时应将驳船和管段转移并停止工作。因此，必须与当地气象部门保持密切联系。

8.4.1　干坞修筑和管段制作

修建沉管水下隧道时，应先修筑专门的预制管段的场地，这个场地既能分节预制管段，又能在管段制成后灌水将其浮起，我们把这个场地称为干坞。干坞的位置应选择在距离隧址较近，且地质条件较好，便于浮运的地方。干坞一般由坞墙、坞底、坞首、坞门、排水系统、车道组成。干坞施工一般采用"干法"进行干坞内的土方开挖，具体步骤为：先沿干坞的四周作混凝土防渗墙，隔断地下水，然后用推土机、铲运机从里面向干坞口开挖，挖出的一部分土用来作为回填干坞堤，但大部分土外运。坞底和坞外设置排水沟、截水沟和集水井。坡面用塑料膜满铺并压砂袋，以防雨水冲刷。坞底铺砂、碎石，再用压路机压实并平整，坞内修筑车道。

在干坞内修筑混凝土管段基本工艺与在地上预制类似混凝土结构大体相同，但由于管段预制完后还要在水中浮运并沉埋于河底基槽中，因此在灌注混凝土管段时应保证管段混凝土的匀质性和水密性。

为了保证管段的水密性，就要解决好管段的防水问题，以避免任何渗水现象。管段防水措施有三种：结构物自身防水、结构物外侧防水和施工接缝防水。

8.4.2　基槽开挖

在隧址处水中沉埋管段前须在水下开挖基槽，要求基槽纵坡与管段设计纵坡相同。基槽的断面尺寸应根据管段断面尺寸和地质条件确定，开挖基槽的底宽一般比管段宽度大 4～10m（即管段每边大 2～5m）。这个宽余量，视土质情况、基槽搁置时间及河道水流情况而定，一般不宜定得太小，以免边坡坍塌后，影响管段沉放的顺利进行。开挖基槽的深度应为管顶覆土厚度、管段高度和基础处理所需超挖深度三者之和。

泥质基槽开挖的挖泥工作分为两个阶段进行，即粗挖和精挖。粗挖时挖到离管底标高约 1m 处；精挖时，精挖的长度只要超前 2～3 节管段长度，精挖层应在临近管段沉放前再挖，以避免淤泥沉积。挖到基槽底的标高后，应将槽底浮土和淤渣清除掉。

水中基槽开挖一般可用吸泥船疏浚，由自航泥驳运泥。当土层坚硬，水深超过 20～25m 时，可用抓斗挖泥船配小型吸泥船清槽及爆破。粗挖时也可用链斗式挖泥船，其挖泥深度可达 19m，对硬质黏土层可采用单斗挖泥船。

岩石基槽开挖，首先清除岩石面以上的覆盖层，然后用水下爆破方法挖槽，最后清槽。

8.4.3　管段浮运与沉放

1. 管段浮运

管段在干坞预制完成后，就可在干坞内灌水使预制管段逐渐浮起，浮起过程中利用在干坞四周预先为管段浮运布设的锚位，用地锚绳索固定上浮的管段，然后通过布置在干坞坞顶的绞车将管段逐节牵引出坞。管段出坞后，先在坞口系泊。当分批预制管段时，也可在临时拖运航道边选一个具备条件的水域临时抛锚系泊，这样可以使管段未沉放之前都可以出坞，且不会影响下批管段按期预制。对临时管段的拖运要保证有足够的水深，防止管段搁浅。

管段向隧址浮运时，可采用拖轮拖运或岸上绞车拖运。当水面较宽，拖运距离较长时一般采用拖轮拖运，拖轮的大小和数量应根据管段的几何尺寸、拖航速度及航运条件等，通过计算分析后选定；当水面较窄时，可采用岸上设置绞车拖运。

管段浮运时，应在临时航道设置导航系统，加强对水上交通的管理，要选择良好的气候条件，一般要求风力小于 5 级，晴天，能见度应大于 500m。

2. 管段沉放

当管段浮运就位后，需将管段沉放至水底，在事先开挖的基槽中与相邻管段对接。管段沉放是沉管隧道施工的重要环节，它受气象、水流、地形等自然条件的直接影响，还受到航运条件的制约。因此在施工时需要根据自然条件、航道条件、沉管本身的规模以及沉管的设备条件因地制宜的选用合适的沉放方法，详细制定水中作业方案，安全稳定的将管段沉放到设计位置。

国内外已建成的沉管隧道所采用的沉管沉放方法归纳起来可分为两大类，一类是吊沉法，一类是拉沉法。到目前为止采用吊沉法较多。根据吊沉法所采用的不同设备，吊沉法又可分为起重船吊沉法、浮箱吊沉法、自升式平台吊沉法和船组杠吊沉法。

管段的沉放作业全过程可分为以下三个阶段进行。

① 沉放前的准备

在沉放前应事先和港务、港监部门商定航道管理事项，并及早通知有关部门。

管段沉放作业开始的前 1～2d，把管段基槽范围内和附近的淤泥、砂清除干净，避免沉放中途搁浅，保证管段能顺利沉放到预定位置。同时应事先埋设好管段作业与作业船组定位用的水下地锚，地锚上需设置浮标。水上交通管制开始之前，需抓紧时间布置好封锁线标志。

② 管段就位

将管段浮运到距规定沉放位置纵向约 10～20m 处，并挂好地锚，校正好方向，使管段中线与隧道中线重合，误差不应大于 10m，管段纵坡调整到设计坡度。定好位后即可开始灌水压载，至消除管段全部浮力为止。

③ 管段下沉

管段下沉全过程一般需要 2～4h，因此应在潮位退到低潮之前 1～2h 开始下沉。开始下沉时，水流速度宜小于 0.5m/s，如流速超过 0.5m/s，就要另外采取措施，如加设水下锚碇，使管段安全就位。

管段下沉作业一般分三个步骤进行，即初步下沉、靠拢下沉和着地下沉。

a. 初步下沉

先灌注压载水至下沉力达到规定值 50%，随即进行定位校正，待前后左右位置都校正完毕，再继续灌注压载水至下沉力达到规定值的 100%，然后使管段按不大于 30cm/min 的速度下沉，直到管段底部离设计标高 4～5m 为止。下沉过程中要随时校正管段位置，如图 8-34 所示。

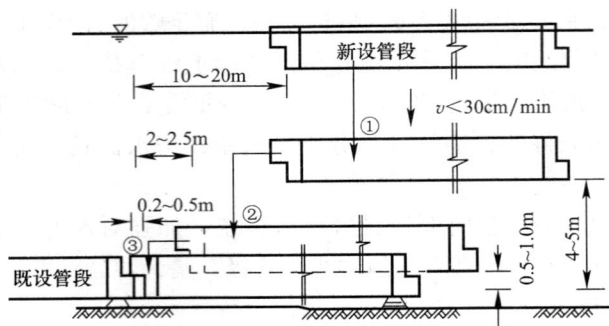

图 8-34　下沉作业
①—初次下沉；②—靠拢下沉；③—着地下沉

　　b. 靠拢下沉

将管段向前节已设管段方向平移，直至前节管段 2～2.5m 处，再将管段下沉到管段底部离设计高程 0.5～1.0m 左右，并再次校正管段位置。

　　c. 着地下沉

先将管段底降至距设计高程 0.1～0.2m 处，再将管段继续前移至既设管段 0.2～0.5m 处，校正位置后即开始着地下沉。这最后 0.1～0.2m 左右的下沉速度要很慢，并应随时校正管段位置。着地时先将管段前端上鼻式托座搁在前节管段下鼻式托座上，然后将管段后端轻轻的搁置在临时支座上。搁好后，管段上各吊点同时卸载，先卸去 1/3 吊力，校正管段位置后再卸至 1/2 吊力，待再次校正管段位置后，卸去全部吊力，使管段下沉力全部作用在临时支座上。

沉放作业的主要设备有管段吊装设备、拉合千斤顶、定位塔、地锚、测站和水文站、超声波测距仪、倾度仪、绳索测力计、压载水容量指示器、指挥通信器材等。

8.4.4　管段水下连接

管段沉放完毕后，应与既设管段（或竖井）紧密连接，形成一个整体。这项工作是在水下进行，故称为管段水下连接。水下连接技术的关键是要保证管段接头不漏水。水下连接的施工方法有两种：水下混凝土连接法和水力压接法。管段接头根据施工先后顺序、连接方法不同，构造也各不相同，分为初始接头与最终接头。

早期的沉管水底隧道，都采用灌注水下混凝土的方法进行管段间的连接，目前这种方法仅在管段的最终接头时采用。

水力压接法就是利用作用在管段上的巨大水压力使安装在管段前端面周边上的一圈胶垫发生压缩变形，形成一个水密性相当可靠的管段接头。施工时，当管段沉放就位完毕后，先将新设管段拉向既设管段并紧密靠上，这时接头胶垫产生了第一次压缩变形，并具有初步止水作用。随即将既设管段后端的封端墙与新设管段前端的封端墙之间的水（此时已与河水隔离）排走。

排水之前，作用在新设管段前、后端封端墙上的水压力是相互平衡的，排水之后，作用在前端封端墙上的压力变成了自然空气压力，于是作用在后端封端墙上的巨大水压力就将管段推向前方，使接头胶垫产生第二次压缩变形，如图 8-35 所示。第二次压缩变形后的胶垫使管段接头具有非常可靠的水密性。

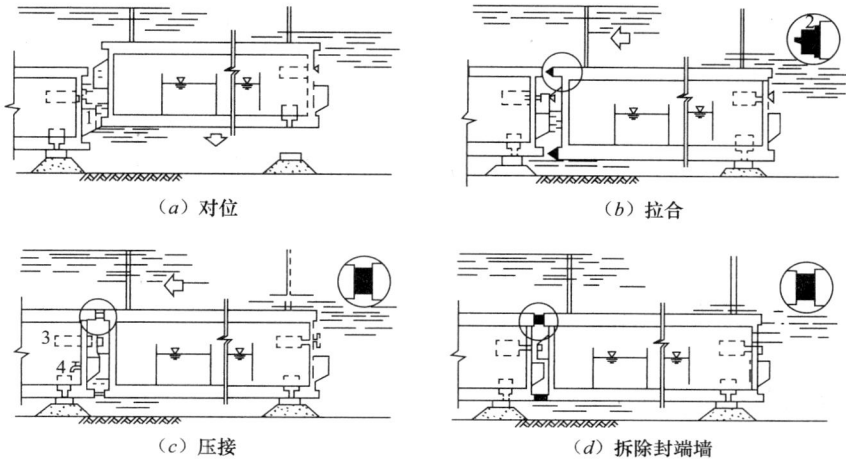

(a) 对位   (b) 拉合

(c) 压接   (d) 拆除封端墙

图 8-35　水力压接法
1—鼻式托座；2—接头胶垫；3—拉合千斤顶；4—排水阀

　　水力压接法工艺简单，施工方便，水密性好，基本上不用潜水工作，工料节省，施工速度快，因此得以迅速推广应用。

8.4.5　基础处理

　　基础处理是沉管隧道水下施工的最后工序。由于沉管隧道在基槽开挖、管段沉放、基础处理和回填覆土后，其抗浮系数（管段总重与管段排水量之比）仅为 1.1～1.2，因此作用在地基上的荷载一般比开挖前要小，故沉管隧道地基一般不会产生由于土质固结或剪切破坏而引起沉降。而且沉管隧道施工是在水下开挖基槽，一般不会产生流砂现象，因而对地质条件的适应性很强。沉管隧道施工不像采用盾构法那样，须在施工前进行大量水中地质钻探工作，但必须进行基础处理，其原因是在管段沉放之前，基槽开挖不平整，使槽底表面与沉管底面之间存在很多不规则的空隙，而使地基受力不均匀，产生局部破坏，从而引起地基不均匀沉降，使沉管结构受到较大的局部应力而开裂；其目的是使管段底面与地基之间的空隙充填密实。

　　沉管隧道的基础处理主要是垫平基槽底部，其处理方法按垫平的途径不同有很多种，从地基处理的发展趋势来看，主要有以下四种：刮铺法、喷砂法、压注法和桩基法。刮铺法在管段沉放之前进行，又称为先铺法；喷砂法和压注法在管段沉放之后进行，故又称为后填法；桩基法主要用于特别软弱地基。

8.4.6　基础回填

回填工作是沉管隧道施工的最终工序，回填工作包括沉管侧面回填和管顶压石回填。沉管外侧下半段，一般采用砂砾、碎石、矿渣等材料回填，上半段则可用普通土砂回填。

回填工作应注意以下几点：

（1）全面回填工作必须在相邻的管段沉放完成后方能进行，采用喷砂法进行基础处理或采用临时支座时，则要等到管段基础处理完，落到基床上再回填。

（2）采用压注法进行基础回填处理时，先对管段两侧回填，但要防止过多的岩渣存落管段顶部。

（3）管段上、下游两侧（管段左右侧）应对称回填。

（4）在管段顶部和基槽的施工范围内应均匀回填，不能在某些位置投入过量而造成航道障碍，也不得在某些地段投入不足而形成漏洞。

小结及学习指导

本章主要介绍其他几种隧道施工方法：隧道掘进机施工法，明（盖）挖法，盾构法，沉管法。

通过本章的学习，要求掌握隧道掘进机的类型、破岩机理、掘进循环过程，掌握明挖法中保持基坑稳定的措施，熟悉地下连续墙的施工过程，掌握盾构机的组成部分及其作用，熟悉土压平衡盾构、泥水加压式盾构维持开挖面稳定的原理，熟悉沉管法的施工流程。

思考题与习题

8-1　隧道掘进机施工法的概念及优缺点是什么？

8-2　隧道掘进机的种类及特点有哪些？

8-3　掘进机的破岩机理是什么？

8-4　明挖法中如何保持基坑稳定？

8-5　盖挖法有几种形式及每种形式的施工步骤是什么？

8-6　盾构机由哪几个部分组成？各个部分的作用是什么？

8-7　土压平衡盾构施工中如何保持开挖面的稳定？

8-8　盾构管片拼装有几种形式？各自的优缺点和适用条件是什么？

8-9　沉管隧道施工的基本流程是什么？

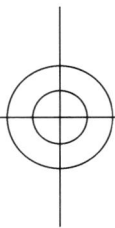

第9章
隧道施工辅助作业

本章知识点

> 知识点：隧道施工通风，施工供水，隧道供电照明。
> 重　点：隧道施工通风方式，通风风量和风压计算，隧道施工供水方式、供水管道布置，隧道供电照明。
> 难　点：隧道施工通风风量和风压计算。

9.1　隧道施工通风

9.1.1　施工通风的必要性

在隧道施工中，会出现如下情况：隧道内施工人员的呼吸要消耗氧气，呼出二氧化碳；爆破时，炸药分解而释放一氧化碳、二氧化碳；坑木的氧化腐朽，机具的运转摩擦，亦会释放二氧化碳；隧道穿越煤层或某些地层，会释放出瓦斯、硫化氢等；钻眼、爆破和装渣等作业会产生大量岩尘和污浊空气。上述情况会使洞内氧气减少，且会混入各种有害气体与岩尘，此外随着导坑不断向山体深部延伸，温度和湿度相应提高，人体也会受到有害影响，所以施工中的通风是极其必要的。

隧道施工中的有害气体有以下几种：一氧化碳，是一种对人体危害很大的有毒气体；二氧化碳，比空气重一倍，常积存于坑道底部，没有显著毒性，但有窒息作用；硫化氢，也是毒性很大的一种气体，比空气稍重，对眼膜、呼吸道有刺激作用；氮的氧化物，如二氧化氮、五氧化二氮，来源于爆破，有剧毒；瓦斯，又称沼气，无色、无臭、无味、无毒、但具有爆炸性，是一种危险气体。此外，岩尘是坑道内空气污浊的重要因素，岩尘中游离二氧化硅对人体危害很大，隧道施工人员长期吸入岩尘，将导致硅肺病。

隧道施工通风的目的就是供给洞内足够的新鲜空气，排除并稀释有害气体和降低粉尘浓度，以改善劳动条件，保障作业人员的身体健康。

9.1.2　通风方式

施工通风方式应根据隧道的长度、掘进坑道的断面大小、施工方法和设备条件等诸多因素来确定。在施工中，有自然通风和强制机械通风两类，其中自然通风是利用洞内外的温差或气压差来实现通风的一种方式，一般仅限于短直隧道，且受洞外气候条件的影响极大，因而仅在隧道长度小于 400m 或独头掘进长度小于 200m 的少数情况下完全依赖于自然通风，绝大多数隧道均应采用强制机械通风。

1. 机械通风方式分类

机械通风必须有通风机和风道，按照风道的类型及通风机安装位置，分为以下几种通风方式：

（1）风管式通风

风流经由管道输送，根据隧道内空气流向的不同，又可分为压入式、吸出式和混合式三种，如表 9-1 所示。

风管式通风的优点是设备简单、布置灵活、易于拆装，但由于管路加长，通风阻力亦增大。另外，由于管路的接头或多或少有漏风，若接头质量得不到保证会造成因风管过长而达不到要求风量。

风管式通风的方式　　　　　　　　　表 9-1

风管式通风方式		适用情况	说明
压入式		1. 单独可使用于 100～400m 内的独头巷道； 2. 多机串联可用于 400～800m 的独头巷道	1. 能较快地排除工作面的污浊空气； 2. 拆装简单； 3. 污浊空气排出时流经全洞
吸出式		长度在 400m 以内的独头巷道	新鲜空气流经全洞，到达工作面时已不太新鲜；要求风管末端距工作面不超过 10m，布置上有困难，常因此通风效果差
混合式		长度在 800～1500m 左右的独头巷道	1. 污浊空气经由隧道上部抽出洞外，新鲜空气从下部进入隧道，在经风管到下导坑工作面； 2. 抽出风机能力要大于压入风机 20%～30%； 3. 抽出、入风口的布置最小要错开 30m，以免在洞内形成风流短路
		使用于上下导坑或全断面分块开挖，用药量较大，下导坑为双轨断面的隧道施工	

（2）巷道式通风

在设有平行导坑的隧道施工中采用巷道式通风，其特点是通过最前面的横通道使正洞和平行导坑组成一个风流循环系统，在平行导坑附近安装通风机，将污浊空气由平行导坑抽出，新鲜空气从正洞流入，形成循环风流，如表 9-1 所示、另外，对平行导坑和正洞前面的独头巷道，再辅以局部的风管式通风。

这种通风方式断面阻力小，可供应较大的风量，是目前解决长隧道施工通风比较有效的方法。

（3）风墙式通风

这种通风方式适用于隧道比较长，一般风管式通风难以解决，又没有平行导坑可以利用的情况。此法利用隧道成洞部分较大的空间，用砖砌或木板隔出一条 $2\sim3m^2$ 的风道，以减小风管长度，增大风量，从而满足通风要求。

2. 通风方式的选择

通风方式应针对污染源的特性，尽量避免成洞地段的二次污染，且应有利于快速施工。因而在选择时应注意以下几个问题。

（1）自然通风因其影响因素较多，通风效果不稳定且不易控制，故除短直隧道外，应尽量避免采用。

（2）压入式通风能将新鲜空气直接输送至工作面，有利于工作面施工，但污浊空气将流经整个坑道。风机位置固定，随隧道掘进不断延伸风管，施工方便。但其排烟速度慢，通风耗能多。

（3）吸出式通风的风流方向与压入式相反，流经整个隧道的空气新鲜，排烟速度快，通风耗能少。但风机位置要随隧道掘进不断向前移，施工不方便。

（4）混合式通风集压入式和吸出式的优点于一身，但管路、风机等设施增多。

（5）利用平行导坑作巷道通风，是解决长隧道施工通风的方案之一，其通风效果主要取决于通风管理的好坏。若无平行导坑，且断面较大，可采用风墙式通风。

9.1.3　通风计算

施工通风计算的目的是为了供给洞内所需的新鲜空气，以改善劳动条件，保障作业人员身体健康；选择合适的通风机，布置合理的通风管道，从而满足施工作业环境的要求。施工通风计算包括风量计算和风压计算。

1. 风量计算

隧道施工的通风计算，因施工方法、隧道断面、爆破器材、炸药种类、施工设备等不同而变化。目前所用的通风计算公式大都是根据矿井通风及铁路运营通风的计算公式类比或直接引用，一般按以下几个方面计算并取其中最大的数值，再考虑漏风因素进行调整，并加备用系数后，作为选择风机的依据。

（1）按洞内同时工作的最多人数计算

$$Q = k \cdot m \cdot q \tag{9-1}$$

式中　Q——所需风量（m^3/min）；

　　　k——风量备用系数，常取 $k=1.1\sim1.2$；

　　　m——洞内同时工作的最多人数；

　　q——洞内每人每分钟需要新鲜空气量，通常按 $3m^3/min$ 计算。

（2）按同时爆破的最多炸药量计算

由于通风方式不同，计算方法也各不相同，以下分别介绍。

① 巷道式通风

$$Q = 5Ab/t \tag{9-2}$$

式中　A——同时爆破的炸药量（kg）；

　　　b——1kg 炸药折合生成一氧化碳的体积，一般采用 $b=40L/kg$；

　　　t——爆破后的通风时间（min）。

② 管道通风

a. 压入式通风

$$Q = 7.8\sqrt[3]{A \cdot S^2 \cdot L^2/B} = 7.8\sqrt[3]{A \cdot S^2 \cdot L^2}/t \tag{9-3}$$

式中　S——坑道断面面积（m^2）；

　　　L——坑道长度（m）；

　　　其他符号同前。

b. 吸出式通风

$$Q = \frac{15}{t}\sqrt{A \cdot S \cdot L_{散}} \tag{9-4}$$

式中　$L_{散}$——爆破后炮烟的扩散长度（m）；

　　　非电起爆　　　　　$L_{散}=15+A(m)$

　　　电雷管起爆　　　　$L_{散}=15+A/5(m)$

　　　其他符号同前。

c. 混合式通风

$$Q_{混压} = 7.8\sqrt[3]{A \cdot S^2 \cdot L_{入口}^2}/t \tag{9-5}$$

$$Q_{混吸} = 1.3Q_{混压} \tag{9-6}$$

式中　$Q_{混压}$——压入风量；

　　　$Q_{混吸}$——吸出风量；

　　　$L_{入口}$——压入风口至工作面的距离，一般采用 25m 计算；

　　　其他符号同前。

（3）按内燃机作业废气稀释的需要

$$Q = n_i A \tag{9-7}$$

式中　n_i——洞内同时使用内燃机作业的总功率（kW）；

　　　A——洞内同时使用内燃机 1kW 所需的风量，一般用 $3m^3/min$ 计算。

（4）按洞内允许最小风速计算

$$Q = 60 \cdot V \cdot S \tag{9-8}$$

式中　V——洞内允许最小风速（m/s），全断面开挖时为 0.15m/s，其他坑道为 0.25m/s；

　　　S——坑道断面积（m^2）。

　　按上述四种情况计算后，取其中最大者为计算风量。要求通风机提供风量为：

$$Q_供 = P \cdot Q \qquad (9-9)$$

式中　Q——计算所需最大风量；

$\quad\quad\quad P$——漏风系数，取值可查阅有关手册。

对于长距离大风量供风，一般采用 PVC 塑料布软管，管路直径大于 1m。由于采用长管节（20～50m），从而大大降低了接头漏风，漏风以管壁为主。如选用优质管路，在良好管理的条件下，每百米漏风率一般可控制在 2% 以下，其漏风系数可由送风距离及每百米漏风率计算而得。若处于高山地区，由于大气压强降低，供风量尚需进行风量修正，即：

$$Q_高 = 100Q_正 / P_高 \qquad (9-10)$$

式中　$Q_高$——高山修正后的供风量（m^3/min）；

$\quad\quad\quad P_高$——高山地区大气压（kPa），见表 9-2；

$\quad\quad\quad Q_正$——正常条件下的供风量，即上述 $Q_供$。

海拔高度与大气压（$P_高$）的关系　　　　　表 9-2

海拔高度（m）	1500	2000	2500	3000	3500	4000	4500	5000
大气压强（kPa）	82.9	77.9	73.2	68.8	64.6	60.8	57.0	53.6

2. 风压计算

在通风过程中，要克服风流沿途所受阻力，保证将所需风量送到洞内，并达到规定的风速，则必须要有一定的风压。因此，风压计算的目的就是要确定通风机本身应具备多大的压力才能满足通风需要。

气流所受到的阻力有摩擦阻力和局部阻力（包括断面变化处阻力、分岔阻力、拐弯阻力）及正面阻力，其计算可用下式表示：

$$h_机 \geqslant h_总阻 \qquad (9-11)$$

$$h_总阻 = \sum h_摩 + \sum h_局 + \sum h_正 \qquad (9-12)$$

式中　$h_机$——通风机的风压；

$\quad\quad\quad h_总阻$——风流受到的总阻力；

$\quad\quad\quad h_摩$——气流经过各种断面的管（巷）道时产生的摩擦阻力；

$\quad\quad\quad h_局$——气流经过断面变化，拐弯、分岔等处分别产生的阻力；

$\quad\quad\quad h_正$——巷道通风时受运输车辆阻塞而产生的阻力。

（1）摩擦阻力（$h_摩$）

摩擦阻力是管道（巷道）周壁与风流互相摩擦以及风流中空气分子间的挠动和摩擦而产生的阻力，也称沿程阻力。

根据流体力学的达西公式可以导出隧道通风的摩擦阻力公式：

$$h_摩 = \lambda \cdot \frac{LV^2}{d \cdot 2g} \gamma \qquad (9-13)$$

式中　$h_摩$——摩擦阻力（Pa）；

$\quad\quad\quad \lambda$——达西系数；

$\quad\quad\quad L$——风管长度（m）；

$\quad\quad\quad V$——风流速度（m/s）；

247

d——风管直径（m）；

g——重力加速度（m/s²）；

γ——空气容重（N/m³）。

对于任意形状时，$d=4S/U$（U 为风道周边长度，S 为风管面积）代入上式有：

$$h_{摩} = \frac{\lambda \cdot \gamma}{8g} \cdot \frac{LU}{S} \cdot V^2 \qquad (9\text{-}14)$$

若风道流量为 Q(m³/s)，则 $V=Q/S$，再令 $\alpha=\gamma\lambda/8g$，称为摩擦阻力系数（单位为 N·s²/m⁴），可查阅有关手册，将 α、V 代入上式有：

$$h_{摩} = \alpha L U Q^2 / S^3 \qquad (9\text{-}15)$$

（2）局部阻力（$h_{局}$）

风流经过风管的某些局部地点（如断面扩大、断面减小、拐弯、交叉等）时，由于速度或方向发生突然变化而导致风流本身产生剧烈的冲击，由此产生风流阻力称局部阻力。

$$h_{局} = 0.612 \zeta Q^2 / S^2 \qquad (9\text{-}16)$$

式中　ζ——局部阻力系数，可查阅有关手册

其他符号同前。

（3）正面阻力（$h_{正}$）

当通风面积受阻时，会在受阻区域出现过风断面减小后再增大的现象，相应地会增加风流阻力，一般可用下式计算：

$$h_{正} = 0.612 \varphi \cdot \frac{S_m Q^2}{(S - S_m)^3} \qquad (9\text{-}17)$$

式中　φ——正面阻力系数，当列车行走时，$\varphi=1.5$；斗车停放时 $\varphi=0.5$，斗车停放间距超过 1m 时则逐辆相加；

　　　S_m——阻塞物最大迎风面积（m²）；

其他符号同前。

3. 通风机的选择

通风机有轴流式和离心式两类。在隧道施工通风中主要采用轴流式通风机。选择时，按 $Q_{机} \geqslant 1.1 Q_{供}$（1.1 是风量储备系数，$Q_{供}$ 为通风机提供风量，按前述计算结果而得）及 $h_{机} \geqslant P \sum h$（P 为漏风系数，$\sum h = \sum h_{摩} + \sum h_{局} + \sum h_{正}$），在通风机性能表中选择风机。此外，根据具体情况，还可以选用具有吸尘、防爆和低噪声等特性的风机。

4. 风机及风管布置

设置通风机时，其安装基础要能充分承受机体重量和运行时产生的振动，或者水平架设到台架上。吸入口注意不要吸入液体和固体，而且要安装喇叭口以提高吸入、排出的效率。

放置在隧道内的风管，应设在不妨碍出渣运输作业、衬砌作业的空间处，同时要牢固地安装以免受到振动、冲击而发生移动、掉落。在衬砌模板台车附近，不要使风管急剧弯曲，以减少风压损失。风管一般均用夹具等安装在

支撑构件上，若不使用支撑，只有喷混凝土和锚杆时，可在锚杆上装特殊夹具挂承力索，而后通过吊钩安装风管。风管的连接应密贴，以减少漏风，一般硬管用密封带或垫圈，软管则用紧固件连接。风管可挂设在隧道拱顶中央、隧道中部或靠边墙墙角等处，一般在拱顶中央处通风效果较好。

9.1.4 防尘措施

在隧道施工中，有害气体的危害比较明显，故一般为人们所重视；而粉尘对人体的危害由于不能立即反映出来，因而往往被忽视。

粉尘的产生主要来自凿岩作业，约占洞内空气中含尘量来源的 85%；其次由爆破产生，约占 10%；装渣运输只占 5%。目前，推进湿式钻眼是防尘的主要措施，但要使坑道内含尘量降到 $2mg/m^3$ 的标准，只靠湿式凿岩还是不够的，必须采取湿式凿岩、机械通风、喷雾洒水和个人防护相结合的综合防尘措施。

1. 湿式凿岩

湿式凿岩，就是在钻眼过程中利用高压水湿润粉尘，使其成为岩浆流出炮眼，这就防止了岩粉的飞扬。对于缺水、易冻害或岩石不适于湿式钻眼的地区，可采用干式凿岩孔口捕尘，其效果也较好。

2. 机械通风

施工通风可以稀释隧道内的有害气体浓度，给施工人员提供足够的新鲜空气，同时也是防尘的基本方法。因此，除爆破后需要通风外，还应保持通风的经常性，这对于消除装渣运输中产生的粉尘是十分必要的。

3. 喷雾洒水

喷雾一般是爆破时实施的，主要是防止爆破中产生粉尘过大。喷雾器分两大类：一种是风水喷雾器，另一种是单一水力作用喷雾器。前者是利用高压风将流入喷雾器中的水吹散而形成雾粒，更适合于爆破作业时使用；后者则无需高压风，只需一定的水压即可喷雾，且这种喷雾器便于安装，使用方便，可安装于装渣机上，故适合于装渣作业时使用。

洒水是降低粉尘浓度的简单而有效的措施，即使在通风较好的情况下，洒水降尘仍然需要。因为单纯加强通风，还会吹干湿润的粉尘而重新飞扬。对渣堆洒水必须分层洒透，一般每吨岩石洒水的耗水量大致为 10～20L，如果岩石湿度较大，洒水量可适当减少。

4. 个人防护

对于防尘而言，个人防护主要是指佩戴防护口罩，在凿岩、喷混凝土等作业时还要佩戴防噪声的耳塞及防护眼镜等。

9.2 施工供水

由于凿岩、防尘、灌筑衬砌及混凝土养护、洞外空压机冷却等工作都需要大量用水，施工人员的生活也需要用水，因此要设置相应的供水设施。施工供水主要应考虑水质要求、水量的大小、水压及供水设施等几个方面的问题。

9.2.1　水质要求

凡无臭无味、不含有害矿物质的洁净天然水，都可以作为施工用水，饮用水的水质则要求更为新鲜清洁，符合国家饮用水水质标准要求。

9.2.2　用水量估算

1. 施工用水

施工用水与工程规模、机械化程度、施工进度、人员数量和气候条件等有关，因而用水量的变化幅度较大，很难精确估计，一般根据以往经验计算。

2. 生活用水

随着隧道施工工地卫生要求的提高，生活设施（如洗衣机）等配置增多，耗水量也就相应增多。因而生活用水量也有一定的变化，但幅度不大，一般可按下列参考指标估算。

生产工人人均为 $0.1\sim0.15\text{m}^3/\text{d}$；非生产工人人均为 $0.08\sim0.12\text{m}^3/\text{d}$。

3. 消防用水

由于施工工地住房均为临时住房，相应标准较低，除按消防要求在设计、施工及临房布置等方面做好防火工作外，还应按临时建筑房屋每 3000m^2、消防耗水量为 $15\sim20\text{L/s}$、灭火时间为 $0.5\sim1.0\text{h}$ 计算消防用水贮备量，以防不测。

9.2.3　供水方式

主要根据水源情况而定。常用水源有：山上自流水或泉水、河水、钻井取水。由水源自流引导或机械提升到蓄水池存储，并通过管路送达使用地点。个别缺水地区，则用汽车运水或长距离管路供水。

蓄水一般采用开口水池，水池容积根据水源情况设计为一昼夜用水量的 $1/10\sim1/12$（用水量大则储水系数小），通常为 $50\sim150\text{m}^3$。

水池位置应选择在基底坚固的山坡上，防止水池变形开裂。同时，为避免漏水渗入隧道，造成山体滑动或洞内塌方，水池位置还需避开隧道顶部。

水池与工作面的相对高度，以水达到工作面时水压不小于 0.3MPa（折合水柱 30m）为准。因此，水池与供水的最高工作面之间的高差应为：

$$H \geqslant 1.2(30 + h_{损}) \tag{9-18}$$

式中　$h_{损}$——整个管路的水头损失（m），$h_{损}$ 取值可查有关手册。

9.2.4　供水管道布置

给水主管直径一般为 $75\sim150\text{mm}$，支管直径 50mm。管道铺设应保证质量，确保不漏水。寒冷地区应有防冻措施。

（1）管道敷设要求平顺、短直且弯头少，干路管径尽可能一致，接头严密不漏水。

（2）管道沿山顺坡敷设悬空跨距大时，应根据计算来设立支柱承托，支撑点与水管之间加木垫；严寒地区应采用埋置或包扎等防冻措施，以防水管冻裂。

（3）水池的输出管应设总闸阀，干路管道每隔 300～500m 应安装闸阀一个，以便维修和控制管道。管道闸阀布置还应考虑一旦发生管道故障（如断管）能够暂时由水池或水泵供水的布置方案。

（4）给水管道应安设在电线路的异侧，不应妨碍运输和行人，并设专人负责检查养护（可与压风管道共同组织一个维修、养护工班）。

（5）管道前端至开挖面，一般保持的距离为 30m，用直径 50mm 高压软管接分水器，中间预留的异径三通，至其他工作而供水使用软管（ϕ13mm）连接，其长度不宜超过 50m。

（6）如利用高山水池，其自然压头超过所需水压时，应进行减压，一般是在管路中段设中间水池作过渡站，也可直接利用减压阀来降低管道中水流的压力。

9.3 隧道供电照明

9.3.1 施工供电

1. 施工总用电量估算

在施工现场，电力供应首先要确定总用电量，以便选择合适的发电机、变压器、各类开关设备和线路导线。在实际生产中，并非所有设备都同时工作，而且处于工作状态的用电设备也并非均在额定工作状态，所以确定现场供电负荷的大小，不能简单地将所有用电设备的容量相加。

（1）同时考虑施工现场的动力和照明

$$S_{总} = K\left(\frac{\sum P_1 \cdot K_1}{\eta \cdot \cos\phi} \cdot K_2 + \sum P_2 \cdot K_3\right) \tag{9-19}$$

式中　$S_{总}$——施工总用电量（kW）；

　　　K——备用系数，一般取 1.05～1.10；

　　　$\sum P_1$——整个工地动力设备的额定输出功率总和（kW）；

　　　$\sum P_2$——整个工地照明用电量总和（kW）；

　　　η——动力设备的平均效率，采用 0.83～0.88，通常取 0.85 进行计算；

　　$\cos\phi$——平均功率因数，采用 0.5～0.7；

　　　K_1——动力设备同时使用系数，见表 9-3；

　　　K_2——动力负荷系数，考虑不同类型设备带负荷工作时的情况，一般取 0.75～1.0；

　　　K_3——照明设备同时使用系数，一般可取 0.6～0.9。

同时用电系数（K_1）　　　　　　　　　　　　　　　　表 9-3

通风机的同时用电系数	0.8~0.9
施工电动机械的同时用电系数	0.65~0.75

注：根据同时用电机械的台数选取，一般 10 台以下取低限，10 台以上取高限。

（2）只考虑动力负荷

当照明用电相对于动力用电而言，所占比例较少时，为简化计算，可在动力用电量之外再加 10%~20%，作为总用电量，即：

$$S_{动} = \frac{\sum P_i}{\eta \cdot \cos\phi} \cdot K_1 \cdot K_2 \tag{9-20}$$

$$S_{总} = (1.1 \sim 1.2)S_{动} \tag{9-21}$$

式中　$S_{动}$——现场动力设备所需的用电量；

其他符号同上，但当使用大型用电设备（如掘进机）时，K_1 可取 1.0 进行计算。

2. 供电方式

隧道施工供电方式有自设发电站供电和地方电网供电两种。一般尽量采用地方电网供电，只有在地方供电不能满足施工用电需要或距离地方太远时，才自设发电站。此外，自发电还可作为备用，当地方电网供电不稳定时采用，在有些重要施工场所应设置双回路供电网，以保证供电的稳定性。因绝大多数情况下采用地方电网供电，故主要介绍变电站的有关内容。

（1）变压器选择

一般根据估算的施工总用电量来选择变压器，其容量应等于或略大于施工总用电量，且在使用过程中，一般使变压器承受的用电负荷达到额定容量的 60% 左右为佳。具体可按下述方法确定：

① 配属电动机械的单台最大容量占总用电量的 1/5 及以下时，变压器最大容量 S_e 为：

$$S_e = \frac{\sum P_1 \cdot K_1}{\eta \cdot \cos\phi} \tag{9-22}$$

② 配属电动机械的单台最大容量占总用电量的 1/5 以上时，变压器最大容量 S_e 为：

$$S_e = \frac{5\sum P_1 \cdot K_1 \cdot \mu}{\eta \cdot \cos\phi} \tag{9-23}$$

式中　μ——配属机械中最大一台的容量与总用量的比值；

其他符号意义同前。

根据上述计算，从变压器产品目录中选择适当型号的配电变压器即可。

（2）变压器位置的确定

变压器的位置应考虑便于运输、运行和检修，同时应选择安全可靠的地方，因此应满足以下几个方面：

① 变压器应选择在高压进线方便处，且应尽量接近高压线。

② 变压器必须安设在其供电范围的负荷中心，使其投入运行时线路损耗最小，且能满足电压要求。一般情况下还应安设在大负荷的附近。当配电电

压在 380V 时，供电半径不应大于 700m，一般以 500m 为宜。高压变电站之间的距离，一般在 1000m 左右。

③ 洞内变压器应安设在干燥的避车洞或不用的横通道处，变压器与周围及上下洞壁的距离不得小于 30cm，同时按规定要求设置安全防护措施。

3. 供电线路布置及导线选择

（1）线路电压等级

隧道供电电压，一般是三相四线 400/230V。长大隧道可用 6～10kV，动力机械的电压标准是 380V；成洞地段照明采用 220V，工作地段照明和手持电动工具按规定选安全电压供电。

（2）导线选择

当供电线路中有电流时，由于导线具有阻抗，会产生电压降，使线路末端电压低于首端电压。线路始末两端电压的差称为线路电压损失，俗称电压降。根据施工规则规定，选用的导线断面应使末端电压降不超过额定电压的 10% 及国家对经济电流密度的规定（表 9-4）。

导线的经济电流密度 I_i（A/mm²）　　　　　表 9-4

铜导线	铝导线
1.40	0.9

线路电压降可按下式计算：

$$\Delta U_1 = \frac{54lI}{1000I_iS} \tag{9-24}$$

$$\Delta U_3 = \frac{934lI}{1000I_iS} \tag{9-25}$$

式中　ΔU_1——按单相电路计算的电压降（V）；

　　　ΔU_3——按三相电路计算的电压降（V）；

　　　l——送电距离（m）；

　　　I——线路通过电流强度（A）；

　　　I_i——经济电流密度（A/mm²）；

　　　S——导线截面积（mm²）。

根据上述公式可以计算出所需导线截面，选择各种不同规格的导线。但一般不宜采用加大导线截面减少电压降以增加送电线路距离。

（3）供电线路布置

在成洞地段用 400/230V 供电线路，一般采用塑料绝缘铝芯线或橡皮绝缘铝芯线架设；开挖、未衬砌地段以及手提灯应使用铜芯橡皮绝缘电缆。布置线路时应注意以下几点：

① 输电干线或动力、照明线路安装在同一侧时，必须分层架设。其原则是：高压在上，低压在下；干线在上，支线在下；动力线在上，照明线在下。且应在风、水管路相对的一侧。

② 隧道内配电线路分低压进洞和高压进洞两种。一般隧道在 1000m 以下（独头掘进时），采用低压进洞，电压为 400V，配电变压器设在洞外；当隧道

在 1000m 以上则采用高压进洞，以保证线路终端电压不致过低。高压进洞电压一般为 10kV，配电变压器设在洞内。

③ 根据隧道作业特点，电线线路架设分两次进行。在进洞初期，先用橡胶套装设临时电路，随着工作面的推进，在成洞地段用胶皮绝缘线架设固定线路，换下电缆供继续前进的工作面使用。

④ 洞内敷设的高压电缆，在洞外与架空高压线连接时，应安装相同电压等级的阀型避雷器一组及开关设备。架设低压线路进洞时，在洞口的电杆上，应安装低压阀型避雷器一组。

⑤ 不允许将通电的多余电缆盘绕堆放，以免引起电缆过热发生燃烧和增加线路电压降。

⑥ 低压进路导线敷设方式分垂直、水平两种。水平排列占空间较大，影响大型施工机械通过，故一般采用垂直排列。垂直排列时，采用针式绝缘子固定，线间距为 0.2m，下部导线离地面≥3m，横担间距一般为 10m。高压进洞电缆一般采用明敷设，即是将电缆架设在明处，根据不同地段的具体条件，可分别用金属托架、挂钩或帆布带等固定。电缆离地面≥3.5m，横担间距一般为 3～5m。

⑦ 线路需分支时，分支至所接设备的连接应使用橡套电缆，且每一分支接线应在接头与所接设备之间，安装开关和熔断器；照明线路则仅在总分支接头处设置开关和熔断器。分支接头处应按规定搭接，并用绝缘胶布包缠。

9.3.2　施工照明

1. 普通光源施工照明

（1）照明安全变压器

安全变压器的容量不宜过大，输入电压为 220V，输出电压有 36V、32V、24V、12V 四个等级，以便按工作面的安全因素要求选用照明电压。输出电压不应高出额定电压的 105%，防止烧坏灯泡。照明安全变压器作业地段必须使用安全变压器，并应装有按电源电压下降而能调整的插头。

（2）不同地段的照明布置

根据隧道施工规范要求，不同地段的照明布置要求如表 9-5 所示。

不同地段照明布置要求　　　　　　　　　　　　　表 9-5

工作地段		灯头距离（m）	悬挂高度（m）	灯泡容量（W）
施工作业面		不少于 15W/m²（断面较大可适当采用投光灯）		
开挖地段和作业地段		4	2～2.5	60
运输巷道		5	2.5～3	60
特殊作业地段或不安全因素较多地段		2～3	3～5	100
成洞地段	用白炽灯时	8～10	4～5	60
	用日光灯照明时	20～30	4～5	40
竖井内		3		60

注：在直线段灯头距离采用表中大数，在曲线段采用较小数。在有水地段应用胶皮电线，工作面附近应用防水灯头。

（3）事故照明设施

在主要交通道、竖井、斜井、涌水较大的抽水站、高压变电站等重要地点，应设事故照明装置以保安全。

2. 新光源照明

所谓新光源是指低压卤钨灯、高压钠灯、钪钠灯、钠铊铟灯等新型电灯。以往施工照明用的白炽灯等普通光源，具有虽然价格低、使用方便，但耗电量大且亮度弱的特点。而新光源的优点有：安全性能好；节电效果明显；使用寿命长，维修方便，减少电工的劳动程度；大幅度地增加了施工工作面和场地的照度，为施工人员创造了一个明亮的作业环境，可保证操作质量。新光源洞内外照明布置要求如表9-6所示。

新光源洞内外照明布置　　　　　　　　　　表 9-6

工作地段	照明布置
开挖面后 40m 以内作业段	两侧用 36V500W 卤钨灯各 2 盏（或 300W 卤钨灯 7 盏，以不少于 2000W 为准），灯泡距离隧道底面高 4m
开挖面后 40～100m 区段	安设 2 盏 400W 高压钠灯和 2 盏 400W 钠铊铟灯，间距约 15m，灯泡距隧道底面高 5m
开挖面后的 100m 至成洞末端	每隔 40m，左右侧各设计 400W 高压钠灯 1 盏
模板台车衬砌作业段	台车前台 10～15m，增设 400W 高压钠灯各 1 盏，台车上亮度不足时，增设 36V300W 或 500W 卤钨灯
成洞地段	每隔 40m 安装 400W 高压钠灯 1 盏
斜井、竖井井身掌子面及喷混凝土作业面	使用 36V500W 或 36V300W 卤钨灯，已施工井身部分选用小功率 110V 高压钠灯。间距为混合井 30m 安装 1 盏，主副井每 25m 安装 1 盏
洞外场地	每隔 200m 安装高压钠灯 1 盏

9.3.3　安全用电

安全用电主要是防止触电事故。常用的安全技术措施有：采用绝缘、屏护遮拦，保证安全距离；采用保护接零；采用安全电压等。

（1）线路及接头不许有裸露，要经常检查，发现裸露应立即包扎；

（2）各种过电流保护装置不应加大其容量，不能用任何金属丝代替熔丝；

（3）电工人员操作时必须戴绝缘手套和穿绝缘胶靴；

（4）在需要触及导电部分时，必须先用测电器检查，确认无电后，才能开始工作，并事先将有关的开关切断封锁，以防误合闸；

（5）一切电器设备的金属外壳或构架都必须进行妥善接地。

在隧道施工中需要接地的设施有：与电机连接的金属构架、变压器外壳、配电箱外壳、起动器外壳、高压电缆的金属外皮、低压橡套电缆的接地芯线（即联结变压器中性点的中性线）、风水管路、轨道及洞内临时装设的金属支架等。

接地是由高压电缆外皮和低压电缆的接地芯线以及所有明线架设的中性

线联接成一个总的接地网路，在网路上分别连接上述需要接地的设施，构成一个具有多处接地装置的接地系统。不用高压供电的隧道，应在 400/230V 进线端设置中心接地装置。

小结及学习指导

本章内容包括：隧道施工通风，隧道施工供水，隧道供电照明。

通过本章的学习，要求掌握隧道施工通风方式，能计算通风风量和风压，熟悉隧道施工供水方式和供水管道布置。

思考题与习题

9-1　简述隧道施工辅助作业的内容及作用。

9-2　简述施工通风、用水和照明设计方法。

9-3　机械式通风有几种方式？

9-4　隧道施工中主要的防尘措施有哪些？

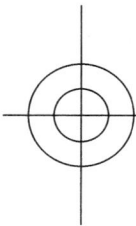

第10章
防灾疏散救援及通风设计

本章知识点

> 知识点：隧道灾害类型及特征，紧急救援站、紧急出口、避难所
> 结构形式，防灾疏散救援工程设计，隧道通风设计。
> 重　点：隧道灾害类型及特征，防灾疏散救援工程设计，隧道通
> 风设计。
> 难　点：隧道防灾疏散救援工程设计，隧道通风设计。

10.1　铁路隧道灾害类型及特征

10.1.1　隧道灾害类型

隧道在运营过程中，受地质、环境、隧道结构、列车运营、乘客活动等多方面的影响，可能发生多种灾害。根据既有隧道发生灾害的情况，按形成灾害的原因分为自然灾害、人为原因灾害、列车原因灾害和隧道原因灾害四类。

1. 自然灾害

自然灾害主要是指风、雨、水、雪灾和地震。

（1）风灾：主要包括在洞口段吹翻车辆、引起接触网断线，危及行车安全。

（2）水灾：主要包括洪水及大雨引起的各种危害，如隧道积水、泥石流、滑坡、洪水冲垮洞口等。

（3）雪灾：主要指积雪区段的雪附着在高速运行的车辆底板下面和车体上而引发事故，附着的雪块落到暖和的地方，导致车辆底板下部破损。此外，大雪还可能在隧道口路堑段形成堆积，封堵住隧道洞口，影响线路的安全。

（4）地震：地震会破坏隧道衬砌和线路结构，有可能使正在行驶的列车出轨。

（5）其他灾害：由于列车振动等外力作用，使隧道衬砌变形、掉块、隆起等。

2. 人为原因灾害

人为原因灾害是指由于乘客个体、群体行为或者铁路工作人员的不当操

作影响铁路正常运营和隧道遭受破坏，包括在列车上发现可疑物品或接到恐吓、纵火、爆炸、乘客跳窗自杀、乘客误操作紧急停车按钮或乘客聚众闹事等。

3. 列车原因灾害

列车原因灾害主要有列车故障、牵引供电系统故障、照明供电系统故障、信号系统故障、列车相撞、列车轨、列车追尾、列车脱节、失火等。

4. 隧道原因灾害

隧道原因灾害主要有隧道掉块、隧道内基床下陷、隧道坍塌、隧道渗水、隧道内通风不畅、隧道内照明设施故障、隧道内电器设备出现故障、轨道线路出现故障、钢轨超期使用产生断裂等影响铁路正常运营造成列车脱轨、颠覆、碰撞等。

10.1.2　铁路隧道灾害的特征

以上各种原因引起的灾害对于铁路隧道的运营来讲，具有五个共同特征。

1. 灾害的突发性

突发性是任何突发事件最重要的特征，铁路隧道灾害的发生毫无征兆，产生的结果却出人意料，尽管科学技术的发展使得某些预报成为可能，但对某些突发事件的预测预报还是受到制约。

2. 灾害的不确定性

铁路隧道灾害的不确定性主要体现在发生时的状态的不确定性以及事态发展状况的不确定性，受信息的完善性和准确性的限制，人员的决策也是非程序化，这些不确定性给应急救援带来很大的难度。

3. 危害的多重性

危害的多重性来自五个方面，即对公众生命构成威胁、对公共财产造成损失、对各种环境造成破坏、对社会秩序造成紊乱和对公众心理造成障碍。铁路隧道内运行的旅客列车人数多，影响范围广，一旦发生灾害，造成的社会影响更是严重。

4. 危害的严重性

列车内装有人和货物，受隧道自身结构限制，特别是长大隧道和隧道群，一旦发生灾害，躲避难度和救援难度会格外大，这些因素势必会加大突发事件的危害性。

5. 救援难度大

长大隧道空间狭长、封闭、远离城市，这些因素进一步加大了救援难度。

10.1.3　铁路隧道的主要灾害及后果

铁路隧道灾害类型非常多，但有些灾害发生概率小，如果对所有灾害采用统一的处理方式，势必造成设计上的冗余。通过对铁路隧道灾害的风险源可能造成的后果进行分析，可获得影响隧道安全的主要灾害类型。

表 10-1 为不同风险源可能造成灾害的后果。

<table>
<tr><th colspan="4" style="text-align:center">灾害可能造成的后果　　　　　　　　　　表 10-1</th></tr>
<tr><td rowspan="2">灾害分类</td><td rowspan="2">原因（风险源）描述</td><td colspan="2">灾害后果</td></tr>
<tr><td>影响形式</td><td>主要影响</td></tr>
<tr><td rowspan="5">碰撞</td><td>列车与列车碰撞</td><td>中断运营</td><td>乘客伤亡</td></tr>
<tr><td>列车与掉（置）在轨道上的物体碰撞</td><td>中断运营</td><td>乘客伤亡</td></tr>
<tr><td>列车与在轨道上的人碰撞</td><td>中断运营</td><td>乘客伤亡</td></tr>
<tr><td>列车与限界碰撞</td><td>中断运营</td><td>运营秩序</td></tr>
<tr><td>列车与工务段人员碰撞</td><td>中断运营</td><td>运营秩序</td></tr>
<tr><td rowspan="5">脱轨</td><td>轨道不平顺产生脱轨</td><td>中断运营</td><td>乘客伤亡</td></tr>
<tr><td>列车超速产生脱轨</td><td>中断运营</td><td>乘客伤亡</td></tr>
<tr><td>道岔不到位产生脱轨</td><td>中断运营</td><td>乘客伤亡</td></tr>
<tr><td>轨道上有物体导致脱轨</td><td>中断运营</td><td>乘客伤亡</td></tr>
<tr><td>转向架（车轮）断裂导致脱轨</td><td>中断运营</td><td>乘客伤亡</td></tr>
<tr><td rowspan="4">触电</td><td>隧道乘客紧急撤离时造成触电</td><td>中断运营</td><td>运营秩序</td></tr>
<tr><td>触网维修或检查时造成维修人员触电</td><td>中断运营</td><td>运营秩序</td></tr>
<tr><td>变电站维修或检查时造成维修人员触电</td><td>中断运营</td><td>运营秩序</td></tr>
<tr><td>擅自进入隧道者触电</td><td>中断运营</td><td>运营秩序</td></tr>
<tr><td rowspan="3">爆炸</td><td>乘客携带的易爆品爆炸</td><td>中断运营</td><td>乘客伤亡</td></tr>
<tr><td>列车上压缩汽缸爆炸</td><td>中断运营</td><td>运营秩序</td></tr>
<tr><td>变压器（整流器）爆炸</td><td>中断运营</td><td>运营秩序</td></tr>
<tr><td rowspan="5">火灾</td><td>列车上工作人员办公使用的电器着火</td><td>局部影响</td><td>局部影响</td></tr>
<tr><td>列车上乘客携带的易燃品着火</td><td>中断运营</td><td>乘客伤亡</td></tr>
<tr><td>列车内乘客或员工吸烟引起着火</td><td>中断运营</td><td>乘客伤亡</td></tr>
<tr><td>轨道上道岔电器着火</td><td>中断运营</td><td>运营秩序</td></tr>
<tr><td>变电站供电开关着火</td><td>中断运营</td><td>运营秩序</td></tr>
<tr><td>烧伤、烫伤</td><td>列车运行着火产生烫伤</td><td>延误运营</td><td>乘客受伤</td></tr>
<tr><td>窒息</td><td>运行列车内人员窒息</td><td>中断运营</td><td>乘客受伤</td></tr>
<tr><td rowspan="3">机械伤害</td><td>水泵、鼓风机、风扇对维修检查人员的击伤</td><td>延误运营</td><td>乘客受伤</td></tr>
<tr><td>列车关门时对乘客的挤伤</td><td>延误运营</td><td>乘客受伤</td></tr>
<tr><td>道岔转辙对维修人员的挤伤</td><td>延误运营</td><td>乘客受伤</td></tr>
<tr><td rowspan="3">刺伤</td><td>列车运行时尖锐物体对乘客的刺伤</td><td>延误运营</td><td>乘客受伤</td></tr>
<tr><td>应急撤离时轨道对人员的刺伤</td><td>—</td><td>乘客受伤</td></tr>
<tr><td>列车设备尖锐物体对乘客的刺伤</td><td></td><td>乘客受伤</td></tr>
<tr><td rowspan="2">摔伤、扭伤</td><td>乘客掉下轨道摔伤</td><td>延误运营</td><td>乘客受伤</td></tr>
<tr><td>列车晃动或启动（制动）使乘客摔伤</td><td>—</td><td>乘客受伤</td></tr>
</table>

由以上分析可见，有些灾害对运营及乘客伤害影响较小，如扭伤、摔伤；也有些灾害可以通过日常的维护使其发生的可能性降至最低，如轨道不平顺引起的脱轨。近年来，随着铁路运营管理水平的提高，许多风险源在不断的治理中得到控制，取得很大的进步。考虑到铁路运行过程中通过管理制度能将一些突发事故控制在最小的程度，且突发性的灾害可能由其他因素间接产生，因此对于铁路隧道工程，火灾是引起因素最多、最难控制的，也是造成人员伤亡最大和社会影响最严重的一种灾害。本章主要介绍针对列车火灾事故开展的铁路隧道防灾疏散救援体系的研究。

259

10.2 隧道防灾疏散救援设施结构形式

隧道的防灾疏散救援设施主要包括紧急救援站、紧急出口、避难所、疏散通道、横通道等。紧急救援站应满足火灾和非火灾事故列车停车后人员疏散要求；紧急出口、避难所及横通道应满足非火灾事故列车人员疏散要求。疏散救援设施的结构形式各不相同，确定其结构形式是进行合理结构设计的前提。

10.2.1 铁路隧道紧急救援站结构形式

1. 隧道内紧急救援站结构形式

（1）加密横通道型（适用于双洞单线隧道）

对于双洞单线铁路隧道，多采用加密横通道的紧急救援站结构形式。这种结构形式是在隧道中部利用横通道将两座隧道相连，每条横通道均设置防火门，形成隧道之间互救、是联络的防灾疏散救援格局。

不带有避难空间的加密横通道型隧道内紧急救援站结构形式如图 10-1 所示。

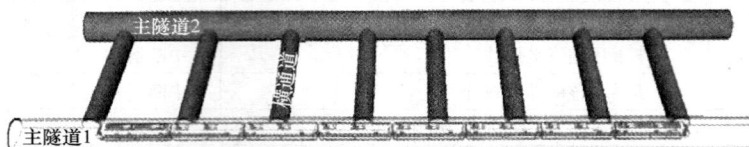

图 10-1 加密横通道型隧道内紧急救援站结构形式（无避难空间）

带有避难空间的加密横通道型隧道内紧急救援站结构形式如图 10-2 所示。

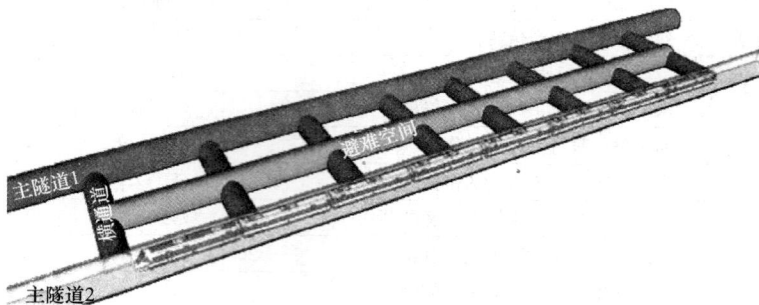

图 10-2 加密横通道型隧道内紧急救援站结构形式（有避难空间）

（2）两侧平导型（适用于单洞双线隧道）

单洞双线隧道一般在隧道两侧新建连通主隧道的平行导洞，同时将施工辅助坑道的斜井或者横洞作为紧急救援站的进风风道和疏散通道，与加密横通道区域的平行导洞相连。

两侧平导型隧道内紧急救援站结构形式如图 10-3 所示。

（3）单侧平导型（适用于单洞单线隧道）

对于单洞单线隧道，一般在隧道一侧新建连通主隧道的平行导洞。

单侧平导型隧道内紧急救援站结构形式如图 10-4 所示。

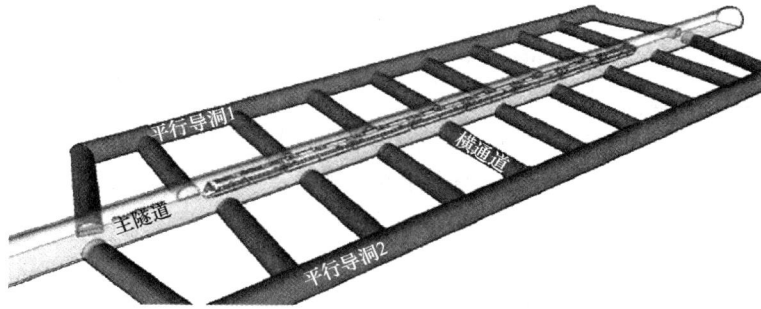

图 10-3　两侧平导型隧道内紧急救援站结构形式

图 10-4　单侧平导型隧道内紧急救援站结构形式

2. 隧道口紧急救援站

（1）洞口及辅助坑道型

洞口及辅助坑道型隧道口紧急救援站需要考虑防灾通风问题，其结构形式为救援站设置在隧道间的外露段，单双洞均可使用，如图 10-5 所示。根据

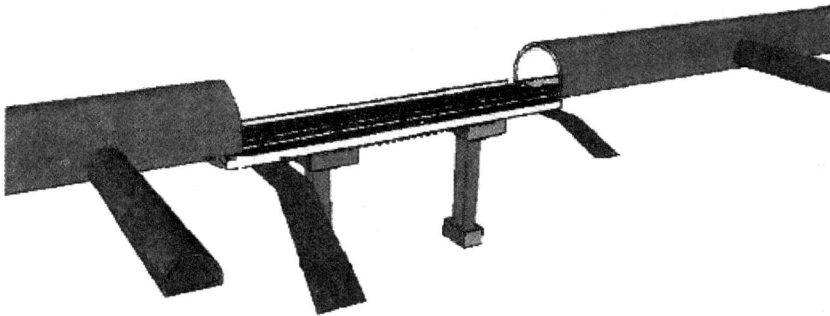

（a）隧道—桥梁—隧道形式

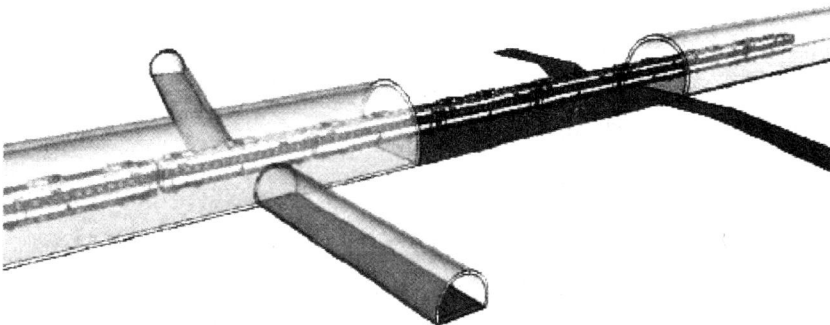

（b）隧道—路基—隧道形式

图 10-5　洞口及辅助坑道型隧道口救援站结构形式

10.2　隧道防灾疏散救援设施结构形式

外露段隧道连接形式，救援站又可分为隧道—桥梁—隧道形式救援站和隧道
—路基—隧道形式救援站两类。

（2）洞口及横通道加密型

洞口及横通道加密型隧道口紧急救援站需要考虑防灾通风问题，适用于
双洞隧道群，如图 10-6 所示。根据明线段隧道连接形式，救援站又可分为隧
道—桥梁—隧道形式救援站和隧道—路基—隧道形式救援站两类。

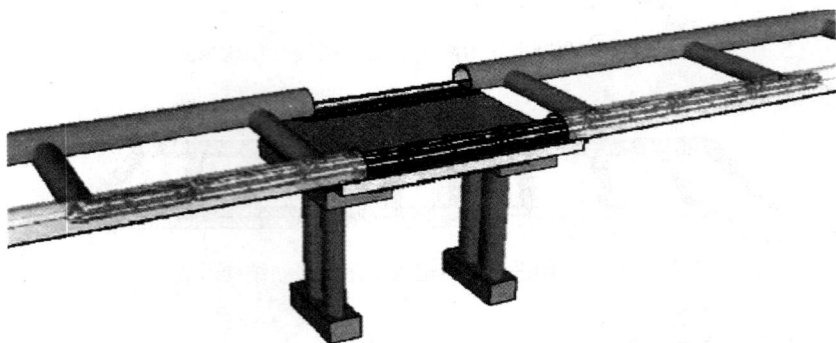

（a）隧道—桥梁—隧道形式

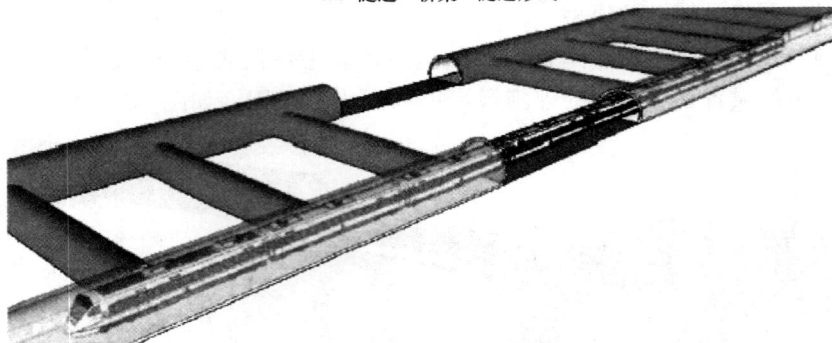

（b）隧道—路基—隧道形式

图 10-6　洞口及横通道加密型隧道口紧急救援站结构形式

（3）洞口疏散型

洞口疏散型救援站适用于明线段长度大于 250m 的隧道群，可不考虑防灾
通风问题。但并不表明线段长度大于 250m 的隧道群只能采用疏散型，也可使
用上述两种形式或其他形式。

10.2.2　紧急出口结构形式

通常情况下，单洞双线隧道多设置紧急出口，而双洞单线隧道则多采
用横通道的形式作为疏散救援设施。紧急出口的结构形式中，以斜井式、
横洞式和出入口平导式紧急出口居多，也有在隧道侧壁开口作为紧急出口
的形式。

斜井式紧急出口如图 10-7（a）所示。斜井式紧急出口的特点是利用斜井

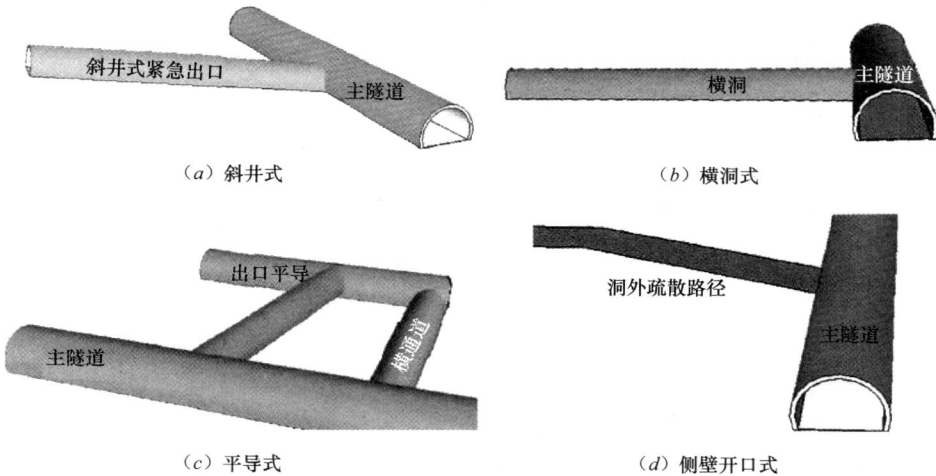

（a）斜井式   （b）横洞式

（c）平导式   （d）侧壁开口式

图 10-7　紧急出口结构形式

作为紧急出口。斜井具有一定的上坡坡度，因此在斜井式紧急出口的设计中，要考虑斜井坡度对人员疏散的影响。斜井式紧急出口的关键设计参数包括斜井入口防护门的宽度、斜井入口段的坡度等。

横洞式紧急出口如图 10-7（b）所示。横洞式紧急出口的特点是利用横洞作为紧急出口。横洞一般上坡坡度很小或为下坡坡度，因此在横洞式紧急出口设计中，不需要考虑坡度对人员疏散速度的影响。横洞式紧急出口的关键设计参数包括横洞入口的防护门宽度和横洞宽度等。

平导式紧急出口如图 10-7（c）所示。平导式紧急出口的特点是利用隧道洞口的平导作为紧急出口，一般情况下，采用横通道连接主洞与平导的方式来增加紧急出口的数量，以增大人员安全的可靠性。平导式紧急出口的关键设计参数包括横通道入口的防护门宽度和横通道的宽度。

隧道侧壁开口式紧急出口如图 10-7（d）所示。隧道侧壁开口式紧急出口的特点是利用隧道壁处山薄或其他有利直接在隧道侧壁开口通往隧道外的条件，在隧道侧壁开口作为紧急出口。一般情况下，在开口外设置疏散路径通往安全区域。

10.2.3　避难所结构形式

当隧道受到埋深较大、施工辅助坑道较长或围岩性质不稳定等特殊复杂的地形地质条件限制，无法设置紧急出口时，需要在隧道内或疏散通道内设置避难所，作为人员暂时休息、等待外界救援的场所。

通常，避难所的结构形式有斜井式和横洞式两种，且多设置在单洞隧道中，如图 10-8 所示。

无论是斜井式还是横洞式避难所，均是利用长度过长或坡度过大的施工辅助坑道作为救援通道。因此，考虑到人员体力等问题，一般在通道中还要设置避难空间。

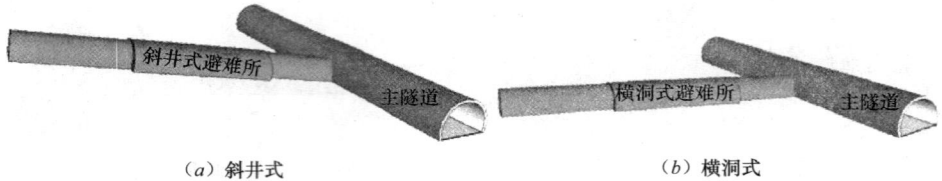

(a) 斜井式　　　　　　　　　　　　　(b) 横洞式

图 10-8　紧急出口结构形式

10.3　隧道防灾疏散救援工程设计

10.3.1　防灾疏散救援工程设计原则

列车在隧道内发生火灾时，应尽量使列车驶出隧道进行疏散。如果列车不能驶出隧道，应控制列车停靠在紧急救援站进行疏散和救援。

铁路隧道防灾疏散救援工程设计应遵循"以人为本，方便自救，安全疏散，利于救援"的原则。

10.3.2　铁路隧道紧急救援站结构设计

铁路隧道救援站分为隧道口紧急救援站和隧道内紧急救援站。

1. 隧道口紧急救援站结构设计参数确定

由前面的分析可知，长度大于 20km 的铁路隧道群需要设置隧道口紧急救援站。救援站设置在两相邻隧道洞口之间的外露区。

（1）紧急救援站疏散救援通道数量

当明线段长度大于等于 250m 时，着火车厢停靠在明线上，烟气不会影响到相邻隧道，所以隧道内的人员下车后可以步行至隧道口进行疏散，这种情况下，隧道内可以利用既有疏散通道进行疏散，不需增设专用疏散通道，但是当洞口地形较陡，不具备疏散条件时，应在洞内设置通向洞外的专用通道，以满足洞内车厢人员安全疏散到安全空间的条件。当明线段长度小于 250m 时，着火车厢停靠在明线上，烟气可能影响到相邻隧道洞内，这种情况下除洞口已有的疏散通道外，还应在隧道洞内设置通向隧道外面的专用通道。

对于单洞双线隧道，每侧均应设置一处平行导坑，两隧道口应设置四处。对于单洞单线隧道，每个隧道口设置一处平行导坑即可，共需设置两处。对于双洞隧道，可利用横通道互为疏散救援通道，然后通过非事故列车停靠的隧道口进行安全疏散，这种情况下，可以不设置专用洞内通道，如果洞口地形没有疏散条件，应根据具体地形情况设置必要的专用疏散救援通道，设置数量结合具体情况确定。

（2）紧急救援站长度

隧道口紧急救援站的长度应包括明线段及两端洞口段长度之和，且明线段与任意一端隧道长度之和不小于列车长度，如图 10-9 所示。

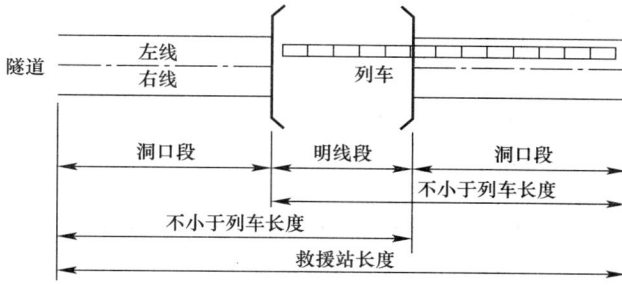

图 10-9　隧道口紧急救援站布置

（3）紧急救援站台高度

瑞典德隆大学的 Ander J. Noren 和 Joel Winer 对地铁车辆人员在不同台阶高度情况下人员下车速度的测试结果如表 10-2 所示。

人员在不同站台高度情况下的下车速度　　　　　　　　　　　表 10-2

车厢地板到站台的位置距离（m）	人员速度（人/s）
0	1.59
0.3	0.8
0.7	0.73
1.2	0.5

站台具体高度设计应根据具体线路运输点确定。站台面高于轨面一定高度才能满足快速疏散要求。当站台面高于轨面 30cm 时，即可满足普通客车、CRH1、CRH5 等带车门台阶的列车疏散人员的快速疏散要求。当台面高于轨面 95cm 时，CRH2、CRH3 动车组人员可方便疏散。

考虑各线同行列车标准不同，《铁路隧道防灾疏散救援工程设计规范》TB 1002—2012 要求，救援站台台面高于轨面应不小于 30cm。

（4）紧急救援站台宽度

紧急救援站台宽度值与必须安全疏散时间有关。隧道口紧急救援站的疏散方式，主要考虑控制着火车厢停靠在隧道口的明线上，只要控制烟气不侵入隧道内，对于必须疏散时间没有具体要求，所以，对隧道口紧急救援站台宽度也不需做具体要求，利用隧道内设置的疏散通道，能够满足从列车上下到隧道的疏散通道上即可，一般不小于 0.75m。

2. 隧道内紧急救援站结构设计参数

隧道内紧急救援站的结构是在紧急救援站范围内加宽站台，并加密横通道，其结构设计如表 10-3 所示。

265

计算参数选取　　　　　　　　　　　　　　表 10-3

防灾疏散救援设施	结构形式	设计参数	
		数量	具体设计内容
隧道内紧急救援站	加宽紧急救援站站台＋加密横通道	6 个	容量
			横通道间距
			横通道宽度
			站台长度
			站台高度
			站台宽度

（1）紧急救援站容量

当采用加密横通道设置紧急救援站时，应根据具体横通道的数量及宽度进行设计，原则上应保证 0.5 人/m²。

（2）紧急救援站疏散横通道间距和宽度

为得到紧急救援站内疏散横通道的间距和宽度，通过调整横通道的间距和宽度得到人员在不同组合下的紧急救援站进行紧急疏散的必须安全疏散时间，从而以必须安全疏散时间不再增加为判断标准，确定出最合适的横通道间距与宽度组合。

研究表明，随着横通道间距的增加，人员疏散时间和聚集时间均增大。当横通道间距为 60m、70m 和 80m 时，人员疏散时间较小；通道宽度为 3m 时，聚集时间短暂。当横通道间距为 50m 时，人员疏散时间达到最小；横通道宽度为 3.5m 时，聚集时间短暂。

因此，当横通道间距为 50m 时，横通道宽度最小为 3m；当横通道间距为 60m、70m 和 80m 时，横通道的宽度最小为 3.5m。

（3）紧急救援站站台长度、高度和宽度

隧道内紧急救援站站台的站台长度应为旅客列车编组长度加一定余量，高速铁路一般可取 450m。

紧急救援站的站台高度与隧道口救援站一致，为 0.3m。

综合考虑人员疏散距离、密度和经济因素，单体隧道的紧急救援站横通道间距应不大于 60m，横通道宽度应不小于 3.5m，紧急救援站站台的宽度为 2.3m。

3. 铁路隧道紧急出口、避难所结构设计参数

隧道紧急出口及避难所只要求满足非火灾事故列车人员疏散要求，故其对人员疏散时间没有要求。

紧急出口及避难所结构参数只要求满足人员能够顺序通过到达洞外，故防护门净宽定为两个人行通道宽度，即 0.75m×2＝1.5m，净高与紧急救援站高度相同，取为 2m。

考虑到特长山岭隧道地形起伏大，紧急出口条件恶化，当辅助施工坑道作为紧急出口使用，其条件又不满足设置紧急出口要求时，则在辅助坑道内设置避难场所，部分体质较虚弱的疏散人员可在避难所等待救援，故避难所内应设置待避区，待避人均面积采用 0.5m²/人，同时应设置坐席区、简易卫生间等。

10.4 隧道通风设计

10.4.1 运营通风和防灾通风设计原则

（1）隧道运营通风方式应根据技术、经济条件，考虑维修、防灾救援等因素综合比选确定。通常，高速铁路隧道长度大于 20km 时，应设置机械通风。隧道防灾通风应与运营通风统筹考虑。

（2）隧道内温度、湿度、粉尘及有害气体最高允许值应满足运营隧道空气卫生及温湿度环境标准要求。

（3）隧道通风应在天窗时间进行，正常运营通风的需风量应按以挤压为主的理论计算，并考虑列车通过隧道的活塞作用和自然风影响。

（4）隧道通风方案应综合考虑隧道洞口高差、自然风风向、风速以及辅助坑道设置、洞口环境等条件。

（5）维护工况时，隧道内的最大风速不宜大于 8m/s。

（6）隧道内风机设备及其安装设施应考虑列车风作用影响。

10.4.2 通风方案

高速铁路隧道通风一般采用全纵向射流通风或结合救援站排烟采用分段纵向式通风。

1. 纵向射流通风

当隧道中部附近不具备设置通风井条件时，采用全纵向射流通风方式。全纵向射流通风时间一般按天窗时间的 1/4～1/2 确定，以保证一定的维修养护作业时间。通风需风量按式（10-1）计算。

$$Q = K_i \cdot \left(1 - \frac{v_m}{v_T}\right) \cdot \frac{FL_T}{t_q} \tag{10-1}$$

式中 Q——隧道通风量（m^3/s）；

K_i——活塞风修正系数，可取 1；

v_m——活塞风速度（m/s）；

v_T——列车速度（m/s）；

F——隧道净空断面积（m^2）；

L_T——隧道长度（m）；

t_q——通风排烟时间（s）。

隧道内宜在洞口附近设置扩大断面积（简称风机段），集中布置风机，如图 10-10 所示。风机段设置如下：

（1）风机段应尽量避开平面曲线段，风机段与风机段之间以及至隧道洞口距离一般不小于 150m。

（2）风机应摆放在风机段两侧，一般采用 4～6 台一组（左右两侧每侧 2～3 台）风机段断面大小应根据所布置的风机确定，并考虑维修养护空间的需要。

（3）风机外周距衬砌混凝土以及疏散通道的距离 d 不小于 0.5m，与疏散通道之间应采用铁丝网分隔。

（4）风机段包括扩大段和两端渐变段，扩大段及渐变段长度根据风机大小设置，分别不小于 30m 和 15m。

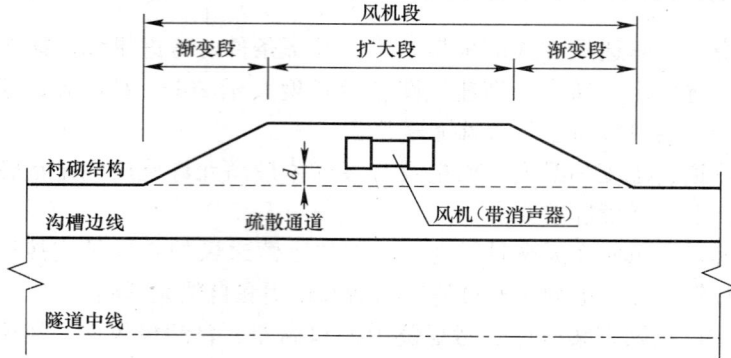

图 10-10 风机段布置

（5）隧道通风方向应根据列车活塞风方向和当地自然风方向确定。当大气压差形成的洞内自然风速大于 3m/s 且与活塞风方向不同时，宜按自然风方向通风，否则按活塞风方向通风。

2. 分段纵向式通风

当隧道中部附近具备设置通风井条件时，特长隧道宜采用分段纵向式通风方式。分段纵向式通风结合救援站在中部设置排风井进行排风，通风需风量按式（10-1）计算，并根据相关通风规范计算左右线活塞风。隧道通风时间一般按天窗时间的 1/4～1/2 确定，以保证一定的维修养护时间。

分段纵向式通风风机包括进出口射流风机和风井轴流风机。进出口射流风机布置与全纵向射流通风相同（参照图 10-10 布置），风井一般设置在上坡段，轴流风机布置在风井出口处或井底风机房，风井风道与左右线的连接采用上跨设置横通道的方式。横通道一般设置在 Ⅱ、Ⅲ 级围岩地段，其与隧道之间的净距不小于 6m，设置通风竖井连接，竖井井口设置电动可调式风阀。分段纵向式通风平面布置如图 10-11 所示，通风竖井风道剖面如图 10-12 所示。

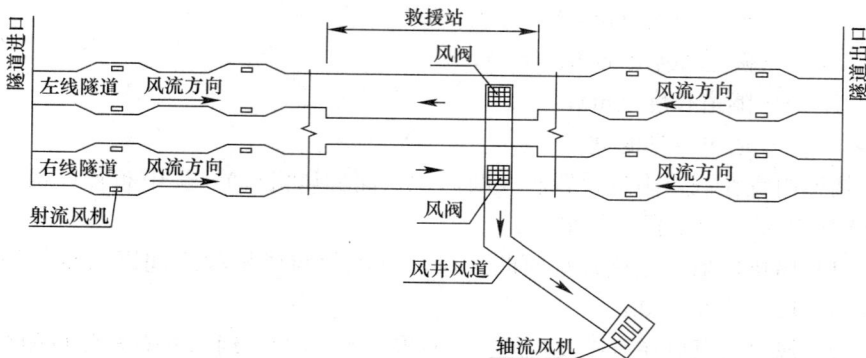

图 10-11 分段纵向式通风平面布置

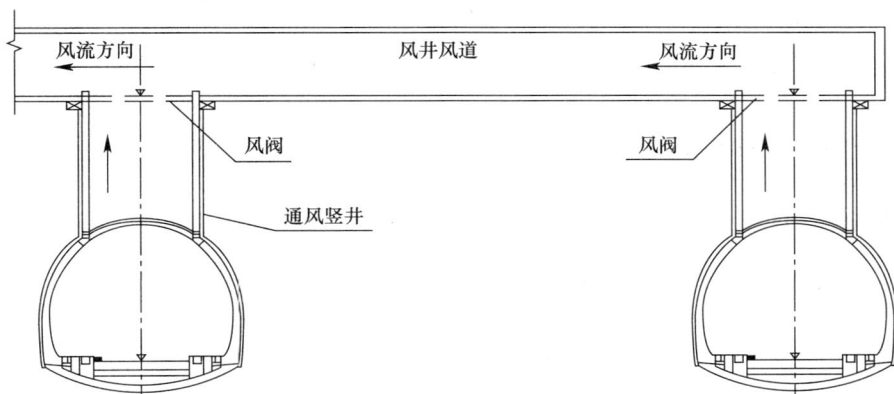

图 10-12　通风竖井风道剖面图

轴流风机排风量根据总需风量和通风时间确定，并考虑一定漏风系数，轴流风机风压应考虑在风阀口形成一定负压。

10.4.3　防灾通风

紧急救援站疏散通道和横通道入口应采取防烟措施，包括通风排烟和人员防烟，并考虑疏散人员新风供给和增压排烟的需要。

隧道排烟方向应与疏散方向相反，或采用顶部排烟，以减缓烟雾下降时间或避免烟雾下降威胁逃生人员生命安全；隧道内新风风向应与人员疏散方向相反，即迎面送风，为疏散人员提供新风，并起到增压排烟和为疏散人员提示疏散方向的作用。

送风系统应在疏散通道入口形成正压以避免烟雾进入，避难所送风量应满足 $10m^3/$（人·h）的最小新风量要求。

暴露在火灾现场的风机及相关部件、设备应满足在 250℃ 烟气中正常工作不小于 1h 的防火要求，排烟风机的排烟量应考虑 10%～20% 的漏风率。

排烟井应充分利用辅助坑道，风机出口应设置在扩散效果良好的地带并考虑对周围环境的影响；射流风机应采用堆放式或避龛式，风机应设置在建筑限界之外，距离疏散通道不小于 0.5m，风机段应设置安全防护网，其安装支架应接地，并保证风机运转和列车风作用下的安全。

防灾通风设备、管道及配件应采用不燃材料，设备的布置不得占用隧道净空以及疏散通道，并考虑安装及方便维修、养护的需要。

小结及学习指导

本章内容包括隧道灾害类型及特征，紧急救援站、紧急出口、避难所结构形式，防灾疏散救援工程设计，通风设计。

通过本章的学习，要求了解隧道灾害的类型及特征，掌握隧道防灾疏散救援设施的结构形式，熟悉防灾疏散救援工程设计原则，掌握隧道紧急救援站的结构设计，熟悉运营通风和防灾通风的原则，掌握隧道通风的设计。

思考题与习题

10-1　简述隧道灾害类型及特征。

10-2　简述隧道紧急救援站结构形式、紧急出口结构形式、避难所结构形式。

10-3　隧道的防灾疏散救援设施主要包括什么？

10-4　简述隧道运营通风和防灾通风设计原则。

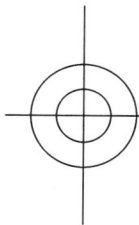

第11章
隧道衬砌结构养护维修

本章知识点

知识点：隧道状态检测，隧道衬砌结构状态评估，混凝土结构物
劣化现象和原因，隧道结构物劣化现象和原因，隧道维
修技术。

重　点：隧道结构物的劣化现象和原因，隧道维修技术。

难　点：隧道衬砌结构状态评估，隧道结构物的劣化现象和原因，
隧道维修技术。

11.1　隧道状态检测

隧道工程穿越的地质条件复杂，施工工序繁多，保证工程质量一直是设计、施工、运营单位都共同关心的问题。隧道建设的最后一道工序是施工验收，铁路主管部门不仅颁发了的铁路隧道工程质量验收标准，还制定了铁路工程静态验收和动态验收技术规范，尽量使隧道病害和各种质量问题在交付运营前处理完毕。即使如此，由于种种原因，隧道交付运营后，难免还会有一些缺陷。这些缺陷如果不及时整治，由于列车长期运营及反复作用，可能会发展成病害。另外，隧道在运营过程中如果排水系统不畅，部分盲管堵塞等可能导致地下水压力升高，隧道防水的薄弱环节可能漏水，还有由于各种原因引起的外力变化，导致隧道结构内力提高，使得主体结构发生开裂，掉块等破坏，危及行车安全，所以铁路隧道在运营过程中也要经常"体检"，评价是否"健康"，分析病害产生的原因，从而对病治病，进而养护维修，这便是本章的学习内容。

11.1.1　隧道结构状态检测

结构的状态检测是指利用现场无损传感技术，通过对结构现状检查观测和特性分析，达到检测了解结构损伤或退化的目的。通过长期的状态检测，可得到结构在其运行环境中劣化所导致的完成预期功能变化的适时信息。在详细分析结构状态检测的概念、系统组成和发展现状的基础上，结合隧道结构的具体特点，提出了隧道结构状态检测的定义，构建了一个集检测、诊断和状态评价为一体的隧道结构状态检测系统。一个完整的隧道结构状态检测

系统如图 11-1 所示。

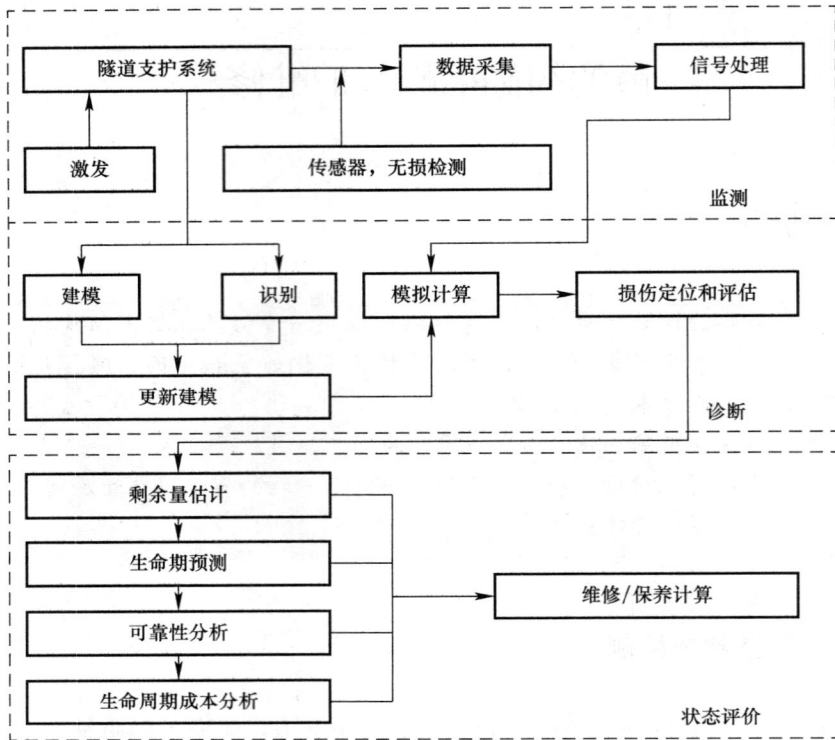

图 11-1　隧道结构状态检测系统组成

11.1.2　隧道状态检测的内容与方法

1. 隧道状态检测的重点

在进行隧道结构状态检测时，要综合考虑围岩与支护结构的变形及其相互作用。

隧道结构病害在支护体系上（衬砌结构）主要体现为断面轮廓变形、衬砌开裂（会导致渗漏进一步恶化衬砌结构）、衬砌功能局部丧失（混凝土老化脱落、钢筋严重锈蚀）等。而对于围岩，主要体现为围岩变形、力学性能等方面。

从目前建成和在建隧道的病害情况看，隧道状态检测的重点是：

（1）隧道衬砌厚度；

（2）隧道衬砌材料缺陷，如模筑混凝土施工过程中出现蜂窝或空洞等；

（3）隧道衬砌背后空洞，如在施工过程中由于塌方处理不当、回填不密实等原因造成衬砌与围岩接触不紧密或形成空洞等；

（4）地下水渗漏造成对衬砌材料的物理和化学腐蚀；

（5）隧道衬砌的开裂状态及其性质。

2. 隧道状态检测的方法

隧道状态检测中最关键的是衬砌厚度、裂损部位、衬砌背后空洞空隙的分布、混凝土结构完整性、钢筋分布等方面的信息，用以判断工程施工是否达到设计要求，诊断与评价既有衬砌的工作状态与安全性能，分析病害产生的原因，提出病害的整治方案。

（1）声波反射法

声波法检测混凝土内部缺陷分为穿透波法和反射波法。穿透波法是根据超声脉冲穿过混凝土时在缺陷区的声时、波形、波幅和频率等参数所发生的变化来判断缺陷的，这种方法要求被测物有一对相互平行的测试面体。声波反射法则是根据超声脉冲在缺陷处产生反射现象来判断缺陷，这种检测方法较适用于只有一个测试面的洞室或隧道衬砌结构质量检测。声波反射法主要用于检测衬砌混凝土内部缺陷、衬砌厚度和衬砌混凝土与围岩结合情况。常用的检测方法有垂直反射法和等偏移距反射法等。

声波反射法主要采用波形对比分析和频谱分析两种基本方法，通过波形及频谱特征来确定衬砌混凝土的质量，判定混凝土的内部缺陷范围、衬砌体与围岩结合情况及衬砌厚度等。

（2）冲击回波法

为了检测只存在单一测试面的结构混凝土的厚度及其内部缺陷，国际上从20世纪80年代中期开始研究一种新的无损检测方法——冲击回波法。该法利用一个短时的机械冲击（用一个小钢球或小锤轻敲混凝土表面）产生低频的应力波，应力波传播到结构内部，被缺陷和构件底面反射回来，这些反射波被安装在冲击点附近的传感器接收下来，并被送到一个内置高速数据采集及信号处理的便携式仪器，将所记录的信号进行时域或频域分析即可得出混凝土的厚度或缺陷的深度。冲击回波法已经成功地应用于检测60cm厚的隧道衬砌。用钢球产生的超声波和音速范围内的机械应力脉冲检测结构，用传感器记录观察到的多次反射波，并进行频率分析。根据频率分析结果，能够获得有关衬砌厚度的数据及特殊反射体的重叠。

冲击回波达到的检测深度依赖于要检测的材料结构、强度以及应力脉冲的频率，这些会受到所选球尺寸的影响，因此球的尺寸要适合给定的检测状态。

（3）地质雷达法

地质雷达法是一种广泛应用于探测地下目标体的地球物理探测方法，应用领域涉及地质勘查、基础工程质量检测、灾害地质调查与考古调查、结构工程无损检测等。由于地质雷达检测技术采用了先进的连续透视扫描无损探伤技术，探测精度比传统检测方法高，且又是连续扫描，可获得隧道探测的连续结果。地质雷达能较好地对隧道衬砌的实际情况进行检测，是一种快速、高效、经济、简便的无损检测高新技术。地质雷达法近年来也被应用到隧道衬砌健康检测中，但是实际应用中有很多问题有待解决。

地质雷达数据处理的目标是压制随机的和规则的干扰，以最大可能的分辨率在地质雷达图像剖面上显示反射波，以提取反射波的各种有用参数（包括电磁波波速、振幅和波形等）来帮助解释介质的情况。

　　地质雷达依靠脉冲回波信号，其子波都由发射源控制。脉冲在介质中传播时，能量会发生球面衰减，也会因为介质对波的能量的吸收而减弱，在介质不均匀的情况下还会发生散射、反射和透射，因此有必要通过数字处理以获得最佳雷达剖面图像。常用的数字处理技术有数字滤波（频率域滤波和时间域滤波）、偏移绕射处理等。

　　（4）其他检测方法

　　隧道断面轮廓和变形测绘法是一种间接检测方法，它通过检测隧道断面的变形情况反推隧道衬砌结构的工作状况，是一种辅助无损检测方法，在实际工程检测中也经常被采用。常用的断面轮廓仪是隧道激光断面仪。

　　隧道激光断面仪是建立在无合作目标激光测距技术和精密数字测角技术之上的。极坐标测量法与计算机技术紧密相结合，加上专门设计的图像处理软件，能迅速得到隧道断面图并与设计图进行对比，从而可以快速给出检测报告等文件。仪器利用激光的光时差原理来测定待测面的凹凸状况，进而确定待测面的轮廓。激光的光时差原理是指可以利用激光所走行程的时间差来反求测点到仪器的实际长度，即通过发光二极管发射激光到隧道衬砌面，由激光接收器接收反射光，利用时间差反算距离。测试时，系统控制激光传感器发射和接收激光束，该过程的光时差经模数转换器转换成数值信号后输出到电脑中存储，通过运行系统软件处理后即可得到实际的隧道断面轮廓。

　　另外还有机械振动法（结构动力学法、地震波反射法等）、射线技术法（γ射线反向射线法、中子反向散射法）和其他电气和电子技术法（涡流法、电势法等），光学技术法（红外线稳定记录法、多光谱分析法等）较少采用。

　　隧道状态检测的目的是要得到整个隧道衬砌状况完整的、可靠的数据。这些方法应用于验收新建隧道，长期监测已有隧道，检查隧道以及修复结果等。隧道中成功地采用无损检测方法的前提是这些方法必须满足交通隧道运营中的特殊要求，如不能干扰车辆的正常通行。为了满足这些要求，设备制造商既要适应其他领域现在采用的检测方法，又要能适应隧道中出现的特殊情况，同时研究新的、专门的检测方法。

　　隧道衬砌只是一侧暴露在外，另外隧道内各种设施可能对检测仪器的检测结果产生干扰，这些都会给检测工作增加困难。

　　3. 隧道状态检测的主要内容

　　根据隧道状态劣化评定标准（参见 11.2 节隧道衬砌结构状态评估），隧道状态检测应包括隧道衬砌裂损状态、隧道结构的渗漏水状态、冻害状态和隧道衬砌材料劣化状态，并根据以上检测结果确定隧道劣化的等级，以便采取相应的整治措施。

　　4. 隧道状态检测的测点布置原则

　　在进行状态检测时，首先应根据隧道的结构特点和可能的破坏模式，确定结构的薄弱环节，以及隧道在特殊地段隧道结构的受力或受力变化，同时要考虑监测点的优化，确定出状态检测的内容和重点。

（1）隧道纵向测点布置原则

① 围岩变化较大处。当隧道所处的地质条件有较大改变时，会引起隧道的差异沉降，使结构承受较大的荷载；

② 水位较深处。在水位较深处，由于水压作用，易造成隧道周围含水量的变化，在外部荷载作用下，会改变结构的受力状态；

③ 联络通道处。联络通道处通常是受力较复杂、容易出现应力集中的地方；

④ 施工条件发生较大变化处。隧道施工方法的改变，会使隧道承受荷载、变形的能力发生变化；

⑤ 为了全面掌握隧道情况，每隔一定距离应设监测断面。

（2）横向测点布置原则

① 拱腰部位；

② 拱顶处；

③ 隧道底部。

5. 隧道状态检测的步骤

为满足能够长期有效地为施工和运营提供可靠的数据保障，隧道的状态检测可分为两个阶段实施。

（1）在施工阶段，包括埋设传感器并读取数据，据此分析隧道在施工阶段的受力变化特征。

（2）在隧道竣工后利用通过通信网络把传感器数据传至中心控制系统，通过计算和分析来确定隧道受力特点和安全性能。因此，主动监测系统的数据采集器也应满足两个阶段的需要，即在施工阶段采用人工读数，并预留通信接口，以便在运营阶段并入监测系统中，自动采集数据。

6. 监测信息的收集和处理

结构状态检测系统主要包括传感器系统、数据采集、通信传输设备及计算机监控中心。传感器监测的实施信号采集装置送到监控中心，进行处理和分析，从而对结构物的状态进行评估。若出现异常，由监控中心发出预警信号，并由故障诊断模块分析查明异常原因，以便决策者对结构物的隐患及早预防和排除。

（1）数据采集系统

软件设计系统的应用软件采用模块化程序设计的方法，主控制器部分、数据存储器部分以及 A/D 转换部分采用 MCS-51C 语言开发，由 89C51 单片机执行程序；数据异步通信部分用面向对象的可视化语言 VB 编写，由 IBM-PC 上位机执行。各模块之间或者使用子程序调用，或者采用判别等待通信协议进行连接，使这个系统有机地连接成一体。数据通信程序设计串行通信程序包括单片机的通信程序与 PC 机的通信程序两方面。

（2）监测数据的处理

在数据处理和分析方面，可采用小波分析技术对监测系统反馈的数据进行处理，通过小波变换对聚集到的信号的细节进行频域处理。小波分析是数学理论中调和分析技术发展的最新成果，可以看作是一个传统 Fourier 变换的扩展。小波分析的优点在于利用一个可以伸缩和平移的视窗将聚焦到的信号的任意细节进行时域处理，提供多个水平细节以及对原始信号多尺度的近似，不仅可以看到信号的全貌，同时又可以分析信号的细节，并且可以保留数据的瞬时特性。

11.2 隧道衬砌结构状态评估

隧道在修建和运营过程中，由于受到环境、有害物质的侵蚀，车辆、风、地震、疲劳、人为因素等作用，以及衬砌结构自身性能的不断退化，导致结构各部分远没有达到设计年限前就产生不同程度的损伤和劣化。这些损伤如果不能及时得到检测和维修，轻则影响行车安全和缩短隧道结构使用寿命，重则导致隧道结构破坏和坍塌。因此，为保证隧道结构的安全性、适用性和耐久性，加强对隧道结构健康状况的监测和评估，应实施合理的养护维修工作。

我国铁路桥隧建筑物劣化评定标准给出了铁路隧道衬砌结构裂损、渗漏水、冻害以及衬砌材料劣化的类型、劣化等级和评定方法。它适用于评定铁路隧道劣化状态，并作为采取养护措施的依据。

11.2.1 隧道劣化等级划分

隧道劣化等级划分见表 11-1。

隧道劣化等级划分 表 11-1

劣化等级		对结构功能和行车安全的影响	措施
A	AA（极严重）	结构功能严重劣化，危及行车安全	立即采取措施
	A1（严重）	结构功能严重劣化，进一步发展危及行车安全	尽快采取措施
B（较重）		劣化继续发展会升至 A 级	加强监测，必要时采取措施
C（中等）		影响较少	加强检查，正常维修
D（轻微）		无影响	正常保养及巡检

11.2.2 衬砌裂损劣化等级评定

隧道衬砌裂损劣化等级的评定见表 11-2。

隧道衬砌裂损劣化等级评定表 表 11-2

劣化等级	裂损类型	变形或移动	开裂、错动	压溃
A	AA（极严重）	滑坡滑动使衬砌移动加速；衬砌变形、移动、下沉发展迅速，威胁行车安全	开裂或错台长度 $L>$ 10m，宽度 $L>$5mm，且变形继续发展，拱部开裂呈块状，有可能掉落	拱顶压溃范围 $S>$ $3m^2$；或衬砌剥落最大厚度大于衬砌厚度的 1/4，发生时会危及行车安全

劣化等级裂损类型		变形或移动	开裂、错动	压溃
A	A1（严重）	变形或移动速度 $v>$ 10mm/年	开裂、错台长度 L 为 5～10m，但开裂或错台宽度＞5mm；开裂或错台使衬砌呈块状，在外力作用下有可能崩坍和剥落	压溃范围 $3m^2 \geqslant S \geqslant 1m^2$；或有可能掉块
	B（较重）	变形或移动速度 v 为 3～10mm/年，而且有新的变化出现	开裂或错台长度 $L<$ 5m，且宽度在 3～5mm 之间；裂缝有发展，但速度不快	剥落规模小，但可能对列车造成威胁；拱顶压溃范围 $S<1m^2$，剥落块体厚度大于 3cm
	C（中等）	有变形，但速度 $v<$ 3mm/年	开裂或错台长度 $L<$ 5m，且宽 $a<3mm$	压溃范围很小
	D（轻微）	有变形，但不发展，而且对使用无影响	一般龟裂或无发展状态	个别地方被压溃

11.2.3　衬砌渗漏水劣化等级评定

隧道衬砌渗漏水劣化等级的评定见表 11-3 和表 11-4。

隧道衬砌腐蚀程度等级　　　　表 11-3

腐蚀程度等级		pH 值	对混凝土的作用
A	AA（极严重）	—	—
	A1（严重）	＜4.0	水泥被溶解，混凝土可能会出现崩裂
B（较重）		4.1～5.0	在短时间内混凝土表面凹凸不平
C（中等）		5.1～6.0	混凝土表面容易变酥、起毛
D（轻微）		6.1～7.9	视混凝土表面有轻微腐蚀现象

隧道衬砌渗漏水劣化等级的评定　　　　表 11-4

渗漏水危害等级		隧道状态
A	AA（极严重）	水突然涌入隧道，淹没轨面，危及行车安全；电力牵引区段，拱部漏水直接传至接触网
	A1（严重）	隧道底部冒水、拱部滴水成线，严寒地区边墙淌水，造成严重翻浆冒泥、道床下沉，不能保持正常的轨道几何尺寸，危及行车安全
B（较重）		隧道滴水、淌水、渗水及排水不良引起洞内局部道床翻浆冒泥
C（中等）		漏水使道床状态恶化，钢轨腐蚀，养护周期缩短，继续发展，将来会升至 B 级
D（轻微）		有漏水，但对列车运行及旅客安全无威胁，并且不影响隧道的使用功能

11.2.4　衬砌冻害劣化等级定评

隧道衬砌冻害等级的评定见表 11-5。

隧道衬砌冻害等级的评定　　　　　　　　　　　表 11-5

冻害等级		隧道状态
A	AA（极严重）	冻溜、冰柱、冰锥等不断发展，侵入限界，危及行车安全； 接触网及电力、通信、信号的架线上挂冰，危及行车安全和洞内作业人员安全； 道床结冰、覆盖轨面，严重影响行车
	A1（严重）	避车洞内结冰不能使用，严重影响洞内作业人员的安全； 冰楔和围岩冰胀的反复作用使衬砌变形、开裂并构成纵横交错的裂纹
B（较重）		冻融使衬砌破坏比较严重； 冻融使轨道床翻浆冒泥，轨道几何尺寸恶化
C（中等）		冻害造成衬砌变形、开裂，但裂纹未形成纵横交错； 冻融使衬砌破坏，但不十分严重； 冻害使洞内排水设施破坏； 冻融使线路的养护周期缩短
D（轻微）		有冻害，但对行车安全无影响，对隧道使用功能影响轻微

11.2.5　衬砌材料劣化等级评定

隧道衬砌材料劣化等级的评定见表 11-6。

隧道衬砌材料劣化等级评定　　　　　　　　　表 11-6

劣化等级劣化类型		模筑混凝土衬砌腐蚀
A	AA（极严重）	衬砌材料劣化严重，经常发生剥落，危及行车安全； 衬砌厚度为原设计厚度的 3/5，但混凝土强度大大降低
	A1（严重）	衬砌材料劣化，稍有外力或振动即会崩塌或剥落，对行车产生重大影响； 腐蚀深度 10mm，面积达 0.3m²； 衬砌有效厚度为设计厚度的 2/3 左右
B（较重）		衬砌剥落，材质劣化，衬砌厚度减少，混凝土强度有一定的降低
C（中等）		衬砌有剥落，材质劣化，但发展较慢
D（轻微）		衬砌有起毛或麻面蜂窝现象，但不严重

11.3　隧道衬砌结构物的劣化现象和原因

11.3.1　混凝土结构物的劣化现象和原因

隧道结构物多数是由混凝土或钢筋混凝土材料构成的，因此，掌握混凝土结构的劣化类型和对耐久性有影响的因素，对弄清隧道结构物的现象和原因以便制定有效的整治措施至关重要，表 11-7 列举了混凝土结构的劣化原因。

混凝土结构的劣化原因 表 11-7

劣化现象及原因	混凝土			钢筋			结构物
	物理的	化学的	其他	物理的	化学的	其他	
劣化现象	冻害、磨耗崩塌、开裂压溃等	侵蚀、变质、成分溶出、膨胀劣化	生物腐蚀	屈服破坏等	腐蚀	生物腐蚀	变形、破坏、钢筋混凝土的粘附破坏
外部原因	气象、盐类磨耗、放射线、荷载作用、火热	酸、盐等以及有害气体液体的溶解电流作用	—	荷载作用、火热	空气、水、有害气体等以及电流作用、气象、高应力	荷载作用、不均下沉、温度变化、钢筋腐蚀	
内部原因	混凝土性质、含水状态空气量、使用材料的质量、施工缺陷			钢筋种类、尺寸及性质，设计事项，保护层开裂（钢筋配置等）、混凝土性质、设计、施工缺陷			混凝土及钢筋的性质、设计、施工

表 11-7 充分说明，混凝土结构物的劣化原因是多方面的，其表现也是多种多样的。因此，要研究结构物的耐久性，必须对其劣化现象、劣化原因进行适宜的分类和标准化，寻找其间的相互因果关系，才能使问题得到较好的解决。

11.3.2 隧道结构物的劣化现象和原因

隧道结构物是处于地下的混凝土或钢筋混凝土结构，其使用环境条件比地面结构恶劣得多，特别是地质环境条件更不容忽视，因此地下结构的劣化还具有一定的特殊性。

1. 劣化现象分类

既有隧道发生的劣化现象，根据劣化发生的地点，一般按图 11-2 分类。

隧道结构发生劣化现象后，发展到可能有碍正常使用的程度时，谓之"变异"。

2. 劣化原因及特征

既有隧道发生的劣化，有因外力造成的，有因材质劣化造成的，也有因漏水造成的。此外，设计、施工条件也会产生一定的影响。一般说，发生劣化时，表 11-8 所列劣化原因多数是交叉重复作用的。因此，即使进行详细的调查，有时也很难对劣化原因做出明确的判定。

3. 劣化原因分类

从表 11-8 可以看出，产生劣化的原因是多方面的，大体上分为外因（外力和环境等外部因素）和内因（材料、设计和施工等构造上的因素）两大类。

隧道的劣化多数是由多种因素产生的，应根据内因和外因的组合来推定劣化原因。为此，在正确地推定劣化原因时，要有隧道工程学的知识和经验，系统地理解各种现象的特征。

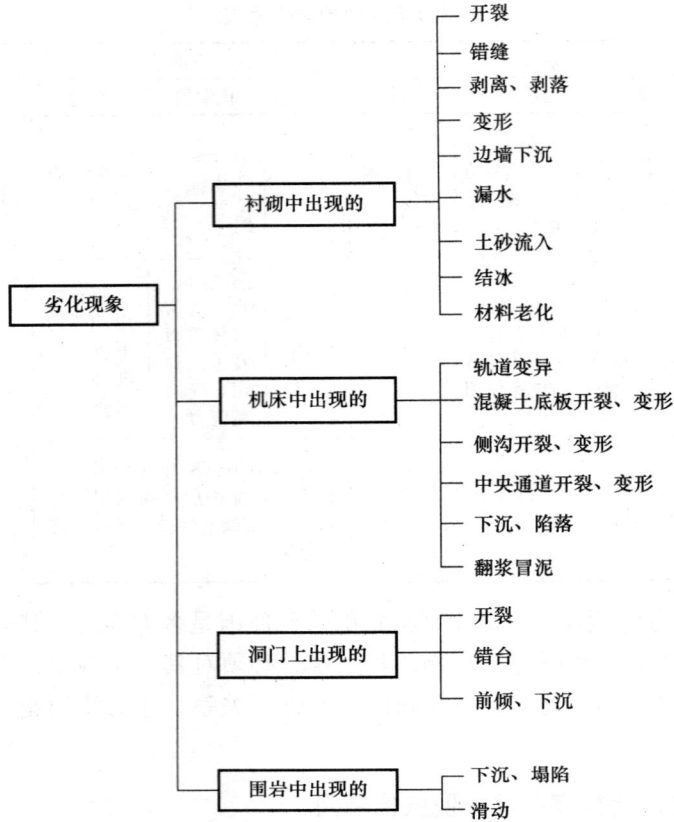

图 11-2　隧道劣化现象分类

劣化的原因和特征　　　　　　　　　　表 11-8

原因		概要	备注
外力	松弛土压	松弛土压,指围岩自然松弛,不能承受自重而作为荷载作用在衬砌上,以垂直压力为主。因此,拱顶多沿纵向发生张开性的开裂	
	突发性崩塌	隧道上部有比较大的空洞,空洞上部的岩块可能与围岩分离而掉落,视情况会对衬砌产生冲击。如衬砌强度不足,衬砌可能破坏,发生突然崩塌	
	偏压、坡面	在坡面下,倾斜的片理等会产生偏压作用,是造成隧道变异的原因之一。靠山侧拱肩会产生水平张口开裂以及错台	
	滑坡	滑坡黏土在地下水作用下强度降低,沿滑面产生滑动,隧道发生变异,因滑坡产生的变异,与隧道和滑面的位置有关,形态也各异	

原因		概要	备注
外力	膨胀性土压	膨胀性土压产生的变异，在左右边墙或拱的两肩，易产生复杂的水平开裂，拱和墙的接缝处易产生错台	S.L C.L S.L（展开图）
	承载力不足	承载力不足，易产生纵向的或横向的不同下沉。前者多发生环形开裂，后者除有沿轴向的回转外，还有斜向开裂	（断面图）不同下沉引起的开裂
	水压、冻结力	水压、冻结力与涌水关系密切。通常侧压是主要的，在边墙和拱肩多产生水平开裂	（侧压）S.L C.L S.L（展开图）
材料劣化	经常性劣化	主要指混凝土的碳化。混凝土的碳化，主要是混凝土中的强碱生成物氢氧化钙与大气中的二氧化碳反应，失去碱性而碳化	—
	冻害	在寒冷地区的隧道，冻害是衬砌劣化的最主要的原因。冻害的发生机制有混凝土中水分的冻结和伴随的体积膨胀	—
	盐害	此种变异主要是混凝土中的钢材腐蚀、海水和混凝土的反应产生的多孔质化	—
	有害水	围岩中的地下水，如火山地带的强酸性水，对衬砌是有害水，是造成衬砌劣化原因之一	—
	使用材料、施工方法	起因于使用材料和施工方法的变异，早期发生的较多。使用材料不当会出现水泥异常膨胀，施工不当会造成开裂	干燥收缩及外气与围岩温差引起的开裂
	钢材腐蚀	因钢材腐蚀造成体积膨胀，使混凝土沿钢筋开裂和使钢材断面减少，造成承载力的降低	—
	碱—骨料反应	因碱—骨料反应的变异事例，到目前为止，还比较少	—
	火灾	火灾时，混凝土处于高温状态，会使强度、弹性系数等力学性质劣化。表面发生爆裂现象，会发生剥落、开裂等	—
	其他	通行车辆的排气等与漏水等化合会产生强酸性水	—

281

11.3 隧道衬砌结构物的劣化现象和原因

续表

原因		概要	备注
其他	背后空洞	背后空洞不仅是围岩松弛、土压增加的原因，也阻碍了被动土压的产生，是造成衬砌强度降低的原因之一	—
	拱厚	设计厚度较小时，会造成变异	—
	无仰拱	施工时没有设置仰拱，但施工后因某种原因使土压增大，造成无仰拱地段的变异	—
	漏水	有的是因外力产生的变异引起的，有的是因衬砌自身引起的	—

（1）外因

外因分为外力引起的劣化和环境引起的劣化，如图 11-3 所示。

（2）内因

劣化隧道一般都有内因。内因可按图 11-4 进行分类。这是促进外因造成劣化的重要因素，在原因推定上是不能忽视的。

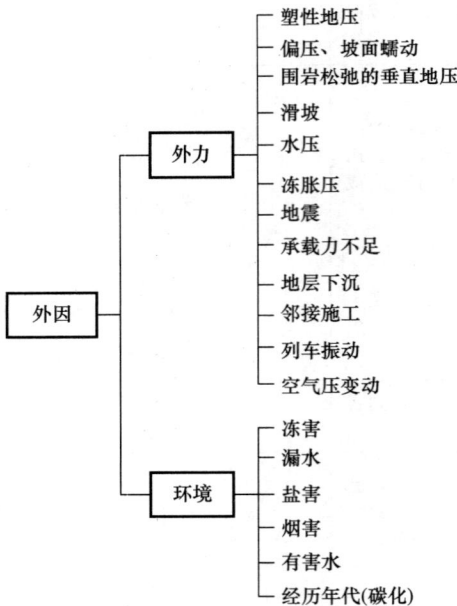

图 11-3　外因分类

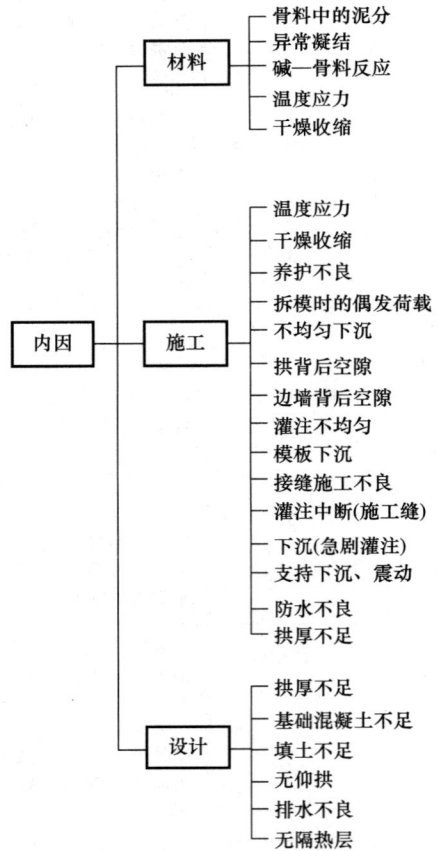

外因
- 外力
  - 塑性地压
  - 偏压、坡面蠕动
  - 围岩松弛的垂直地压
  - 滑坡
  - 水压
  - 冻胀压
  - 地震
  - 承载力不足
  - 地层下沉
  - 邻接施工
  - 列车振动
  - 空气压变动
- 环境
  - 冻害
  - 漏水
  - 盐害
  - 烟害
  - 有害水
  - 经历年代(碳化)

图 11-4　内因分类

内因
- 材料
  - 骨料中的泥分
  - 异常凝结
  - 碱—骨料反应
  - 温度应力
  - 干燥收缩
- 施工
  - 温度应力
  - 干燥收缩
  - 养护不良
  - 拆模时的偶发荷载
  - 不均匀下沉
  - 拱背后空隙
  - 边墙背后空隙
  - 灌注不均匀
  - 模板下沉
  - 接缝施工不良
  - 灌注中断(施工缝)
  - 下沉(急剧灌注)
  - 支持下沉、震动
  - 防水不良
  - 拱厚不足
- 设计
  - 拱厚不足
  - 基础混凝土不足
  - 填土不足
  - 无仰拱
  - 排水不良
  - 无隔热层

4. 重要劣化原因分析

（1）山岭隧道是修筑在地层中的一种地下结构物，对土压等外力来说，是由围岩和支护结构双方共同承载的。同时采用与地下水相匹配的排水系统来保持隧道不受水压的作用是很重要的。

衬砌背后的空洞，对隧道来说是极为有害的。有外力作用时的隧道在被动区域的衬砌背后有空洞时，背后的围岩对变形不能提供反力，对外力来说，是易于产生变形的结构。空洞部分的围岩形状是凸凹不平的，被动区域和主动区域在衬砌背后与围岩是不均匀接触的，因此，会产生较大的应力。另外，空洞部分的围岩可以说是和毛洞状态一样的，围岩会因松弛而逐渐扩大。在没有充分的围岩支撑力的情况时，为不使隧道下沉，应设置仰拱等结构。

综上所述，要保持隧道内良好的排水条件，同时对衬砌背后的空洞进行回填，以防止外力作用而引起劣化。

（2）运营阶段外力的变化，对隧道结构物劣化影响显著。外力分类如下：
① 施工阶段的外力在继续发展；
② 在施工阶段或比较早期，外力有增加的趋势；
③ 外力加速地发展；
④ 外力间断地增减。

对外力的增加，如结构物的耐久性不充分，或坡面不稳定，再加上围岩劣化、气象、地象等人为条件时，劣化将发展、扩大。因此，对隧道结构物的劣化，有无外力的增加和耐久性的降低是很重要的。

地压等外力产生的劣化、衬砌劣化产生的剥落、剥离等，在进行健全度判定和对策的设计、施工时，应根据洞内调查结果正确地掌握衬砌和道床的劣化现象，同时，根据资料调查、环境调查和整理量测的结果等，确实地推定劣化原因。

（3）关于衬砌开裂现象，从衬砌开裂推定劣化原因是最直接的方法。

一般说，开裂是隧道最有代表性的现象。开裂一般按表11-9分为四类。在没有特殊的场合，这四类皆按开裂处理。

图11-5和图11-6表示开裂发生原因的分类。开裂与隧道产生劣化的因素一样，大体分为外因和内因两种。实际产生的开裂都不是由单一因素引起的，而是几种因素综合作用的结果。也就是说，开裂有的在运营一开始就存在的，也有的是在运营开始后因外力等因素出现的，两者的划分是需要一些经验的。

开裂的概念（按形态分类）　　　　　　　　　表11-9

部位 ＼ 条件	有台阶	无台阶
衬砌本体	错动	开裂
施工缝	错缝	离缝

283

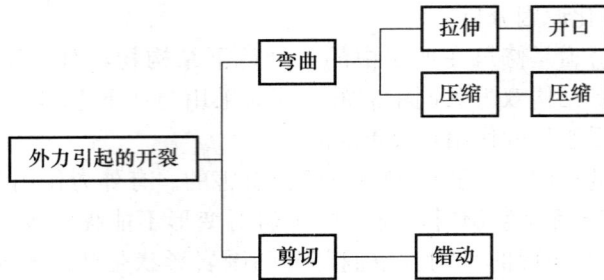

图 11-5　外力引起的开裂的分类

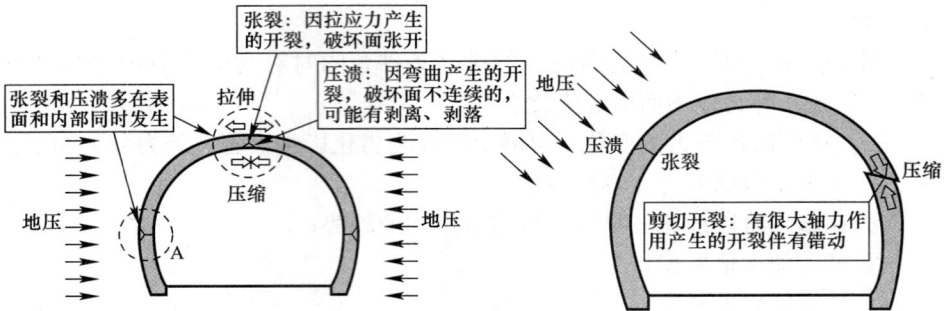

图 11-6　外力产生的开裂模式

为此，掌握不同因素产生的劣化的典型开裂形态进行综合判断，在查明开裂原因上是必要的。

11.4　隧道维修技术

11.4.1　衬砌渗漏水整治

1. 凿槽引排

凿槽引排法主要原理是根据边墙裂缝渗漏水程度、衬砌背后空洞积水以及围岩富水情况，依次在渗漏水裂缝的拱脚、边墙中部、边墙下部以不同角度钻设 1～3 排集水孔。盲管外裹无纺布，外缠细铁丝固定，管两头以麻筋、破布塞紧，沿渗水裂缝处自上而下开凿倒梯形引水槽，内置入半圆形排水管并固定，防水砂浆填充管外槽体。用水泥基渗透结晶型防水涂料封槽，引排水流统一通过引排管进入隧道内侧沟，排出洞外。凿槽引排剖面布置如图 11-7 所示。该法适用于运营隧道边墙部竖向施工缝、变形缝及其他竖向裂缝出现"淌水"等严重渗漏水病害的部位。

2. 锚固灌注

锚固灌注法的基本原理是在裂缝两侧倾斜钻孔至结构体厚度之 1/2 深，孔距 20～30cm 为宜，钻至最高处后再一次埋设止水针头，止水针头设置完成

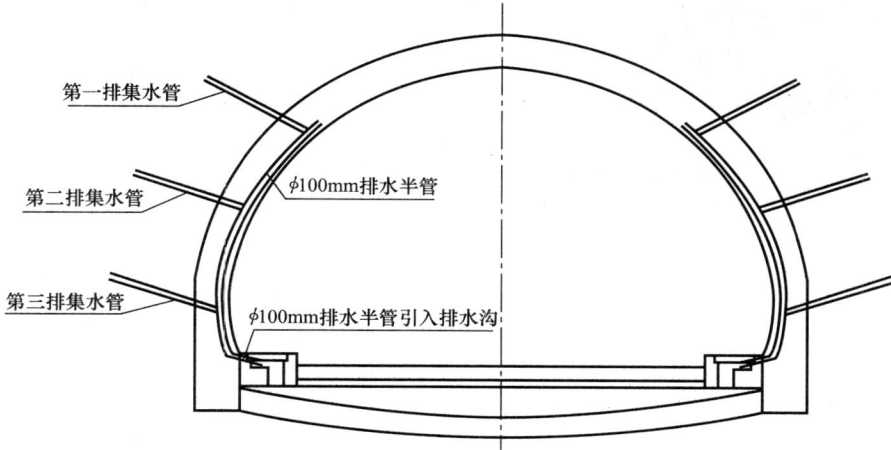

图 11-7　凿槽引排剖面布置图

后，以高压灌注机注入单组分油溶性聚氨酯灌浆材料直至发现发泡剂于结构表面渗出。灌注完成后，即可去除止水针头。若渗水情况依然无法改善时，再以单组分水溶性聚氨酯灌浆材料补修即可。锚固灌注法如图 11-8 所示，该法适宜于隧道拱顶、拱腰及边墙渗漏水裂缝。

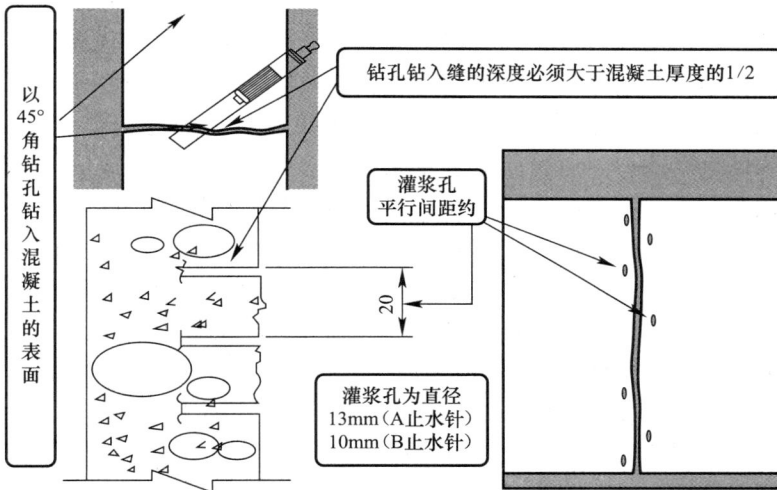

图 11-8　锚固灌注法（单位：cm）

3. 钻孔降压

钻孔降压法基本原理是通过降压孔把隧道底板下水的压力释放出来达到降压的效果，从而防止水压过大造成隧道底板渗水或湿积。该法主要适用于隧道内道床板渗水，尤其对高压富水区隧道道床板渗水整治效果十分明显。同时，通过钻孔降压亦能缓解隧道整体结构承受的水压力，对隧道上部渗漏水的整治也能起到一定效果。施工完毕的降压孔如图 11-9 所示。

285

图 11-9　施工完毕的降压孔

11.4.2　衬砌裂损整治

1. 衬砌干裂缝整治

（1）普通干裂缝整治

针对衬砌受温度应力等较小应力作用导致开裂的普通干裂缝可采用注胶粘合法进行维修，注胶材料一般选择环氧类材料。

（2）受力型干裂缝掉块整治

针对由围岩压力引起的衬砌混凝土纵向张拉裂缝可采用"裂缝修补＋自进式注浆锚杆＋粘贴碳纤维布"综合处理措施。

2. 衬砌掉块整治

（1）衬砌小范围掉块采用"聚合物改性水泥基修补砂浆＋挂网修补＋玻璃纤维布"综合处理措施进行处理。

（2）由于地层压力引起的局部拱顶掉块，剥落等病害采用"内嵌格栅拱架＋锚杆"支护系统进行加固。由于地层压力引起的大范围纵向贯通性裂缝，且衬砌背后存在的空洞，采用"内嵌 H 型钢拱架＋锚杆"支护系统对隧道衬砌病害进行加固。由于型钢拱架刚度较大，适于承受较大地压荷载的情况。

（3）由于地层压力引起的大范围网状交叉裂缝病害采用"高强波纹板＋锚杆"支护结构对隧道衬砌病害进行加固。波纹板是将不同材质的板面压成波纹（正弦、三角、矩形等）后，其抗弯刚度和抗压强度较圆管大幅增加，具有较强的抗震能力，而且能适应较大的沉降与变形，其建成后与隧道衬砌结构形成一种组合结构，共同受力，改善了隧道结构的受力特性。

（4）由于混凝土养护、局部地压引起的小范围剥落病害也可采用"W 钢带＋锚杆"联合支护系统对隧道衬砌病害进行加固。"W 钢带＋钢丝网＋平钢带＋锚杆"联合支护系统是将钢带与各种锚杆共同组合成锚杆支架，通过它可以把分散的多根锚杆连接起来，形成一个整体承载结构，显著地提高锚杆的整体支护效果，在不完整顶板岩层中，对处理不稳定围岩效果显著。同时，采用该技术加固隧道衬砌也使混凝土衬砌与钢带共同受力，从而有效地提高衬砌结构的抗弯、抗剪性能。

11.4.3　衬砌背后空洞整治

1. 轻型膨胀聚氨酯材料填充

轻型膨胀聚氨酯材料是一种低黏度、双组分合成高分子，采用高压灌注进行封堵时，当树脂和催化剂掺在一起时反应或遇水产生膨胀，本身反应或发泡生成多元网状密弹性体的特征，当它被高压推挤，注入岩层或混凝土裂缝（在高压作用下可以使煤岩层的闭合裂隙张开），可沿岩层或混凝土裂缝延展直到将所有裂隙（包括肉眼难以觉察的裂隙及在高压作用下重新张开的裂隙）充填。在封堵裂隙加固岩层时，岩层不含水时产品膨胀率也相应变小（膨胀倍数为8～10倍），高压推力将材料压入并充满所有缝隙，达到止漏目的，成品抗压介于25～38MPa；在遇水后（掺水）时产生关联反应，发生膨胀，在膨胀压力的作用下产生二次渗压（膨胀倍数为20～25倍），高压推力与二次渗压将材料压入并充满所有缝隙，从而达到填充空洞的目的。该类轻质发泡材料适宜于隧道拱顶大面积空洞的填充。

2. 泡沫混凝土填充

泡沫混凝土是在普通水泥浆液中加入一定比例的发泡剂搅拌均匀，浇筑成型；常被用于隧道空洞填充、车站顶板覆盖层以及其他工程项目。泡沫混凝土的密度在200～1600kg/m³之间，是普通混凝土的1/8～1/5，属于轻质产品。根据不同的材料组成用量、不同的气泡率，可按工程需要调整密度和强度。泡沫混凝土密度与强度的相关性如图11-10所示。由于泡沫混凝土内部有无数独立的气泡，对于外力作用表现出软垫性，提高了抗震以及抗冲击性能，将压力分散至其他部位。泡沫混凝土强度较好，可随施工要求的强度按配合比进行配置。另外，其抗裂纹性较好，是普通混凝土的8倍；其属水泥类材料，具有更好的耐久性，同时对环境无污染，且可利用粉煤灰等工业废渣，具有优越的环保特性。该技术适用于隧道衬砌背后存在的较大空洞的填充。

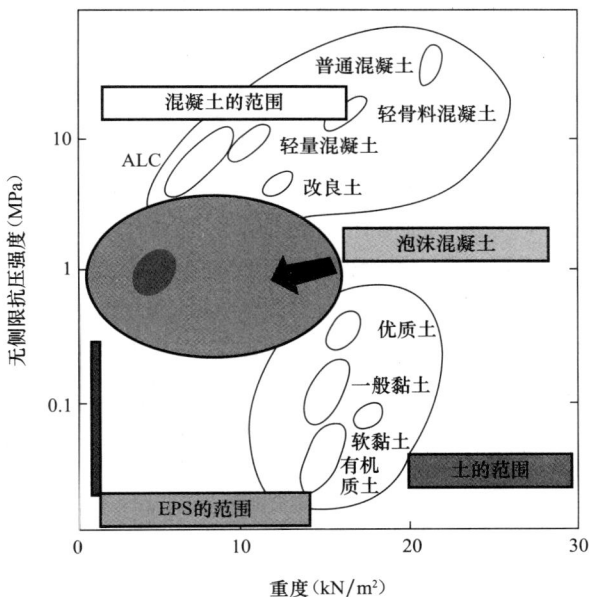

图 11-10 泡沫混凝土密度与强度的相关性

11.4.4 基底下沉及翻浆冒泥整治

1. 锚注一体化通用整治技术

注浆作为目前隧道最为常用的维修方法，由于其施工工艺简单、造价相对较低而备受施工人员的青睐。但是由于材料性能、施工队伍技术参差不齐，导致注浆有时会达不到预期的效果。

针对隧道基底下沉及翻浆冒泥等情况，可采用快速高效、不影响行车的隧道基底锚注一体化通用强化技术进行隧道基底维修。该技术的基本原理是一方面采用具有憎水、速凝、高强的高分子胶凝材料将基底地下水排挤、填充空洞、固结虚渣；另一方面，采用集锚固、注胶为一体的新型加固型锚杆将铺底结构、注胶填充层及围岩连成一体，增强隧道基底整体性，提高隧道基底承载能力。基底锚注一体化与其他强化措施相比，具有施工工艺简单，在既有铁路隧道基底强化及病害整治中具有极强的实施性。基底锚固布置方式如图 11-11 所示。

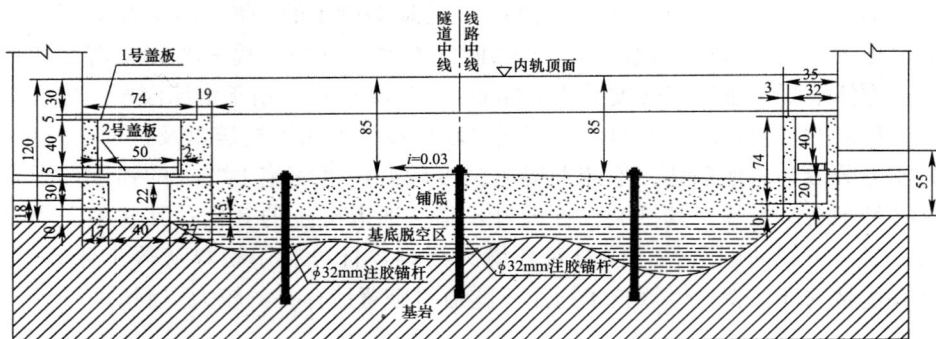

图 11-11　基底锚固剖面图

2. "轻型井点降水＋注浆"复合式强化技术

"轻型井点降水＋注浆"是一种人工降低地下水的方法，基本原理一方面是将井点管插入基底含水层内，井点管上部与总集水管连接，通过总集水管利用抽水设备将地下水从井点管内不断抽出，使原有地下水位降到基底仰拱或底板以下深度，保证基底干燥无水。同时注浆能填充基底空隙，提高基底的完整性，能有效提高基底承载能力。通过有针对性的降水及注浆复合式整治，能有效地控制病害的发展，该技术适宜于隧道基底翻浆冒泥整治。

井点降水系统的设置需综合考虑病害情况、施工工期、工程造价及现场环境等因素，一般为在隧道两侧降水＋注浆加固，即在隧道两侧均设置井点降水系统，如图 11-12 所示。

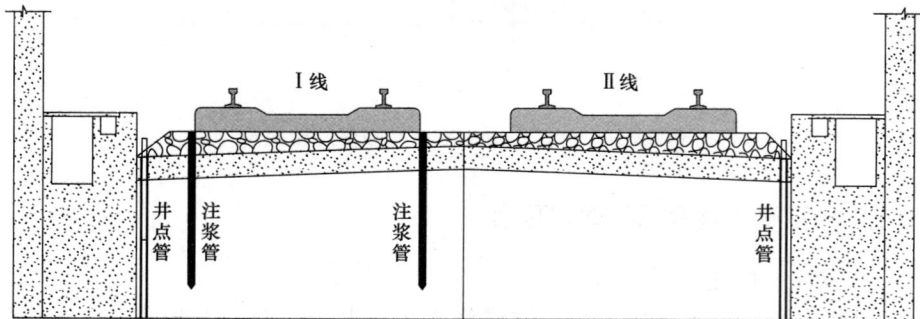

图 11-12　基底锚固剖面图

3. "密井暗管降水＋注浆"复合式强化技术

"密井暗管降水＋注浆"也是一种有效的整治既有铁路隧道基底翻浆冒泥和基底下沉的复合式整治技术。暗管排水降低了基底地下水水位，改善了全隧道的疏导排水系统，从而消除因地下水而引起的病害。注浆能起填充基底空洞，提高基底承载能力的作用。基本做法是加深两侧既有水沟至基底结构底部以下，布设排水暗管，间隔一定距离设置检查井，同时对隧道基底脱空区域进行注浆处理。

与轻型井点的点降水相比，密井暗管降水是线降水，降水效果较轻型井点明显，但是其破坏了隧道结构的整体性，恶化了隧道上部结构受力。因此在密井暗管法施工时，必须对隧道边墙脚进行锁脚处理，防止上部衬砌结构整体沉降。此外，密井暗管法施工工艺复杂，工程量大，在运营铁路隧道中施工难度大，工期长。特别是在高速铁路隧道病害整治中应慎重选择。

11.4.5 隧道底鼓整治

针对隧道底鼓，目前常采用的整治技术主要有基底换拱、底板锚固及泄水降压等方法。

1. 基底换拱

一般产生底鼓区段，仰拱应发生结构性破坏，修复的难度较大，采用仰拱拆换，拆换后需加深仰拱，增大仰拱矢跨比，增强仰拱材料设计参数，提高仰拱抵抗底部围岩隆起变形的能力。这种技术需要中断行车，对高速铁路运营影响最大。基底换拱如图 11-13 所示。

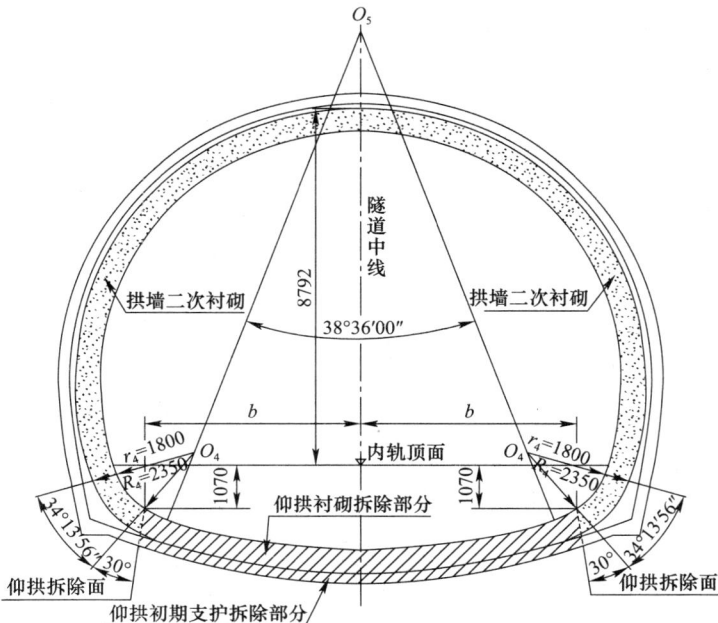

图 11-13 基底换拱（单位：mm）

2. 底板锚固

底板锚固能改善隧道基底结构受力，较好解决隧道底鼓问题，锚杆布置应与注浆孔间隔布置。底板锚固如图 11-14 所示。

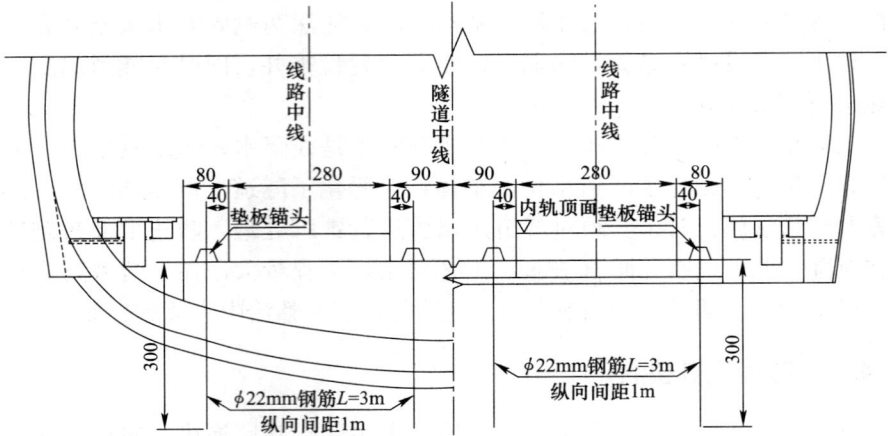

图 11-14　底板锚固设计（单位：cm）

3. 泄水降压或注浆堵水

针对地下水造成的底鼓，主要采用以"排"为主，以"堵"为辅的措施，"排"主要是结构外排水泄压，消除源头；"堵"是结构内，各结构层之间进行堵水，防止渗水对结构的破坏；同时对于须进行地下水排放量控制区域，换"排"为"堵"。通常采用的"排"措施是钻孔插管，或设置泄水洞引排；"堵"措施为注浆封堵。局部地区也配合地锚，对基底进行加固。注浆堵水设计如图 11-15 所示。

对于地下水排水采用预埋管的方式，即在隧道侧沟、中心水沟中间隔预埋排水管，对地下水进行排泄。目前中国铁路隧道设计中尚未考虑仰拱底的

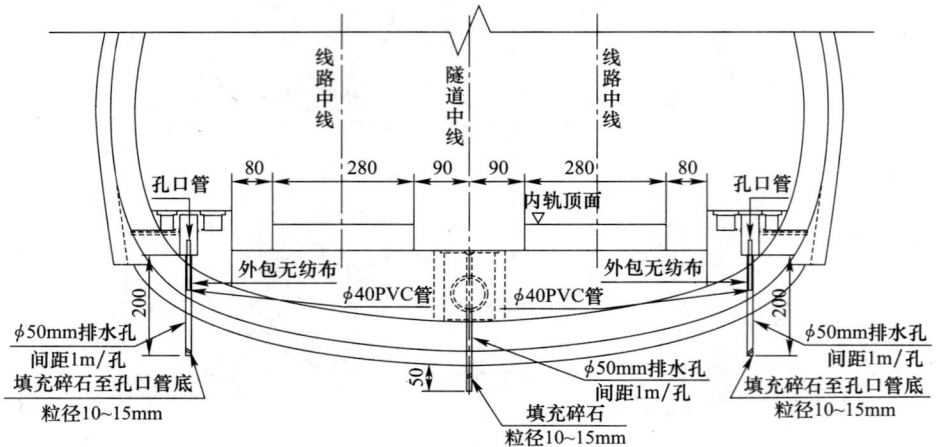

图 11-15　注浆堵水设计（单位：cm）

排水问题。在将来的隧道设计中，提前进行泄水管预埋可以有效地解决地下水对底鼓的影响。如某隧道双侧水沟及中心排水管设置泄水降压管，间距1m/孔，深度至有仰拱地段应至仰拱下50cm，无仰拱地段应至水沟底50cm处，采用粒径10～15mm碎石填充，其双侧水沟泄水降压管设计同单线隧道。排水降压设计如图11-16所示。

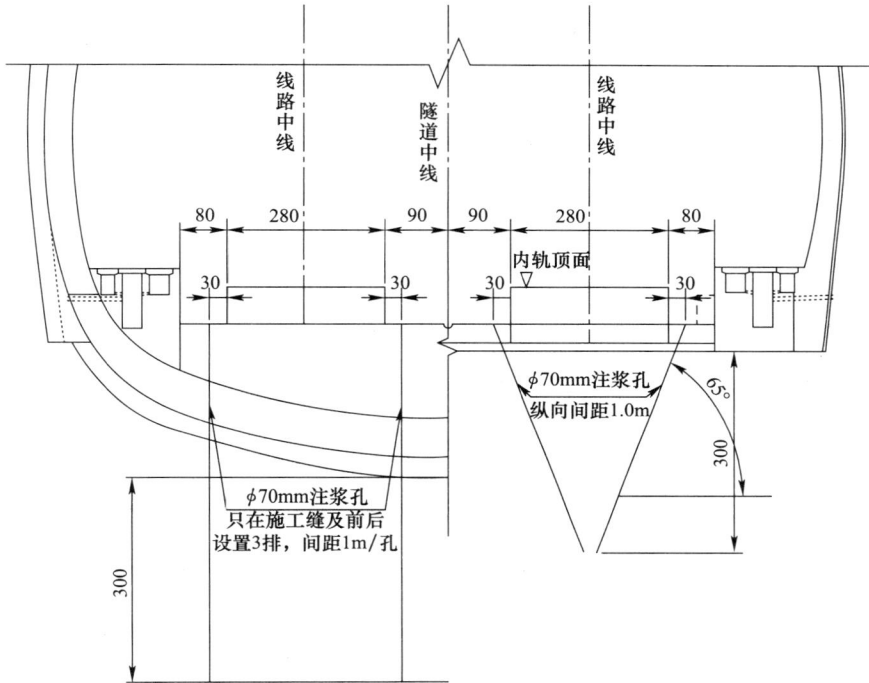

图 11-16　排水降压设计（单位：cm）

小结及学习指导

本章内容包括隧道结构状态检测，隧道状态检测的内容与方法，隧道劣化等级划分，衬砌裂损劣化等级评定，衬砌渗漏水劣化等级评定，衬砌冻害劣化等级评定，衬砌材料劣化等级评定，混凝土和隧道结构物的劣化现象、原因，衬砌渗漏水整治，衬砌裂损整治，衬砌背后空洞整治，基底下沉及翻浆冒泥整治，隧道底鼓整治。

通过本章的学习，要求熟悉隧道结构状态检测的内容与方法，掌握隧道劣化等级划分以及衬砌损裂、渗漏、冻害、材料劣化的等级评定，熟悉混凝土和隧道结构物的劣化现象、原因，并掌握几种常用隧道病害整治技术。

思考题与习题

11-1　简述隧道劣化等级划分。

11-2　简述混凝土结构物的劣化现象及其原因。

11-3　按劣化发生的位置，隧道劣化应如何分类？

11-4　隧道劣化的内因和外因有哪些？

11-5　当隧道衬砌出现损裂时有哪些整治方法？

参 考 文 献

[1] 朱永全，宋玉香. 隧道工程 [M]. 北京：中国铁道出版社，2005.

[2] 铁道部工程设计鉴定中心. 高速铁路隧道 [M]. 北京：中国铁道出版社，2006.

[3] 孟维军，王国博. 高速铁路隧道工程 [M]. 北京：中国铁道出版社，2014.

[4] 彭立敏，刘小兵. 隧道工程 [M]. 长沙：中南大学出版社，2009.

[5] 刘卫峰. 隧道工程 [M]. 北京：北京交通大学出版社，2012.

[6] 于书翰，杜谟远. 隧道施工 [M]. 北京：人民交通出版社，1999.

[7] 王毅才. 隧道工程 [M]. 北京：人民交通出版社，2000.

[8] 黄成光. 公路隧道施工 [M]. 北京：人民交通出版社，2002.

[9] 杨新安，吴德康. 铁路隧道 [M]. 上海：同济大学出版社，2003.

[10] 周爱国. 隧道工程现场施工技术 [M]. 北京：人民交通出版社，2004.

[11] 岳强. 隧道工程 [M]. 北京：机械工业出版社，2012.

[12] 高波. 高速铁路隧道设计 [M]. 北京：中国铁道出版社，2010.

[13] 郭占月. 高速铁路隧道施工与维护 [M]. 成都：西南交通大学出版社，2011.

[14] 隧道编委会. 中国铁路隧道史 [M]. 北京：中国铁道出版社，2004.

[15] 国家铁路局. TB 10003—2016 铁路隧道设计规范. 北京：中国铁道出版社，2016.

[16] 中国铁路总公司. Q/CR 9604—2015 高速铁路隧道工程施工技术规程 [S]. 北京：中国标准出版社，2015.

[17] 中铁一局集团有限公司. TZ 204—2008 铁路隧道工程施工技术指南. 北京：中国铁道出版社，2008.

[18] 中国铁路总公司. Q/CR 9129－2015 铁路隧道极限状态法设计暂行规定 [S]. 北京：中国铁道出版社，2015.

[19] 中华人民共和国住房和城乡建设部. GB 50086—2015 岩土锚杆与喷射混凝土支护工程技术规范 [S]. 北京：中国计划出版社，2015.

[20] 易萍丽. 现代隧道设计与施工 [M]. 北京：中国铁道出版社，1997.

[21] 王海亮. 铁路工程爆破 [M]. 北京：中国铁道出版社，2002.

[22] 铁道部隧道工程局. 铁路隧道施工技术安全规则 [M]. 北京：中国铁道出版社，1992.

[23] 关宝树. 隧道工程设计要点集 [M]. 北京：人民交通出版社，2003.

[24] 关宝树. 隧道工程施工要点集 [M]. 北京：人民交通出版社，2003.

[25] 关宝树. 隧道工程维修要点集 [M]. 北京：人民交通出版社，2004.

[26] 中华人民共和国住房和城乡建设部. GB 50128—2014 工程岩体分级标准 [S]. 北京：中国计划出版社，2014.

[27] 铁道部第二勘测设计院. 铁路工程设计技术手册·隧道 [M]. 北京：中国铁道出版社，1995.

[28] 铁道部第二工程局. 铁路工程施工技术手册·隧道 [M]. 北京：中国铁道出版社，1995.

高等学校土木工程学科专业指导委员会规划教材
（按高等学校土木工程本科指导性专业规范编写）

征订号	书 名	定价	作 者	备 注
V21081	高等学校土木工程本科指导性专业规范	21.00	高等学校土木工程学科专业指导委员会	
V20707	土木工程概论（赠送课件）	23.00	周新刚	专业基础课
V22994	土木工程制图（含习题集、赠送课件）	68.00	何培斌	专业基础课
V20628	土木工程测量（赠送课件）	45.00	王国辉	专业基础课
V21517	土木工程材料（赠送课件）	36.00	白宪臣	专业基础课
V20689	土木工程试验（含光盘）	32.00	宋 彧	专业基础课
V19954	理论力学（含光盘）	45.00	韦 林	专业基础课
V20630	材料力学（赠送课件）	35.00	曲淑英	专业基础课
V21529	结构力学（赠送课件）	45.00	祁 皑	专业基础课
V20619	流体力学（赠送课件）	28.00	张维佳	专业基础课
V23002	土力学（赠送课件）	39.00	王成华	专业基础课
V22611	基础工程（赠送课件）	45.00	张四平	专业基础课
V22992	工程地质（赠送课件）	35.00	王桂林	专业基础课
V22183	工程荷载与可靠度设计原理（赠送课件）	28.00	白国良	专业基础课
V23001	混凝土结构基本原理（赠送课件）	45.00	朱彦鹏	专业基础课
V20828	钢结构基本原理（赠送课件）	40.00	何若全	专业基础课
V20827	土木工程施工技术（赠送课件）	35.00	李慧民	专业基础课
V20666	土木工程施工组织（赠送课件）	25.00	赵 平	专业基础课
V20813	建设工程项目管理（赠送课件）	36.00	臧秀平	专业基础课
V21249	建设工程法规（赠送课件）	36.00	李永福	专业基础课
V20814	建设工程经济（赠送课件）	30.00	刘亚臣	专业基础课
V26097	铁路车站	48.00	魏庆朝	铁道工程专业方向适用
V27950	线路设计	42.00	易思蓉	铁道工程专业方向适用
V27598	路基工程	38.00	刘建坤 岳祖润	铁道工程专业方向适用
V30798	隧道工程		宋玉香 刘 勇	铁道工程专业方向适用

注：本套教材均被评为《住房城乡建设部土建类学科专业"十三五"规划教材》。